Chromosome Evolution of Wild Mammals

染色体から見える世界

哺乳類の核型進化を探る

小原良孝 監修

小原良孝・多田政子・小野教夫・押田龍夫・岩佐真宏・川田伸一郎 著

東海大学出版部

Chromosome Evolution of Wild Mammals

by Yoshitaka OBARA, Masako TADA, Takao ONO, Tatsuo OSHIDA,
Masahiro A. IWASA and Shin-ichiro KAWADA
Tokai University Press, 2018
ISBN978-4-486-02146-9

はじめに

哺乳類といえば母乳で子を育てる動物であり，大方の読者はニホンザルやカモシカ・ツキノワグマ・タヌキ・キツネなど大型や中型の哺乳類を思い浮かべるであろう．哺乳類について知りたければ，書店や図書館に行くと一般向けから専門家向けまで，さまざまな図鑑や写真集などが書架に並んでいて容易に学ぶことができる．博物館などの展示施設へ足を運べば，さまざまな哺乳類の標本にお目にかかれるし，場合によっては触ることもできる．実際に生きている哺乳類を見たければ，動物園で直に対面しその息遣いを感ずることもできる．しかし，いずれの場合も大型や中型の哺乳類が中心で，一般向けの場合，トガリネズミ類やモグラ類・ネズミ類などのような小型哺乳類の図鑑や解説書などはあまり見当たらないし，博物館や動物園などでこれらの剥製や生きている個体を目にすることはほとんどない．これは大型や中型の哺乳類とくらべサイズが小さく，めだたなくて迫力がないことや，小型哺乳類を研究している専門の研究者が少ないことにもよるのであろう．

小型哺乳類の研究者は元来多くはなかったが，その中でも小型哺乳類の染色体を専門とする研究者はさらに少なかった．とくに近年は，DNA レベルでの研究，すなわち分子遺伝学的研究が盛んになり，染色体研究の分野においても DNA や遺伝子レベルで追究する若手研究者が増え，染色体の形態に主眼をおく研究者はいっそう少なくなっているのが現状である．このような状況のもと，2016 年 11 月 3～4 日に東京大学を会場として開催された染色体学会の年会で「野生動物の染色体研究の魅力」というテーマの分科会が企画された．この分科会では理化学研究所専任研究員の小野教夫が司会進行，小原と日本大学准教授の岩佐真宏・国立科学博物館研究主幹の川田伸一郎の三人が話題提供者となり，小型哺乳類の染色体研究について，材料捕獲のためのフィールドワークのノウハウ，その楽しさ，意義，個体標本から得られるさまざまな情報，染色体標本作製の秘めたるコツ，染色体の核型分析からわかってきたこと等を解説した．この分科会は年会最終日で，一般講演終了後の夕刻からの会合だったので参加者は多くはなかったが，フィールドワークに関する質問など熱気があり，関心の高さが感じとれた．また，“このような内容の本はこれまで刊行されていないので，この際まとめて出版してみてはどうか”という有難い意見をいただいた．

出版のことなどまったく念頭になかったので大いに戸惑ったが，このような声をよりどころにその是非・妥当性を検討してみた．本書は通常ギムザ染色や染色体分染法に基づく染色体形態学・染色体進化・染色体からみた小型哺乳類の系統進化をメインテーマとしているので，“自然科学教養書としてはいかがなものか…”という一抹の不安があったが，そのことよりも多くの若い研究者層に染色体への興味をもってもらいたいという思いが勝り，まずはその取っ掛りになればということで，小原・岩佐・川田の他に，かつて野生小型・中型哺乳類の染色体分析にかかわり成果をあげている東邦大学教授の多田（斎藤）政子，帯広畜産大学教授の押田龍夫，さらに司会役の小野にも執筆をお願いし，フィールドワークにまつわる諸問題や染色体標本作成の具体的処方など初心者でも利用できるように詳述し，染色体解析についても全体的に分類群を増やし内容を深めることにした．ちなみに小原以外の5人はいずれも弘前大学旧理学部生物学科の小原研究室（系統学及び形態学講座，通称 II 講座）に籍を置き，染色体研究をはじめた，いわば小原の教え子たちであるが，それぞれ第一線の研究者として活躍中であり，その将来がおおいに嘱望されている研究者たちである．なお本書構成の検討や原稿の取りまとめは岩佐を中心に行なった．

本書は「章—節—項—目」の構成をとっており，第1章：染色体とは何か？という入門的な解説，第2章：研究材料の採集のためのフィールドワークや使用個体の学術標本作製のノウハウ，第3章：染色体標本作製のための具体的処方，第4章：染色体解析の成果が物語る哺乳類の進化，第5章：染色体解析から見えるさまざまなこと，の5つの章からなる．染色体の基礎知識のある人は第1章をスキップしてもかまわないし，フィールドワークや剥製作りに慣れている人は第2章をスキップしても支障はないであろう．必要と思われるところから読めるようになっているので，どこからでも気軽に読んでいただきたい．また本書は，小型・中型哺乳類の染色体研究のこれまでの研究成果の紹介はさることながら，これから哺乳類の染色体にも目を向けてみようかなという初心の人たちが容易に手掛けることができるよう，第2章と第3章には特に力を入れて記述しているので，手引書のように参考にしていただけるものと思っている．おもな読者層として生物進化や哺乳類進化に興味があり，遺伝学的知識にある程度素養のある若手の人たちを想定しているが，特殊な専門用語を使わなければならない場合は，一般読者層にも理解できるよう，その都度簡単な解説を加えるよう心掛けた．

なお文部科学省学術用語集（遺伝学編）の改定に伴い，2017年に日本遺伝学会・遺伝学用語集編集委員会から遺伝学用語集『遺伝単』（エヌ・ティー・エス）が出版され，従来まで使用されていた一部の専門用語が新たな用語に置き換えられたり，あるいは変更されたりした．しかし，使い慣れた用語が削除されたり，現時点では馴染まない用語も多い．そこで本書では，最新版の遺伝学用語に準じつつも，基本的には従来の用語を踏襲して用いている．各章での初出時に，その都度対訳としての英語，あるいは新用語を併記しているので，それらを参考にして欲しい．

また本書で紹介する哺乳類の分類体系（学名）は，基本的に，Ohdachi *et al.*（2015）の「The Wild Mammals of Japan, 2nd edition」（WMJ2）および Wilson and Reeder（2005）の「Mammal Species of the World, 3rd edition」（MSW3）にしたがった．和名については，日本哺乳類学会 分類群名・標本検討委員会の『世界の哺乳類標準和名目録』（川田ほか 2018）や『原色日本哺乳類図鑑』（今泉 1960）等にしたがった．本稿で対象にあげた哺乳類について，原著論文等で発表された当時に用いていた分類体系と，WMJ2・MSW3の分類体系が大きく異なる場合も見受けられる．基本的にはWMJ2・MSW3に準拠するが，発表当時の分類体系を用いなければ論じることができない場合も多いため，発表当時に用いられ，かつWMJ2・MSW3では採用していない分類については，基本的に「それぞれの原典発表当時に用いられた学名」のみの表記とし，各章での初出の場合のみ「その学名（＝WMJ2またはMSW3の和名・学名）」という表記とした．とくに第4章では，それぞれの分類群において，原典発表当時の分類体系とWMJ2・MSW3の分類体系が対応できる表を設けるようにした．それ以外でも，その都度注釈等をつけ，分類体系の混乱を抑えられるように努めた．

小 原 良 孝

目　次

第1章

染色体について

1-1. 染色体とは何か

1-1-1. 顕微鏡の小宇宙

顕微鏡で覗くミクロの世界は時代の新旧を問わず，また洋の東西を問わず，ヒトの探求心をくすぐるものである．**図 1-1-1-1** はちょうど半世紀前，大学院生であった時，臨海実習で撮影したエゾバフンウニの卵発生の写真で，持参のペンタックスカメラに市販の顕微鏡アダプターを付け顕微鏡の鏡筒に差し込み，70 倍ほどの低倍率で撮ったものである．採卵した卵の集団に雄個体のフレッシュな精子をかけ受精させると，すぐに受精膜が上がり，卵割がはじまる．卵割溝が入り，2 細胞期・4 細胞期・8 細胞期…桑実胚期へと時々刻々進む卵発生のダイナミックなドラマ（形態変化）に随分と興奮したものである．

読者の皆さんは，夜空への関心がある人も無い人も，大小無数の星々がきらめく夜空を見上げ，その美しさにしばし見とれたことがあるだろう．北東北に位置する岩手の大気が澄んでいる山村で幼少から少年期を過ごし，さまざまな色合いの星々で覆いつくされる夜空を眺めるのが大好きであった．15～30 倍程度の双眼鏡で星空を眺めると，一段と明るくきれいに瞬くプレアデス星団や淡く広がるオリオン座大星雲などが容易に視野に入り，胸ときめく思いで見惚れた記憶がある．

天空に広がる星空すなわち宇宙は恒星・惑星・衛星や星団・星雲・銀河などさまざまな天体から成るマクロの世界であり，双眼鏡や天体望遠鏡で覗いてみるとそれぞれの天体はそれぞれ異なる色合いや姿・形を有していることがわかる．興味深いことに，ミクロの世界を観察する顕微鏡下でもさんざめく星空のような像を見ることができる．本書は野生哺乳類の染色体をテーマとしているので，話の対象は哺乳類になるが，スライドグラス上に展開した骨髄細胞や脾臓細胞の染色体標本を 10×10 倍（接眼レンズの倍率 × 対物レンズの倍率）程度の低倍率で顕微鏡観察すると，“さんざめく星空のような世界”が視野いっ

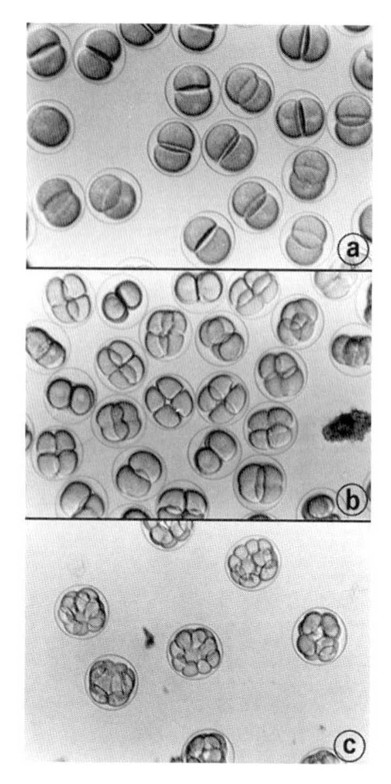

図 1-1-1-1. エゾバフンウニの卵発生．ⓐ 2 細胞期（受精膜確認後 1 時間 30 分），ⓑ 4 細胞期（同 2 時間），ⓒ 16 細胞期（同 4 時間）．

ぱいに広がり，無限とも思える顕微鏡空間につい魅せられてしまう．これは肺組織や上皮などの継代培養の細胞系でも同じで，2 倍性・4 倍性・8 倍性の細胞，分裂中で連星のようにくびれている細胞，あるいは融合し巨大化している細胞など，一見星空の如き美しい眺めである．

参考のために**図 1-1-1-2** にチャイニーズハムスター（*Cricetulus griseus*）肺線維芽細胞（CHL/IU；Chinese hamster lung cell line）のアクリジンオレンジ（acridine orange）蛍光染色像を示す．この写真では分裂中期の染色体が見える細胞が右上，左下および中央下のあたりに確認できる．ほとんどは分裂間期の細胞であるが，分裂終期のくびれた核や 2 核となっている細胞，DNA 合成期（S 期）で核が大きくなっている細胞など，非常に多様である．低倍の光学顕微鏡で見る染色体標本の世界は，まさに顕微鏡下の小宇宙であるといえよう．染色体の顕微鏡標本の場合，通常はギムザ染色液で染色するので（第 3 章

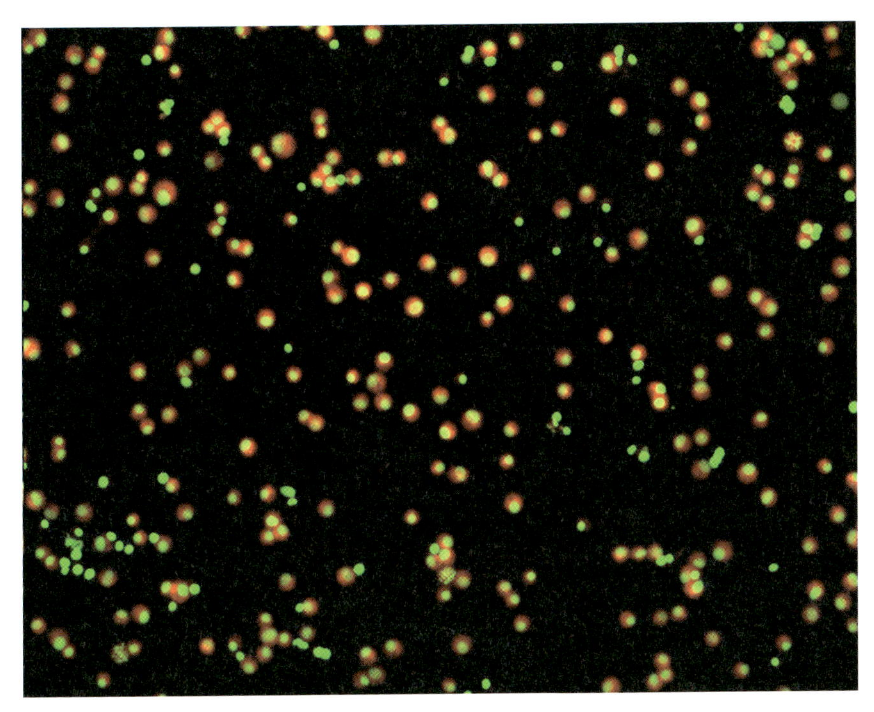

図 1-1-1-2. アクリジンオレンジ蛍光染色を施したチャイニーズハムスターの肺線維芽細胞(CHL/IU). ×70. アクリジンオレンジ染色により，DNA は緑色，RNA は赤色で検出され，裸核は緑色に，細胞中の核は黄色に，細胞質は赤色に染まる．(オリンパス（株）佐藤卓朋博士提供).

参照)，細胞核は濃赤紫色に，細胞質は淡青色に染まるだけで，蛍光染色ほど鮮やかではないが，ギムザ染色でも容易に星空の小宇宙を想起させてくれる．

蛍光染色であれギムザ染色であれ，低倍率でこのような像が見えたら，ステージハンドルを回して分裂中期の細胞を視野の中心に移し，対物レンズを高倍率（×100）に切り替えるだけで，後述する**図 3-4-1-1** のような分裂中期の染色体が見えるようになる．次項 1-1-2 で詳しく解説するが，染色体は遺伝子の担体であり，特有かつ多様な形態をもつ核内構造体である．哺乳類に限らず植物も含め，生物が有する“染色体の数と形”は種によってほぼ決まっている．ちなみに染色体の大きさや形態をもとに整理し並べたものを核型（karyotype）といい，特に分染法（differential staining）によるバンドパターンをもとにしたものを分染核型，核型を対象とした研究を核学的（karyological）研究というが，この核型が種によってほぼ決まっているということである．“ほぼ”というのは不確定部分を内包するということで，第4章・第5章で紹介するように，核型は絶対不変ということではなく，染色体突然変異（chromosome mutation）を介して変化してゆく存在である．このことは核型の類似性から相互の類縁関係・系統関係を求めることができるということを意味し，さらに踏み込んでいえば，核型には生物の系統性が色濃く反映されているということになろう．生物は高等であれ下等であれ，細胞内構造体としてミトコンドリアや小胞体・ゴルジ体などさまざまな細胞小器官を有しているが，いずれの小器官もその形態から類縁性や系統性を探るのは難しい．細胞内の微細構造体の形態からこれを探れるのが唯一染色体であり，染色体の形態を調べることの意義はまさにこの点にあるといえよう．

1-1-2. 染色体とは

染色体（chromosome）という用語は，もともと体細胞有糸分裂（mitosis）や減数分裂（meiosis）の際に現われる棒状の構造物が塩基性色素でよく染まるという顕微鏡観察に基づいて命名されたものである（Waldeyer-Hartz 1888）．当時，この“塩基性色素で染め出される棒状の構造物”が遺伝学の分野でいかに重要な位置を占めるものであるか，定かにはとらえられていなかったが，細胞の分裂期に限って現れることから，細胞分裂の進行と深くかかわっているとみなされた．この後の各節・項・目で詳しく解説されるように，分子遺伝学的・分子細胞遺伝学的解析技術が大きく進展した現在，染色体は一義的には真核生物の細胞分裂期に構築されるDNAとヒストン（histone）の巨大な複合体で，細胞内のほとんどの遺伝情報を内包し，細胞から細胞へあるいは世代から世代へと伝達する機能をもつものとされている．分裂期に高度に凝縮していた染色体は分裂期を終え分裂間期に入ると，次第に凝縮がほぐれ脱凝縮し，染色体の基本繊維であるクロマチンファイバー（chromatin fiber）へと変貌する．このように細く長く伸び，光学顕微鏡下ではもはやファイバーとして識別できない状態になっても遺伝子担体であることに変わりはないことから，分裂間期のクロマチン（chromatin）も広義の意味で染色体と呼ぶことがある．また，細菌類やラン藻類などの原核生物の細胞内に存在するDNAとタンパク質からなる核様体（nucleoid）や真核生物の葉緑体・ミトコンドリアなどの細胞小器官にある環状DNAなども広く染色体という．したがって，染色体とはウイルスから原核・真核生物まですべての生物が遺伝子担体として保有する生命維持装置といえよう．本書で扱う染色体は一義的な意味での染色体である．なお体細胞の染色体数に対して「$2n$」と表記するが，これは配偶子細胞の染色体数を「n（半数体)」とし，多くの有性生殖の生物で，雌性配偶子である卵の染色体と雄性配偶子である精子の染色体が合わさって「$2n$（二倍体）」の体細胞が構成されていることを表している．

世界の哺乳類リストの1つである“Mammal Species of the World, 3rd edition”（Wilson and Reeder 2005）によると，この地球には5,416種の哺乳類が知られている．この種数はもちろん絶対的な数ということではなく，絶滅の危機に瀕しているものから今まさに新しい種へと分化しつつあるものをも含んだ種数である．哺乳類に限らず生物は，絶滅に向かう種がある一方で，新たな形質を有する種を分化し，進化学的な時を経てさらに別の新たな種を分化するなどして多様な分類群を生み出してきた．これほどの多くの哺乳類はどのようにして分化し得たのであろうか？　生物地史をひも解くと，有胎盤哺乳類が出現したのは中生代後期の白亜紀のあたりとされているので，1.4億年ほどの時の流れの中で分化してきたことになる（Romer 1959)．このような生物多様性を生み出した根源的なメカニズムは，すべての生物に内在する“突然変異（mutation)”を生成できる資質，すなわち親になかった新しい形質が突然子の世代に出現し，それが次世代へと遺伝するという生物特有の資質にある．

突然変異には遺伝子突然変異（gene mutation）と染色体突然変異の2つの機構があり，前者は次項1-1-3で解説しているように，染色体の中に幾重にも折りたたまれて入っているDNAや，ミトコンドリアや葉緑体のDNA/RNAの塩基配列に変化が生じる分子レベルでの変化であるが，その変異遺伝子は元の集団を凌駕してしまうほどの優位性がないかぎり，単にその存在だけでは新たな集団として固定されることはない．一方，染色体の切断と再結合（breakage-and-reunion）による転座（translocation）や逆位（inversion）など，染色体の形態（構造）レベルでの変化が染色体突然変異であるが，生殖細胞にそのような変異型染色体が生じ，それが減数分裂の障壁を乗り越え，次世代へつながることになれば，元の集団とは異なる染色体構成を有する新たな集団として台頭することが可能となる．生物体に突然変異を誘発する物理的ないしは化学的作用因子を突然変異原（mutagen）といい，前者にはX線やγ線などの放射線や紫外線などがあり，染色体の構造に影響を及ぼす．遺伝子レベルすなわちDNA

やRNAの分子そのものに変化をもたらす化学的変異原にはナイトロジェンマスタード（nitrogen mustard）やニトロソグアニジン（nitrosoguanidine）などのアルキル化剤，アクリジンオレンジなどのインターカレート剤，塩基対の誤対合をもたらすブロモデオキシウリジン（BUdRまたはBrdU；bromodeoxyuridine）など多くの因子が知られているが，これらの因子も結局は染色体突然変異につながるものである（Bostock and Sumner 1978）.

染色体は細胞分裂にあたって，細胞内の何万という膨大な数の遺伝子を倍加し，精密機械のごとく正確かつ均等に二分し，娘細胞に配分するための究極の構造体であり，またこの染色体システムは生物にとって不可欠の生命維持装置でもあり，遺伝的機能を有する微細構造体として形態的変異を伴いながらも連綿として引き継がれる存在であるといえよう．それゆえ，それぞれの分類群がたどった系統進化の歴史を染色体進化の形で追跡できるのであり，染色体突然変異は新たな種の分化や生物進化に重要な役割をはたしているともいえるであろう.

1-1-3. 染色体の構造

真核生物における染色体は主としてDNAとタンパク質からなる巨大な複合体であり，その姿は細胞周期の進行とともに大きく変化する．間期では全ての染色体がボール状の細胞核に収められている．このとき染色体の形は識別できないが，分裂期に入るとクロマチンが凝縮して，姉妹染色分体構造をもった個々の染色体が識別できる．この過程でDNAの長さは約1万倍に凝縮される．例えばヒトでもっとも大きい第1染色体は約2億8000万の塩基対から構成されるが，分裂中期には凝縮して約10 μmの長さとなる（**図1-1-3-1**）．個々の染色体の大きさは，その染色体に含まれるDNA量に比例すると考えられている（Hara *et al.* 2013；Hara *et al.* 2016）．この凝縮程度は東北新幹線の東京―新青森間の長さの糸を新幹線車両3両程度に詰め込むことに等しい．染色体の構築がいかにダイナミックな細胞内イベントであるかが想像できよう.

染色体に含まれるDNAはコアヒストンに約1.5回巻き付いてヌクレオソームを形成する．ヌクレオソームは数珠状に連なり約10 nmのファイバーを形成するが（Alberts *et al.* 2014），これより高次の染色体の構造にはいまだに議論がある（**図1-1-3-1**）．これまで電子顕微鏡で観察される30 nmファイバーを基本にしてクロマチン・染色体の構造モデルが発表されてきたが，最近で

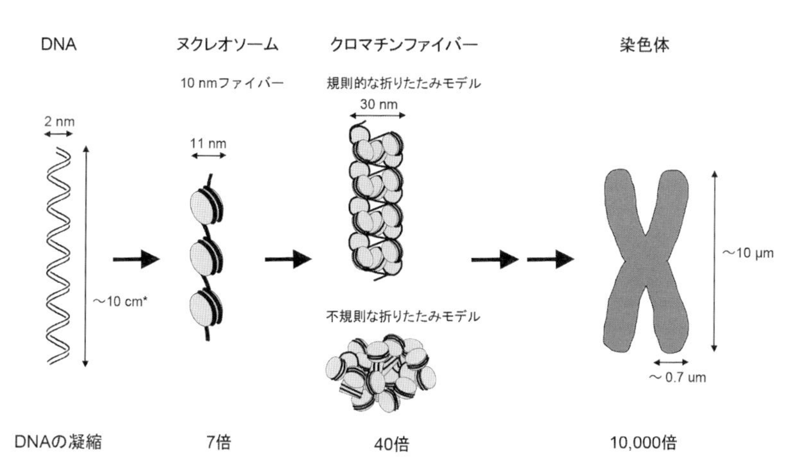

図 1-1-3-1. 染色体の階層構造モデル．長大な DNA はヒストン 8 量体に巻き付いて直径 11 nm のヌクレオソームを形成する．電子顕微鏡による観察から，折り畳まれたヌクレオソームは 30 nm のクロマチンファイバーを形成すると考えられてきた (Alberts *et al.* 2014)．ここにはジグザグモデルを示したが，他にソレノイドモデルが提唱されている (Bian and Belmont 2012)．このクロマチンファイバーがどのように凝縮して分裂期染色体が構築されるのかについてはいまだ不明な点が多い．最近になって，30 nm のクロマチンファイバーは特定のバッファー環境において形成するのであって，ヌクレオソームは細胞内では不規則に折り畳まれているというモデルも提唱されている (Maeshima *et al.* 2014)．この図で，分裂期に 10 μm 程度に凝縮するヒト第 1 染色体を想定すると，その中の DNA はおよそ 10 cm 程度の長さになる（アステリスク）．なお染色体あたりの DNA の長さは各々の染色体で異なる．

は，ヌクレオソームが固定した構造をもたない動的なモデルも発表されている (Maeshima *et al.* 2016)．また，ヌクレオソームの構造は周囲のバッファー環境によっても大きく変化する．この変化は染色体全体の形態にも影響する．したがって，標本作製時の前処理や固定方法によって得られる染色体の形態は異なってくる (Cole 1967；Samejima *et al.* 2012；Ono *et al.* 2017)．この性質が染色体の高次構造の解明を妨げているのかもしれない．逆に，第 3 章で述べられる低張処理はこの性質を利用して染色体を膨潤させ，形態的観察を容易にしたものと捉えることもできるだろう．

このように分裂期に入ってから染色体は明確な形態を示すが，その準備は間期から始まっていると考えられてきた (Mazia 1963；Johnson and Rao 1970)．S 期で複製した DNA は核内で明確な染色分体をもつ構造として認識することはできないが，互いに絡み合わないように並列して接着している．これによっ

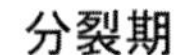

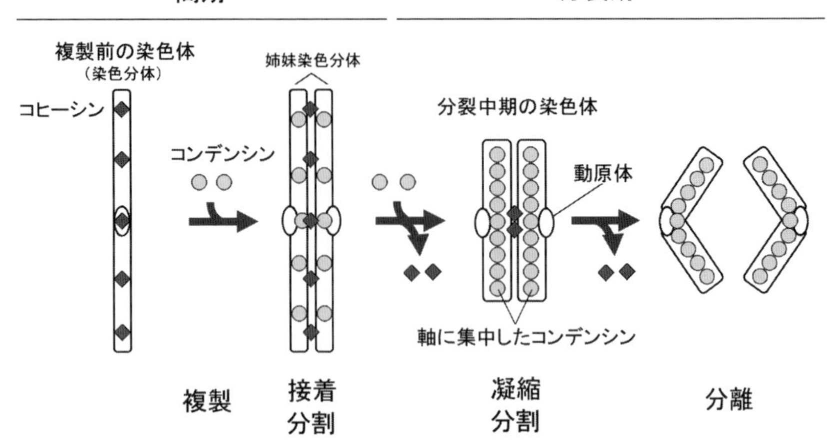

図 1-1-3-2. 染色体の複製と凝縮の連係．染色体 DNA は間期に複製される．このときコヒーシンと呼ばれるタンパク質複合体が複製後の姉妹染色分体を接着させる．一方で，コンデンシンと呼ばれるタンパク質複合体が複製後の染色分体を分割して，互いに絡み合わないように分離の準備を進めている（本文参照）．分裂期に入る前まで接着と分割は綱引きのような状態でバランスが保たれており，どちらか一方が欠けても正常な染色体分離ができない．分裂期に入ると動原体（セントロメア）部を残してコヒーシンの大部分は染色体から離れ，コンデンシンがクロマチンを強く凝縮させる．こうして中期では姉妹染色分体が動原体でつながれた染色体が形成される（Hirano 2012）．後期には動原体部の接着が解除されるため，染色分体が動原体（キネトコア）に結合した紡錘糸によって両極に移動する（Morgan 2007）．

て，分裂期に入り凝縮し激的に太く短くなった時，適切に分割された姉妹染色分体をもつ染色体になり得る．この過程にはコヒーシン（cohesin），コンデンシン（condensin）と呼ばれるタンパク質複合体のバランスのとれた働きが必要とされる（Nishiyama *et al.* 2010；Shintomi and Hirano 2011；Ono *et al.* 2013）．コンデンシンは分裂期において，円柱状の染色分体の軸となる領域に集中しており（Hirano *et al.* 1997；Ono *et al.* 2003；Ono *et al.* 2004），凝縮の過程で中心的な役割を果たしていると考えられている（**図 1-1-3-2**）．コンデンシンを含んだ縦軸構造はスキャフォールド（scaffold）とも呼ばれ，染色体の高次構造形成に重要な役割を果たしていることが予想されている（Paulson and Laemmli 1977；Saitoh *et al.* 1994；Poonperm *et al.* 2015）．染色体の構造に関しては優れた訳書があるので参照されたい（サムナー 2006）．さらに進化的に興味深いことは，コンデンシンやコヒーシンの複合体に含まれる SMC

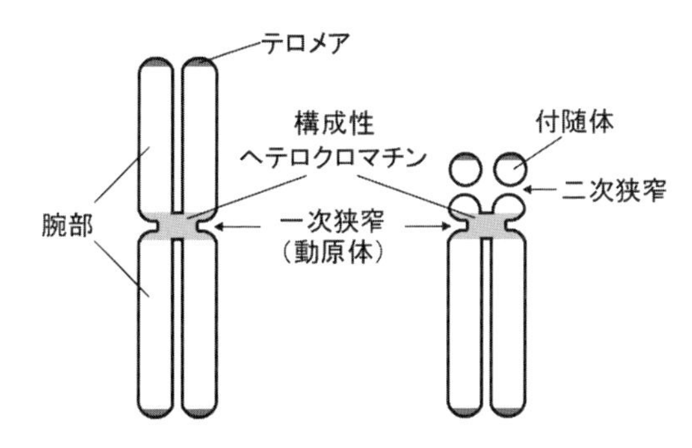

図 1-1-3-3. 染色体の形態と各部位の名称．光学顕微鏡で観察される典型的な分裂中期の染色体の形態を示す．凝縮の度合いによっては一次狭窄（動原体）や二次狭窄が判別にしにくくなる．二次狭窄は，あくまでもギムザ染色で染まらない領域を指し，DNA が途切れていることを意味しない．また，二次狭窄に核小体形成部位（NOR；nucleolus organizer region）が局在する場合には（第 3 章を参照），多くの RNA と核タンパク質が局在する．図中のテロメアと構成性ヘテロクロマチンの領域は通常の染色では判別できない．

(structural maintenance of chromosome）タンパク質は進化的にはヒストンよりも古く，真核生物の出現以前から，バクテリアにおいてもゲノム（genome, 遺伝子の 1 セットのこと）の分配に関与していることである（Hirano 2016). このことは，染色体の分配とその構造変換が生命活動の本質と密接に関連していることを示唆している．

光学顕微鏡で観察される染色体構造は，動原体が局在する一次狭窄，染色体末端（テロメア telomere)，そして腕部に分けることができる（**図 1-1-3-3**). 狭義の動原体は紡錘糸が結合して姉妹染色分体を両極に分けるための装置，すなわちキネトコア（kinetochore）を指す．ただし，細胞遺伝学的解析ではキネトコアが形成される染色体領域であるセントロメア（centromere）の意味で動原体という用語をもちいることも多い（**図 1-1-3-2**). それぞれの染色分体の末端にあるテロメアは複製時に生じる DNA の短縮という問題から染色体を防護する構造である．興味深いことに，テロメアを構成する DNA 配列は生物群を超えて保存性が高い．一方で，動原体に見いだされる DNA 配列の保存性は低い．このことは染色体進化の過程で，新たな動原体が DNA 配列に依らず獲得されたことを示すのかもしれない（Shen *et al.* 2001；Ishii *et al.* 2008). さらに，二次狭窄（secondary constriction）と呼ばれる腕部に介在する非染色性の領域や，染色体末端の付随体（サテライト satellite）は，染色体を分類する良い指標となりうる．

染色体を構成するクロマチンにはユークロマチン（真正染色質 euchromatin）とヘテロクロマチン（異質染色質 heterochromatin）がある．前者は転写因子などがアクセスしやすい（構造的に弛んでいる）状態にあるとされ，多くの組織・細胞で発現する遺伝子が分布する．後者のヘテロクロマチンはコンパクトに凝集しており全体として遺伝子の発現は少ない．ヘテロクロマチンはさらに，構成性ヘテロクロマチン（C-ヘテロクロマチン constitutive heterochromatin），機能性ヘテロクロマチン（facultative heterochromatin，または条件的ヘテロクロマチン）に分類される．前者は，後述するC-バンド染色（C-banding）で検出され（第3章参照），主として動原体近傍に存在し，高度に反復したDNAで構成されることが多い．一方，腕部にはG-バンド染色（G-banding）によって各々の染色体に特有の縞模様（バンド）が現れ（第3章参照），これもクロマチンの性質の違いが反映されていると考えられている（新川・阿部 2003；Chadwick 2008；Terrenoire *et al.* 2015）．

こうした真核生物に広く共通した構造的特徴や構築メカニズムがある一方で，1つの細胞内で観察される染色体の形態は一様ではない．そこで，染色体の形態的特徴を表すために，動原体を境にして腕部を短腕（short arm, p）と長腕（long arm, q）に区別し，その比率（腕比：q/p）から4つのグループに分類する方法が広くもちいられている（Levan *et al.* 1964）．腕比が1.0～1.7ならば中部着糸型（M型；メタセントリック metacentric），1.7～3.0は次中部着糸型（SM型；サブメタセントリック submetacentric），3.0～7.0は次端部着糸型（ST型；サブテロセントリック subtelocentric），7.0以上であれば端部着糸型（A型；アクロセントリック acrocentric）と呼ばれる（**図1-1-3-4**）．とくに，短腕が確認できない場合はテロセントリック（T型；telocentric）と呼ぶことがある（Baltisberger and Hörandl 2016）．しかし，短腕の見え方は染色体標本作製の条件や，染色体の凝縮程度によって左右されるため，A型とT型を区別せずに分類することも多く，研究者によって扱いが異なるので注意を要する．このような染色体の形態分類から，異なる核型をもつ種間でも染色体の腕数が保存されているか保存されていないかを比較して，再編成のメカニズムを推定することもできる（第3章，第4章を参照）．たとえば，動原体近傍で起こった融合（fusion）や開裂（fission）といった再編成では腕数は変化しない．染色体の総腕数は基本数（FN；fundamental number）と呼ばれ，

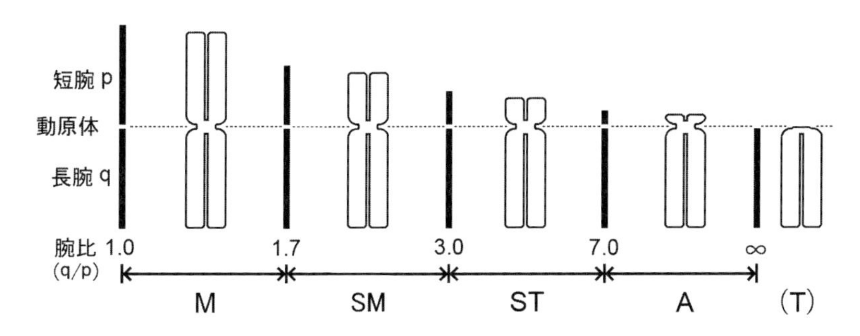

図 1-1-3-4. 染色体の形態分類．Levan *et al.*（1964）による染色体の形態分類を模式的に示す．動原体から短腕（p）と長腕（q）の末端までの長さの比（腕比：q/p）から，M 型（metacentric），SM 型（submetacentric），ST 型（subtelocentric），A 型（acrocentric）の 4 つのタイプに分類できる．A 型の短腕の長さは染色体標本作製条件によって計測が難しい場合がある．また，付随体との区別が困難な場合も注意を要する．A 型のうち，短腕が識別できず単一の腕で構成されるように見える染色体を T 型（telocentric）と呼ぶことがある（Baltisberger and Hörandl 2016）．

厳密には性染色体（雌における 2 本の X 染色体）が含まれるが（Hsu and Arrighi 1966），性染色体を含まない報告もある．そこで，常染色体総腕数を示す場合には FNa（もしくは NFa や AN）と表記することが望ましい（Souza *et al.* 2011）．なお，1 つのゲノムを構成する染色体数も基本数（basic number）と呼ばれるが，これは x で表される．すなわち，二倍体は $2x$，四倍体は $4x$ と表記され，植物や両生類などの倍数体が知られている生物でよく用いられる．各染色体の正確な識別には第 3 章で述べられる分染法を適用しなければならないが，形態的な分類によって染色体構成の特徴をつかむことは染色体解析における基本的なステップである．

1-1-4. 体細胞分裂と減数分裂

1-1-4-1. 減数分裂の意義

有性生殖する生物は，通常，両親由来の相同な染色体（相同染色体 homologous chromosome）を 1 対ずつもつ二倍体（$2n$）細胞から構成されている．その $2n$ 細胞の染色体数や染色体形態は種によってさまざまである．例えば，実験用マウス（*Mus musculus*）を例にとると，染色体数は $2n=40$ で，第 1〜第 19 までの常染色体と 1 本の X 染色体からなる 20 本（$Chr1^{M}$〜19^{M} および $ChrX^{M}$）を母親から，同様に第 1〜第 19 までの常染色体と 1 本の X 染色体ま

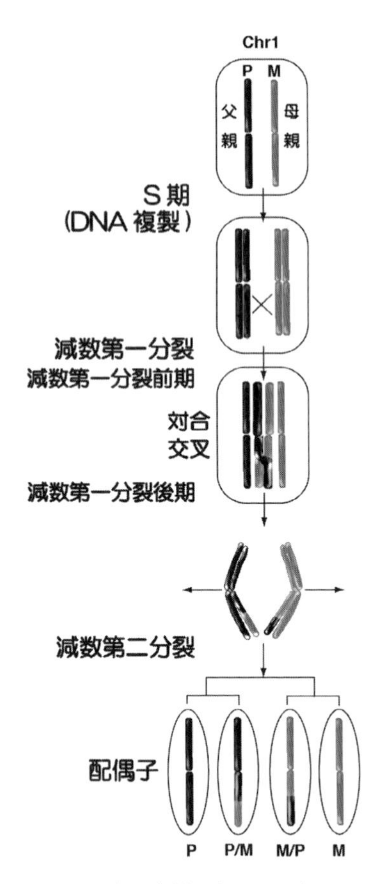

図 1-1-4-1. 減数分裂がもたらす遺伝的多様性創出の概念図.

たはY染色体からなる20本（$Chr1^P$〜19^P および $ChrX^P$ または $ChrY^P$）を父親から受け継いでいる．多くの真核生物の生殖系列では，有性生殖に先行して $2n$ の染色体数を半減させる減数分裂が起こる（**図 1-1-4-1**）．例えば第1染色体（Chr1）に注目すると，各々の細胞には $Chr1^M$ と $Chr1^P$ が存在し，減数分裂の第一分裂（MI；meiosis I）の前期には DNA 合成後の $Chr1^M$ と $Chr1^P$ が対合（pairing または synapsis）する．分裂が終了すると，$Chr1^M$ と $Chr1^P$ は異なる2つの娘細胞に分配される．結果，染色体数が $n=20$ へ半減する．同様に，Chr2〜Chr19 および XY に関して母親由来と父親由来の相同染色体がランダムに娘細胞に分配されるため，減数分裂終了時には単純計算で少なくと

も 2^{20} 通りの遺伝的な違いが生殖細胞間に生じる.

実際には，DNA 組換え（recombination）によりさらに多くの遺伝的多様性が生殖細胞間に生じる．DNA 合成を終了した染色体は 1 対の姉妹染色分体（sister chromatid）から構成されているが，相同染色体が対合した二価染色体（bivalent）では，4 本の姉妹染色分体が並列した状態になる．例えば，対合した $Chr1^{M}$ と $Chr1^{P}$ の姉妹染色分体間では，必ず一ヶ所以上の組換えが相同領域で生じる．この交叉（crossing-over，または乗換え）がすべての相同染色体間で生じることで，染色体間の対合が構造的に強固になる．さらに交叉は，$Chr1^{M}$ と $Chr1^{P}$ の間で多様なキメラ染色体 $Chr1^{M/P}$ を作りだし，さらなる遺伝的多様性を生殖細胞にもたらす（**図 1-1-4-1**）.

無論，減数分裂は，親由来の遺伝子をシャッフルすること以外に，有性生殖そのものを成立させるため，$2n$ 細胞から n 細胞を作り出すことに必須であることはいうまでもない．この n 細胞から全能性を有する $2n$ 細胞を新たに作り出すには，精子形成（spermatogenesis）と卵子形成（oogenesis）という後期生殖細胞形成の正常な進行が欠かせない．染色体突然変異には，減数分裂そのものの進行を阻害して生殖細胞数を減少させるもの，染色体の不均等分配によって生じた遺伝的過不足をもつ配偶子が受精することで胚性致死を招き産子数を減少させるもの，また，その両方の性質をもつものがある．染色体突然変異が生殖に与える影響は，成体生殖巣内の生殖細胞の構成や数の組織学的解析，野生型個体と交配させたヘテロ接合（heterozygosity）の個体（ハイブリッド hybrid）の産子数，減数分裂の MI および第二分裂（MII；meiosis II）中期染色体の対合状態や染色体数の解析によりおおよそ推定することができる.

1-1-4-2. 生殖系列における染色体突然変異

染色体変異はいつどこで生じるのか？　初期胚発生早期に生じた染色体変異は，先天性疾患の原因になることがある．成人の体細胞で染色体変異が生じると，癌の発症や進行に関与し寿命を早める原因になることがある．しかし，このような体細胞系列で生じた遺伝的変異は，細胞や個体の寿命とともに失われる．一方，生殖系列（germline）で生じた染色体変異は，次世代に伝播される可能性がある．同じ染色体変異が相同染色体に同時に生じることはほとんどないため，減数分裂では，変異に関わった染色体と正常染色体が対合することになる．よって，染色体変異が次世代に伝播されるには，相同染色体全長に渡る対合が成立し，かつ，続く減数分裂を問題なく通過することが第一関門となる．その後，変異型染色体をもつ娘細胞が精子または卵子に機能的成熟を遂げなければならない．さらに，染色体変異をもつ配偶子が受精に参加し，野生型個体と交配することでハイブリッド個体が誕生するが，その生存に問題がないことが最大の関門となる．こうして誕生したハイブリッド個体が生殖に参加できて始めて，染色体変異は世代を超えて集団に定着する可能性が高まる．とりわけ生殖系列では，染色体の構造がもっとも緩むエピジェネティクスの初期化（epigenetic reprogramming）現象が起きるため，染色体の構造変化によって遺伝子領域の過不足や転座などの変異を生じやすいゲノム状態を経過する（Tada *et al.* 1997；Hajkova *et al.* 2002）．また，減数分裂では，対合によって相同な塩基配列をもつ染色体領域が近接し，同じ染色体のみならず異なる染色体間のDNA組換えを起こしやすい．このように，生殖系列は，染色体変異などの遺伝的変異を受け入れて遺伝的多様性を生むチャンスを与える一方で，減数分裂を介して変異に関わった染色体同士の対合の失敗や不分離による不等分配を介し，不都合な変異をもつ生殖細胞を選択的に排除する2つの機構を兼ね備えている．

1-1-4-3. 体細胞系列と生殖系列

マウスでは，排卵された卵子は輸卵管内で精子と受精し，細胞分裂を繰り返し胚盤胞になると子宮壁に着床する．胚盤胞では，胚体を形成する内部細胞塊（ICM；inner cell mass）細胞と胎盤になる栄養外胚葉への分化が始まる．さらにICM細胞から，胚体内胚葉形成に重要な原始内胚葉（PE；primitive endoderm）が分化する．ICMは，胚盤葉上層（エピブラスト epiblast）と呼ばれる異なる多能性段階へ変化を遂げる．エピブラストの一部は，上皮間葉転換（EMT；epitherial-mesenchymal transition）を起こし紡錘状の細胞に変化すると，エピブラストを取り囲んでいるPE由来の近位内胚葉（visceral endoderm）とのあいだに陥入する．この陥入細胞は，中内胚葉（mesendoderm）細胞となり，さらに中胚葉と内胚葉へと分化する．残るエピブラストは外胚葉に分化する．また，この原腸陥入が引き金となり，エピブラストの一部は未熟な生殖細胞である始原生殖細胞（PGC；primordial germ cell）に分化する．

マウスを含む哺乳類では，前述のように生殖細胞になる細胞は予め決められていない．発生過程では，発生段階ならびに胚の位置に応じて特異的なシグナル分子であるリガンドが濃度依存的に特異的な受容体に働きかけ，細胞内シグナル分子を活性化することによって，巧みに中内胚葉やPGCになる細胞を決定している．一方，周辺の細胞では，シグナルが伝わらないようなしくみを働かせ運命決定を免れている．Nodal と Activin（Nodal/Activin）は同様の作用をもつ TGF-βファミリーに属するリガンドで，FGF, EGF, HGF, Wnt とともに原腸陥入誘導に必須なシグナル分子である．Nodal は胚の後方で高発現し，胚体外胚葉からの BMPs 発現を誘導するとともに，エピブラストでの wingless-type MMTV integration site family, member3（Wnt3）発現を増加させる（Shen 2007）．この Wnt3 を欠損すると PGC ができない．受精後 5.5 日齢（E5.5）のマウス胚のエピブラストは，bone morphogenic protein（BMP4 または BMP2）シグナルを受けると，すべて PGC になる能力をもっている．よって，胚の頭部となる前方領域では，この作用を打ち消す因子として Nodal に対して left right determination factor（Lefty），Wnt に対して dickkopf WNT signaling pathway inhibitor 1（Dkk1），BMP に対して DAN family BMP antagonist 1（Cerberus1）を発現して胚の後方化を阻害することで頭部を誘導している．これら阻害因子の発現を担う前方近位内胚葉（AVE；anterior visceral endoderm）の分化に BMP8b が必要とされる．このように，PGC が特定の位置に必要な数だけ誘導されるには，さまざまな分子が関わっているものの，エピブラストから PGC を誘導する直接的な決定因子は BMP2/4 といえる（Saitou 2009）．PGC は，中胚葉性細胞からなる未熟な生殖巣（生殖隆起 genital ridge）の中に自ら移動し，生殖隆起が精巣や卵巣に機能的に成熟するに伴って質的に変化する．不思議なことに，PGC は性決定を受けなければ卵子になるようにプログラムされていて，胎児期のうちに減数分裂に入る（McLaren and Southee 1997；McLaren 2003）．このような，受精から PGC 形成，PGC から減数分裂を介した精子・卵子形成過程までの一連の幹細胞系列を生殖系列と呼び，連続するライフサイクルを担っている（Tam and Behringer 1997；Weinberger *et al.* 2016）．一方，体細胞系列の中胚葉，内胚葉，外胚葉は，組織細胞に分化して複雑な臓器を形成する．

1-1-4-4. 性決定と減数分裂

性決定を受けて生殖隆起が精巣になると，その中に侵入していた PGC は体細胞分裂を一旦停止する．生後，個体が性成熟すると再び分裂を再開し精原細胞（spermatogonium）や精母細胞（spermatocyte）の数を増やす．各々の精母細胞は，減数分裂により 4 つの精子を作る．一方，性決定を受けなかった生殖隆起は卵巣になり，その中の PGC はすぐさま減数分裂に入り，生後個体が成長するまで卵原細胞（oogonium）・卵母細胞（oocyte）としてMI前期のまま待機する．その後，性成熟に伴って減数分裂を再開する．よって，雌では胎児のうちに減数分裂が開始されるため，卵の数はPGCの数に規定されている．

哺乳類の雄の性決定因子である*Sry*はY染色体上にあり，*Sox9*などを活性化して精巣のセルトリ細胞を分化させる（Koopman *et al.* 1990；Lovell-Badge and Robertson 1990；Hiramatsu *et al.* 2009）．胎児精巣のセルトリ細胞では代謝酵素Cyp26b1が作られ，PGCが減数分裂に入るのを制御している（Bowles *et al.* 2006）．減数分裂開始には*Stra8*発現が必要であるが（Anderson *et al.* 2008），この発現誘導に必要なレチノイン酸（RA）を精巣のCyp26b1が分解してしまうと考えられてきたが，近年，RAがなくても*Stra8*は発現することがわかってきた．今のところ，減数分裂は通常抑制されていて，この抑制を解除する因子が働くと減数分裂に入り，この解除因子がCyp26b1によって分解されてしまうと減数分裂に入れなくなると考えるのが合理的な説明となっている（Kumar *et al.* 2011）．

1-1-4-5. 減数分裂機構

DNA複製後の染色体は1対の姉妹染色分体からなるが，母親由来と父親由来の相同染色体の全長が対合することで4本の姉妹染色分体（すなわち4本の2本鎖DNA）が並列した状態になる（接合糸期 zygotene）．DNAが近接すると相同染色体の染色分体間ではDNAの相互組換え（reciprocal recombination）が生じ，相同染色体は物理的に連結する．同時に，このDNA組換えに関与した再構成複合体（recombination complex）は，相同な塩基配列をたぐり寄せる働きをし，続く対合複合体（SC；synaptonemal complex）形成を促す．よって，SCは，DNA組換えには直接関与はせず，相同染色分体間を埋め，染色体全体の対合を完了させる役割をもつ．SCを電子顕微鏡で見ると，平行に並んだ2本の相同染色分体の軸芯を構成する側生要素（lateral element）と100 nmほどの中心要素（central element）である横断繊維（transverse filament）の3層構造をとっている．SCを構成する主要なタンパク質にはSC protein-1（SYCP1），SC protein-2（SYCP2），SC protein-3（SYCP3）があり，おもにSYCP3やSYCP2が側方領域を，SYCP1が中心要素を構成している．このSCは，MIの太糸期（pachytene）で見られ，この状態でMI終期に向けて染色体はさらに凝縮する（Syrjänen *et al.* 2014）．MI期が進むと染色体をつないでいた構造が解消され始め，DNA相互組換えによる染色体の交叉領域がキアズマ（chiasma）として顕著に可視化できるようになる（複糸期 diplotene）．さらに，後期（anaphase I）になると染色体対合が完全に解消され，相同染色体の分離が進む．

MII 期では，予め複製されていた染色分体が両極に分けられ，その分裂様式は体細胞分裂に似ている．精母細胞では，MI 期と MII 期は連続して進み，1 細胞から 4 つの精細胞（spermatid）が作られ，それぞれ精子（sperm）に分化する．一方，成熟した一次卵母細胞（primary oocyte）は，性成熟とともに MI 期を再開して一次極体を放出し MII 期の状態で排卵の時を待つ．その後，排卵された二次卵母細胞（secondary oocyte）は，精子の侵入とともに MII 分裂を再開し第二極体を放出して受精卵となる．以上から，雌では 1 個の PGC から 1 個の卵母細胞と二種類の極体を作り出すことから，受精卵の数は PGC の数を越えないことがわかる．よって，PGC の数の制御や雌の減数分裂異常を解析できれば，染色体変異が生殖能力に与える影響をより直接的に推測できる．しかし，雌では性周期依存的に数個単位で減数分裂が進行するため，その解析は事実上不可能である．このため，生後のマウス精巣から染色体標本を作製し，おもに，太糸期や複糸期におけるキアズマ形成異常を形態的に評価し，MII 期における染色体の形態的・数的異常の出現頻度を評価する方法が用いられている．

1-1-4-6. 染色体突然変異と減数分裂異常

細胞の生存そのものに影響する染色体突然変異は，体細胞や生殖細胞に関わらず選択的に排除される．減数分裂に至る染色体異常として考えられるのは，次節 1-2-1 で詳述するが，染色体領域の空間的配置が変化した相互転座（t；reciprocal translocation），ロバートソン型融合（rob；Robertsonian fusion），逆位（inv；inversion），および融合・転座等によって新たに生じる派生染色体（der；derivative chromosome）などである（ヒトの ISCN 2016：An International System for Human Cytogenomic Nomenclature 2016 にしたがった；International Standing Committee on Human Cytogenomic Nomenclature 2016）．相互転座は，MI 期では 4 本の染色体が関与した四価染色体（quadrivalent）を形成する（**図 1-1-4-2A**）．この四価染色体は，MI 後期の染色体分配時に，一定の割合で遺伝的不均衡（genetic imbalance）を生じる．例えば，第 5 染色体（Chr5）と第 8 染色体（Chr8）の長腕（q）で相互転座 t（5q；8q）をもつ精母細胞での減数分裂を想定すると，Chr5 と Chr8 に加えて転座によって新

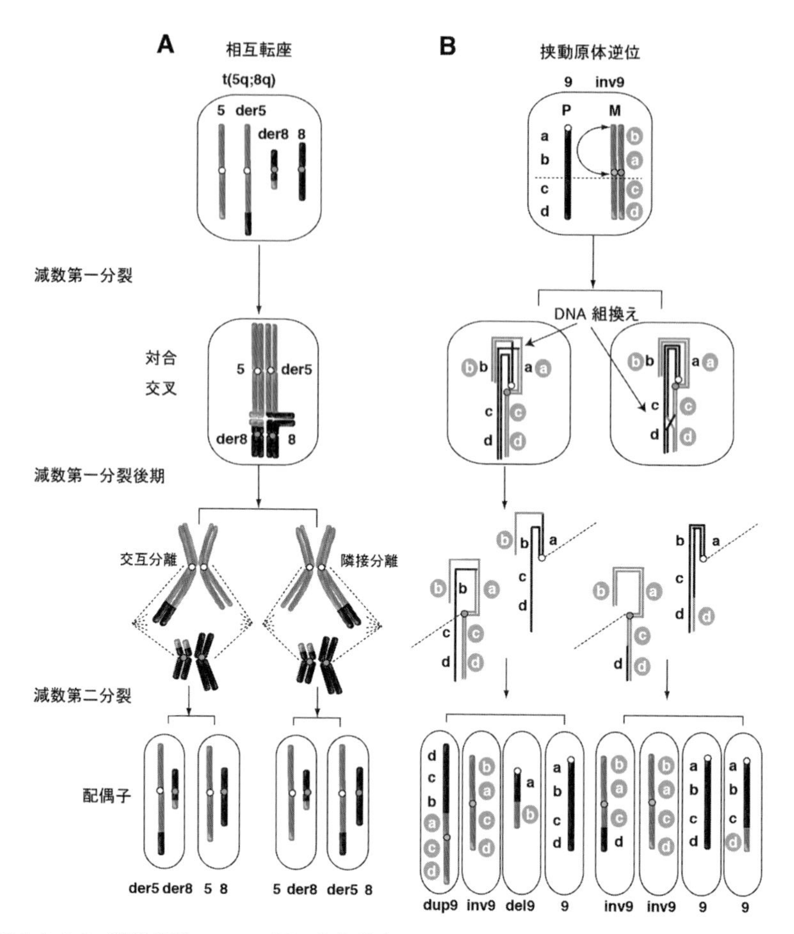

図 1-1-4-2. 減数分裂のモデル図―染色体変異がもたらす減数分裂の誤り．キアズマ形成図では，便宜的に姉妹染色体の一方を省略している．相互転座の減数第一分裂後期以降において，遺伝的不均衡が生じない配偶子（左）と生じる配偶子が（右）が想定される（A）．また同様に，挟動原体逆位の減数第一分裂後期以降においても，逆位領域内で交叉が起き，染色体の両末端が重複した染色体と大きな欠失をもつ染色体が生じる配偶子（左）と逆位領域外で交叉が起き，遺伝的不均衡が生じない配偶子（右）が想定される（B）．der，派生染色体；dup，重複；del，欠失；inv，挟動原体逆位．

たに生じた der5 と der8 が対合に参加する．MI 後期で Chr5 と Chr8 をもつ娘細胞と der5 と der8 をもつ娘細胞に分かれると，遺伝的不均衡は生じない．しかし，一定の頻度で，Chr5 と der8，Chr8 と der5 が同じ娘細胞に分かれることで，それぞれ Chr5 長腕の重複（duplication）と Chr8 長腕の欠失（deletion），Chr5 長腕の欠失と Chr8 長腕の重複をもつ娘細胞が生じる（**図 1-1-4-2A**）．また挟動原体逆位（pericentric inversion）も，生殖細胞形成において著しいマイナス要因となる．正常染色体と挟動原体逆位をもつ染色体は，対合することは可能であるが，逆位領域内で交叉を生じると，染色体の両末端が重複した染色体と大きな欠失をもつ染色体が生じる（**図 1-1-4-2B**）．一方，逆位以外の領域での交叉は問題ない（**図 1-1-4-2B**）．このように，遺伝子領域の配置を大きく変える染色体変異は，遺伝的に過不足がなく個体は健康であっても，生殖的な隔離を生む要因となりうる．

染色体変異は，タンパク質をコードする遺伝子領域ではなく，反復配列に富むヘテロクロマチン領域や核小体形成部位（NOR；nucleolus organizer region）と呼ばれるリボソームをコードするリボソーム RNA 遺伝子（ribosomal RNA gene）領域で生じやすい．ヘテロクロマチン領域は C-バンド染色により，NOR 領域は Ag-NOR-バンド染色により比較的容易に数的・量的変異を検出できる．とくに，基本的な染色体以外に B 染色体（B chromosomes）と呼ばれる染色体があり，その数に依存して個体間で異なる染色体数を示す種が知られている．B 染色体は，おもにヘテロクロマチンからなる場合が多いが，必ずしも C-バンド染色で濃染されない．不思議なことに，B 染色体は，MI 期における対合を免れても減数分裂の進行に影響を与えず，ランダムに配偶子に分配される．DNA 量や染色体構成の違いによる個体間の違いは見いだせず，集団から消えていくことがない．よって，B 染色体を含む配偶子が選択的に残るようプログラムされていると考えるのが自然である．しかし，その事実も機構もあまり明らかになっていない．本書では，B 染色体については第 5 章 5-2 において，ハントウアカネズミ（*Apodemus peninsulae*）を例に別途解説する．

1-1-5. 染色体研究の礎と発展〜細胞遺伝学的な染色体研究の歴史

染色体は，Wilhelm Waldeyer によって「染色されやすい細胞内構造物」に名付けられた付けられた用語である（Waldeyer-Hartz 1888）．これより以前の 1882 年には既に Walther Flemming が mitosis（有糸分裂）と chromatin という術語を用いて，ヒトの角膜上皮細胞の分裂期染色体の動態を詳しく観察している（Flemming 1882）．そのスケッチは非常に緻密であり，染色体の形態学はここから始まったといっても過言ではないだろう．その後 1903 年には，Walter Sutton と Theodor Boveri がバッタの減数分裂における染色体の挙動が，親から子への遺伝形質の伝達と密接に関連していることを見いだした．この研究によって，現在でいう「遺伝子」の担体は染色体であることが提唱された（染色体説 chromosome theory of Mendelian heredity）．さらに，1920年代の Thomas H. Morgan らによるショウジョウバエの唾腺染色体をもちいた一連の研究で，染色体上の遺伝子位置と連鎖群（染色体地図）が示され，染色体説が確立された．このように初期の染色体研究で，細胞学（cytology）と遺伝学（genetics）が結びついて細胞遺伝学（cytogenetics）という染色体研究の1つの分野が確立されたといってよい（佐々木 1994）．この項では細胞遺伝学的研究の発展を，解析技術の発展と染色体進化の理解という観点で振り返る．

この分野の発展に寄与した大きな技術革新は3つある．培養を含む染色体標本作製技術の進歩，分染法の開発，そして分子生物学との融合である．初期の染色体研究では分裂組織の押しつぶし標本や固定切片を用いる場合が多く，染色体の数や形態を正確に捉えることは技術的に難しかった．1950年代に入って培養技術や低張処理を含む固定方法の改良が大きく進んだ．ヒトの染色体数が46であることや（Tjio and Levan 1956），ダウン症を含む先天的な染色体異常疾患がこの時期に見いだされている（外村 1978；牧野 1979）．続く1970年代には多くの分染法が開発された（Macgregor and Varley 1983；奈良ほか 2002）．このうち，染色体全長にわたって縞模様を描画するG-バンドとその裏返しの関係にあるR-バンドは各染色体の識別に有用である．G-バンドはDNA塩基組成がAT-richであることが多く，遺伝子密度が低い傾向があり，S期の遅い時期にDNAが複製される領域である．反対にR-バンドはGC-richであり，遺伝子密度が比較的高く，S期の早い時期に複製される領域である．また，キナクリンマスタード（QM；quinacrine mustard dihydrochloride）やクロモマイシン A_3（CMA_3；chromomycin A_3）など，特定の構成の塩基対に結合する蛍光染色剤を使用した分染法も広く普及している．各々の染色体が正確に識別できるようになると，微細な構造変化の解析が可能となり，ヒトでは多くの腫瘍で固有の染色体異常が明らかにされてきた（阿部 1986）．平行して，染色体異常そのものの発生メカニズムや，これを指標とした変異原性の研究分野も大きく進展した（祖父尼 2005）．野生生物の染色体研究分野でも，バンドパターンの比較から染色体再編成のメカニズムがより詳細に解析できるようになった（第4章参照）．また，特定の染色体領域の識別や構造変化を解析する分染法としては，構成性ヘテロクロマチンを染め出すC-バンド法，転写活性のあるリボゾームRNA遺伝子部位を染め出すAg-NOR-バンド法などがある．これらを組み合わせた解析によって，染色体の変化をより詳細に解析できる．分染法の詳細については第3章を参照されたい．

また，1990年代からは，分子生物学的手法を取り入れた蛍光 *in situ* ハイブリダイゼーション（FISH；fluorescence *in situ* hybridization）法が広く用いられるようになった（松原 1994；押村・平岡 2004）．これはプローブDNAと染色体DNAをハイブリダイズ（分子雑種）させ，目的とする遺伝子の染色体部位あるいは染色体領域を検出するものである．このFISH法を基礎にした染色体の研究分野は分子細胞遺伝学と呼ばれる．蛍光を用いた解析手法は，顕微鏡や測定技術，その画像解析技術の発達とともに大きく発展した．ヒトやモデル生物ではゲノムプロジェクトの進行とともに多くの遺伝子が染色体上にマップされ，染色体異常から疾患の原因遺伝子を探索する研究に大きく貢献してきた（新川・阿部 2003）．一方，ゲノム解析が進んでいない野生動物においても，特定の染色体や領域をDNAプローブとするZoo-FISHや，ゲノムDNAの類似性を検出するGISH（genomic *in situ* hybridization），あるいは構成性ヘテロクロマチンの反復DNAの局在変化を解析することにより，進化の過程で起こった染色体再編成をDNAレベルで理解することが可能となった（サムナー 2006）．蛍光をもちいた核内構造の解析技術は日進月歩であり，現在では生細胞における染色体・クロマチン動態の解析が可能になっている（岡田 2016）．

このような解析技術の進歩とともに，染色体進化や染色体上で起こる遺伝学的現象の理解も深まってきた．そのすべてを俯瞰することはできないが，本書に関連する染色体研究のトピックスを幾つか紹介したい．

1-1-5-1. ゲノムとコムギの染色体進化

一部の例外を除いて，染色体の数と形態は種に特有である．ヒトの場合46本の染色体をもち，両親から23種類ずつ受け継いでいる．すなわち，我々ヒトは同じ遺伝子のセットを2つもっている二倍体生物である．この23本の染色体に含まれる遺伝子の1セットは「ゲノム」と呼ばれるが，この概念はコムギの倍数性進化の研究の礎から提唱されている（Kihara 1919, 1924）．本書で扱う哺乳類は二倍体生物のみであるが，植物ではゲノムの数が倍化した種がしばしばみられる．例えば，コムギの場合は14から42までの染色体数が観察されているが，すべて7の倍数であることから，7本の染色体が1セットのゲノ

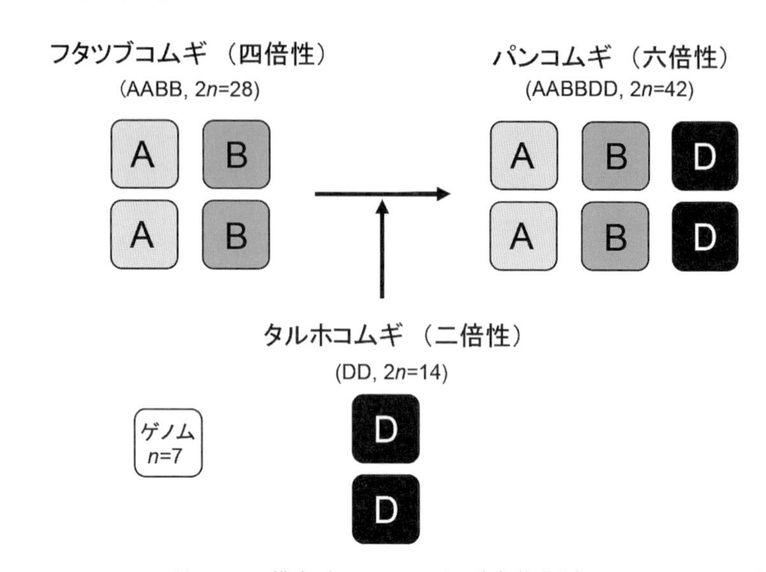

図 1-1-5-1. パンコムギのゲノム構成（コムギにおける染色体進化）．パンコムギは四倍性のフタツブコムギ（$2n=4x=28$）と，二倍性のタルホコムギ（$2n=2x=14$）との雑種が倍加してできた六倍性の種である（$2n=6x=42$）．A，B，D はコムギのゲノム（$x=n=7$）を示し，AABB，DD，AABBDD はゲノム構成を表している（ゲノム式）．詳しくは本文を参照されたい．

ム（基本数 x）として倍化したものと考えられていた．しかし木原均らは，それは単純な倍加ではなく，異なるゲノムを組み合わせたものであることを明確に示した（Kihara 1929, 1930）．すなわち，現在我々が食料としている四倍性のパンコムギは，フタツブコムギ（マカロニコムギなどが含まれる）と野生二倍性の種であるタルホコムギが交雑し，その後に倍加した六倍性の種だったのである（**図 1-1-5-1**）．この研究は染色体進化と種の形成が密接に結びついていることを明確に示した先駆的研究である．異なるゲノム由来の染色体を区別するには，現在なら Zoo-FISH 法等を取り入れるのが一般的であろう．しかしそうした技術が無かった当時のこの研究では，減数分裂の際に異なるゲノム由来の染色体は対合せず，二価染色体が形成されないという，染色体の動態・形態の観察であったことを付け加えておきたい．コムギの染色体研究については木原均自身のエッセイがあるので参照されたい（木原 1973）．

1-1-5-2. シンテニーと染色体進化

形態的な変化を経た染色体（すなわち異なる核型）をもつ種間であっても，同じ起源をもつ複数の遺伝子（同祖遺伝子 ortholog）の近接関係が染色体上

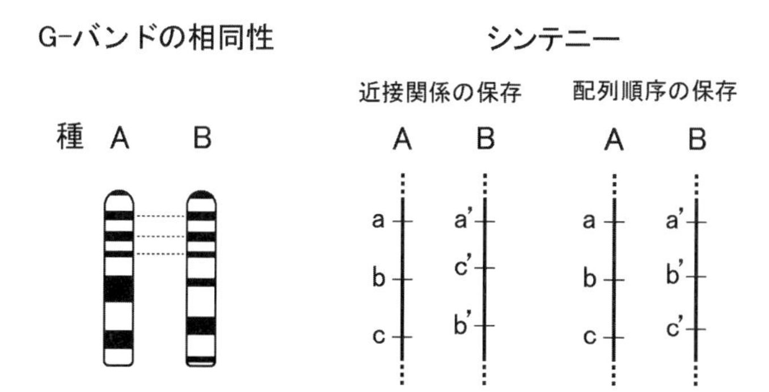

図 1-1-5-2. G-バンドの相同性とシンテニー．比較的近縁な種間で G-バンドを比較すると，染色体再編成が生じたのちでも，その相同性が確認できる場合がある（左図）．点線で相同と考えられる G-バンドを示した．G-バンドで相同な領域は遺伝子レベルでのシンテニーがみられるケースが多い．系統的に離れた種間では G-バンドによる類似性がみられなくてもシンテニーが見いだされることがある．シンテニーには染色体上における遺伝子の近接関係が保存されている場合と，配列順序まで保存されている場合とがある（右図）．配列順序まで保存されているときには，連鎖群の保存（linkage conservation）あるいは colinearity と呼んでシンテニーと区別することもある（Nadeau 1989；Delseny 2004）．種 A と B に対応する遺伝子：(a, a')，(b, b')，(c, c') は同祖遺伝子（ortholog）である．

で保存されている状態をシンテニー（synteny）と呼ぶ（ウィーバー 2008）（**図 1-1-5-2**）．さらに，遺伝子の配列順序（ジーンオーダー gene order，または連鎖 linkage）まで保存されている場合もある．ゲノム解析が行われる以前から，染色体の形態や G-バンドパターンの類似性（第 4 章参照），そして遺伝子マッピング，融合細胞をもちいた連鎖群（linkage group）の解析結果から，核型が異なる種間の染色体におけるシンテニーの存在は予見されていた．さらに近年のゲノム解析技術の発展により，系統的に離れた生物種間におけるシンテニーも明らかにされている．例えばヒト（$2n=46$）と実験用マウス（$2n=40$）の場合，染色体の数と形には大きな違いがあり，両者の分岐後に，それぞれで多くの染色体再編成が起こったことがわかる．その一方で，ヒトとマウス染色体には 200 個以上のシンテニーが見いだされており（Nadeau 1989；Eichler and Sankoff 2003），全遺伝子数（約 3 万個）の 90%がシンテニー領域に含まれるという推定もある（鈴木ほか 2003）．このように，シンテニーの解析は染色体進化を探る 1 つの良い指標となっている．さらに重要なことは，Barbara MaClintock がトウモロコシの変異から「動く遺伝子」を発見したように，染色体上における遺伝子の位置関係は，その遺伝子の機能発現と密接に関わっていることを，シンテニーの保存は物語っている（Spangenburg and Moser 2016）．

1-1-5-3. 遺伝子重複による進化とX染色体の保存性

生物進化の過程でゲノムサイズは増大し，遺伝子数が増え，その結果新たな機能をもつ遺伝子が出現してきたと考えられてきた．その機構として，大野乾は，すべての染色体の倍加による遺伝子重複を挙げ，これが生物進化の過程で少なくとも2回起こったと考えた（オオノ 1977）．最初が約5億年前に魚類が出現するとき，次に約4億年前に魚類と両生類が分岐するときである．このとき，ゲノム全体の重複が起こり遺伝子数の爆発的増加が起こったと推察している．すなわち，動物の進化の過程で2回の四倍体化が起こったというものである．これは「2 rounds of duplication（2回重複）仮説」とも呼ばれており（Kasahara 2007），最近のゲノム解析によっても支持されている．例えば，原始的な脊索動物（頭索動物）であるナメクジウオとヒトとの間には17個のシンテニーが見いだされ，それぞれがヒト染色体の4ヶ所に対応していることが示されている（Putnam *et al.* 2008）．魚類やツメガエルにおいては，分岐後にも3回目，4回目の全ゲノム重複が起こり，ゲノム重複が進化に大きな影響を与えたと考えられている（Session *et al.* 2016）．

また大野は性染色体のうちX染色体は非常に保存的であることを理論的に示している（Ohno 1967, 1970；Ohno *et al.* 1964）．これは「Ohnoの法則（Ohno's rule）」と呼ばれている．有胎盤類全体でみたとき，ヘテロクロマチンなどの付加的な部位を除けば，X染色体は非常に保存的で相対長（すべての染色体の長さの合計からみたX染色体の長さの割合）は5〜6%の間に入る（Pathak and Stock 1974）．また，X染色体の遺伝子は他の染色体上のものと比べて，シンテニーの保存性が極めて高い（高木 1994；Eichler and Sankoff 2003）．したがって，この法則から逸脱したX染色体をもつ種は，より複雑な染色体再配列を経て分化した，派生的な核型を有していることが示唆される．
また，哺乳類の雌個体の体細胞では，遺伝子量補正のためX染色体2本のうちの片方が不活性化している（Lyon 1961）．これはライオニゼーション（Lyonization）と呼ばれ，非翻訳性RNA（non-coding RNA）を介したメカニズムが知られている（Jégu *et al.* 2017）．不活化型X染色体は核内で高度に凝縮したヘテロクロマチン（バー小体）として観察され，DNAおよびヒストンの修飾においても活性型X染色体とは異なる特徴をもつ（Nakajima and Sado

2014）．一方，Y染色体は進化の過程で矮小化してきたと考えられ（Hughes *et al.* 2015），トゲネズミ類（*Tokudaia* spp.）ではY染色体が消失している種も見いだされている（Kuroiwa *et al.* 2010）．

1-1-5-4. 反復配列の増幅とヘテロクロマチン

染色体の構造変化をもたらす要因の1つとして，特定のDNA配列の増幅（重複）がある．すべての染色体に広く挿入されたDNAは散在性反復配列と呼ばれ，レトロポゾンやtRNAなどに由来する配列が知られている（岡田 1994）．これらのDNAが挿入される部位は染色体構造と関連しているらしい．例えば，比較的短いSINE配列は染色体のR-バンド陽性部位に多く，比較的長いL1（LINE）配列はG-バンド濃染部に多くみられる（Mouse Genome Sequencing Consortium 2002）．これらは染色体に大きな形態変化をもたらさないが，遺伝子レベルで突然変異を引き起こす可能性が示唆されている（Deininger 1989；Sookdeo *et al.* 2013；Payer *et al.* 2017）．一方で，特定の部位でタンデムに重複してヘテロクロマチン化（heterochromatinization）した場合，染色体の形態は大きく変化する可能性がある．このような増幅によってC-バンド染色で濃染される大きな塊が形成される場合があり，これをヘテロクロマチンブロックと呼ぶ．例えばハタネズミ類では，これに関わったDNA配列の解析が同定され，染色体構造変化との関連が議論されている（Modi 1992, 1993a；Neitzel *et al.* 1998；Modi *et al.* 2003）．本書で後述するカワネズミ（*Chimarrogale platycephalus*）では，ヘテロクロマチンブロックの大きさに個体間，あるいは相同染色体対（相同対）間で変異がみられ，集団の特徴を表す良い指標になっている（第4章参照）．チャイニーズハムスターでは性染色体における反復配列の増幅と，常染色体のセントロメリックなヘテロクロマチン領域におけるテロメア類似配列の増幅が示されている（Bertoni *et al.* 1996；Serakinci *et al.* 1999；Ono and Sonta 2001）．ヘテロクロマチンの確立と維持はDNAの高メチル化，ヒストンのメチル化修飾（例えばH3K9me3）やヒストンの低アセチル化と強く関連している（加藤・村上 2004；中山 2013）．また，個々の染色体にはバンド状のヒストン修飾パターンがみられ，染色体はこうしたクロマチン構造の違いによって区分化されているらしい（Terrenoire *et al.* 2010）．染色体はこうしたエピジェネティックな情報の担体でもあることから，クロマチン構造と染色体の再編成過程との関連も今後解明されるべき課題である．

1-1-5-5. 染色体進化の最小作用説

染色体の形態変化にはどのような法則性があるのだろうか．この課題に答えようとした仮説がある．染色体の数と形は，生存上有害な相互転座の発生を回避する方向に，すなわち染色体同士の相互作用が少ない状態に向かって変化する，という最小作用説（minimum interaction hypothesis）である（今井 1994）．有害な逆位や転座は，染色体同士が近接した位置にあるときに，染色体間の相互作用により生じる．この仮説では，小さなA型染色体を数多く有する種の核型が染色体同士の相互作用の可能性が低いとしている．一方で，A型染色体ではセントロメア領域を末端から遠ざけるようなヘテロクロマチンの増幅が起こりやすいとしている．この状態は小型哺乳類では実験用マウスの核型（$2n=40$，すべてA型）に近いものと推察できる．セントロメア近傍のヘテロクロマチンの増幅によって，動原体融合（以下，ロバートソン型融合，本章1-2-1-1参照）は起こりやすくなると考えられるが，この融合の切断点が遺伝子内に発生する確率は低く，生存上有害となる可能性は少ないと思われる．し

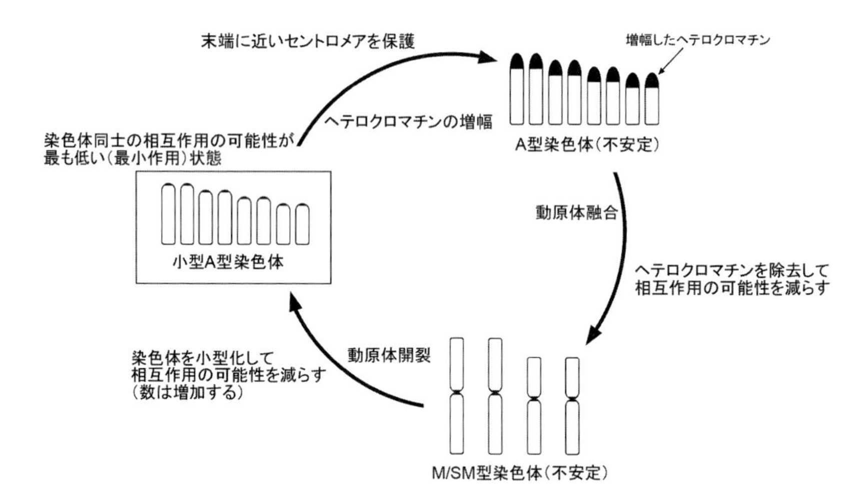

図 1-1-5-3. 染色体の最小作用説．間期核内において，染色体同士が互いに相互作用する確率は，染色体の長さの増大とともに増加することが予想される．染色体腕部における組換えは遺伝子の構造を壊す可能性があることや，その生殖細胞における対合の異常を誘発することから生存に不利な場合が多い．最小作用説は，そのような生存に不利な染色体同士の相互作用の可能性を低くするように染色体形態が変化する，という仮説である（本文参照）．この図に示した経路以外に，例えばA型染色体がM型染色体に変化する機構として挟動原体逆位も考えられている．詳しくは本文で挙げた分献を参照．

たがって，ロバートソン型融合によって形成された両腕性染色体（M 型や SM 型）は相互転座よりも進化的に維持されやすいだろう．この仮説は染色体進化の数理的・理論的アプローチとして知られており，昆虫綱膜翅目のハリアリ類で実例が示されている（Imai *et al.* 1988, 1994）．ロバートソン型融合以外にも，A 型染色体が挟動原体逆位（本章 1-2-1-2 参照）により M 型染色体に変化した例があるが，これは末端付近のヘテロクロマチンが染色体内部に移動することで末端同士の相互作用の確率を減少させたと理解できる．このようにして形成された M 型染色体のうち大きなものは，相互作用する確率をさらに減らすために，動原体開裂（ロバートソン型開裂 Robertsonian fission，本章 1-2-1-2 参照）によって小さな A 型染色体に回帰すると考えられる．染色体進化はこのようなサイクルを回っており，我々は進化的時間の流れを一瞬止めた現在の状態で個々の種の染色体を見ているともいえよう（**図 1-1-5-3**）．この説は比較的近縁な種間の染色体進化を理論的に説明できると考えられ，今後多くの種で検証されることを期待したい．

この項の最後に次の言葉を紹介する．

The History of the Earth is recorded in the Layers of its Crust；

The History of all Organisms is inscribed in the Chromosomes. H. Kihara (1946)

「地球の歴史は地層に生物の歴史は染色体に記されてある　木原 均（1946）」

この言葉は，ワトソンとクリックによる 1953 年の DNA の二重らせん構造の発見より前の 1950 年に開催された第 1 回染色体学会で，木原本人が説明を加えて発表したという記録がある（木原 1951）．染色体は DNA の一次配列からなる遺伝情報だけでなく，遺伝子発現を制御するクロマチン構造とその変換といったエピジェネティックな情報も内包している．それらの情報を細胞から細胞へ，そして世代を越えて伝える「染色体」には，我々の想像を超えた未発掘の生命の歴史が隠されているのかもしれない．

1-2. 染色体進化の理論的背景

1-2-1. 染色体再配列

染色体突然変異には $2n$ の染色体がゲノムセットとして倍加する倍数性

(polyploidy) や $2n$ の染色体から何本かの染色体が増減する異数性 (heteroploidy) のような染色体の数量的異常をもたらす変異，さらに染色体の構造異常（形態の変化）をもたらす変異がある．後者のように染色体に構造異常が生じて染色体構成に変化がもたらされる現象を染色体再配列ないしは染色体再編成（chromosome rearrangement）という．染色体再配列は染色体が構築される分裂中期に起こるとは限らず，基本的に分裂間期を含め DNA に生じる分子レベルでの変化にその端を発するものであり，次項 1-2-2 で図解しているように減数分裂を経てはじめて次世代に伝わり得る変異となる．その成立には複雑な過程があるが，ここでは染色体再配列の生成機構を視覚的に理解できるよう，染色体再配列の前後という形で単純に図式化し解説する（**図 1-2-1-1,2,3**）.

1-2-1-1. 動原体融合・動原体開裂

動原体融合（centric fusion）とは，相同ないしは非相同な 2 つの A 型ないしは T 型染色体が動原体部分で融合し，一個の両腕性（M 型/SM 型/ST 型）染色体を形成する現象であり，哺乳類の核型進化の中ではもっとも多くみられる再配列の 1 つで，哺乳類のほとんどの目（order）で報告されている（Sumner 1990）．動原体融合の場合は染色体数が 2 減となるが，FN 数は変わらない

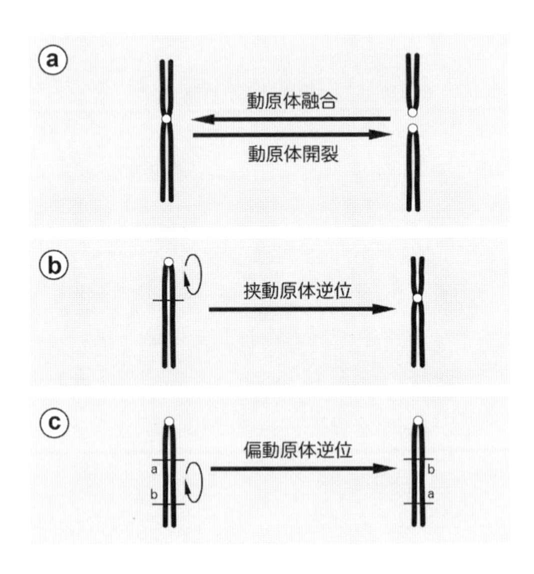

図 1-2-1-1. 染色体再配列のモデル—その 1.

(**図 1-2-1-1a**). 前節 1-1 で解説したように，A 型染色体であれ T 型染色体であれ，動原体融合にかかわる染色体には微小な短腕が存在し（図では省略），その末端にはテロメアがついているので，実際の融合に際しては余分となる動原体やテロメア・微小短腕の部分は欠失したり，不活性化したり，またそのまま組み込まれることもあるという（Slijepcevic 1998）.

一方，動原体融合と反対の方向で生ずる変異を動原体開裂（centric fission，または動原体解離）といい（**図 1-2-1-1a**），染色体数は 2 増となり，FN は変わらない．哺乳類では融合・開裂いずれの場合もヒトを含め数多くの分類群で報告されているが，概して前者の報告が多い．本書の第 4 章に登場する哺乳類に関していえば，アカネズミ（*Apodemus speciosus*）の $2n=48$ と $2n=46$ の例をはじめ，トガリネズミ科（Soricidae）やイタチ科（Mustelidae）で動原体融合がいくつも記録され，ヒナコウモリ科（Vespertilionidae）でも数多くの動原体融合がかかわり，動原体開裂の例はユビナガコウモリ（*Miniopterus fuliginosus*）・アナグマ（*Meles anakuma*）・タヌキ（*Nyctereutes procyonoides*）で知られているのみである（Obara 1985a, b；Saitoh and Obara 1986；Obara 1987b；Tada and Obara 1988；Obara and Nakano 1989；Ono and Obara 1994）．また，ハタネズミ（*Microtus montebelli*）では個体変異としてではあるが，1 対の M 型染色体に生じた動原体開裂のヘテロ接合の個体も記録されている（Kyoya *et al.* 2008）．ちなみに，動原体融合/開裂の変異は，この現象について初めて記述した生物学者 William Rees Brebner Robertson の名前に因んで Robertsonian fusion/fission（ロバートソン型融合/開裂）とか Robertsonian rearrangement（ロバートソン型再配列），Robertsonian variation（ロバートソン型変異）という（Robertson 1916）．また，動原体融合は厳密にはこの後述べる転座の一形式ともいえるので，Robertsonian translocation（ロバートソン型転座），centric-fusion translocation（動原体融合転座）とか whole-arm translocation（全腕転座）などと表現されることもある．なお本書では「ロバートソン型～」を用いている．

1-2-1-2. 挾動原体逆位

逆位（inversion）とは 1 つの染色体内で 2ヶ所に切断が生じ，その切断片が 180 度反転し再結合することで生じる．この断片に動原体が含まれる場合，挾動原体逆位（pericentric inversion）と呼ぶ（**図 1-2-1-1b**）．この場合，逆位部分の遺伝子の配列は逆転することになるが，重複や欠失はないので，遺伝的には大きな影響はないことが多い．**図 1-2-1-1b** ではA型染色体の長腕内に切断が1ヶ所あり，図には記されていない微小な短腕内でも切断が生じ，動原体を含む断片が逆転・再結合しSM型染色体となり，染色体数は変わらず，FN数は2増となる．長腕内に生じる切断の位置により，生じる逆位染色体はM型，SM型，ST型のいずれにもなり得る．M型やSM型に生じた挟動原体逆位の場合，染色体数はもちろんFN数も変わらない．日本産哺乳類でのこのタイプの逆位はトガリネズミ科やモグラ科（Talpidae）で報告されており（Tada and Obara 1988；Kawada and Obara 1999；Moribe *et al.* 2007），ヒトでも第9染色体の短腕基部から長腕基部にかけての動原体近傍での逆位の例（Inv(9)(p12q13)）が知られている（Collis *et al.* 1997）．

1-2-1-3. 偏動原体逆位

図 1-2-1-1c に示したように，切断によって生じた無動原体断片（acentric fragment）が180°反転して再結合する場合，これを偏動原体逆位（paracentric inversion）と呼ぶ．このタイプの逆位では逆位内で遺伝子配列が逆転するものの，染色体の数にもFN数や形態・大きさにも変化は生じない．したがって，G-バンド染色などの分染法で分析しないかぎり，逆位の存在は検知できない．とはいえ，**図 1-2-1-1b** も含め，逆位に関しヘテロ接合の個体（逆位のある集団とない集団の間の交雑個体）では，減数分裂でいわゆる逆位ループ（inversion loop）を形成するので（次項，**図 1-2-2-3** 参照），減数分裂MI期ないしはMII期をみれば，通常ギムザ染色（conventional Giemsa staining）だけでも逆位を検知できる．また，逆位ヘテロ接合の個体は，挟動原体・偏動原体型のいずれの場合も逆位ループを介して不完全な遺伝子構成の配偶子（後述する重複・欠失，および二動原体染色体 dicentric chromosome・無動原体染色体 acentric chromosome）をも生み出すので，半不稔（semi-sterile）となる．

1-2-1-4. 欠失

染色体の切断によってその一部が欠損する変異を欠失（deletion）という．染色体に1ヶ所切断が生じると，動原体を含む側の染色体とこれを含まない無動原体断片に分断される．前者の切断端にテロメアが形成されると，断片部分を欠いた欠失染色体となり，断片の方は消失することになる（**図 1-2-1-2d**）．図には示されていないが，同じ腕内の2ヶ所に切断が生じ，末端側の断片が動原体を含む側の切断端と再結合し，中間の断片が消失する場合は腕内欠失（interstitial deletion）という．正常な染色体と欠失染色体を相同対としてもつ

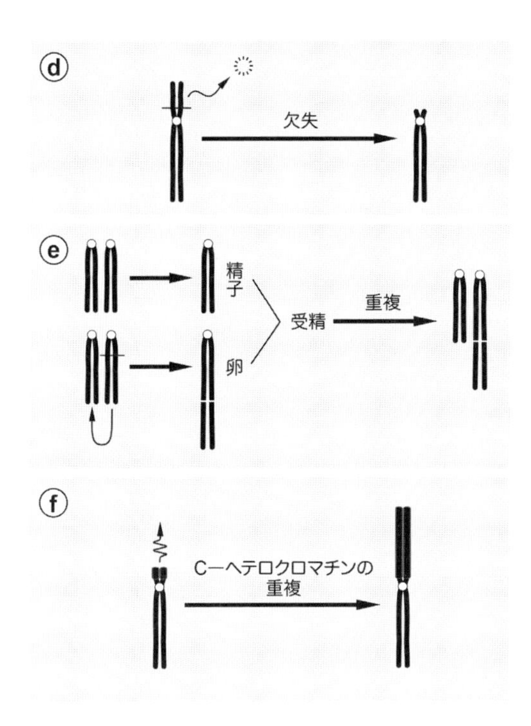

図 1-2-1-2. 染色体再配列のモデル―その 2.

ヘテロ接合の個体では，MI 前期で欠失部分に相当する正常染色体部分がループを形成する．欠失の例はヒトでも第 5 染色体の短腕の一部欠失（5p-）によるネコ鳴き症候群や第 13 染色体の長腕基部の一部欠失（13q14 領域の欠失）による網膜芽細胞腫などでよく知られている（Lejeune *et al.* 1963；Ryan 2013）.

1-2-1-5. 重複

染色体内の特定の部分が重複（duplication）して存在すること．**図 1-2-1-2e** に示したように，相同染色体間で一部転座し重複した染色体をもつ一方の生殖細胞（ここでは卵）が，正常なもう一方の生殖細胞（ここでは精子）と受精することで縦列重複（tandem duplication）の個体が生じる．図には示していないが，MI 前期での相同染色体の誤対合と不等交叉（unequal crossing-over，または不等乗換え）によって縦列重複が生じることもある．このような不等交叉は遺伝子の反復構造を含む染色体部分で生じやすく，相同対間にかぎらず，同一染色体の姉妹染色分体間でも生じることもあり，これを不等姉妹染色分体交換（unequal sister chromatid exchange）という．縦列重複があるとさらに不等交叉が起こりやすくなる．重複が生じるということは，遺伝子群のコピーができるということであり，新たな遺伝子を生み出すもととなり得ることから，重複は進化学的に重要な意味をもつとされている．

1-2-1-6. C-ヘテロクロマチンの重複

染色体上のC-ヘテロクロマチン領域（**図1-2-1-2f**の短腕）が重複（duplication of C-heterochromatin）し，大型化すること．C-バンド染色によって大型のC-バンド（C-ブロック）として可視化される．C-ヘテロクロマチンは高頻度～中頻度の反復配列を含んでいるので，重複が重なると不等交叉のチャンスが多くなり，相同対間でC-ブロックに大きさの違いが生じやすくなる．相同対間のこのような違いを異形性（heteromorphism）という．C-ブロックの異形性については本書でもカワネズミやヒメネズミ（*Apodemus argenteus*），イイズナ（*Mustela nivalis*）などで指摘しているが，哺乳類にかぎらず，動物植物の多くの分類群で多数報告されている．また，動原体にはサテライトDNA（satellite DNA）を主成分とする反復配列が含まれているので，この領域も重複しやすい領域とされ，通常ギムザ染色の核型では種間でほとんど違いがないのに，動原体C-バンドの大きさに違いが認められるという例が数多く報告されている．

1-2-1-7. 相互転座

ゲノム全体の遺伝子数を変えることなく，染色体の一部が同一染色体内の別の部位もしくは他の染色体へ移動する現象を転座（translocation）という．**図1-2-1-3g**のように非相同な染色体に切断が生じ，無動原体断片が相互に入れ変わる現象を相互転座（reciprocal translocation）という．この場合は染色体数もFN数も変わらない．動原体を有する断片同士で転座すると二動原体染色体となり，残りの無動原体断片は相互に転座しても無動原体染色体となるので，いずれも存続できない．相互転座個体と正常個体の交配で生じた転座ヘテロ接合の個体の場合，MI前期で四価染色体が形成され重複や欠失を示す染色体が生ずるので，半不稔となる．

1-2-1-8. 縦列転座

非相同な染色体の腕の一部に切断が生じ，無動原体断片が他の染色体の端部に縦につながるように転座することを縦列転座（tandem translocation）とい

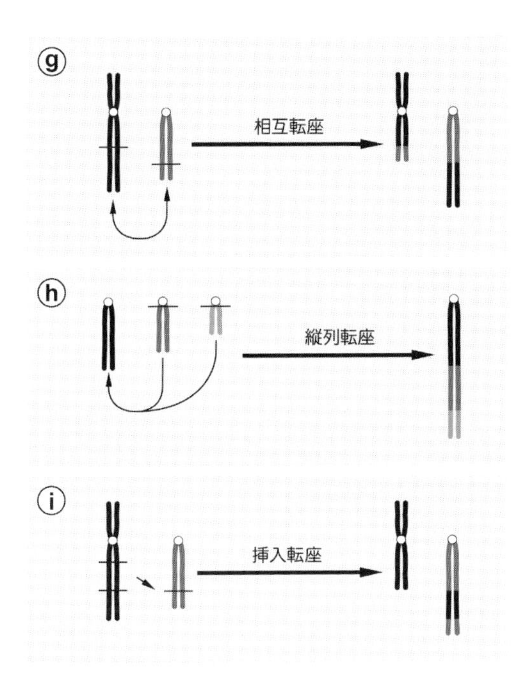

図 1-2-1-3. 染色体再配列のモデル—その 3.

う（**図 1-2-1-3h**）．図は動原体近傍で切断が生じる例で，染色体数も FN 数も 4 減となる．残される動原体部は消滅するという．縦列転座は 2 回以上の転座を意味するものであるが，その繰り返しが多い場合，反復縦列転座（repeated tandem translocation）と呼び，次々項 1-2-3-3 でも解説しているように，その典型的な例がインドホエジカ（*Muntiacus muntjak*）で報告されている（Shi *et al.* 1980）．**図 1-2-1-3h** のタイプの転座に関しては，切断が動原体部ないしは微小な短腕部に生じている例も知られており，インドホエジカ（雌；$2n=6$，雄；$2n=7$）の場合は，大型化した両腕性染色体の腕内にテロメアとセントロメアの反復配列が互いに相接する形で，転座した分だけ組み込まれているという（Lee *et al.* 1993）．

1-2-1-9. 挿入転座

図 1-2-1-3i に示したように，非相同染色体 2 対の 3ヶ所に切断が生じ，無動原体断片がもう一方の染色体の切断部に挿入される場合，挿入転座（insertional translocation）という．染色体数も FN 数も変わらないが，一方

の相同対は小さくなり，もう一方の相同対は受け入れた断片の分だけ大きくなる．図では非相同染色体への挿入を例示しているが，相同対間でも起こり得ることである．転座や逆位は基本的に2ヶ所の染色体切断で生じ得るが，挿入の場合は3ヶ所での切断が必要となる．野生哺乳類での挿入転座の報告例はほとんどないが，ヒトでは新生児8万人に1人の割合で生じているという（van Hemel and Eussen 2000）．なお，A型ないしT型染色体の動原体が同じ染色体の腕内に移動する場合，あるいは逆に腕内から染色体端部へ移動する場合，動原体シフト（centromere shift）という．

1-2-2. 種分化と生殖的隔離

1-2-2-1. 種と種概念

種分化（speciation）を考える前に，まず種（species）とは何かを考えたい．

生命史を考える中で，漸次的に変化していく進化と不連続な実態として捉える種をリンクさせるのは非常に難しい（Coyne and Orr 2004；Futuyma 2013）．すなわち，種分化は連続的な変化を経ていくものであるのに，そこに形質の不連続性によって認識される種が存在するという考え方が，互いに矛盾しているのだ．しかし，ここで種について本質的に考えだすと，「種は実在する実体なのか？」「種は形而上学の理論的な概念ではないのか？」という哲学の話にもなりかねず，本項の主旨からおおいに逸脱してしまう．また便宜的に普段から種という言葉を使っている以上，種の存在を否定するわけにもいかない．若干，種に対する消化不良的な面はあるが，種が実体のある実在するものとして話を進めていきたい．

まずは種の定義，すなわち種概念（species concept）について考えよう．じつはこれまでに，種の定義はいくつも提唱されてきている．たとえば，同一の特徴をもつ個体の集まりを種と認める「類型学的種概念（typological species concept）」，生物の形態的特徴によって種を認める「形態学的種概念（morphological species concept）」，他の系統と異なる特徴や進化的な特性を有する単系統群を種と認める「進化学（系統学）的種概念（evolutionary species concept）」，互いに同じ仲間であると認知可能な個体の集まりを種と認める「認知的種概念（recognition species concept）」，さまざまな表現型が共有される潜在能力を持つ個体の集まりを種と認める「凝集的種概念（cohesion species concept）」など多々あり（Mayr 1942；Wiley 1978；Paterson 1985；Templeton

1989；Coyne and Orr 2004；Futuyma 2013)，それぞれの定義にはそれぞれの意義あるのだが，すべての生物に適用できる種概念は存在しない，というのが実状である．しかし，哺乳類を含めた有性生殖の生物においては，交配が可能かどうか，という点に着目した「生物学的種概念（biological species concept)」が一般に受け入れられている傾向がある．

生物学的種概念は，鳥類学者のエルンスト・マイアによって1942年に提唱された（Mayr 1942)．この生物学的種概念における基本的な考え方は，「生殖的隔離（reproductive isolation)」が成立しているか否かに依拠する．同地域に分布する集団において，自然条件下で交配し子孫を残すことができるのであれば，それは同一の種とみなし，集団間で子孫を残すことができないのであれば，それらを異なる種とみなす，という考え方がベースとなる．また生殖的隔離はさらに「交配前（接合体形成前）隔離（premating isolation)」と「交配後（接合体形成後）隔離（postmating isolation)」に分けられる．交配前隔離は，基本的に交配まで至らない状態を指しており，同地域においても生息場所が異なる生息地的隔離（habitat isolation)，繁殖期が異なり交配に至らない季節（時間）的隔離（temporal isolation）などの生態的隔離（ecological isolation)，雌雄の配偶行動が異なる行動的隔離（behavioral isolation)，雌雄の生殖器官が物理的に合致しない機械的隔離（mechanical isolation）などがあげられる．一方，交配後隔離には，雑種 F_1 世代の致死（lethal）または弱勢（depression)，雑種の不稔（sterility)，F_2 世代以降の致死または弱勢，といった事象があげられる（Coyne and Orr 2004；Futuyma 2013)．

種分化とは，これらの隔離機構が成立に至るプロセスのことであり，ほぼ同じ生物集団間が生殖的に隔離されることによって遺伝子交流がなくなり，ひいては一方の集団に生じた変異が他方には伝わらず，結果として両者の遺伝的な差異が蓄積して異なる種に分化する，という結果に至るのである．つまり種は，種分化の結果産物ということになる．

1-2-2-2. 生殖的隔離と染色体

では染色体は種分化においてどんな貢献をするのだろうか？

本章1-1の各項でも述べたように，染色体は細胞の核内に出現する高次構造体である．したがって，おもに染色体が関与するのは，F_1 および F_2 世代以降における減数分裂時の染色体の不均等な分配（unequal chromosome segregation）に起因する生存能力（viability）や稔性（fertility）である（King 1993；

図 1-2-2-1.　減数第一分裂に出現する対合複合体の透過型電子顕微鏡像（写真のサンプルは BALB/c マウス）．この対合複合体を介して，相同染色体が対合し，交叉が可能になる．染色体を構成しているクロマチンなどの高次構造を物理的に拡散させ，対合複合体のみを検出できる方法で作製しているため，染色体は認識されない．異形対である X 染色体および Y 染色体は，偽常染色体領域でのみ部分的に対合し（矢印），それ以外の領域は対合しないため，対合に寄与していない側生要素が顕著に確認できる（X および Y）．

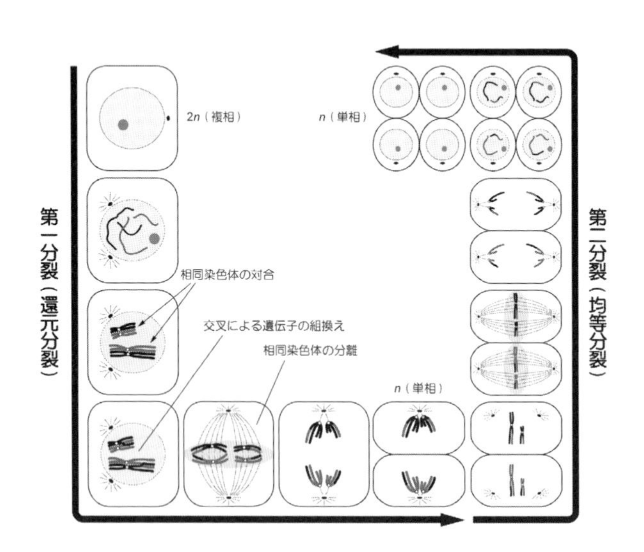

図 1-2-2-2.　減数分裂における染色体の対合と娘細胞への分配のプロセス．

Rieseberg 2001；Sumner 2003；サムナー 2006)．MI 期の一次精母細胞（primary spermatocyte）または一次卵母細胞では，複相（diploid, $2n$）の常染色体が相同染色体間で対合し（**図 1-2-2-1**），X 染色体と Y 染色体も偽常染色体領域（pseudoautosomal region）で部分的に対合し，二価染色体を形成するのが一般的なメカニズムである．対合領域では染色体の交叉が起き，この部位で DNA の組換えが生じる．MI 期も終盤に差し掛かると，相同染色体間および XY 染色体間が物理的に離れていき，娘細胞にそれぞれの染色体が均等に分配（equal chromosome segregation）され，両親由来の複相の染色体数が減数（reduction）された単相（haploid, n）の染色体数の細胞が形成される（**図 1-2-2-2**）．この MI 期では，複相から単相へ染色体数が減数することから，還元分裂（reductional division）とも呼ばれる．続く均等分裂（equational division）である二次精母細胞（secondary spermatocyte）または二次卵母細胞の MII 期を経て，染色分体がそれぞれ配偶子に分配される．なお，多くの生物では MI で単相へ減数する前還元（prereduction）システムを有するが，第 5 章で紹介するアカネズミ属（*Apodemus*）での例のように，ごく稀に MII で減数する後還元（postreduction）システムが認められている．

ここで，ある個体に何らかの染色体再配列が生じ，それが元の染色体構成を有する個体と交配した場合を考える．その受精卵における両親由来の染色体構成が不均等な場合（部分的な欠失，重複など），発生段階で崩壊する場合がある．一方，F_1 世代が無事に産まれたとしても，その MI 期において染色体の対合がスムーズに行われない場合があり，その結果，染色体の不分離（non-disjunction）等が起こることで，娘細胞への染色体の不均等な分配が生じる．これが負の影響を与え，F_2 世代以降の致死や弱勢を招くことがある．このような不均等な染色体構成をもたらす染色体再配列が，生存上不利な結果を引き起こすことで遺伝的交流が断たれ，生殖的隔離を成立させることになる．本章 1-1-4 でも触れたが，以下，いくつかの例を示そう．

例えば逆位が生じた場合の交雑では，挟動原体逆位・偏動原体逆位ともに MI 期の対合時に逆位ループが形成される．そのループ内で交叉が起こると，正常な一価染色体も形成されるが，遺伝子座の重複・欠失，および動原体の重複・欠失をもたらすような一価染色体も形成されてしまう（**図 1-2-2-3**）．このような正常ではない一価染色体を含む配偶子は必然的に致死的となり，F_1 世代の稔性が著しく低下する．

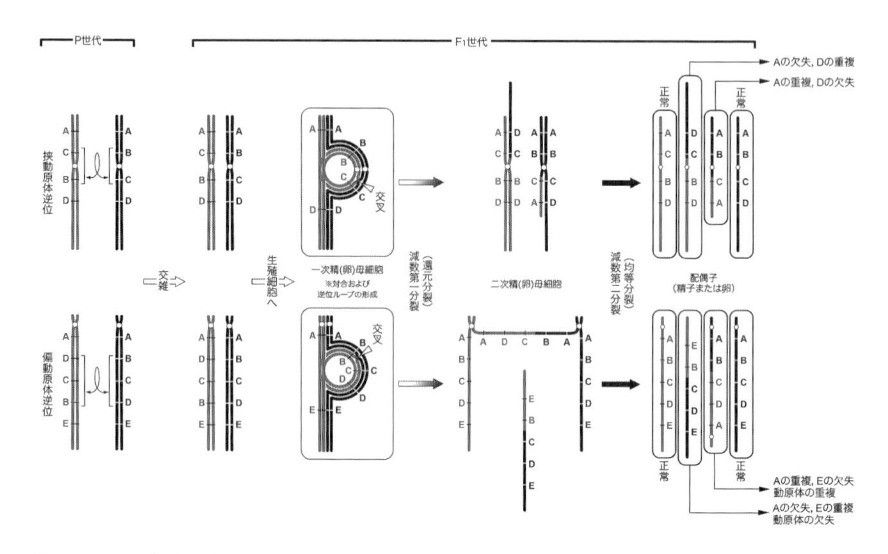

図 1-2-2-3.　挟動原体逆位による減数分裂時の単相（n）染色体形成へのプロセス.

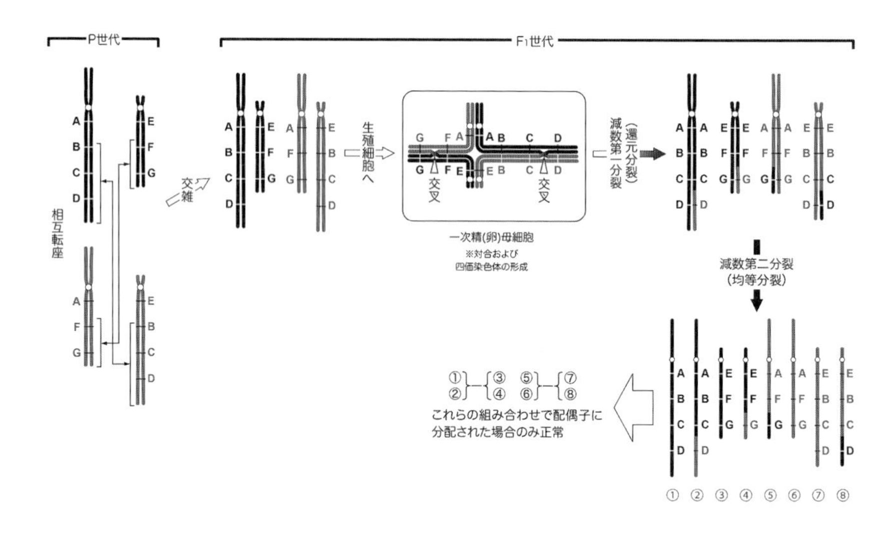

図 1-2-2-4.　相互転座による減数分裂時の単相（n）染色体形成へのプロセス.

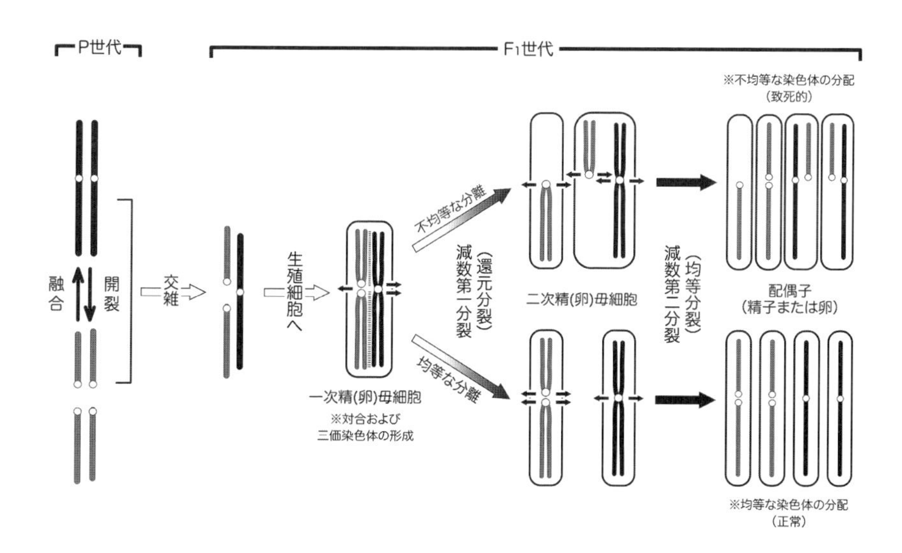

図 1-2-2-5. ロバートソン型再配列による減数分裂時の単相（n）染色体形成へのプロセス.

相互転座が生じた場合の交雑ではさらに複雑な様相を呈する. MI 期の対合時は, 相互転座が生じた部位におけるそれぞれの相同領域で対合するため, 四価染色体が形成される. さらにそこに交叉が起こると, この四価染色体が還元分裂・均等分裂を経て一価染色体として分配される際に, 相互転座領域の遺伝子座を正常に揃えた染色体構成の配偶子が形成される割合が極めて低くなり, 相対的に致死的な配偶子が形成される可能性が非常に高くなる（**図 1-2-2-4**).

一方, 染色体の腕単位で変異が生じるロバートソン型再配列（融合, 開裂, 本章 1-2-1 参照）の交雑の場合は, まず MI 期に三価染色体（trivalent）が形成される. この三価染色体が腕単位で均等に分配されない場合に, 重複・欠失に起因する致死的な配偶子が形成されるが, 均等に分配されればゲノム構成自体に変化はないので, 生存能力や稔性に負の影響を与えない (**図 1-2-2-5**). とくにロバートソン型再配列に起因する染色体多型（chromosomal polymorphism）や染色体種族（chromosomal race）が知られる種では, 腕単位の均等な分配が補償されることで多型が維持されており, 生殖的隔離が成立していない.

通常, ロバートソン型再配列のように, 腕単位で染色体構造が保存されている場合, 遺伝子量の増減等はなく, また遺伝子構成そのものにも変化は生じない. しかし多くの遺伝子は, ある染色体領域の連鎖群として存在し, 染色体の

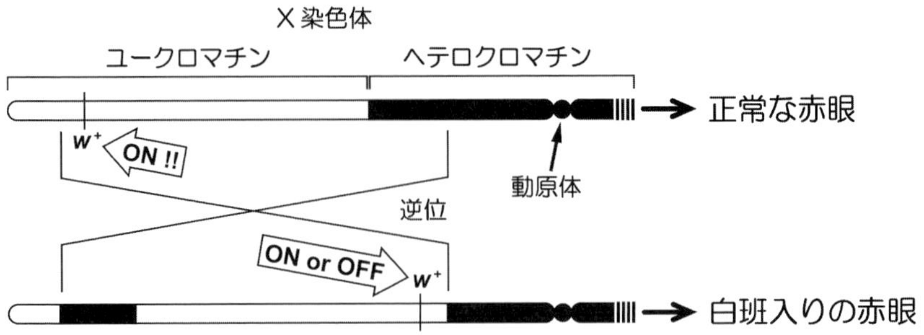

図 1-2-2-6. ショウジョウバエでみられる遺伝子の位置効果による眼の色の変異の出現例．正常な赤眼を発現する w^+ 遺伝子は，野生型（上）では X 染色体長腕のユークロマチン部に位置するが，ヘテロクロマチンを含む領域での逆位が生じると，w^+ 遺伝子はヘテロクロマチン近傍へ移ってしまう（下）．すると，ヘテロクロマチンの影響で w^+ 遺伝子が OFF になる場合が生じ，その結果，白斑の入った赤眼を生じることになる．

構造的変化によりこの連鎖群の遺伝子構成に変化が生じる場合があり，発現に影響を及ぼすことがある．すなわち，遺伝子そのものに変化は生じていないにも関わらず，遺伝子の位置関係が変化することで，連鎖群にある各遺伝子間の相互作用に影響が及び，発現システムが変わってしまう．これを遺伝子の位置効果（position effect）といい，例えば，遺伝的に不活性なヘテロクロマチンの近傍にある遺伝子は，その位置効果により，ヘテロクロマチンの影響を受けて不活性化（inactivation）されてしまうことがある（Sumner 2003；サムナー 2006）．ショウジョウバエでは，逆位によって遺伝子がヘテロクロマチン近傍へ移ってしまうと，高頻度で遺伝子が不活性化される（**図 1-2-2-6**）．

このように，単に染色体の構造変化による染色体の不分離に起因した稔性への影響のみならず，遺伝子群の構造的変化に伴う発現システムへの影響も含め，染色体再配列は種分化の大きな原動力となりうるのである．

1-2-3. 染色体と稔性

以上のような染色体再配列は時として集団内に広がり，さらにその祖先型の核型をもつ集団との間で生殖的な隔離をもたらすことがあるだろう．これは現在我々が目にする哺乳類において，種ごとに異なる核型を有するケースが多々みられることからわかることである．このプロセスが染色体種分化と呼ばれるもので，1960 年代から 80 年代にかけて多くの議論がなされた．子孫に引き継がれる染色体再配列は，ある特定の一個体の減数分裂に至る過程で生じると考えられる．ではこの変化がどのようにして集団内に広まり，種として固定されるに至るのだろうか．

1-2-3-1. 染色体再配列の細胞分裂に与えうる影響

前項1-2-2で解説したように，染色体の形態変化が細胞や個体にもたらす影響は，その染色体再配列の種類によって異なると考えられている．しかし影響はそれだけでなく，再配列に関わった染色体領域の大きさにもよるだろう．例えば逆位を例にとると，逆位領域が大きければ大きいほど，逆位ループ内での組換えが生じる確率は高くなると推測される（一方で，逆位ループ内では組換えが抑制されるとする説もある）．大規模な染色体部位の欠失や重複は細胞が機能するうえで大きな障害になる可能性が高い．またその程度は欠如・重複領域に配置される機能的遺伝子の量によっても左右されるかもしれない．

染色体の形態変化が細胞に与える影響は遺伝子量（gene dosage）に関わるものだけではない．細胞分裂時に赤道面に配置された相同染色体は，中心体から生じる紡錘糸によって両極へ分けられ，細胞分裂が成立する．この過程で，染色体を移動させる物理学的な力の不均衡は，娘細胞への染色体の均等な分離を阻害する可能性がある．例えば遺伝子量的にほぼ均一な2つの単腕性染色体と1つの両腕性染色体のようなロバートソン型再配列を例にとっても，このような阻害をもたらす可能性はありうる．また相同対の形態が異なるため，分離の際に染色体同士が引っかかり（interlocking）を起こすことで，正常な配分が行われないことも想定できる．そもそも染色体は長大なDNA鎖を適度なサイズに梱包して，分離を容易にするのが存在意義の1つであるから，極度に大型化した染色体では，絡まったり切断されたりということが頻繁に起こりそうである．一方で個々の染色体サイズが小さく，数が多くなれば，娘細胞へと分離する際に，間違いが起こりやすくなると考えられる（**図1-2-3-1**）．

単純な構造的再配列でも，それが複数回にわたって生じた場合には細胞分裂に与える影響が高くなる可能性がある．例えば異なる系統で独立した染色体同士がロバートソン型融合による変異を生じた場合を考えてみよう．祖先型の種が有する3対のA型染色体A1・A2・A3において，ある個体ではA1・A2で融合が起こりM型のM1/2を生じ，別の個体ではA2・A3の癒合が起こってM型のM2/3を生じたと仮定する．このようなケースは単腕相同性（monobrachial homology）と呼ばれるものである．するとこれらの雑種個体

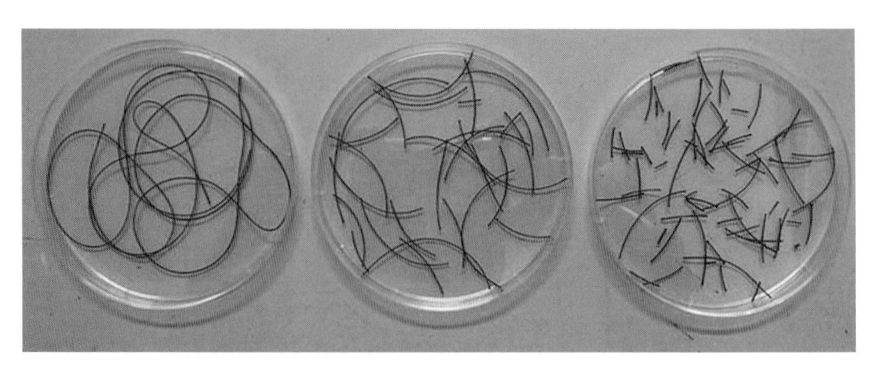

図1-2-3-1．50 cm の糸をゲノムに例えてみると，左（$2n=2$）では糸同士の交差が非常に多く，絡まりやすい．逆に右（$2n=70$）では細々した糸片が多く，均等に分割するのに労力がかかる．適度な長さにまとめられた中央（$2n=30$）がもっとも適しているように思える．

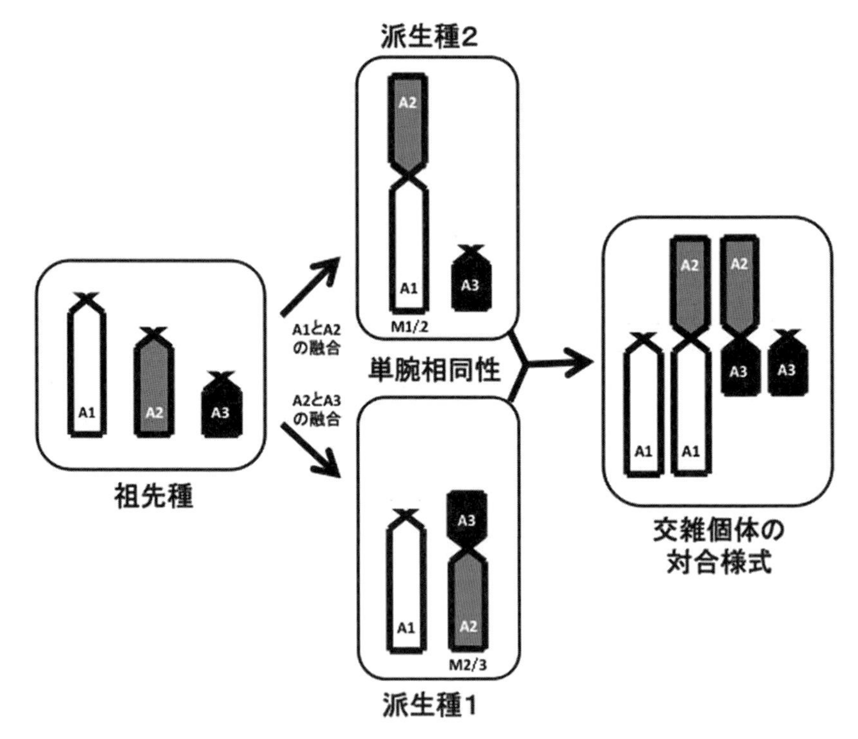

図1-2-3-2．単純なロバートソン型融合が減数分裂に影響大な単腕相同性をもたらす過程．

における染色体構成は A1・M1/2・M2/3・A3 となり，これらは分裂時にそれぞれの相同部位と対合するので鎖状に連なった四価染色体を形成する（**図 1-2-3-2**）．このような構成となると，分裂時に不分離などの要因で異数性の配偶子ができる確率が高くなることが予測される．

ハツカネズミ（*Mus musculus*）の場合，基本的な染色体数は $2n=40$ で，核型はすべて A 型染色体で構成される，しかし地域集団により染色体数は $2n=22$ まで減少し，さまざまな組み合わせでロバートソン型融合が生じた核型が集団内に固定された結果だとされている．興味深いことに，これら融合した A 型染色体の組み合わせによって，減数分裂時の分離不全（malsegregation）の率は異なっている（第 5 染色体と第 15 染色体では 22%，第 10 染色体と第 11 染色体では 2%）（Redi and Capanna 1988）．このように，ロバートソン型融合の場合でもすべてが正常に減数分裂を乗り越えられるわけではないようである．また第 1 染色体と第 3 染色体の融合の場合では，分離不全が雄で 14%，雌で 58% というデータもあり，雌雄差も認められるようである．さらにロバートソン型融合による M 型染色体のさまざまな組み合わせのために連なった鎖状の多価染色体（multivalent）はリング状を呈する場合もあり，こうなると正常な分離はほぼ不可能になることが示されている（Gropp *et al.* 1982）．このようにロバートソン型再配列は当初，平衡多型（balanced polymorphism）として存在するであろうが，異なる組み合わせの融合をもつ集団同士での隔離がしだいに形成されていくであろうと考えられる．

以上のように，遺伝学的かつ物理的な障害を乗り越えられた染色体変化のみが次世代に受け継がれ，集団内に拡散する可能性を潜在的にもっている．すなわち染色体の構造変化は，遺伝的な制約と細胞内での環境的制約の下で，選択される形質ということができる．

1-2-3-2. 染色体変異が子孫に受け継がれ集団内に拡散するプロセス

子孫に受け継がれた染色体変化はすぐには集団内に広がらないだろう．なぜならその構造変化をもつ個体はただ一個体で，ヘテロ接合の状態で存在しているからだ．問題は前項 1-2-2 でも議論したとおり，その個体の減数分裂が正常に行われ，繁殖能力（稔性）があるかどうかである．仮に繁殖能力がある場合，変異個体と正常個体の子孫には 2 分の 1 の確率で変異型の染色体が伝達されるため，変異型をもつ個体が誕生する．さらに親との戻し交配や同腹子との近親交配により，変異個体同士の交配が行われる場合，4 分の 1 の確率で変異型を

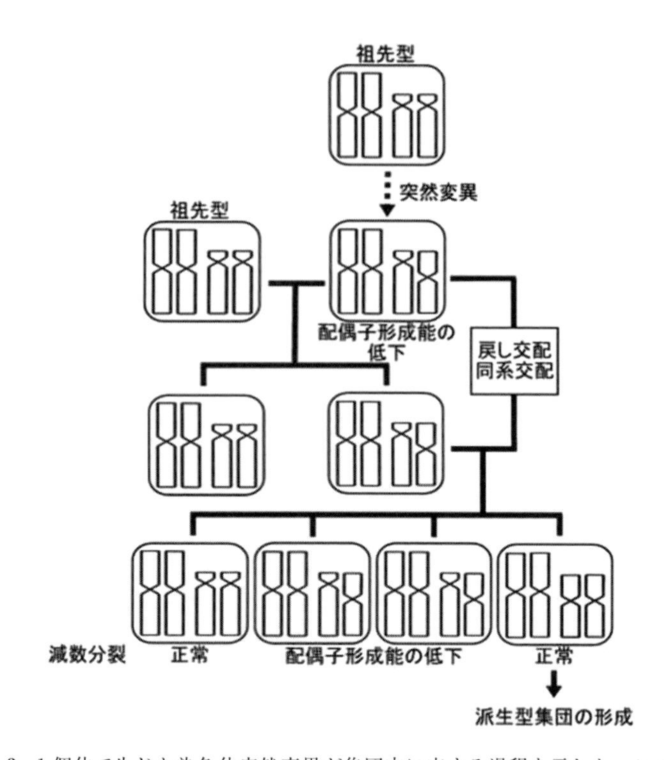

図 1-2-3-3. 1個体で生じた染色体突然変異が集団内に広まる過程を示した．このようなプロセスは，戻し交配や同系交配が起こりやすい小集団や，個体の移動能力が低い条件があることによって促進される．

2本セットのホモ接合（homozygosity）でもつ個体が誕生する（**図 1-2-3-3**）.

ここで考えなくてはならないのが，変異型をヘテロ接合でもつ個体の減数分裂がまったく正常に行われてはならないということである．つまり染色体構造変化のヘテロ接合の個体で減数分裂に与える影響がゼロであれば，その変異は集団内にある一定の頻度で拡散し，平衡多型となる．その染色体が種分化に与える影響は極めて低いだろう．一方でいくらかの程度で減数分裂に負の影響を与えるような構造変化（negatively heterotic rearrangement）を仮定すると，状況は興味深い．前項1-2-2で述べたように，変異型の染色体をヘテロ接合でもつ個体では，減数分裂時にさまざまな程度で構造変化の影響を受ける可能性がある．この個体が残した子孫もヘテロ接合となるので同様であろう．ところがこれらの個体同士で交配した場合には，変異型をホモ接合でもつものがごく少数含まれ，この個体では相同対の構造に違いがないため，染色体の分離の際に係る物理的な負荷の影響を受けず，正常に減数分裂が行われると予測される（**図 3-2-3-3**）．

仮にこの正常な「変異個体」が元の正常個体と交配した場合には，その子孫はすべてヘテロ接合となるのはメンデルの法則が示すところである．すべての子孫が配偶子形成にいくばくかの異常をきたし，稔性は低いものとなる．変異個体と正常個体はそれぞれ同じ染色体構成をもつグループとだけ多くの子孫を残せることとなり，やがてそれらの間には隔離が生じるようになると考えられる．

ところで染色体の突然変異ですら稀な現象と考えられるが，このように都合よく集団内に広がるプロセスが本当に起こりうるのだろうか？　地下性の齧歯類においては地域集団レベルで異なる核型をもつ「染色体種族」の例が多く知られている．地下という生息環境に住む哺乳類は多くがトンネル生活を強いられるために，移動能力が制限され，その結果同系交配が起こりやすい状況にあると考えられる．染色体突然変異率が一定であるとするならば，地下性哺乳類に染色体多型が多いのは上記のような同系交配による変異型染色体のホモ接合化プロセスが起こりやすい結果と解釈できる．また移動能力が大きい種でも，変異型染色体をもつ妊娠した雌 1 個体が島などの隔離環境に移動し，そこで出産した場合には，変異型染色体を保持する子孫雄個体との戻し交配によって，容易に染色体変異が固定する可能性もある．

Michael J. D. White はこの理論をオーストラリア北西部沿岸地域に生息するバッタのグループの大規模な染色体調査の結果「停所的種分化（stasipatric speciation）」として提唱した（White 1968）．このバッタは翅がないため，移動能力が制限される．個体の移動能力が低いために，集団内での遺伝的な流動が低いと考えられる．これをして「stasis（停滞）」と場所を示す「patric」を合わせて「stasipatric」の語を使用した．一集団内に起こった変異が次第に広まって，祖先型との間にバリアーを生じるようになるとするこの種分化のモードは，「同所的種分化（sympatric speciation）」の特殊なケースとみなすことができる．染色体の形態変化によりもたらされるこの種分化は，必ずしも完全な地理的隔離（geographic isolation）を必要とはせず，また長期間にわたる隔離の間に生じる遺伝子レベルの変化も伴わない場合が多い．そのため，一見 DNA レベルでは同一とみられるものの間でも，明確に集団間の生殖的隔離が達成されている可能性を示唆するものである．

1-2-3-3. 染色体進化の定向性

多くの生物では特定の分類群内で同じタイプの染色体再配列が何度も固定されている．有名な例は偶蹄目（Artiodactyla）シカ科（Cervidae）ホエジカ属（*Muntiacus*）の種群である．例えばキョン（*Muntiacus reevesi*）は染色体数 $2n=46$ で，すべて A 型の染色体で構成されるが，インドホエジカになると，染色体数は雌と雄でそれぞれ $2n=6$，7 となっている（Shi 1976）．とくに雌の染色体数は，哺乳類で知られるものとしては最小である．この同属近縁種間での変異は，キョンの核型を祖先型として，反復縦列転座が起こった結果だと考えられ，染色体数の間を埋めるその他の種が存在している（Shi *et al.* 1980）．また前述したように，ハツカネズミでは，すべて A 型染色体で構成される $2n=40$ を祖先型として，多くの地域個体群を特徴づける組み合わせのロバートソン型再配列による M 型染色体が知られている（Redi *et al.* 1990）．同様な例は日本産モグラ類でもみられ，A 型染色体が挟動原体逆位により ST 型や M 型に変化し，種間差を生じている（Kawada *et al.* 2001）．さまざまなタイプの染色体の突然変異がランダムに生じると考えると，特定の染色体再配列が固定に至るためには，何らかの選択的な要素が働いていると考えられる．これを White は「核型の定向選択（karyotypic orthoselection）」と名づけた（White 1975）．

染色体進化の傾向についての仮説は他にもあるが，どうやら染色体の進化はランダムに起こるものではないという印象を受ける．染色体の挙動は，遺伝学的な適応・不適応といった側面だけでなく，その染色体が細胞分裂の過程で均等に子孫に伝えられるか，といった物理的状況にも関わっている．また普段我々が観察する分裂中期におけるコンパクトにまとめられた形の染色体だけでなく，それが間期においてどのような挙動を示すのか，また核内でどのように配置されているのか，といった事象もかかわっているだろう．近年特定の染色体が核内で一定の領域に存在していることもわかってきており（田辺 2003），染色体同士がランダムに干渉するわけではないことが明らかになっている．

コラム① ネズミ捕りの学生がネズミ捕りに引っ掛かった!?

小原良孝

弘前は林檎畑で囲まれた街である．とくに郊外の南側から西側一帯は見渡すかぎり林檎畑が広がり，その先は津軽の秀峰岩木山の山麓まで続いている．そのど真ん中をうねるように走っているのが林檎をはじめとする農産物輸送のための広域農道“アップルロード”である．一般車両も利用できるので，私も弘前大学在職中は小型哺乳類の採集でこの農道を利用し，岩木山や近隣の山々によく出かけたものである．

かれこれ40年ほど昔のことであるが，研究室にバイク好きの学生がいて，しばしば岩木山山麓の林檎畑や杉林に通いシャーマントラップのワナ掛けをしていた．ある日，その学生がバイクに乗り一人で真夜中の見回りに出かけた．アップルロードは一般車両が少なく，町に近いところは別として基本的に信号機がないので，直線道のところではついつい飛ばしたくなる．とまれ彼はスピードをセーブしながら慎重に走行し，ワナ掛け現場の近くまでやってきた．とその時，予想だにしなかった災難が降りかかってきたという．突然，交通違反取締官二人が反射棒を振りかざしてバイクのライトの先に立ちはだかったということである．運悪いことにその時期は林檎の収穫期で，林檎どろぼうの警戒も兼ねていたのであった．早速尋問となり，その学生は必死にネズミの捕獲調査で夜間の見回りに来たことを説明したようであるが，如何せん彼は長靴履きで，虫よけのタオルを首に巻き，荷台の箱には懐中電灯，ワナにかかったネズミをトラップごと入れるロープつきのズタ袋，トラップを修理するペンチ・ニッパー，針金，軍手などが入っていたのである．時間も時間であり，これではどう見てもふつうの通行人とは見てくれない．ついに署まで同行かというところで，学生は切羽詰まって，“それではワナをかけている場所まで同行してください！”とねばり，その場所まで案内し，やっとのことで納得してもらったという．卒業後，この学生は警察官となり交通機動隊所属の白バイ隊で活躍していた．ネズミ捕りが交通違反取締官のネズミ捕りに引っ掛かったという教え子の忘れ得ぬ武勇伝として私の記憶に残っている．

コラム②　黒ずんだバナナ

岩佐真宏

大学院生だったある日，小さな川沿いの土手の下に車を停め，回収してきたワナから捕まえたネズミを取り出していた．生きていた個体はケージに移し替え，残念ながら死んでしまった個体を剖検していた時である．検体は剥皮して標本にし，剥皮後の検体をボンネットの上に新聞紙を敷いて並べていた．時折，土手の上を車が走り去るが，あまり気にせずに黙々と作業していた．

すると突然，「そんなもの食べちゃイカーン！」と怒鳴るような男性の声．土手を見上げると，一台のワゴン車が停まり，オジさんが叫びながらこちらに走り降りてくるではないか！　あまりに唐突の出来事に私も面食らって，血相を変えたオジさんをただ呆然と眺めていた．

「そんなもの食べちゃダメだ！　腹壊すぞ！」とオジさん．そう，このオジさんは，私の車が県外ナンバーだったことと，私の身なりがみすぼらしかったことから，「若い学生風の男性が，旅の途中，食べるものに困り，捕まえたネズミを食べようとしている」と思ったらしいのだ．すかさず私もコトの経緯を話したのだが，なかなか信じてもらえない．挙げ句の果てには，ワゴン車まで戻ってクルマに積んでいた“黒ずんだバナナ”を一房持ってきて，「これ，食べなさい」と差し出される始末．仕方ないので，せっかくのご好意，バナナはいただくことにした．

オジさんはそれでも納得できないらしく，「今度こちらへ来た時には，うちに寄って行きなさい．ご飯食べさせてあげるから」と言いながら，私に一枚の名刺を差し出し，訝しげな表情のまま去って行った．あれ以来，何度かその場所を訪れたが，けっきょくオジさんの自宅を訪ねることはしなかった．

自分のやっている行為が，一般人には相当に奇異に映っているんだな，と自覚させられた一件．その時の名刺は今でも大事にとってある．あれから20年，オジさんはどうしているだろうか…

第2章
フィールドへ出る

2-1. フィールドワーク

2-1-1. フィールドワークで大切なこと

野生哺乳類を対象とした染色体研究では，培養に供するための新鮮な組織を手に入れるため，まず対象個体を捕獲することからすべてが始まる．日本における哺乳類学研究の黎明期は，採集を生業としていたプロの蒐集人がいたのだが，現代社会ではそういうわけにもいかない．研究する者自らが採集をせねばならず，そのためには，フィールドワークがどうしても欠かせない．ここが実験動物を対象として実験室のみで行う染色体研究とは一線を画す大きなポイントである．また昨今，野生哺乳類の系統進化に関する研究分野では，DNA を用いた研究が主流である．しかし DNA は，エタノールや冷凍した固定組織から抽出できるため，あえて生体を捕獲するフィールドワークにエネルギーを注がなくても研究目的が達成されてしまう．それが「対象個体を見ずして研究を遂行する」ことが広まってしまった原因でもある．野生哺乳類の染色体研究では，否が応でも対象種の個体そのものとその生息地を目にしなくてはならない宿命ゆえ，それがコストとしての大きな労力である反面，逆に染色体研究に付随して得られるさまざまな情報が，多くのベネフィットを産み出すという好循環を与えてくれる．

対象個体の入手は，基本的にワナを仕掛けて捕獲する（偶然，新鮮な死体を拾得するような場合もあるが…）．ワナを適当に仕掛けても，捕獲することはできるだろう．しかし，せっかく時間と労力をかけてフィールドに来ているのだから，少し吟味してワナを仕掛け，対象個体の生態，生活史を理解できるようなやり方を身につけておいた方がいい．そのためには，時空間的に規則性をもってワナを仕掛けることが肝要であり，それは結果として対象種の捕獲率向上にもつながる．なお現在，哺乳類の捕獲には国や自治体の捕獲許可（※）が必要であるので，留意されたい．

例えば採集は，繁殖期や分散期などを考慮し，時期や時間的インターバルを吟味して行いたい．またワナを設置する際も，ある距離や面積に対して空間的インターバルを設け規則正しくワナを仕掛けていく．そうすることで，後々採集記録を密度推定や個体数変動の付加的なデータとして活用することができる．またワナを仕掛けた日付や時刻，ワナ設置場所の様相や植生も記録をとっておく．それらをデータとして積み重ねていくと，しだいに対象種の生息地選好性や行動パターンなどがみえてくる．フィールドワークで得られたこれらの記録を丁寧に統計処理すれば，立派な生態学的データとして成立させることが可能になる．例えば，イイズナ（*Mustela nivalis*）やカワネズミ（*Chimarrogale platycephalus*）の分布状況の報告は，染色体研究の副産物としての典型例である（小原ほか 1997，小原 1999）．

また染色体研究にかぎらず，野生哺乳類の採集が必要な研究では，常に「未知のものを手にする」可能性を秘めている．例えば新種の発見である．もちろん，そんなことはかぎりなく小さな確率かもしれないが，ゼロではない．ゼロではない以上，いつもその可能性への臨戦態勢を整えてフィールドワークに臨む必要がある．また，生物には必ず何らかの変異がある．それは齢変異，性変異，地域変異，そして染色体変異などさまざまなものであり，2つとして同じ個体はいないということである．これらの変異の様態によっては，分類学的な位置づけを変更しなくてはならないような事態も生じる．なるべく多くの情報を保存・記録しておくことが，自然史研究において忘れてはならない心がけである．尊い生命を犠牲にして研究を遂行するわけであるから，可能なかぎり対象種を取り巻くさまざまなデータをとるべきである．

まずは実際に対象種が生息する現場へ向かおう．歩いて数分の場所かもしれないし，飛行機を乗り継いでたどり着く辺境の地かもしれない．たとえそこがどこであろうと，フィールドワークに変わりはない．常に危険を伴うし，あるいは滅多にお目にかかれない貴重な一瞬に出会うかもしれない．そのためには，万全の準備を施して臨むことである．

※「鳥獣の保護及び管理並びに狩猟の適正化に関する法律」では，野生鳥獣または鳥類の卵について，狩猟により捕獲する場合を除き，原則としてその捕獲，殺傷または採取（捕獲等）が禁止されている．
ただし本書で紹介する研究内容のように，学術研究上の必要性が認められる場合などには，環境大臣または都道府県知事の許可を受けて，野生鳥獣又は鳥類の卵を捕獲等することが認められている．なお許可の権限者は，

○環境大臣：国指定鳥獣保護区内，希少鳥獣の捕獲等の場合及びかすみ網を用いた捕獲の場合
○都道府県知事：大臣許可の対象となるもの以外の鳥獣の捕獲等の場合（多くの都道府県では，地方自治法第252条の17の2の規定又は鳥獣による農林水産業等に係る被害の防止のための特別措置に関する法律第6条の規定に基づき，その捕獲許可権限の一部を市町村長に移譲している）
となっている.

2-1-2. フィールドワークに必要なもの

フィールドワークへ携行するものは多岐にわたる．目的地は，国内外を問わず，基本的に大抵ヒトが出入りしないような場所であるため，必要な物品を現地調達というわけにもいかず，研究室からあれこれ持参しなければならない．今はコンビニエンスストアという便利なものが各地に見受けられるが，フィールドで使用する携行品の多くは，一般向けに販売していない専門アイテムが多い．したがって，あらかじめ必要なものをリストアップして準備し，効率よく梱包したうえで出発できるように備えたい．培養組織のサンプリング用“三種の神器（下記参照）”も含め，以下にその携行品を紹介したい．

ワナ等

・ワナ（基本的には生け捕りワナ．本章2-2参照）
・誘因餌，撒き餌（本章2-2参照）
・マーキング（ワナ設置地点の目印用の蛍光ピンクテープ…シンワ測定社製マーキングテープ．洗濯バサミをつけておくと便利．**図2-1-2-1**）
・剣先スコップ（ピットフォールトラップ用）
・根堀り（モグラのワナ用）
・ラジオペンチ類（網かご型のワナのセッティング，修繕用）

作業用の道具等

・ナタ（藪こぎの際の蔦や小枝の伐採，クマに備えた護身用に）
・大型ピンセット（ピットフォールトラップの中身をつまむのに便利）
・袋類，カゴ類（ワナを入れて持ち歩ける丈夫なもの．麻袋やスーパーのカゴなどがよい）
・電気工事用腰袋（ワナやマーキング，その他小物を入れられて便利）
・ビニール袋（小型）（餌等を小分けにできる程度のもの．穴を空ければ標本整理にも使用可）
・すずらんテープ（ポリエチレンテープ）（汎用，マーキング用，夜間見回

図 2-1-2-1. ワナ設置地点に目印として使用する蛍光ピンクのマーキングテープ．洗濯バサミをつけておくと作業しやすい．

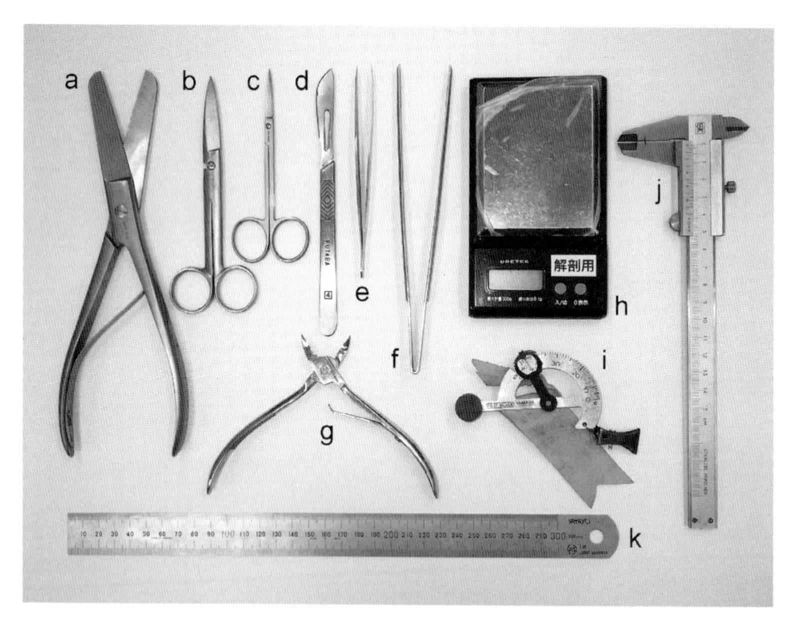

図 2-1-2-2. 解剖・計測用具．解剖バサミ特大（解剖剪刀，a），解剖バサミ大（解剖剪刀，b），解剖バサミ小（眼科剪刀，c），メス小（d），ピンセット各種（e，f），骨切剪刀小（g），電子レタースケール（h），レタースケール（i），ノギス（j），定規（0 起点，k）．

りの誘導用)

解剖・組織サンプリング・標本作製等

- 解剖・計測用具*（ハサミ（大・小），メス，ピンセット，レタースケール等．**図 2-1-2-2a〜i**）
- 定規（金属製のもの．**図 2-1-2-2k**）
- ノギス（できれば電池式ではないものがよい．**図 2-1-2-2j**）
- 筆記用具（鉛筆またはシャープペンは数本あった方がよい．HB よりは B のシャープペンが使いやすい．また油性マジック（細字），ボールペン（太字）等も常備）
- 野帳（ポケットサイズのノートであれば何でも可．雨に濡れることもあるので耐水性がベター．紛失しないよう，ストラップ等をつけておくとよい．**図 2-1-2-3**）
- 細かく切ったケント紙（チューブ（分子生物学でよく使用する小型の遠心

図 2-1-2-3. フィールドでさまざまな記録をとるためのポケットサイズの野帳．フィールドワークでは，命の次に大事なものは野帳といっても過言ではない．ただしポケットに入れているだけだと，藪漕ぎなどの際に紛失してしまうことがあるので，ストラップをつけて首にかけておくとよい．ストラップをつける際の穴は，下側にすると書き込む時に使いやすい．左は耐水性のもの．

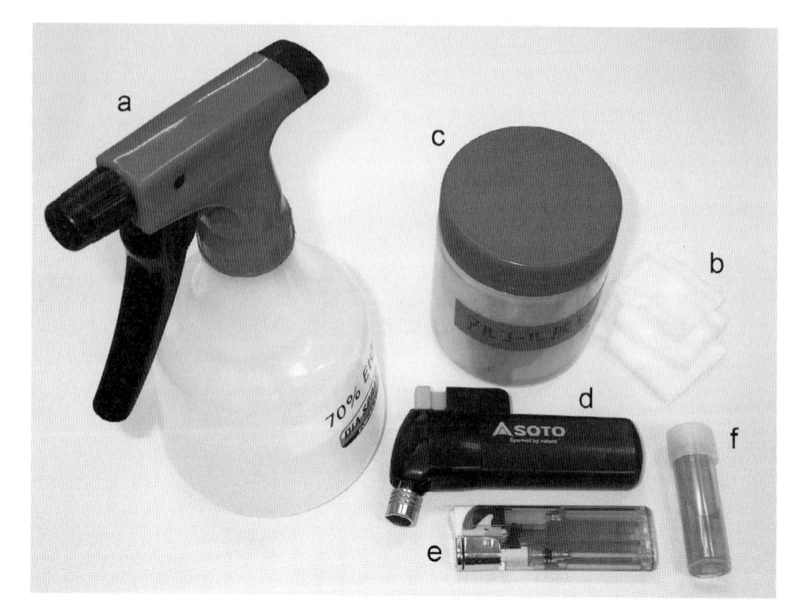

図 2-1-2-4. 滅菌用品と培養液. 70%エタノールスプレー（a），カット綿（4号，b）とカット綿を70%エタノールに浸したボトル（c），ガス交換型バーナー式ライター（d），使い捨てバーナー式ライター（e），培養液の入ったセーラムチューブ（5 ml，f）.

用容器）などに個体番号や日付を記入し，エタノールとともに入れるためのもの．必ず鉛筆で記入）

・布テープ（油性マジックあるいはボールペンで個体番号や日付を記入）

・絶縁ビニールテープ（油性マジックあるいはボールペンで個体番号や日付を記入）

・各種シール（チューブなどに個体番号や日付を記入して貼る．必ず鉛筆で記入）

・70%エタノールおよび固定瓶（剖検後の検体の固定用．あるいはその他の固定用）

・空のペットボトル（様々な用途に使用可能．短時間なら70%エタノールも入れられる）

・ペーパータオルやティッシュ（拭き取りなどの汎用）

・70%エタノールスプレー*（手洗いなどの滅菌用．**図 2-1-2-4a**）

・70%エタノール綿*（器具や組織の滅菌用．**図 2-1-2-4b,c**）

・99.5%エタノール（組織の固定用）
・10 ml シリンジ（エタノールなどを少量分けるときに便利）
・サンプリングチューブ（2 ml のスクリュータイプが使いやすい）
・培養液*（5 ml 程度のセーラムチューブ等に無菌的に分注したもの．可能であればなるべく冷蔵保管するのがベター．**図 2-1-2-4f**）
・ライター*（滅菌用．**図 2-1-2-4d,e**）
・手回し遠心器（後述する低張液・カルノア氏液も含む）（現地でどうしても細胞の回収をしなければならない場合．**図 2-1-2-5**）
・毛皮用ホウ酸（ホウ酸，焼きミョウバン，ショウノウの混合粉．乳鉢で細かく破砕して混合しておくとよい）
・フラットスキン用の台紙
・脱脂綿（仮剥製，尾の芯，その他汎用）

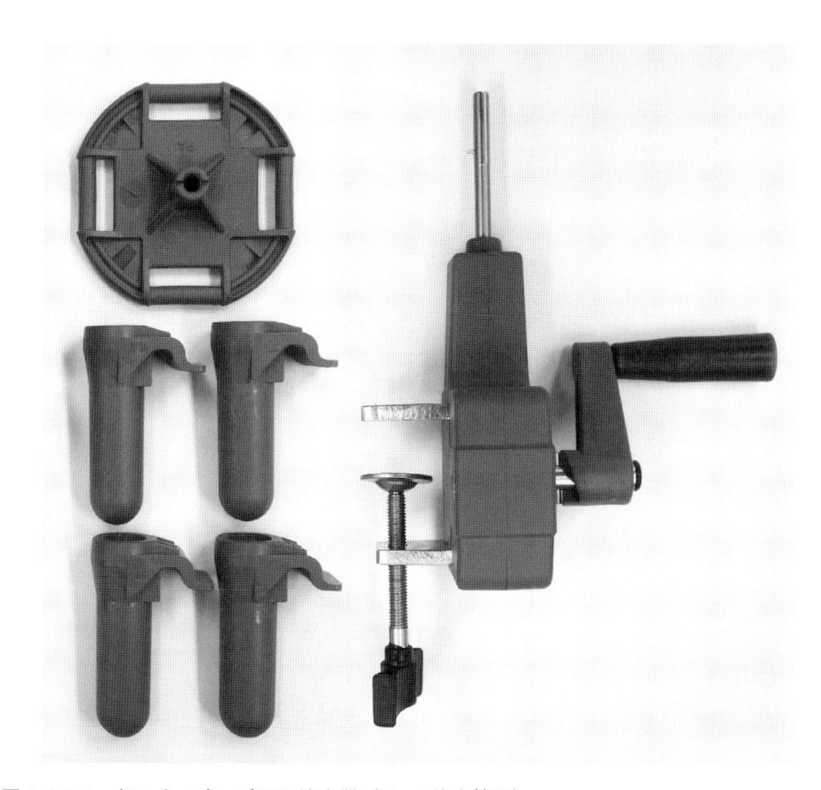

図 2-1-2-5. 組み立て式の手回し遠心器（10 ml 遠心管用）．

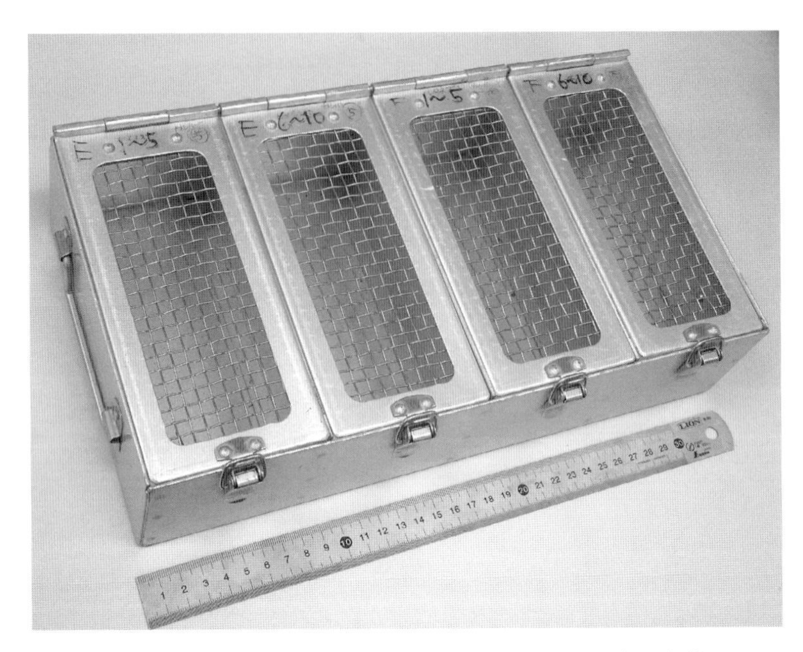

図 2-1-2-6. トキワ科学器械製四連ケージ．移動の際は，この中に 20 個の小型シャーマントラップを収納できる．定規は 30 cm.

・裁縫用具（仮剥製の縫合用）
・仮剥製の乾燥台（発泡スチロールがベター）
・竹串とサンドペーパー（仮剥製，尾の芯に使用）
・針金（0.9 mm 前後のもの．仮剥製，尾の芯用，その他汎用）
・まち針（仮剥製の固定用）
・ドライヤー（濡れた毛皮や剥皮後の検体の乾燥用）

生体輸送等

・ビニール袋（厚手大型）（コメ用の袋（0.10×400×600 mm）．破けにくいので，ワナからケージへの生体の入替え用に便利）
・ケージ（目的に合わせて大きさを考慮したもの．トキワ科学器械製四連ケージが便利．対象動物によっては，虫かごや水槽がよい．図 2-1-2-6）
・輸送時の餌（肉食性の種には現地で捕まえた無脊椎動物やレバー，砂肝など．ネズミ類にはリンゴがベスト．麩も便利（水分補給用））
・ナイフ（リンゴなどを切るときや，その他汎用）

【着衣等，その他】

- ・フィルムケースやバイアル瓶（何かと分別できるので便利）
- ・地図（採集地の確認及びプロットのため，国土地理院の 25,000 分の 1．ロードマップも．最近だと Google Map が便利）
- ・GPS（最近は捕獲地点を緯度経度，標高で表記する）
- ・クマ鈴（クマへの防御に．万が一のために，クマ除けスプレーも）
- ・長靴（天候に関係なく使用）
- ・カッパ（藪こぎで破けない程度のもの）
- ・汚しても構わない，かつ，なるべくすぐ乾く服装（ダニ防止のため，ウインドブレーカーのようなものを持参した方がよい．また化繊生地はすぐ乾く．ジーンズは濡れると乾きにくいうえに重く，ジャージは生地が薄くてケガをしやすいので，いずれも御法度）
- ・帽子（頭部の保護，頭髪をまとめるため）
- ・タオル（首を保護するために巻けるようなもの）
- ・軍手（汎用．少し余分に）
- ・軍足（軍足は使い捨ての感覚で）
- ・虫よけの薬等（かとり線香や電気式虫除けなども．万が一のために，アナフィラキシー補助治療剤として知られるエピペン® も）
- ・カメラ（いかなるものであっても，記録は重要．マクロ撮影が可能であればベター）
- ・携帯ラジオ（天気予報などの情報源に）
- ・懐中電灯，ヘッドライト（夜間の見回り，作業用．予備の電池も携行すべき）
- ・水（様々な用途に使用可能）

＊培養用の組織サンプリングのためのいわゆる“三種の神器”，「解剖用具」「滅菌用品」「培養液」に関わる携行品．

以上は，あくまで最大限に見積もったフィールドワークに用いられる携行品である．各自，この中から自身のフィールドワークに必要なものを取捨選択して臨んで欲しい．

2-2. 各種哺乳類の捕獲方法

2-2-1. トガリネズミ科食虫類の捕獲方法

まず食虫類とは，「目（Order）」の分類群の1つとしてかつて用いられていた食虫目（Insectivora）の英名形“insectivores”に由来するが，“Mammal Species of the World, 3rd edition”（Wilson and Reeder 2005）によると，トガリネズミ科（Soricidae）やモグラ科（Talpidae）はトガリネズミ形目（Soricomorpha）に位置づけられており，本来なら英名形“soricomorphs”をあてる“トガリネズミ形類”と呼ぶべきなのだろうが，本書では，永年呼び慣れた“食虫類”を用いることとしたい．日本列島に産するトガリネズミ科食虫類は，トガリネズミ亜科（Soricinae）およびジネズミ亜科（Crocidurinae）に分けられ，前者にはトガリネズミ属（*Sorex*）とカワネズミ属（*Chimarrogale*）が，後者にはジネズミ属（*Crocidura*）とジャコウネズミ属（*Suncus*）が認められる（Ohdachi *et al.* 2015）．

トガリネズミ属およびジネズミ属の仲間は，おもに地表徘徊性および半地下性のため，生け捕り用の小型のアルミ製シャーマントラップ（米国 H. B. Sherman 社製およびトキワ科学器械株式会社製がある）（**図 2-2-1-1**）で捕獲する（阿部 1992b）．シャーマントラップには誘因餌としてオートミールを用いるとよい．なお，北海道森林整備公社（旧北海道森林保全協会）で販売しているブリキ製の折りたたみ式捕そ器（通称，ブリキシャーマントラップ，**図 2-2-1-1**）は，ワナのサイズが大きいうえに入口に大きな段差ができ，さらに最小のチビトガリネズミ（*Sorex minutissimus*）で体重が2 g 程度，大型のオオアシトガリネズミ（*Sorex unguiculatus*）で20 g 程度であることから（Ohdachi *et al.* 2015），体重が軽すぎて踏み板に乗ってもトリガーが反応しない場合もあるため，あまりお勧めできない．

また，これらの仲間は，登攀力・跳躍力が高くないので，深さ20 cm 程度のピットフォールトラップ（**図 2-2-1-2**）も有効である．とくに体重の軽い種は，ピットフォールトラップの方が効率よく捕獲できる場合がある．シャーマントラップには誘因餌を用いるが，ピットフォールトラップは誘因餌がなくてもかまわない．小型のトガリネズミ類は短時間で死に至るので，こまめにワナをチェックすることが肝要である．複数個体が落下すると共食いに至る恐れがあり，また枝などが落ちると，それを伝って逃亡してしまうので，注意が必要

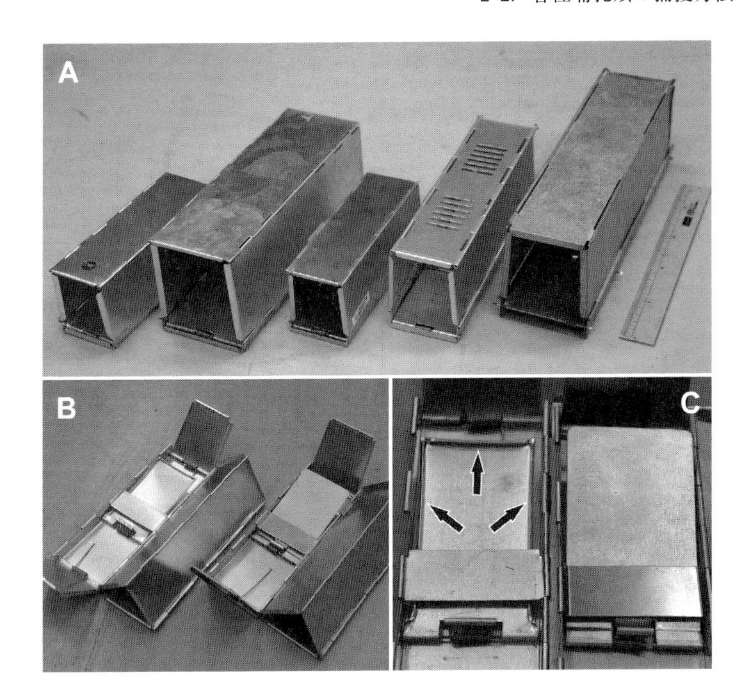

図 2-2-1-1. 生け捕り用のシャーマントラップ（A）．左から米国 Sherman 社製 SFA（小型）50×62×162 mm，米国 Sherman 社製 LFA（中型）75×87×225 mm，トキワ科学器械株式会社製（小型）53×63×160 mm，トキワ科学器械株式会社製（中型）60×75×230 mm，北海道森林整備公社製のブリキ製折りたたみ式捕そ器（通称ブリキシャーマントラップ）70×90×290 mm．また小型シャーマントラップを分解した内部構造（B）とそれらの踏み板の構造（C）を示した．米国 Sherman 社製だけが踏み板の三辺に，矢印で示した「返し」がついていて，容易に齧られないが，トキワ科学器械株式会社製は「返し」がついておらず，齧られやすい．いずれのシャーマントラップも，踏み板の上に動物が乗ることでトリガーが外れ，入口が閉まるしくみである．定規は 24 cm.

である．

一方カワネズミは，日本列島に現存する唯一の渓流棲哺乳類であるので，網かご型のワナ（**図 2-2-1-4**）を用いると捕まえやすい．ワナは渓流に半分程度沈むように（誘因餌の魚も水に浸るように）石などでしっかり川底に固定し，入り口をやや上流へ向けて設置する（**図 2-2-1-5**）．誘因餌はアジなどの体の堅い魚類（切り身でもよい）を用いると，水流で破砕されることが少ない（イワシなどの柔らかい魚は水流ですぐに破砕されてしまう）．水流で空(から)ハネ（振動などが原因でワナが反応してしまうこと）しないようにトリガーのセッティ

図 2-2-1-2. 落とし穴としてのピットフォールトラップ．左からプラスチック製コップのサイズ違い2種類，および旧北海道森林保全協会（現北海道森林整備公社）で販売していた既製品．いずれも，上端が地面と同じ高さになるように穴を掘って埋める．定規は18 cm.

図 2-2-1-3. ピットフォールトラップに落ちたオオアシトガリネズミ．

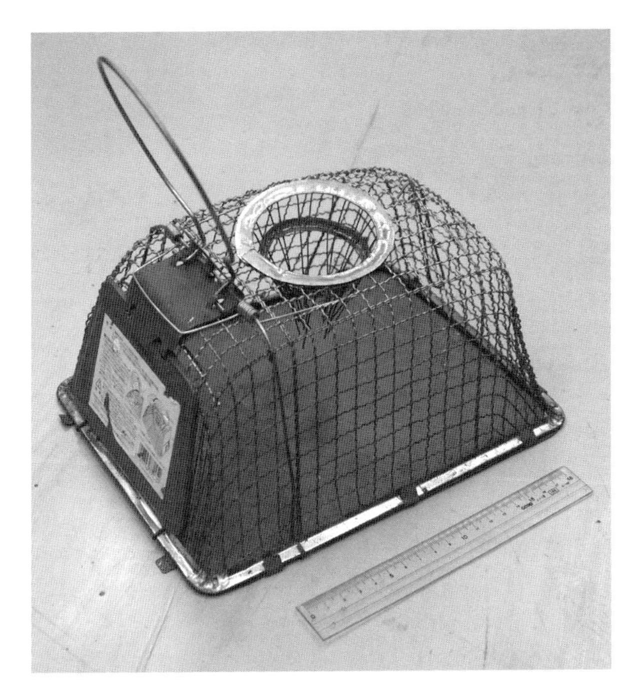

図 2-2-1-4. 網かご型のワナ．定規は 18 cm.

図 2-2-1-5. 網かご型のワナを渓流に設置した状態．手前から奥に向かって流れる水流に対し，入口をやや上流側へ向け，半分程度水中へ沈めた状態にし，石などで固定する．

図 2-2-1-6. 網かご型のワナで捕獲されたカワネズミ.

ングに注意する．ワナは流れに沿って 50～100 m ほどの間隔をあけて仕掛ける方が効率よく捕獲できる（阿部 2003）．なお，雨天時には増水によりワナが水没したり流されたりするので，事前に天候をチェックしておくことが肝要である．シャーマントラップを岸辺に設置することでも捕獲は可能だが，水流に網かご型のワナを設置する方が生体での捕獲（**図 2-2-1-6**）効率ははるかによい．

2-2-2. モグラ科食虫類の捕獲方法

ヒミズ類やモグラ類を含むモグラ科は採集が困難な哺乳類と思われがちである．これらはそれぞれ半地中性・地中性という異なるライフスタイルをもつため，捕獲に使用する器具やその設置方法が異なる．いずれにおいても生息環境ではかなり明確な「活動経路」を経由して移動するので，その場所を見つけてワナを設置するのが，効率よく捕獲するコツである．以下ではヒミズ（*Urotrichus talpoides*）とアズマモグラ（*Mogera imaizumii*）を具体的な対象種として解説する．

ヒミズ類の場合は，落ち葉の堆積が多い森林を採集場所として選択するのが良い．表面の落ち葉を少しどけてみると，腐食層に溝状の通路が見られること

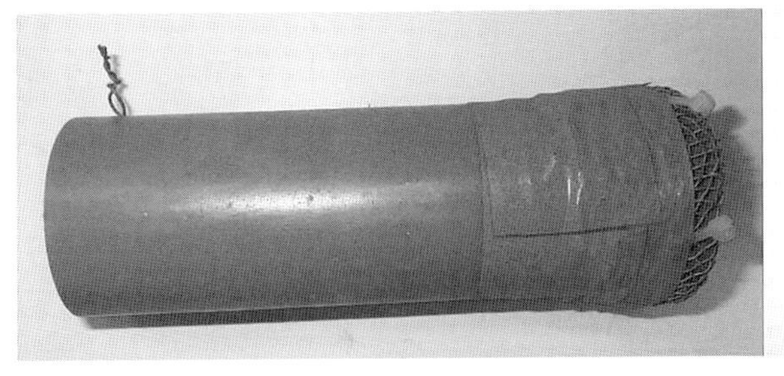

図 2-2-2-1. 最も安価に購入できるモグラワナ．これは自作したもの．あまり捕れない．

がある．これがヒミズの使用する移動経路である．このような場所を一部崩して，シャーマントラップ（**図 2-2-1-1**）を溝に合わせて設置する．トラップの入り口の段差が溝の底面よりも低い位置になるよう設置するのが良いと思われる．また，ヒミズ類はピットフォールトラップ（**図 2-2-1-2**）によく落ちるので，あまり樹木の根が張っておらず掘りやすい場所であれば，溝の各所に500 ml サイズ以上のプラスチック製カップを埋めていくことでも効率よく捕獲できる．土壁のような場所でヒミズの通路が見られる場合は，カップの径に合わせて通路を崩し，壁にはめ込むように固定するだけ（カップを完全に埋める必要はない）でも捕獲は可能で，ピットフォールトラップの設置が非常に容易である．また，森林内にビニールやトタン板でフェンスを張り，それに沿ってピットフォールトラップを設置する方法も，手間はかかるが効率的に捕獲する方法である．誘因餌としてはパン粉をピーナッツバターで練ったものやオートミールを使用するのが良いと思われる．ピットフォールトラップの場合には少量の水を入れるだけで捕獲効率が上がるという説もある．

ピットフォールトラップによく落ちるという性質から，生息地の樹林に面した道路脇で，壁が垂直な側溝があるような場所で落ち葉が堆積していれば，そこはミミズなどの土壌動物が繁殖するために，ヒミズ類にとって良好な生息環境となる．森林内のような四方八方に移動できるような場所と異なり，ほぼ側溝の線上で活動するため，容易にシャーマントラップ等で捕獲できることがある．例えば，ロシアのノボシビルスクでは，同地の森林内に垂直な土壁の側溝が人為的に作られており，その各所に深いピットフォールトラップが設置されていた．側溝に落ちた小哺乳類は，壁沿いに移動してピットフォールトラップに墜落する．研究者は毎日側溝に設置されたピットフォールトラップを見回る

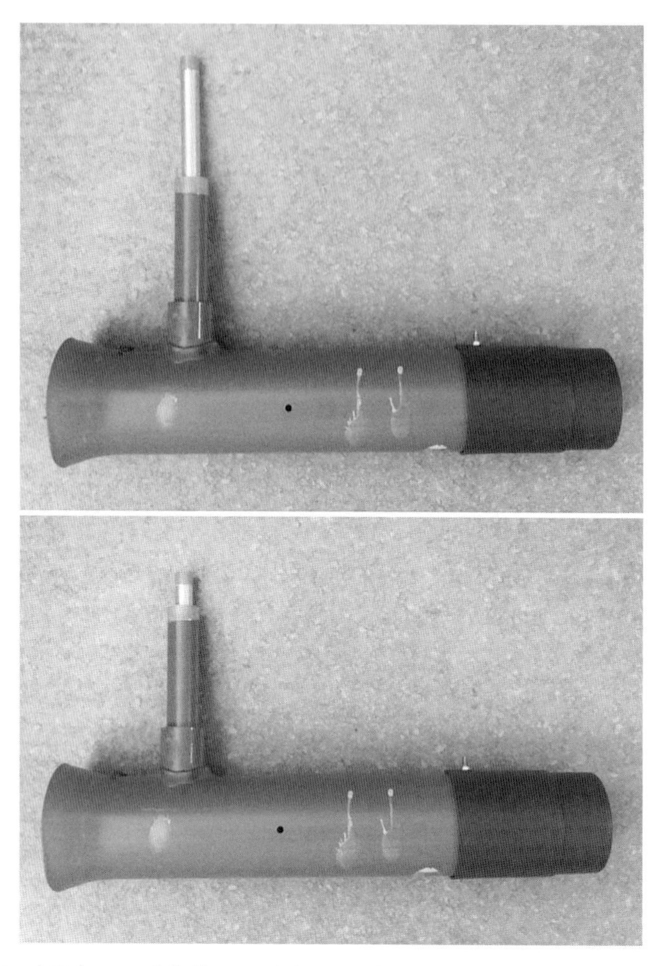

図 2-2-2-2. 小西式モグラとり器．上は設置した状態で下は作動した状態を示す．

だけで，多くの食虫類および齧歯類を捕獲して，生態調査を行っていた．このような大きな環境改変は困難と思われるが，研究室が森林の近くにあって定期的に材料を入手したいと考える場合には参考になるかもしれない．

モグラ類の捕獲はヒミズ類や他の小哺乳類とはまったく異なっている．モグラ類は地上に出てくることがなく，地中で完全なトンネル生活をしている．トンネルを露出させて落とし穴を掘る方法が古い文献にはみられるが，モグラ類がピットフォールトラップに落ちることはミズラモグラ（*Oreoscaptor mizura*）

一種を除いて稀で，捕獲効率は非常に悪い．むろん地上に設置する各種齧歯類用のワナで捕獲されることもまずない．

そこでモグラ類捕獲用に，地中のトンネルに直接設置するさまざまなワナが開発・販売されている．染色体研究においては生体組織を必要とするため，生捕ワナが理想的である．もっとも入手しやすいのは，ブリキ製もしくはプラスチック製の筒形ワナ（**図 2-2-2-1**）で，ホームセンターなどで比較的安価に購入できる．筒の入り口上面に内部方向に向けてのみ可動する扉が備えられており，モグラがこれを押し上げて筒の中に完全に入り込むと，自重で扉が下がって出られなくなるものである．しかし，このワナではモグラ類がワナに入っているかどうかを地上から判別するのが困難で，見回りの際に毎回トラップを地中から取り出して確認する必要がある．また販売されているものの筒内径がさまざまで，モグラの体径より大きいものでは，筒内部でモグラが方向転換して扉を押し上げて脱出する可能性が高いと考えられる．そのためその土地に生息する種のサイズに合わせてワナのサイズを選択する必要がある．

比較的よく使用されるのは「小西式」と呼ばれるもので，上記のワナにさまざまな改良が加えられたものである（**図 2-2-2-2**）．まず扉はモグラがワナ内に侵入して奥にあるトリガーを押すまで開きっぱなしになっており，モグラが侵入しやすくなっている．さらにトリガーを押すと，地上に突出した棒が下がるしくみになっており，地上からワナが作動したかどうかを判定できるようになっている．「小西式」は比較的大型のモグラ類に合わせた内径で作られているので，コウベモグラ（*Mogera wogura*）やサドモグラ（*Mogera tokudae*）といった大型の種を捕獲するのには効率よく機能するが，小型のアズマモグラでは忌避される傾向が高いように思われる．

また，よく使用するのは日本古来のイタチ捕獲器を改良したものであり，筒奥にトリガーとなる板があり，それに接続したバネで入り口付近のワイヤーを引き上げ，ワイヤーに取り付けられた扉がワナの入り口をふさぐというタイプのものである（**図 2-2-2-3**）．設置の際には扉部分が収まるように入り口下に溝を掘る必要があり，設置にはやや時間を要するが，非常に良く捕獲できる．現在このタイプのワナは流通しておらず，専門業者に製作してもらっている．

いずれのワナを使用する場合でも，モグラ類の行動についての知識が必要である．モグラのトンネルにはよく使用する通路と一時的なものがあり，前者はトンネル壁面が非常に良く塗り固められており，トンネルを露出させる際にも

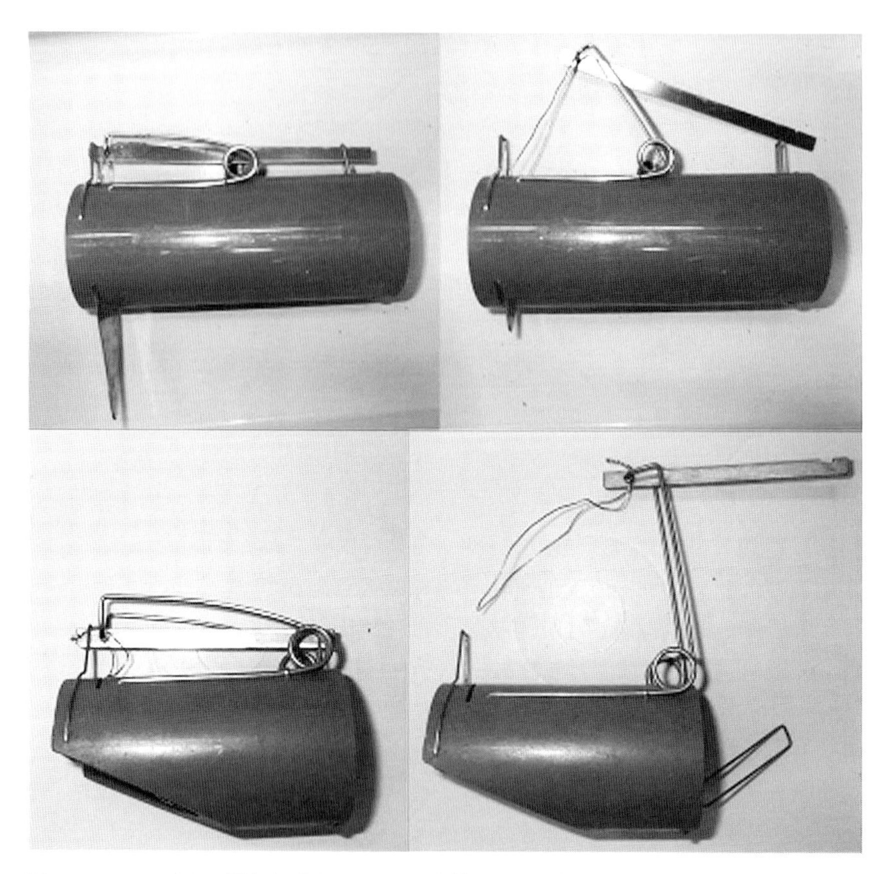

図 2-2-2-3. ワイヤー括り上げ式ワナ，上は生捕用で下は捕殺用，左は設置した状態で右は作動した状態を示す．

崩れにくい．このようなトンネルを見極めるには，一度トンネルを複数つぶしておいて，翌日再形成されているものを見つけるなどの予備調査をしておくとよい．モグラは重要な通路は毎日 1～3 回は通過し，そこがつぶされていたらトンネルを掘りなおす．このような場所を選んで，地中埋設型の生捕ワナをしっかりと埋設する．ワナがぐらつくような感じで設置すると，モグラは異物がトンネルに落ちていると判断して，大量の土を運び込み，ワナ内にしっかりと土を詰めた後に，その脇や下をトンネルを掘って通過するだろう．このようなモグラの慎重度は個体間や種間でも違いがあるようで，何度ワナを仕掛けても土を詰められるような場合は，見回りを頻繁にして土詰めの時間をある程度把握しておき，現場で待ち伏せして捕獲することも可能である．モグラは危険を察知すると進行方向とは逆の後ろ向きで逃走するので，十分トンネルを掘り進んだところで後方にスコップを入れれば手づかみで捕獲できる．

捕獲した個体はしっかり蓋が閉まる容器に入れておくか，底の深いバケツに入れておくとよい．モグラは餌がなくなるとすぐ死亡するといわれるが，数匹程度ミミズなどの餌を与えておけば，一晩くらいは死ぬことはない．

2-2-3. 翼手類の捕獲方法

翼手目として分類されるコウモリは18科1000種以上から構成され，哺乳類では齧歯目に次いで多くの種に分化しているグループである（Wilson and Reeder 2005）．このうち，日本に生息するコウモリは最大で37種という報告がある（本川ほか 2006）．コウモリの名前の由来として「かわもり（川守り）」ではないかという説がある．これはコウモリが川や橋の近くで多く見られたからであろう（内田 1985）．家に棲みつくイモリやヤモリと同じく，コウモリが川を守っていると考えたのだろうか．実際に，コウモリはカやガなどの昆虫を食しており自然環境の維持に重要な役割を果たしている．我々が一般的に目にする機会が多いのは，アブラコウモリ（*Pipistrellus abramus*）で（**図 2-2-3-1A**），春から秋口までは日没後の明るさが残っている時間に，民家の軒先や水田の上空を飛翔しているのが肉眼でも確認できる．しかし現在は，日本産翼手目の多くの種がレッドデータブックに記載されていることから（環境省 2002），コウモリの捕獲は個体数の維持や生息環境の保護を念頭において進めなければならない．また，洞窟や樹洞などコウモリが棲家（ねぐら）とする場所には採集者自身への危険も潜んでいる．したがって，コウモリを捕獲する際には，その生態に詳しい研究者と連携して研究を進めるべきである．また，コウモリ類は捕獲する場合に（一時的な捕獲・調査であっても）環境省や都道府県の許可（本章 2-1-1 参照）が必要である．

小翼手亜目に属するコウモリのほとんどは夜行性で飛翔するため人目につきにくい．しかし，洞窟や人間が作った家屋・廃屋や橋桁などの人工物をねぐらとする場合は，日没後の薄暮のうちに，ねぐらから飛翔して出てくることを確認できることがある．ねぐらとしてコウモリがよく利用しているのは，洞窟や自然の岩の亀裂，海蝕洞（**図 2-2-3-1B,C**），そして大木の樹洞などが挙げられる（向山 1987）．また，炭鉱などの廃坑，農業用水隧道などにもコロニーを

図 2-2-3-1. コウモリの棲みかの典型例．青森県弘前市の弘前大学構内のアブラコウモリ（A），秋田県の男鹿半島孔雀ヶ窟内のキクガシラコウモリ（B），とユビナガコウモリ（C），青森県天間林村の天間館神社本殿屋根裏のヒナコウモリ（D）のコロニー．

形成していることがある．さらには，コンクリート橋の橋桁，木造アパート・校舎等の屋根裏，廃屋などをねぐらとするコウモリも多い（**図 2-2-3-1D**）．最近では，新幹線の高架橋でヒナコウモリ（*Vespertilio sinensis*）が出産保育コロニーを形成していたという報告もある（重昆ほか 2013）．一方，コウモリ保全のために設けられた施設もある．例えば，青森県天間林村天間館神社内の施設（蝙蝠小屋）には，ヒナコウモリが出産のために集まる（向山 1996）．ねぐらから飛び出してくる個体に負荷を与えずに捕獲するさまざまな方法が考案されているが，長いビニール製のトンネル状の袋（フンネルトラップと呼ぶ）が良いようである．このようにして捕獲した後，調査・計測などを行ったのち，必要な数の個体を実験室に持ち帰り染色体標本作製に用いる．捕獲においては，保育集団や冬眠中の集団をディスターブしないように細心の注意を払うべきである．一旦ディスターブされるとそのねぐらが放棄されることも多いと

図 2-2-3-2. かすみ網の設置場所. 青森県白神自然観察園（左）と下北半島川内川源流（右）. 写真のように林道や渓流の両側から樹木が覆いかぶさり, あたかもトンネル林道・樹林（渓流）トンネルのようになった環境がよい. クマなどと遭遇する危険がない場所であれば, 夜中かすみ網の下に寝袋を敷いて見張り, 引っかかったら直ぐ回収するとよいだろう.

いう. 多くの日本産コウモリは年に一度, 初夏に仔を出産するので, この時期の捕獲にはとくに注意を要する. 出産数は 1～2 仔であり, 多くのコウモリの寿命は 10～15 年と考えられている. また, 夜の野外での観察では強い光をコウモリに当てない（赤色ライトの使用, 撮影は赤外線カメラ等が推奨される）などの注意も必要である.

森林性のコウモリの場合, ねぐらとなっている樹洞や洞窟の発見は極めて困難である. この場合, 飛翔している個体の捕獲にはかすみ網を使用した（向山 1995）. かすみ網による捕獲は環境省に申請して許可を得なければならず（本章 2-1-1 参照）, 手続きや審査に時間が掛かる. したがって実験の必要性やスケジュールについて十分に検討する必要がある. コウモリはエコロケーション（反響定位）を行い, かすみ網そのものも察知できるらしいが, かすみ網を仕掛ける場所や網の形状を工夫することでその認知を遅らせることができるらしい. かすみ網の設置場所は樹木が林道の両側に覆いかぶさり, あたかも樹林トンネルのようになっている場所や, 森林内の渓流で樹木が覆いかぶさるような場所が良い（**図 2-2-3-2**）. 網の張り方は少し緩めに張るのがポイントである. ぴんと張ると, 引っかかっても網から翼手が外れてしまい捕獲できない. このようにして, エコロケーションによる察知を遅らせ, かすみ網を避けきれず方向転換に失敗した個体を捕獲することができる．またそれぞれの種の生態的特徴を理解しておくと捕獲の際に有用であろう．例えば，モモジロコウモリ（*Myotis macrodactylus*）は水辺を好む種で，水が流れる隧道や川縁を飛んで採食し，しばしばキクガシラコウモリ（*Rhinolophus ferrumequinum*）やユビナガコウモリ（*Miniopterus fuliginosus*）などと混生することもある．ユビナガコウモリは長狭型前肢で高速長距離型の飛翔をするので，森林の上を直線的に高速で飛ぶ．一方で，キクガシラコウモリは前肢が広短型で蝶のような飛び方でひらひら飛ぶことから，木々が密な森林内でおもに採食すると考えられる．コキクガシラコウモリ（*Rhinolophus cornutus*）も広短型だが，キクガシラコウモリよりもっと小回りが利く飛び方をして，林内の小灌木が多く生えているようなところでも飛び交うことができるようだ．アブラコウモリはこれらの中間型で低速飛翔をする．また，青森県岩木山中腹のブナ林帯で，ネズミ用墜落缶トラップに墜落しているテングコウモリ（*Murina hilgendorfi*）を数個体捕獲した経験がある．テングコウモリは森林内で林床を這いずり回って採食している可能性があり，これはコウモリとしては特記すべき生態かもしれない．

このようにして，捕獲して形態的な観察・計測を行わないとコウモリの種の同定は難しいが，コウモリがエコロケーションに用いる周波数とパターンは種に特有なものがある．人間が聞き取れない超音波を可聴音に変換する装置（バッドディテクターとして市販されている）を使って飛翔しているコウモリの超音波を確認したところ，アブラコウモリは「チッ，チッ，チッ，チッ」，ヤマコウモリ（*Nyctalus aviator*）は「バン，バン，バン」という音声に変換された．暗闇の中で飛翔するコウモリを自分の「耳」で確認することはコウモリを研究対象としたときの醍醐味でもあり，エコロケーションの世界を実感できるだろう．声紋の解析は，今後捕獲しないで種を同定できる方法として期待される（前田 1995；松村・石田 2009；コウモリの会 2011）．コウモリの詳細な生態，調査方法や，種の同定については他の優れた文献・成書があるので参照されたい（前田 1983，1997；松村 1988；船越 1988；阿部ほか 1994；オルトリンガム 1996；Ohdachi *et al.* 2015）．

コウモリの染色体標本は他の哺乳類と同様に骨髄細胞の短期培養によって作製できる（第3章参照）．一般的に留意する点は齧歯類などの場合と同様であるが，体が小さいため（例えばアブラコウモリは5〜10 g 程度），解剖の際に注意を要する点がある．骨髄細胞の採取には前腕骨が比較的大きく扱いやすい．前腕骨の長さ，頭胴長，体重など必要な計測を行った後，解剖して前腕骨を取り出す．飛膜を剥がすように前腕骨だけを取り出すようにすれば，翼の形状を保存した学術標本の作製も可能である（次節 2-3 参照）．大腿骨は短く細いため細胞の収集には向かない．

2-2-4. ヤマネ科・ネズミ科・キヌゲネズミ科齧歯類の捕獲方法

体サイズが大きいラット類―クマネズミ属（*Rattus*），トゲネズミ属（*Tokudaia*），ケナガネズミ属（*Diplothrix*）―を除いたヤマネ科（Gliridae）・ネズミ科（Muridae）・キヌゲネズミ科（Cricetidae）のすべての種の捕獲には，いずれも本章 2-2-1 で述べた小型のシャーマントラップまたはブリキシャーマントラップ（**図 2-2-1-1**）をワナとして用いる（村上 1991）．ただし，アカネズミ（*Apodemus speciosus*）やヒメネズミ（*Apodemus argenteus*）のように尾が長い種では，小型のシャーマントラップだと，ワナの入り口に尾が挟まって切断されてしまうことがあるため，注意が必要である．誘因用の餌にはオートミールやサツマイモ，生ピーナッツなどを用いるが，踏み板の下に誘因餌が入り込んで踏み板が作動せず，トリガーが外れないことがあるので，餌のセッティングには細心の注意を払う．また冬季には，せっかくワナに個体が入っても，金属の放熱効果や自身の尿により体温が奪われ死に至ることが多い．したがって，ワナの中に少量の布団綿（脱脂していない綿）を入れると保温効果で生存率が上がる．

一方ラット類には，大型のシャーマントラップ（**図 2-2-1-1**）や網かご型のワナ（**図 2-2-1-4**）を用いるのがよい．誘因餌には前述の他，魚肉ソーセージやピーナッツバターを塗布した乾パン，さつま揚げなども効果がある．樹上性の種に対しては，リス類と同様，樹上に中型の金網製のケージトラップ（**図 2-2-4-1**）を設置する場合もある．

いずれのワナにおいても，染色体研究のための生体捕獲が目的である以上，「夕方設置～翌早朝回収（可能であれば深夜にも見回り）」を遵守し，捕獲時のストレス死を極力避けるように心がける．とくに夏季は，熱さと湿度によりワナの内部が蒸し風呂状態になるので長時間のワナの放置は避けるべきである．

また登攀力・跳躍力の劣るヤマネ科・キヌゲネズミ科の種は，シャーマントラップだけでなく，家庭用のくず入れ（深さ 30 cm 程度）などを利用したピットフォールトラップでも捕獲可能である．誘因餌はなくてもかまわない．

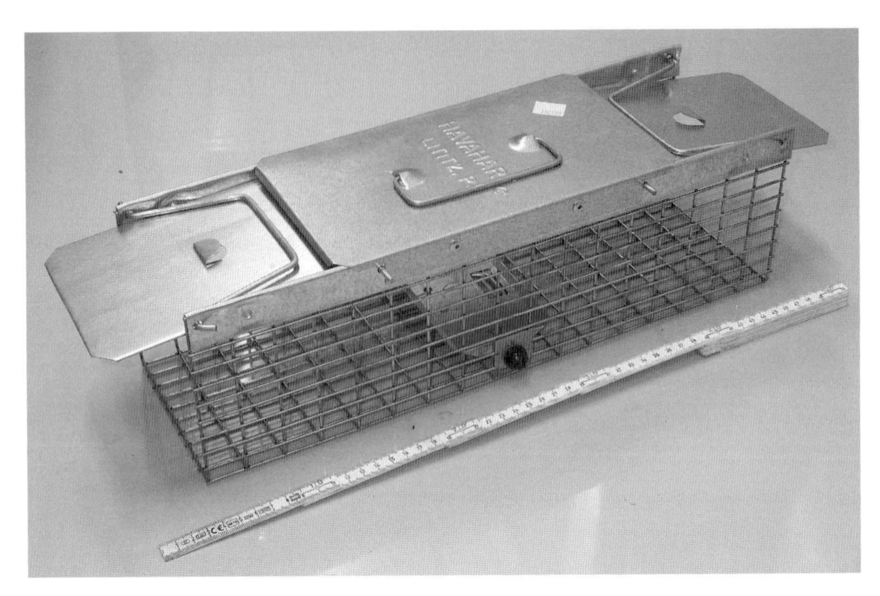

図 2-2-4-1. 金属製のケージトラップ．リス科齧歯類やイタチ科食肉類などにも利用される．相応の重量があるため，持ち運びは少し大変．定規は 50 cm.

ただしピットフォールトラップの場合，複数個体が同時に落下すると共食いが生じることがある．また設置後に，枝などがワナの内部に落ちると，ワナに落下した個体が枝を伝って逃亡する恐れがある．したがって，これらの事態を避けるためにも，見回りは数時間おきに行う必要がある．

いずれの種も，ハビタットの選好性を有しており（Ohdachi *et al.* 2015），例えばキヌゲネズミ科に注目すると，北海道では，ササの繁茂した林床はタイリクヤチネズミ（*Myodes rufocanus*，北海道産亜種はエゾヤチネズミ *Myodes rufocanus bedfordiae*）が優勢だが，ササが疎になってくるとムクゲネズミ（*Myodes rex*）が出現し（Nakata 1995），また湿原のような灌木が多い様相ではヒメヤチネズミ（*Myodes rutilus*，北海道産亜種はミカドネズミ *Myodes rutilus mikado*）が認められる．また本州以南になると，ハタネズミ（*Microtus montebelli*）は河川敷や農地に生息するが，ヤチネズミ（*Eothenomys andersoni*）やスミスネズミ（*Eothenomys smithii*）は，深い森林の湿度の高い苔むした岩塊地などに生息する（Tabata and Iwasa 2013）．このように，対象種のハビタット選好性を念頭に入れ，ワナの設置場所を熟慮して決める．

人為環境でよく捕獲されるハツカネズミ（*Mus musculus*）は，上述の

図 2-2-4-2. 米国 Victor 社製の Tin Cat Trap. ハツカネズミの捕獲に有効. 2ヶ所ある入り口がそれぞれシーソーになっている. 中に餌を入れておけば, 複数個体を同時に捕獲することが可能. 定規は 30 cm.

シャーマントラップでも捕獲可能であるが, Victor 社製の Tin Cat Trap（**図 2-2-4-2**）を用いると効率がよい. このワナ1台で“20 匹の捕獲が可能”という謳い文句であるが, 実際使用してみると, 一度に数匹は捕獲できた. 誘因用の餌にはやはりオートミールが有効である.

2-2-5. リス科齧歯類の捕獲方法

リス科（Sciuridae）齧歯類の生態的地位（ニッチ niche）としての生活空間は, 地上性, 樹上性, 滑空性の三つに大別され（例えば Gurnell 1987）, 利用ニッチに応じた捕獲方法が実施されている. しかしながら, リス類は同じ齧歯類の仲間であるネズミ類と比較した場合, 一般に個体の行動圏が広く, ワナによる捕獲は簡単ではない. 生きた個体を捕獲するためには, 個体を十分に観察し, 観察された場所を中心に効率的にワナを仕掛けることが肝要である. 地上性リス類については本書での説明を省く（北海道に生息するシマリス *Tamias*

図 2-2-5-1. リス捕獲に用いられるケージトラップ（A），および大木の根元に設置されたケージトラップ（B，矢印）（ミャンマーのタウングーにて撮影）．

sibiricus などの小型種はネズミ類と同様のワナで捕獲可能である）が，これまでに試みた樹上性および滑空性リス類の捕獲方法について概説を行う．

アジアに広く生息するタイワンリス属（*Callosciurus*）等の樹上性リス類はケージトラップ（**図 2-2-5-1A**）を地上に設置（**図 2-2-5-1B**），または地上1〜2 m 程度の高さにロープで固定することで捕獲可能である（**図 2-2-5-2**）．地上に設置する場合，樹を中心とした捕獲場所の設定が重要である．樹上性リス類は頻繁に地上で餌の探索活動を行うが，警戒心が強く，すぐに樹上へ逃げ

図 2-2-5-2. 捕獲されたイラワジリス（*Callosciurus pygerythrus*）. ミャンマーのヤンゴンにて撮影.

ることが可能な樹からの距離を保ちながら活動することが多い．樹から遠く離れた草原や岩場の中心で樹上性リスが活動することはまずあり得ない．したがってケージトラップを地上に仕掛ける場合，樹の根元から 1～2 m 程度の距離を限度とし，これ以上は距離を空けない様に心掛けている．

ケージトラップを設置する前には，現地の方から情報収集を十分に行い，「以前この樹の枝でリスを見たことがある」といった情報に基づいて設置場所を決める．情報がない場合は，1 週間程度森林内を散策しながら目視観察を行い（リスの観察は早朝 4～6 時が望ましい），設置ポイントを決定する．情報が皆無であり，自身で 1 週間かけて観察しても姿や痕跡が認められない場合，その場所にケージトラップを設置してもおそらく徒労に終わる．ケージトラップの設置であるが，タイワンリス属の場合，餌はバナナ等の果物（3 cm 程度の幅に切ったもの）を使い，これをケージトラップに仕掛けると同時に，トラップ周囲にも誘因用に 1 cm 程度の幅でスライスしたバナナ 5～6 切れを散播する．

日本に生息するニホンリス（*Sciurus lis*），キタリス（*Sciurus vulgaris*）なども同様の方法で捕獲することができる．餌は果物ではなくオニグルミ等の堅果，またはチョウセンゴヨウ等の大型の毬果を用いる．トラップ周囲への散播誘引は特に必要としない．

次に滑空性リス類の捕獲についてである．北米に生息するアメリカモモンガ（*Glaucomys volans*）は樹上（地上1.5 m程の高さ）に設置したシャーマントラップにピーナッツバター等の餌を仕掛けて捕獲することができる（Mitchell *et al.* 2005）が，アジアに生息するムササビ類・モモンガ類を餌で誘引して捕獲することは困難である．巣となる樹洞を特定してからその場所にトラップを仕掛ける方法もあるが，地上数mから十数mの高さに存在する巣穴の特定がそもそも困難である．捕獲するまで時間を要するが，巣箱を設置してそこに個体を誘引する方法が一番確実である．

タイリクモモンガ（*Pteromys volans*）の北海道産亜種エゾモモンガ（*Pteromys volans orii*）を捕獲するためには，高さ11 cm，幅16 cm，奥行20 cmの大きさ（注：これらの数字は巣箱の内部を計測したものであり板材の厚みを含めていない）の木製巣箱を用いる（**図2-2-5-3A**）．巣箱は，内部の観察が容易なように天板を開閉可能な構造とし，4 cm四方の出入口を付けた構造となっている（Suzuki *et al.* 2011）．この巣箱を2～3 mの高さ，および20～30 mの間隔で森林内の樹木に50～60個程架設すると（**図2-2-5-3B**），1～2年後には2～3個の巣箱でエゾモモンガを捕獲することができる（**図2-2-5-4**）．捕獲時には，天板を開けて個体の存在を目視で確認し，巣箱の出入口に蓋（軍手などを詰めるだけで蓋となる）をしてからこれを樹から取り外す．巣箱全体を入れることができる大型かつ厚手のビニール袋（肥料袋や漬物袋などとして市販されているものでよい）の中に天板を開けて個体を放してからこの袋を窄めて捕獲する．エゾモモンガのハンドリングであるが，軍手を3枚重ねてはめていれば噛まれても大きな怪我の心配はない（しかしながら，時にはこれを貫通させる門歯を持つ巨大な個体がいるので咬傷には要注意である）．

巣箱調査の際の要注意事項であるが，スズメバチによって巣箱が占拠されることがしばしばある．5月終わりから6月初め頃に巣箱内に造られたスズメバチの巣はまだ小さく，女王バチが居るだけなので，この際に巣を撤去しておくとその後同じ巣箱がスズメバチに占拠されることはほとんどない．しかしながら，この作業を怠るとスズメバチが巨大な巣を構え，捕獲調査に大きな支障をきたすことになる．

大型のムササビ属（*Petaurista*）に対しても巣箱は有用な捕獲道具であり，インドムササビの台湾産亜種（*Petaurista philippensis grandis*）の営巣タイプ

図 2-2-5-3. エゾモモンガ用の巣箱（A），およびエゾモモンガ調査用に森林内に設置された巣箱（B，矢印）（北海道富良野市にある東京大学北海道演習林にて撮影，撮影者：加藤アミ）．

図 2-2-5-4. 巣箱内で捕獲されたエゾモモンガの幼獣（富良野市にある東京大学北海道演習林にて撮影）．

の研究に利用されている（Lin *et al.* 2012）．また，巣箱に誘引した個体を内部に設置したカメラで観察することにより，日本産ホオジロムササビ（*Petaurista leucogenys*）の成長プロセスや繁殖行動が近年明らかにされている（金澤・川道 2016）．

2-2-6．イタチ科食肉類の捕獲方法

小型哺乳類に比べて，中型哺乳類であるイタチ科食肉類を捕獲するのはなかなか難しいが，対象種の生態的な特性を考慮すれば捕獲は可能である．

イタチ科食肉類は，おもに餌資源として小動物や果実類などを利用するが（Ohdachi *et al.* 2015），捕獲は餌資源の乏しくなる冬季に行う方が効率がよい．後述するように，用いるワナそのものが大きいため，小型哺乳類のように多数のワナを設置することが物理的になかなか難しい．したがって，ワナは行動圏内で高頻度に利用する箇所を絞り込んで設置するのが効率的である．もちろん夏季でも捕獲は可能であるが，イタチ科食肉類は小型哺乳類より行動圏が大きいため，ワナの設置地点を絞り込むのが難しいうえ，大量のワナを設置するのは体力的にも苦労が絶えない．一方，冬季に積雪があると，足跡（**図 2-2-6-**

図 2-2-6-1． 新雪の上に残った足跡．上がアカギツネ（*Vulpes vulpes*），下がテン類（*Martes* sp.）の足跡．このような足跡を辿りながら，頻繁に利用する箇所を特定しておき，そこにワナを設置すると捕獲効率がよい．

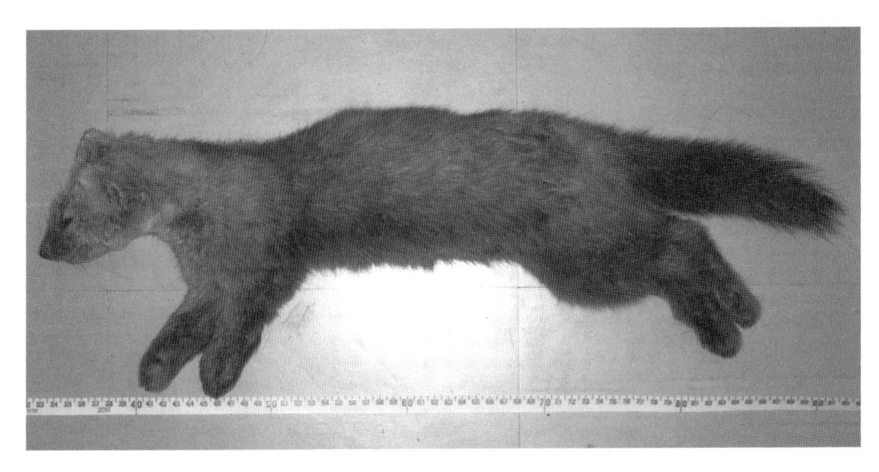

図 2-2-6-2. 北海道の道北地方で，民家に日常的に侵入し，食料品を食害していたクロテン（*Martes zibellina*）．冬季に当該民家の敷地内にワナを設置したところ，短期間で捕獲された．

図 2-2-6-3. 雪上に設置した金属製のケージトラップ．中には誘因餌として，ゴミ処理場から譲渡してもらったカラスの死体がぶら下げてある（北海道小樽市にて）．

図 2-2-6-4.　一晩の降雪により埋もれてしまった金属製のケージトラップ．トリガーが稼働せず，入口が開きっぱなしになってしまったため，アカギツネが中の誘因餌を掘り出して完食してしまった（北海道小樽市にて）．このように金属製のワナでは，降雪と氷点下によりワナの稼働が著しく阻害される．

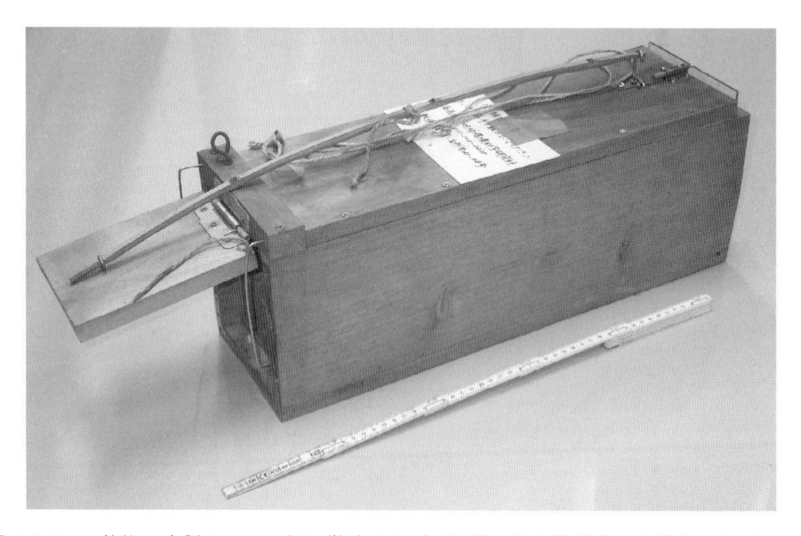

図 2-2-6-5.　特注の木製のワナ．細田徹治さん（元和歌山県立御坊商工高等学校教諭）のご好意により作製してもらったもの．トリガーのバネには金属ではなく，竹を用いているため，氷点下にさらされても，凍結せずに稼働する．定規は 50 cm.

1）により対象種の行動パターンが把握でき，頻繁に利用する箇所を把握できるため，ワナの設置箇所を絞り込みやすい．また，人為環境に好んで出没することもあり，倉庫や屋根裏などを利用している場合もある（**図 2-2-6-2**）．

捕獲には，金属製のケージトラップを使用するのが一般的である（**図 2-2-4-1，2-2-6-3**）．ただし積雪の認められる地域では，降雪に加え氷点下になる場合があり，金属製のケージトラップだと稼動部が凍結によって反応しなくなる恐れがあり，また時には降雪により埋まってしまう場合もあるため（**図 2-2-6-4**），木製のワナ（**図 2-2-6-5**）を使用した方がよい．イイズナやオコジョ（*Mustela erminea*），ニホンイタチ（*Mustela itatsi*）などは，ネズミ類の捕獲に設置したシャーマントラップで捕獲されることがある．

誘因餌には肉類や油脂成分を含んだもの（唐揚げなど）が望ましい．また羽毛のついた鳥類の死体も有効である．いずれの餌も冬季の極寒下で凍りにくいため，誘因効果が持続する．

2-3. 組織のサンプリングと学術標本

2-3-1. 学術標本の意義とその作り方

科学では再現性が重要である．その再現性を担うものとして，生物学の世界では標本がある．標本は，その個体がそこに存在していた「証拠（voucher）」であり，これを未来永劫保管しておくことで，後世への再現性の担保が保証される唯一の存在でもある（松浦 2014）．したがって野外から入手した個体は，それを研究に供した者の責務として標本にし，丁寧に保管する義務がある．それが後の研究に役立ち，「学術標本」として命を吹き込まれるのである．なお標本の重要性や計測法，作製法については，さまざまな観点から詳細に述べられた文献があるので参照されたい（Nagorsen and Peterson 1980；今泉 1986；阿部 1991，1992a；松浦 2014）．

さて，野外から無事に対象個体を捕獲できたら，その後は剖検にはいり，目的の組織から培養細胞を手に入れなければならない．この時も対象個体について，なるべく多くの情報を記録して残さなければならない．外部形態計測値（**図 2-3-1-1**）はもちろんのこと，性成熟の状態，繁殖の状態など，やはり生活史や生態に関わる情報は多岐にわたる．これらの記録をとったうえで，学術標本を作製する（日本哺乳類学会 種名・標本検討委員会 2015）．本節では，さまざまな記録の取り方と標本作製法に関して簡単に紹介する．なお対象種に

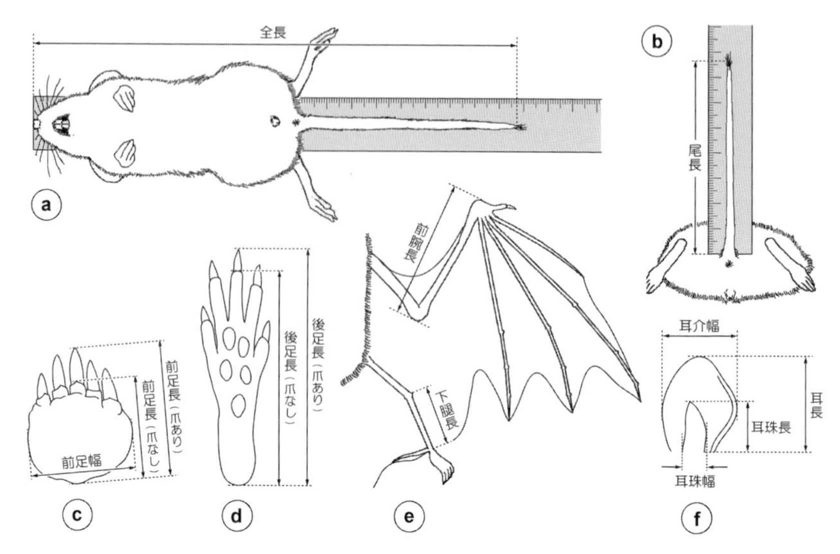

図 2-3-1-1．外部計測の模式図．

よって，計測部位はさまざまなので，あくまで基本的な部位のみを述べるにとどめた．

外部計測値

・体重（body weight）

・全長（total length）：鼻先から尾端（毛は含めない）までの長さ（**図 2-3-1-1a**）

・尾長（tail length）：尾の付け根から先端（毛を含めない）までの長さ（**図 2-3-1-1b**）

・頭胴長（head and body length）：全長から尾長を引いた長さ

・前足長爪あり（fore foot length cum unguis）：掌後端からもっとも長い爪の先端までの長さ（**図 2-3-1-1c**）

・前足長爪なし（fore foot length sine unguis）：掌後端からもっとも長い指（爪を含まない）の先端までの長さ（**図 2-3-1-1c**）

・前足幅（fore foot width）：掌の最大幅（**図 2-3-1-1c**）

・後足長爪あり（hind foot length cum unguis）：踵後端からもっとも長い爪の先端までの長さ（**図 2-3-1-1d**）

・後足長爪なし（hind foot length sine unguis）：踵後端からもっとも長い指（爪を含まない）の先端までの長さ（**図 2-3-1-1d**）
・前腕長（forearm length）：肘から手首までの前腕骨の長さ（**図 2-3-1-1e**）
・下腿長（tibia length または lower leg length）：膝から足首までの長さ（**図 2-3-1-1e**）
・耳長（耳介長，ear length）：耳孔下端から耳介上端までの長さ（**図 2-3-1-1f**）
・耳介幅（ear width）：耳介の最大幅（**図 2-3-1-1f**）
・耳珠長（tragus length）：耳珠の外側基部から先端までの長さ（**図 2-3-1-1f**）
・耳珠幅（tragus width）：耳珠の最大幅（**図 2-3-1-1f**）

性成熟および繁殖の状態

・乳頭の発達（mammae development）と乳頭式（mammae formula）：胸部・腹部・鼠蹊部に出現する乳頭の発達状態と，出現する乳頭の数を式で表したもの…胸部＋腹部＋鼠蹊部における片側の乳頭数＝総数

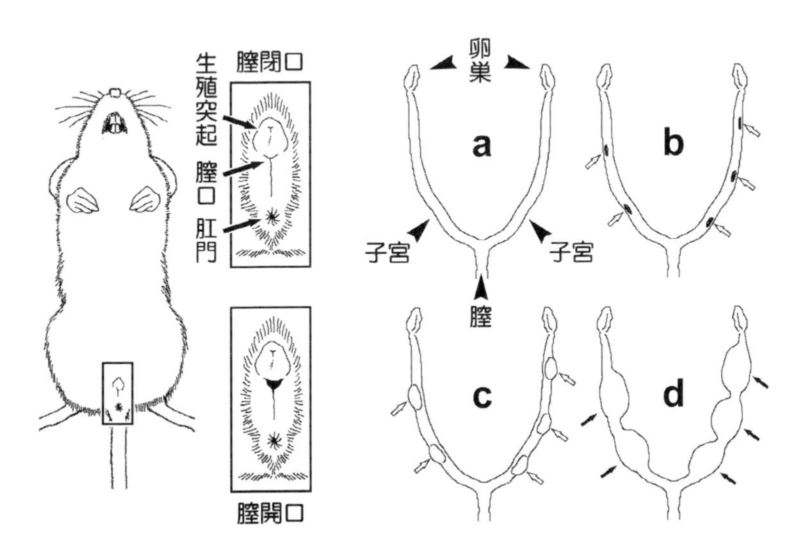

図 2-3-1-2. 雌の外部生殖器と子宮の状態の模式図（いずれも腹面図）．外部生殖器（四角で囲まれた部位）については，膣口の閉口または開口を記録する．子宮は，未経産（a），産後，ある程度時間が経過した胎盤痕（b，白矢印，黒ずんでいる場合が多い），産後，それほど時間が経過していない胎盤痕（c，白っぽい場合が多い），子宮内の胎児（d，黒矢印）を示す．

・膣（vagina）：外観から膣が開口（open）しているか未開口（close）か（**図 2-3-1-2**）．ただし食虫類では膣開口が外観から確認できない．
・子宮（uterus）の状態：細いか肥厚しているか
・胎児（fetus）：子宮内に胎児が認められるか否か（**図 2-3-1-2**）
・胎盤痕（placental scars）：子宮内に胎盤痕が認められるか否か（左右それぞれいくつか）（**図 2-3-1-2**）
・恥骨結合（pubic symphysis）：剥皮後の外観から恥骨結合が認められるか否か（はっきりしない場合は，除肉後に骨盤標本を作製してから確認にしてもよい）

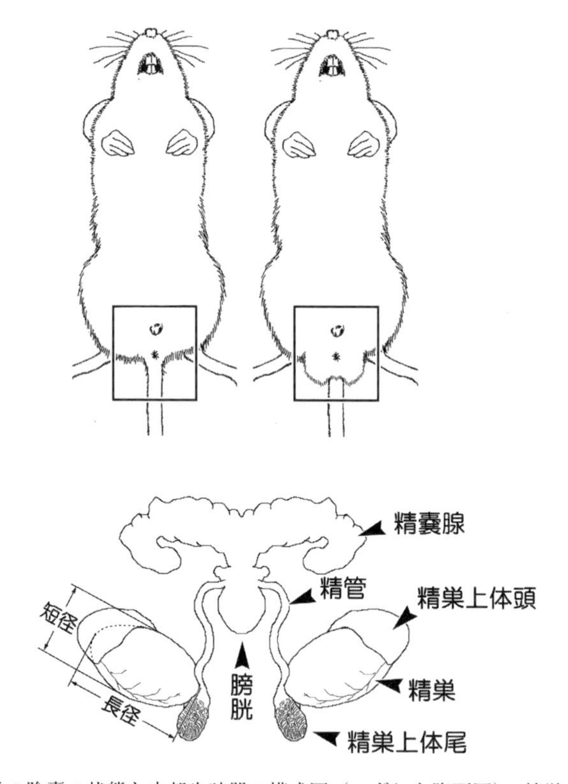

図 2-3-1-3. 雄の陰嚢の状態と内部生殖器の模式図（いずれも腹面図）．精巣が腹部に留まり陰嚢が顕著でない（上左）か，精巣が下垂し陰嚢が顕著に認められる（上右）かを記録する．また内部生殖器（下）については，精嚢腺や精巣上体の発達を観察し，特に精巣上体尾部の内部にとぐろ状の精巣上体管が顕著に認められるか否かを記録する．未発達だと，精巣上体そのものが小さく，外部から精巣上体管は認められない．

・精巣の下垂（testis descent）：精巣が下垂（descent）し，外観から陰嚢とともに顕著に認められるか，あるいは下垂せずに腹部（abdomen）に留まった状態か（**図 2-3-1-3**）

・精巣上体の発達（epididymis development）：精巣上体が発達し精巣上体管（duct of epididymis）が外観から確認できるか，あるいは精巣上体が未発達か（**図 2-3-1-3**）

・精巣サイズ（testis size）：精巣の長径，短径の長さ（**図 2-3-1-3**）

これらの記録は，後述する標本そのものにも付記するが，他にバックアップとしての「標本台帳」を作成しておくことが重要である．この標本台帳は必ず紙ベースで作成しておき，電子ファイルはあくまで付随的なものとする．

研究上のサンプルとはいえ，尊い生命を研究に供した以上，その犠牲を最大限活かすためにも，入手した個体は可能なかぎり学術標本として後世に残さなくてはならない．それが研究者の最低限の責務でもある．幸い染色体研究では，生体または新鮮な死体を相手にする必要性があるため，学術標本を作製するいい機会も与えられていることを肝に銘じておく．

次に，おもな標本作製法を紹介しよう．

①フラットスキン（カードスキン）

・毛皮の腹面陰部正中から左右に切り込みを入れる（**図 2-3-1-4a**，点線）．この際，なるべく腹膜を傷つけないようにした方がのちの作業がしやすい（腹膜を傷つけると，内蔵が露出してきて作業がしにくい）．

・両後肢の脛部から膝にかけて裸出させ，膝で切断する（**図 2-3-1-4b**）．

・雄の場合，陰茎は内側から丁寧に毛皮より剥がしとる．臀部背面側の毛皮を剥がし，尾椎骨を抜く．この際，**図 2-3-1-4c** にあるように，矢頭部分を爪で押さえ，尾椎骨の根元をピンセットまたは指でしっかり挟んで引っこ抜く．ただし，種によっては尾椎骨と毛皮の間に結合組織が発達して抜けないこともあるので，その場合は尾部腹面正中を切開して尾椎骨を毛皮から剥がしとる．

・腰部，胸部までセーターを脱がすように毛皮を剥がしていったら（**図 2-3-1-4d**），両前肢の腕部から肘までを裸出させ，肘で切断する（**図 2-3-1-5e**）．

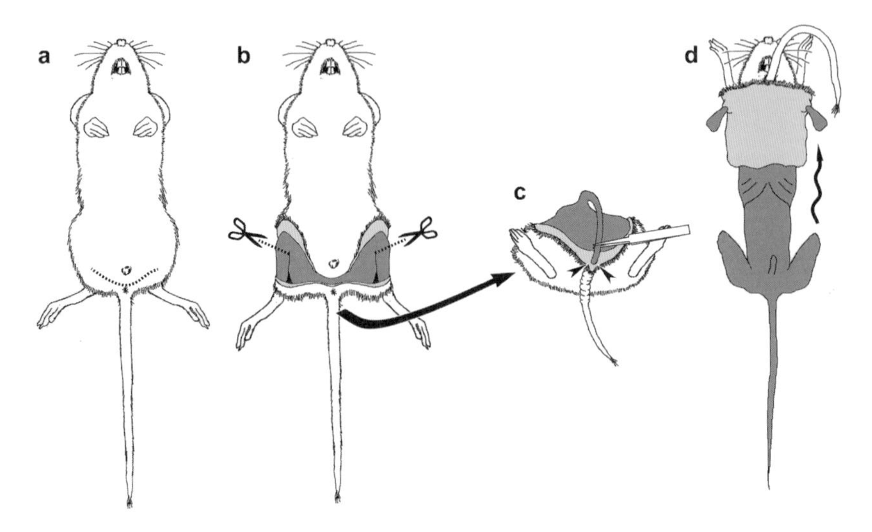

図 2-3-1-4. フラットスキン作製手順その 1.

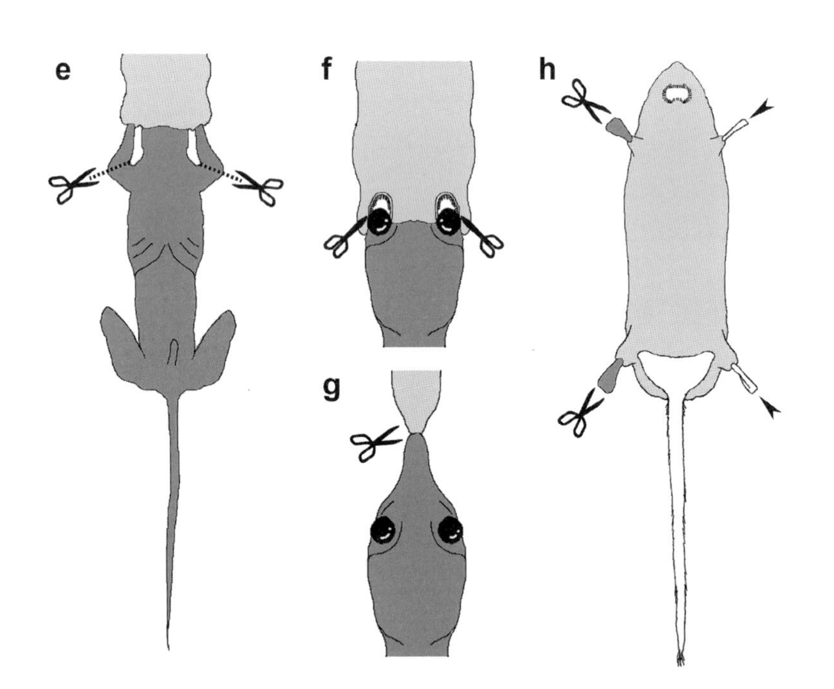

図 2-3-1-5. フラットスキン作製手順その 2.

・頸部の毛皮を剥がし，外耳道を切断したら，眼球と瞼の境界部をハサミまたはメスで慎重に切り離していく（**図 2-3-1-5f**）．

・吻部はヒゲなど，神経が密集している部位なので，毛皮が非常に剥がしにくい．ハサミまたはメスで慎重に少しずつ切り離していく．最後に吻部先端の鼻部の軟骨組織を切断する（**図 2-3-1-5g**）．この際，鼻骨など，頭骨側を傷つけないよう注意する．

・裏返った毛皮についている四肢の筋肉を可能なかぎり取り除き（**図 2-3-1-5h**），なるべく骨だけになるようにする（腐敗を防ぐため）（**図 2-3-1-5h**，矢頭）．また脂肪や乳腺なども可能なかぎり除去する（腐敗を防ぐため）．毛皮の内側に鞣（なめ）し剤，防腐剤等を塗布する．ホウ酸：焼きみょうばん：ショウノウ＝2：1：1で混合し，乳鉢ですりつぶしておいた塗布剤は，鞣しと防腐を兼ねていて使いやすい．

・台紙に毛皮をかぶせ，必要な記録を付記する（**図 2-3-1-6**）．四肢はホッチキスや接着剤（木工用ボンドなど）で固定する．後肢は尾側に固定する

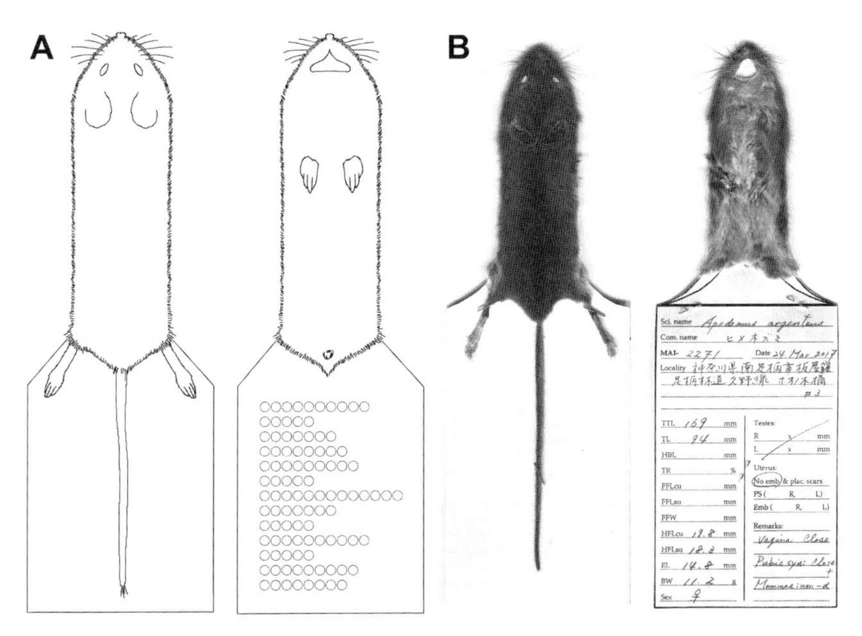

図 2-3-1-6. 完成したフラットスキン（A，模式図；B，ヒメネズミの実際のフラットスキン標本）．

場合と，前肢と同じ面に固定する場合があるが，どちらでもかまわない．雑誌などに押し花のように挟んで，平らに乾燥させて完成．なお，コウモリ類でもフラットスキンの作製が可能であり，その際には専用の台紙を用いる（British Museum（Natural History）1968）．

②仮剥製（注意点やコツ等には「注1」という表記の指示を入れ，後述する）

・フラットスキンの行程で，毛皮を剥がし終え，鞣し剤，防腐剤等を塗布するところまで（**図 2-3-1-5h**）は同じ[注1]．

・裏返った毛皮についている四肢の骨に，少量の綿を巻き付けておく（**図 2-3-1-7a**）．これは，完成後の見栄えを良くする意味もあるが，四肢の骨が破損するのを防ぐ効果もある．

・綿を丸めて胴体となる芯を作る[注2]．この際，頭胴長と同じ程度の長さに作っておき，頭部を少しとがらせておくとよい（**図 2-3-1-7b**）．毛皮は乾燥すると縮むので，それを考慮したうえで，芯となる綿の量を決める．

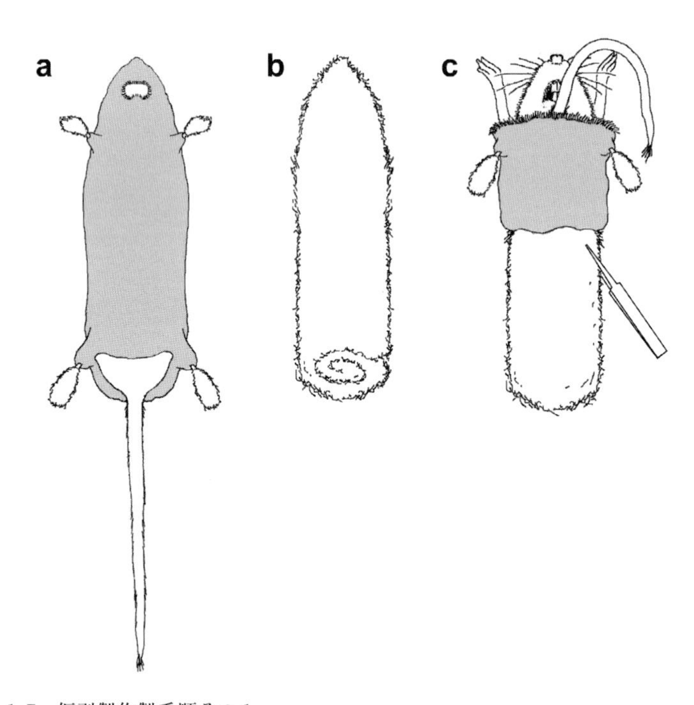

図 2-3-1-7. 仮剥製作製手順その1.

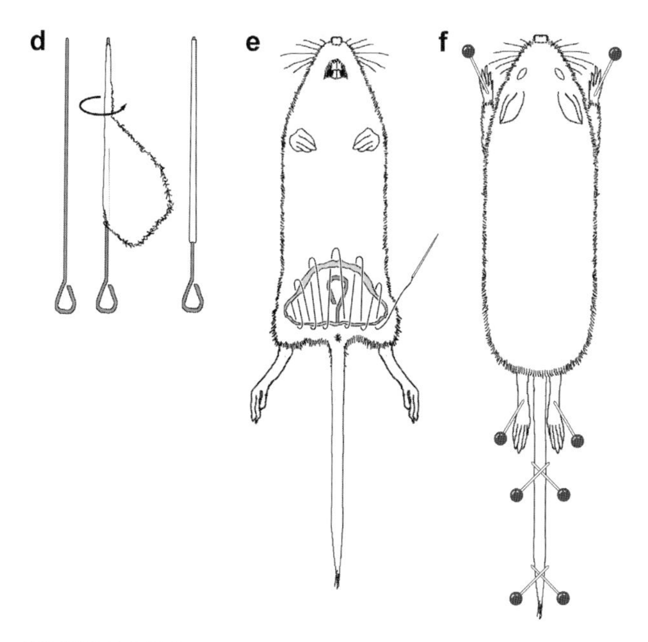

図 2-3-1-8. 仮剥製作製手順その 2.

・芯に毛皮をかぶせていく（**図 2-3-1-7c**）．まず，芯の先端をピンセットでつまみ，毛皮の鼻部に押し込み，頭部を形作る．続いて少しずつ芯を毛皮の中へピンセット（長いピンセットが便利）で押し込んでいき，臀部まで収まるようにする．前肢は前方，後肢は後方に向くようにする．

・尾部に挿入する芯を作る[注3]．まず，真っすぐなステンレス製針金を準備し，根元になる部分を輪にしておく（**図 2-3-1-8d**）．次に，薄く広げた脱脂綿を針金に巻き付けていく（**図 2-3-1-8d**）．最後に，机上に脱脂綿を巻き付けた針金芯を起き，湿らせた手で押し付けながら回転させ，固く締めていく．

・尾部に固く脱脂綿を巻き付けた針金芯を入れ，毛皮の切開部を縫い針と木綿糸で縫合する（**図 2-3-1-8e**）．この時，針金芯の輪の部分が直接毛皮に当たらないよう，綿を少量足すか，輪の部分を綿の芯の内部の方へ埋め込んでしまうとよい．

・縫合が終わったら全体的な毛並みを整え，平らな発泡スチロールなどに，マチ針を使って四肢と尾を固定する（**図 2-3-1-8f**）．十分乾燥させれば完

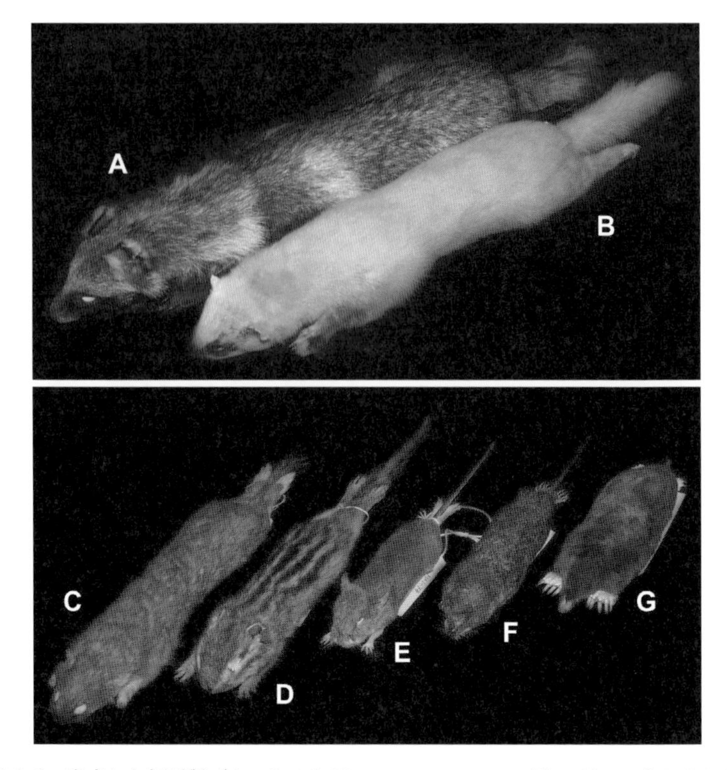

図 2-3-1-9. 完成した仮剥製（A，タヌキ *Neyctereutes procyonoides*；B，ニホンテン *Mastes melampus*；C，オコジョ *Mustela erminea*；D，シマリス；E，アカネズミ；F，カワネズミ；G，アズマモグラ）．

成（**図 2-3-1-9**）．

・別途ラベルを準備し，必要な記録を付記したラベルを紐で仮剥製に括（くく）り付けておく．

注1 他に，腹面正中を胸部から生殖突起まで切開する方法もあり，整形と縫合がしやすい．

注2 小型種の場合は綿で問題ないが，中型種以上になると，相当量の綿が必要になり，また綿だけだと乾燥後の強度が保てないことがある．このような場合は，固く丸めた新聞に麻ひもなどを巻いて大まかな芯を作り，これに綿を巻いて最終的な芯にするとよい．この場合，後述する尾の芯に針金ではなく木材を用いると，胴体部の固い芯と合わせて，非常に頑強な仮剥製になる．

注3 針金に脱脂綿を巻き付ける方法が一般的だが，カッターや紙ヤスリ等で尾椎骨と同じ形に整形した竹串などを用いることもある．中型種（イタチやテンなど）では，針金よりも木材を使った方が完成後に破損しにくい場合もある（針金だと折れたり曲がっ

たりする可能性あり）．またモグラなどのごく短尾種では，爪楊枝などを用いた方がよい場合がある．

仮剥製やフラットスキンのような毛皮標本を手がけられない事情がある場合（時間的制約，検体の著しい破損など），おもに液浸標本として保管することが多い．以前はホルマリンが多用されていたが，現在ではアルコール（70％エタノール，イソプロパノールなど）を用いた保管が一般的である．ただしアルコールの場合は脱色されてしまうことが多く，長期間保管すると，毛色などは生体時と異なってしまうことに留意する必要がある．液浸標本の場合も，液浸にする前になるべく多くの記録をとっておく．なおラベルを液浸にする場合は，厚手の紙に必ず鉛筆で記入すること（荷札は好ましくない）．

また冷凍で保管する場合もあるが，長期間経過すると，乾燥して「冷凍焼け」の状態に陥ってしまい，剝皮などが難しくなってしまう場合もある．なるべくチャック付きのポリ袋に入れ，可能なかぎり記録をとっておき，それらのメモやラベルと一緒に保管するとよい．

③骨格標本，その他

骨格は，もっとも腐敗しにくい組織であるため，処置は後回しでもかまわない．骨格作製にはいろいろな方法があるが，基本的に除肉をどのようにするかに依拠する（日本哺乳類学会 種名・標本検討委員会 2015）．

小型種であれば，剝皮後の検体をそのままミールワーム（ペットショップ等で購入）に入れて肉を喰わせるか，乾燥後にカツオブシムシに喰わせるのが一般的である．ただし，ミールワームは柔い肉しか喰わず，また軟骨なども喰うことがあるので注意が必要である．一方，カツオブシムシは乾肉を喰うため扱いやすいが，反面，毛皮標本などに喰害を及ぼしてしまうので，取扱いには十分注意しなければならない．中型種以上になると，除肉の規模も小型種のそれとは大きく異なり，おもに煮沸による除肉，パパインなどの消化酵素等の薬品を使用した除肉，腐敗による除肉（水漬）が一般的である（八谷・大泰司 1994）．

その他，毛皮と骨格以外の組織，すなわち筋肉や臓器類は，可能なかぎり保存しておきたいところだが，さまざまな制約から，多くの研究者は毛皮と骨格と同様に保存していないのが現状である．ただし，研究目的によって各臓器をサンプリングする必要が出てくる場合は，先行研究等に準拠した方法で採取・保存されたい.

2-3-2. 実験室以外での培養組織のサンプリング法

培養に供する組織のサンプリングには，微生物等の混入による汚染（contamination，通称コンタミ）を防ぐことが肝要である．そのためには，無菌操作が要求される．生体を無事に研究室まで運び込めた場合は問題ないのだが，ワナ回収時，残念ながら死んでしまっているケースに遭遇することも稀ではない．あるいはさまざまな都合上，生体を研究室まで運び込めない事情がある場合も少なからず想定される．これらの状況下では，現地で培養用の組織を無菌的にサンプリングして培養液へ入れて保存し，クリーンベンチとインキュベーターのある場所まで待ち運ばなければならない．すなわち「無菌施設のない現地で無菌的に組織をサンプリングする」という相反した行為が要求される.

染色体標本の作製には，いくつかの組織が有効である．例えばネズミ類では肺組織を培養することで線維芽細胞を得ることができるのだが，モグラ類では，肺を使うとほとんどの場合で，微生物等の混入よるコンタミで成功しない．そこでさまざま試みると，尾椎を無菌的に取り出して細切・培養するという手法が最もコンタミを防げることがわかった．ところがヒミズ（*Urotrichus talpoides*）で良好な分裂細胞増が得られる尾椎は，なぜかニホンモグラ属（*Mogera*）ではうまくいかない．肝臓や腎臓などさまざまな器官を培養し検討したところ，もっとも培養細胞が良好に増殖するのは皮下組織であった．この方法は個体の腹部正中の皮膚を切開し，皮膚を指でめくり上げるようにしてひっくり返し，滅菌したハサミで皮膚の裏側をそぎ取るようにして組織をサンプリングする．事前に切開する毛皮部分はしっかりと70%エタノールで滅菌しておくことと，けっしてサンプリング時に皮膚の表側に穴を開けないことが重要である．皮下脂肪や，雌の場合は乳腺細胞が混入する可能性があるが問題ない.

現地で無菌的にサンプリングを行うには，本章2-1-2で述べた，いわゆる三種の神器「解剖用具（**図2-1-2-2**)」「エタノール（**図2-1-2-4**)」「培養液（**図2-1-2-4**)」が不可欠である．これらを駆使して，コンタミしないように細心の注意を払いながら，現地で剖検，組織のサンプリングを行う．以下，培養に供することの多い「肺」「真皮」「尾椎骨」のサンプリングの要点を説明する．なお，対象種によってどの組織が培養に適しているかはさまざまなので，事前に予備実験で確認しておくことをお勧めする．実際の培養作業については，第3章において詳述する．

①肺

剖検（剥皮）の際，なるべく横隔膜および胸腔内を傷つけない方がよい．概ね剥皮等を終えたら，横隔膜をハサミで切開し，火で炙って滅菌したピンセット（滑り止めがついている方がよい）を胸腔内に突っ込み，肺を引っ張りだしてちぎり取る．あらかじめ準備しておいた70%エタノールに採取した肺組織を一瞬浸し，なるべくエタノールを含めないようにして，直ちに培養液に入れる．この時，培養液を入れているバイアルは，あらかじめフタをゆるめておき，組織を入れる瞬間だけフタを開け，入れたらすぐに閉じることが肝要である．

②皮下組織

採取する部位近傍まで剥皮しておき，火で炙って滅菌したハサミを準備したら，採取する場所を剥皮して直ちに皮下組織を切り取り，すぐ培養液に入れる．培養液のバイアルの扱いは肺と同様である．

③尾椎骨

尾部を剥皮しながら，採取する部位に近い箇所をピンセットでつまんで固定する．火で炙って滅菌したピンセットとハサミを準備し，完全に剥皮して採取する部位の尾椎骨が裸出したら，滅菌したピンセットでつまみ，火で炙って滅菌したハサミで切断し，あらかじめ準備しておいた70%エタノールに浸し，なるべくエタノールを含めないようにして，直ちに培養液に入れる．培養液のバイアルの扱いは肺と同様である．

コラム③　ミカドネズミをチロリアンハットで捕まえるの記

小原良孝

1982年5月28日の午後，弘前大学の特定研究「青函海底トンネル開通が陸上生態系に与える影響に関する調査研究」の一環で行った津軽海峡の北海道側沿岸地域での食虫類・ネズミ類の捕獲調査を終え，上磯町の林道で車を走らせていた．とその時，助手席に乗っていた学生が，林道の前方を指さし“あ！　ネズミだ！”と叫んだ．私はなんという“のろまな奴”と直感しすぐに車を止め，脱兎のごとく追いかけた．よもや捕れるとは思っていなかったが，ネズミが林道沿いにのろのろ走っていたので，被っていたチロリアンハットをとっさに手にし，飛びつくようにネズミの上にかぶせたら，何となんと！　帽子の下でネズミがもがいていたのである．ほんの一瞬のできごとで，学生たちはただ唖然としていた．学生たちから出た言葉は“先生に手づかみされるなんて，なんチュー間抜けなネズミがいたもんだ！”であった．私は愛用のチロリアンハットをかるく掃っていつものように被り意気揚々函館に向かい，津軽海峡カーフェリーに乗り込んだ．出港して間もなく，耳の後ろが痒いなと思って手をやると，ボコっと触れるものがありぎょっとした．学生に見てもらったら，“なんかくっついてる！”というので，洗面所でよく見たら，何ということかお腹を膨らまし食らいついているダニであった．どうやら件のネズミの耳介に群がって寄生していたダニがハットの内側に零れ落ち，そこに潜んでいたダニが私の耳介の裏側に移ってきたもののようであった．一般にダニに噛まれても気がつかないことが多いが，幸いその時は噛まれて間もなく気づき，ネズミの解剖用に持参していたピンセットで食らいついている根っこからぐいと摘まんだら，ポロっととれたのである．大学に帰り着いた頃はそのことをすっかり忘れ，病院にも行かずじまいであった．“世界広しとはいえ，林道を走り回る野生のネズミを帽子で捕まえた者は自分しかいないであろう”と内心自慢に思っていたものである．今にして思えば，自分の電光石火の早業で捕まえたものではなく，耳介の内側に寄生されたダニ軍団にやられ，弱り切ってよたよたしていただけのことだったのだろうと思い直しているしだいである．フィールドワークではこういうことにも細心の注意が必要だという教訓である．

コラム④　活イタチ

岩佐真宏

当時札幌にいた私はクロテンとニホンテンの染色体を調べるべくサンプルを集めていた．そんな1月のある日，共同研究者で和歌山県の高校教諭（当時）H先生から，徳島でニホンテンが捕まったと連絡があった．しかし私が四国まで行く時間的余裕もなく，またH先生も無菌的に培養組織を採取した経験がないというので頭を抱えてしまった．そんな時，H先生から「空輸頼んでみるよ．大丈夫だと思うよ」と言われ，それなら札幌まで輸送してもらおうとお願いした．

一般に動物の生体空輸では，発空港の貨物ターミナルに段ボールなどで梱包した生体を持ち込み，着空港の貨物ターミナルに受け取りに行く，というのがもっとも安価な方法である．というわけで，関西国際空港発，新千歳空港着のJAS（当時）701便で送ってもらうことにした．到着は夜になるということなので，夕方，猛吹雪にアイスバーンで凍った道を空港まで急いだ．

JASカーゴの事務所で待っていると，大きな段ボールの塊がカウンターに載せられた．H先生が大きなケージにテンを入れ，周囲を段ボールで目張りし，直接テンが見えないように配慮してくださったのだろう．受け取りのサインをするため伝票を見ると，そこには「活イタチ」と書かれている．活魚とか活カニなんて表記は見たことあるが，「活イタチ」というのは初めて見た．おそらくH先生が「生きたイタチ」と言ったのであろう．それで職員が「活イタチ」と記入したにちがいない．いかにも捕れたてでイキのいい印象に，思わず笑みがこぼれた．この「活イタチ」は車中のケージ内で大暴れしながらも無事に研究室まで運ばれ，2002年に論文として陽の目をみることになった．

コラム⑤　ヒメヒミズに苦戦

川田伸一郎

大学院修士課程のテーマはヒミズとヒメヒミズの核型比較だった．ヒミズは弘前周辺の山に行けばそれほど難なく採集できる．ヒメヒミズはやや山地性が強い種なので，少々難しい．修士課程1年の夏はこれを何とか採集しようと動き回った．そのうち，比較的近場で記録が多い岩木山の中腹にピットフォールトラップを設置して，1週間ほど見てみようということになった．当時の私は車を所有していなかったので，先輩の車で岩木山の山麓ハウスまで乗せてもらい，100 m ほどだろうか，山道を登ったあたりに20個くらいのゴミバケツを埋めてしばらく見てみることにした．僕は山麓ハウスの近くでテントを張って単独キャンプ生活である．夜の見回りには先輩が来てくれて一緒に見回る．さらに夜半には，心配してくれたのだろう，小原先生がおにぎりをもって陣中見舞いに来てくださった．ところがそれでもヒメヒミズは取れない．その代わり初めて動いているのを見るアズマモグラがピットフォールトラップに落ちたのが印象的だった．

こうして修士1年の夏から秋はすぎ去ったが，その冬に十和田湖の周辺でササの一斉開花があるとのことで，アカネズミなどのネズミ類の動態を調査する依頼が小原研にあった．僕は先生のお手伝いで同行し，雪深い十和田湖でトラッピングをすることになった．調査の終わりの頃に小原先生と雪道を歩いていたところ，雪の上にヒミズの死体が見つかった．ところが少々見慣れたヒミズとはちがう．少し尾が長いようだ．これを研究室に持ち帰り（確かアイスクリームを購入して保冷材にしたように記憶している），手早く尾椎の培養を行った．ヒミズとヒメヒミズは歯の数にちがいがあるというので，頭骨標本を作製して確認したところ，まぎれもなくヒメヒミズの歯式である．染色体もうまく観察でき，一対のST型染色体をもつヒメヒミズのものだった．こうしてようやく修士論文の材料となる1個体目を入手することができたのである．

翌年の春は雪解けとともに採集を開始した．弘前市を南に下った天王沢と私たちが呼んでいた調査地でピットフォールトラップを仕掛け，毎朝夕自転車で見回りに行く，するとなぜか6月の限られた時期だけ，沢沿いに仕掛けたトラップにヒメヒミズが落ちた．夏になるとまったく採集できない．もしかしたらヒメヒミズは季節によって移動するのではないか，そんな想像をしていたものだが，まだ謎のままである．

第3章

染色体解析

3-1. 染色体標本作製の基本

染色体を観察するには，生細胞の分裂期状態をそのまま固定する必要がある．生体内では常に細胞分裂が起きているが，その偶発性に依存して染色体標本を作製するのはあまりに効率が悪すぎる．そこで，細胞を「*in vitro*」で培養し，なるべく多くの細胞分裂を生じさせて効率よく分裂期の細胞を得るのが染色体研究における一般的な方法である．

培養といっても様々な方法があるが，染色体標本作製によく用いられるのは線維芽細胞や血球系の細胞である．これらの細胞では高い分裂頻度が得られ，また取扱いも比較的容易であるため，多くの哺乳類の染色体研究で適用されている．しかし実験動物と異なり，野生哺乳類を対象とした染色体標本の作製には，多くの行程でリスクを伴う．まずは対象動物の捕獲と，クリーンベンチおよびインキュベーターが備わった実験室までの生体（または生きた組織）の輸送である（第2章2-3参照）．また一連の行程の中で，対象動物を学術標本として残すことも重要な作業であり（第2章2-3参照），一口に染色体研究といっても，実験動物よりもはるかに多くの「余計な作業」をクリアしなければならない．しかし，そういったリスクがあったとしても，きれいな染色体像を顕微鏡で見つけた時は，まさに筆舌尽くし難い喜びがある．この瞬間を味わうために染色体を追い求めているといっても過言ではないだろう．

さて本題の染色体標本作製法についてであるが，いずれの方法も「培養による細胞分裂の誘因」「コルヒチン処理による紡錘糸形成の阻害」「細胞を膨潤させる低張処理」「固定」のプロセスを踏襲する．なお本章では，いくつかの組織から得られる複数の種類の細胞から染色体標本を作製する方法を紹介するが，どの方法で作製しても，染色体の数や構造に関する観察像については基本的に同じ結果が得られる．

第2章2-3-2でも述べたように，培養で気をつけなければならないのは，何といっても培養組織と培養液を微生物等の汚染（contamination，通称コンタミ）から守ることである．微生物が混入すると，培養液中で一気に増殖し，ひいては培養組織へダメージを与え，培養そのものが失敗に終わってしまう．最悪の場合，同じインキュベーター内の他のサンプルへもコンタミが伝播することがある．したがって，組織の採取，クリーンベンチ内での作業，インキュベーターへの出し入れなど，要所要所でコンタミに注意しなければならない（第2章2-3参照）．

一方，一連の行程における「処理時間」「容量」はあくまで経験的な目安であり，実験者各自が改良を重ねることで，良好な結果に結びつくであろう．あるいは使用する器材も，機種やメーカーによって特性が異なるため，さまざまな「クセ」も念頭に入れておく必要がある．

以下に，代表的な染色体標本作製法を紹介する．なお，使用する薬品の作製法等については「1)」という表記，作業における注意事項やコツ等については「注1」という表記で指示を入れ，これらを各項等の最後にまとめて記しているので参考にされたい．

3-2. 染色体標本作製

3-2-1. 線維芽細胞からの染色体標本作製法

(1) 組織の採取と培養（クリーンベンチで無菌的に行う）

・組織の採取[注1,注2,注3]

肺：剝皮を終えた検体の四肢を広げた状態で解剖皿に仰向けで置き，全身に70%エタノールを噴霧してクリーンベンチ内に持ち込む．滅菌したピンセットとハサミで胸部を開き，肺を摘出し，滅菌PBS$^{(-)}$[1]が5 ml程度入ったバイアルに入れる（**図3-2-1-1**）．

尾椎骨：尾部のみを残してあらかじめ剝皮をした状態で解剖皿に置き，全身に70%エタノールを噴霧してクリーンベンチ内に持ち込む．または剝皮前の尾部のみを切断して70%エタノールに浸し，シャーレ等に入れてクリーンベンチ内に持ち込む．ピンセット等で尾部を無菌的に剝皮し，尾椎骨の先端部を滅菌したハサミで切断し，滅菌PBS$^{(-)}$が5 ml程度入ったバイアルに入れる（**図3-2-1-1**）．

皮下組織：採取部位が露出しない程度に剝皮した状態で解剖皿に置き，全身に70%エタノールを噴霧してクリーンベンチ内に持ち込む．クリーン

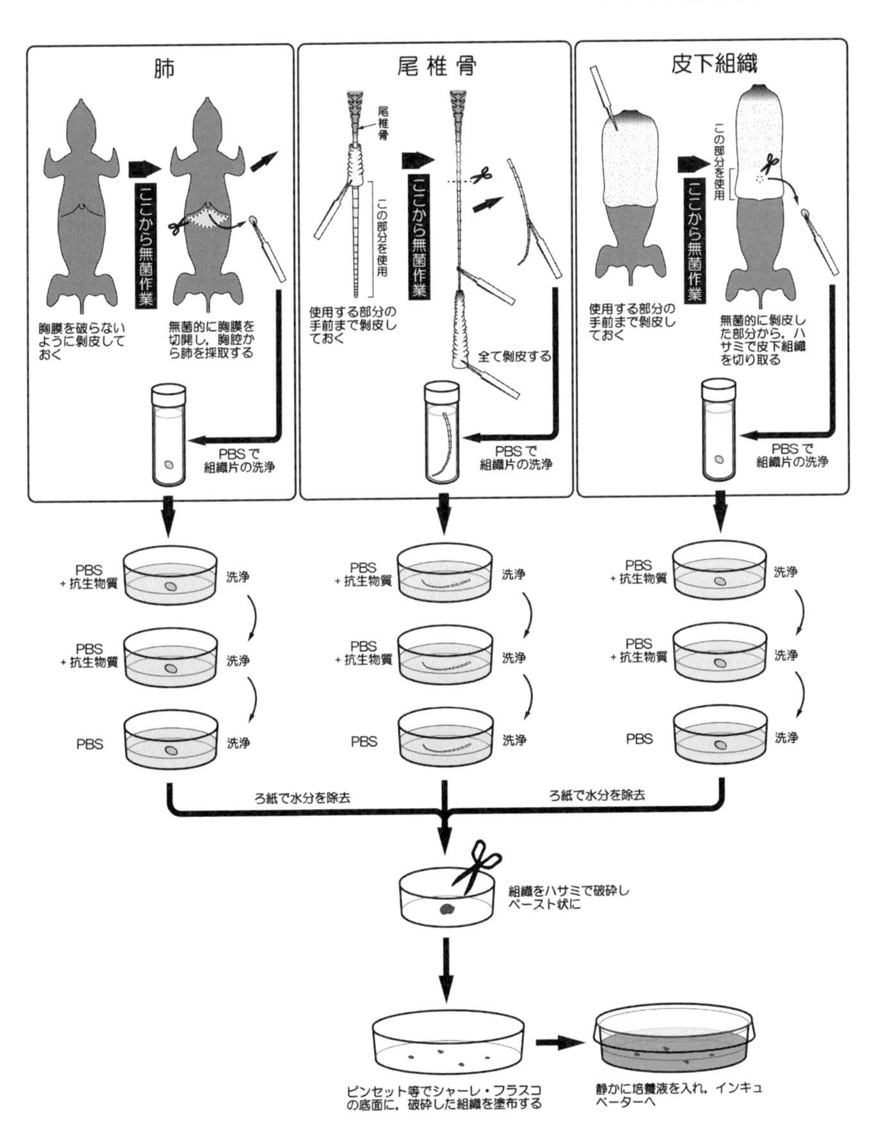

図 3-2-1-1. 組織を培養に移すまでの手順.

ベンチ内で採取部位が露出するように剝皮し，採取部位の皮下組織が裸出したら滅菌したハサミでこそげ取るように組織片を採取する．この時，深く切りすぎて外部の外皮や被毛部まで達してしまった場合は，その組織片およびハサミは使用しない．採取した組織片は，滅菌 PBS$^{(-)}$ が 5 ml 程度入ったバイアルに入れる（**図 3-2-1-1**）.

・バイアルのふたをしてよく振り，組織片を洗浄する（**図 3-2-1-1**）．必要に応じて抗生物質を添加する（10,000 unit/ml ペニシリン＋10,000 μg/ml ストレプトマイシン硫酸塩を 50～100 μl 程度）．なお前章 2-3-2 で述べたように，実験室以外でサンプリングした組織の場合は，この行程から始める．

・小型シャーレ（Ø 30 mm 程度）1 個に 70％エタノールを適量入れ，組織片を入れて数秒程度洗う（コンタミの心配がない場合はこの行程は省略してもよい）．

・小型シャーレ 3 個にハンクス平衡塩溶液（Hank's balanced salt solution, Hank's BSS）または PBS$^{(-)}$ を 3 ml ずつ入れ，2 個のシャーレに上述の抗生物質を 50 μl 程度添加しておき，順にこの中に組織片を入れて洗浄する（**図 3-2-1-1**）．最後に抗生物質の入っていないシャーレにしばらく放置する．

・組織片を滅菌したろ紙の上に置いて水分を取り除き，新しい小型シャーレ中でハサミを用いて細かく破砕する（**図 3-2-1-1**）．

・組織片がペースト状になるまで破砕したら，ピンセット等で培養用シャーレ（または培養用フラスコ）の底面に薄く塗り広げる[注4]．この時細胞層が厚くならないように注意（**図 3-2-1-1**）．

・培養液（medium，本章では後述する MEM を用いる）[2] を適量加えてインキュベーターへ[注5]（**図 3-2-1-1**）．

・翌日，コンタミの有無をチェックする．沈殿物や培養液の白濁が認められた場合はコンタミしているので，直ちにインキュベーターから取り除く[注6]．

・1 週間以上経過した頃から，細胞片の周囲に，薄く白みを帯びた線維芽細胞の増殖が肉眼で認められる．

(2)　細胞のサンプリング（以下の作業は無菌的でなくてよい）

・線維芽細胞が培養シャーレ底面に広がって増殖しているのを倒立顕微鏡で確認する．サンプリングを行う前日に，半分量の培養液を交換しておく．なおコンフルエント（細胞同士が非常に接近し，密集した状態）に達する手前の増殖中の状態で細胞を回収すること（**図 3-2-1-2**）．

・トリプシン処理を施す 45～60 分前に 1 μg/ml のコルヒチン[注7]（コルセミドでも可）溶液を培養液中に投与し（終濃度 0.025 μg/ml 程度），よく撹

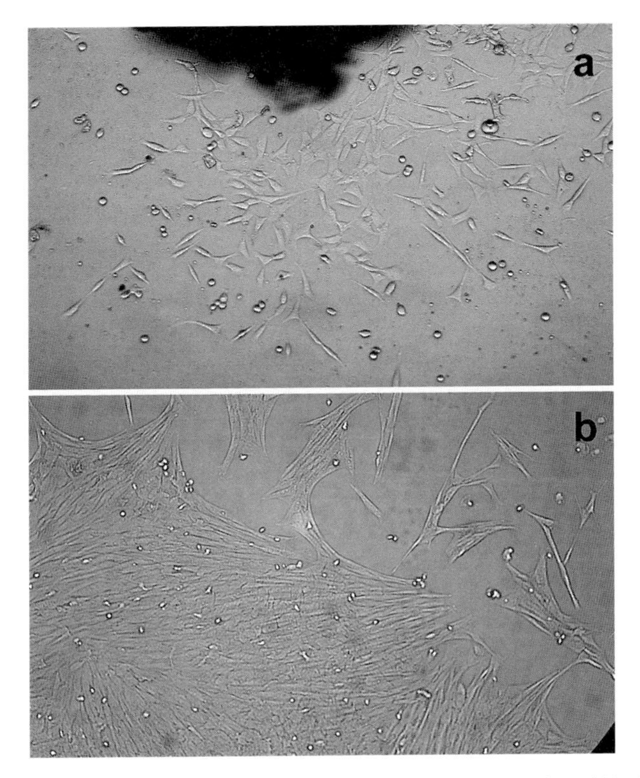

図 3-2-1-2. 倒立顕微鏡で見た線維芽細胞の状態. 紡錘形の線維芽細胞が順調に増殖中の状態（a）と大半がコンフルエントに達して増殖が頭打ちになった状態（b）.

拌した後 37℃で静置する.

・コルヒチン処理が終了したら培養液をピペットで別の容器に移し，トリプシン溶液[3]を 5 ml 入れ 37℃で 4～5 分間処理する.

・移した培養液を戻してトリプシン処理を止め，10～15 ml の遠心管に培養液をすべて移して 1,500 rpm，5 分間で細胞を回収する.

・上清を取り除き，低張液（hypotonic solution）[4]を 10 ml 加えて低張処理を 37℃で 15～20 分間行う. 低張処理が終了したら，1 ml のカルノア氏液（Carnoy's fixative）[5]を静かに加えてピペッティングし，低張処理を停止する. その後，1,500 rpm，5 分間で細胞を回収し，上清を取り除く. …Ⓐ

・カルノア氏液を適量加えてピペッティングし，1,500 rpm，5 分間で細胞を回収し，上清を取り除く. これを 3 回繰り返す. …Ⓑ

・最後の遠心による細胞回収後，上清を取り除いたら，適量のカルノア氏液を加え，細胞浮遊液とする．…Ⓒ

注1 現地フィールドで組織を採取する場合には，極力コンタミを起こさないよう，解剖用具はライターの火などで滅菌し，さらには70%エタノールで消毒するという念入りさが必要である（第２章2-3-2参照）．また組織を取り出した直後，70%エタノールで組織を数秒程度洗浄するとコンタミはかなり防げる．組織を培養液に保存した後は，室温でも１週間ほど保存可能だが，冷蔵庫で保存した方がよい（あまり冷やしすぎない，4～10℃程度）．なお，組織を保存中の培養液（MEM）は，しだいに色がオレンジ色に変化してくる分には問題ないが，きれいな黄色に変化した場合は，コンタミしている可能性が高い．

注2 皮下組織の採取は生体でも可能である．麻酔下で採取部位を剃毛し，70%エタノールで清拭した後ピンセットでつまみ上げ，ハサミを用いて皮下組織まで採取する．組織片をただちに培養液に保存する．採取した部位の傷に軟膏等を塗布し，覚醒させる．

注3 捕獲状況によっては死体の時もあるが，冷たくなった死後硬直程度（死後数時間程度が目安）であれば培養で細胞を増殖させることができる．この場合，捕獲した現地から死体をなるべく冷やして持ち帰るのがよい（アイスやかき氷，市販の氷などで，凍らない程度に冷やす）．そのためには，発泡スチロール製の入れ物を常備しておく．また，死亡個体からの培養用組織のサンプリングは，冷温環境下では死後の経過時間が多少経過していても可能な場合がある．たとえば愛知県北西部の山中で冬季に駆除されたツキノワグマの内臓を２日後に回収し，肺の組織培養で良好な染色体像が得られた経験がある．また海岸漂着した鯨類死体や動物園で死亡した個体でも可能で，この際には胸骨心臓側に付着する筋肉をサンプルとして使用することにより組織培養に成功する率が比較的高かった．

注4 培養用シャーレは，Ø 100 mm 程度，フラスコは 25 mm^2 程度が適している．

注5 シャーレ，CO_2 インキュベーターを用いる開放培養では，市販の培養液で適正な pH が維持されるが，CO_2 を用いないインキュベーターを使用するフラスコの閉鎖培養では，pH の管理が重要である．密閉されたフラスコ内で培養液に比して大気層が圧倒的に多い場合，市販の培養液では pH が上昇し（培養液が濃いピンク色に変化する），培養開始後に組織が死滅する場合がある．これを避けるため，pH を低めに設定した培養液を用いるか，フラスコ内に大気層がなるべく少なくなるよう培養液を多く入れるなどの工夫が必要となる．イーグル MEM 培地粉末（ニッスイ）を用いた培養液[6)] を作製すると，10%炭酸水素ナトリウムの添加量で pH 調整が可能である（培養液がオレンジ色になるように作製する）．経験的には，培養液 100 ml に対し 0.3 ml 程度の 10%炭酸水素ナトリウムを添加すると閉鎖培養に適した pH となる．

注6 もしコンタミの兆候が見受けられたら（白濁，沈殿物の発生など），あらかじめ滅菌しておいた 1×PBS（-）で 2～3 回ほど洗浄し，新たな培養液を加えてインキュベーターに戻してみる．これでコンタミが抑制されることもある．それでも白濁，沈殿物が発生する場合は潔く諦めた方がよい．

注7 コルヒチン（コルセミド）溶液は遮光冷蔵保存する．

[1)] 25×PBS$^{(-)}$ 使用時 25 倍希釈する

塩化カリウム（KCl）……………………………………………5 g
リン酸二水素カリウム（KH_2PO_4）……………………………5 g
リン酸水素二ナトリウム 12 水和物（$Na_2HPO_4 \cdot 12H_2O$）…………72.4 g

※リン酸水素二ナトリウム（Na_2HPO4）の場合は……………………28.75 g
塩化ナトリウム（NaCl）………………………………………………200 g

蒸留水で 1,000 ml に調整（室温保存）

2) 培養液（Minimum Essential Medium，MEM＋15％仔牛血清）
最小必須培地（MEM）（Gibco 11095080）：500 ml＋非働化仔牛血清：88.23 ml
冷蔵保存．培養液 500 ml あたり，40 mg のカナマイシン硫酸塩（Sigma K1377）を抗生物質として添加してもよい．

3) トリプシン溶液
0.05％ Trypsin-EDTA（1×）100 ml（Gibco 25300-054）
5 ml ずつ分注して冷凍保存．

4) 低張液（0.075M KCl）
塩化カリウム（KCl）…………………………………………………2.796 g

蒸留水で 500 ml に調整（室温保存）

5) カルノア氏液
メタノール：酢酸＝3：1
エタノールを使用しないこと．カルノア氏液は低張液と混合すると発熱するので，氷水等で冷やしたものを使用するのがベターである．

6) ①培養液原液
イーグル MEM 培地粉末（ニッスイ 05900）………………………………9.4 g

蒸留水で 1,000 ml に調整

100 ml のボトルに培養液原液を 85 ml ずつ分注し，オートクレーブで滅菌処理する．10％炭酸水素ナトリウム（$NaHCO_3$）溶液も併せて滅菌する．また滅菌水でグルタミン溶液を作製しておく．

②グルタミン溶液
グルタミン粉末（ニッスイ 05908）：0.3 g＋滅菌蒸留水：10 ml
グルタミンは，粉末状態だと冷蔵保存だが，蒸留水に溶解したら冷凍保存とする．以下，クリーンベンチにて無菌的に試薬を調合する．

③培養液（Minimum Essential Medium，MEM＋15％仔牛血清）
培養液原液（①）…………………………………………………………85 ml
グルタミン溶液（②）…………………………………………………0.85 ml
非働化仔牛血清……………………………………………………………15 ml
10％炭酸水素ナトリウム溶液……………………………………0.3～1.0 ml

約 100 ml

冷蔵保存．培養液 100 ml あたり，8 mg のカナマイシン硫酸塩（Sigma K1377）を抗生物質として添加してもよい．

3-2-2. 脾臓細胞の簡易的培養による染色体標本作製法

(1) 組織の採取と培養

・腹膜を破らないように剝皮後，検体を解剖皿に置き，全身に 70％エタノールを噴霧してクリーンベンチ内に持ち込む．以降の作業は無菌的に行う．

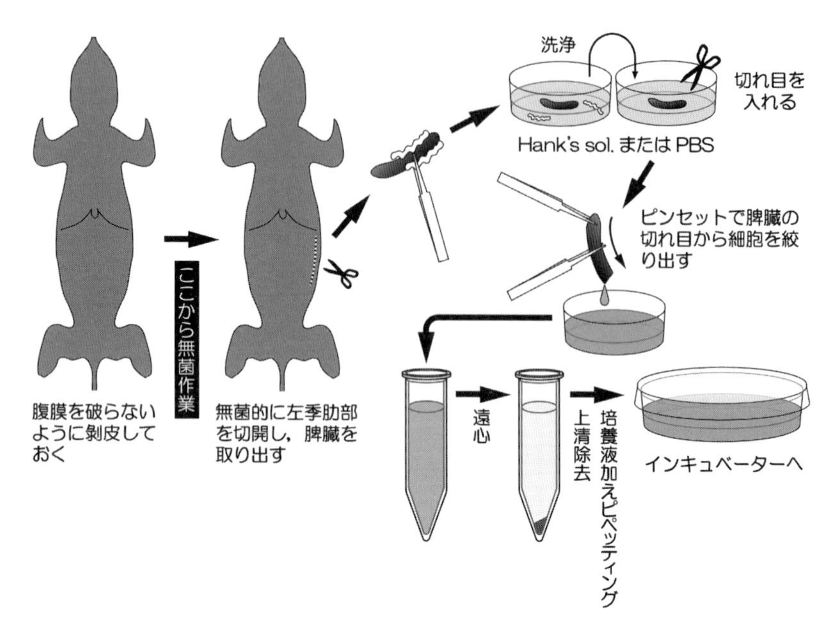

図3-2-2-1. 脾臓細胞を培養に移すまでの手順.

・滅菌したピンセットとハサミで左季肋部（肋骨弓下部）を切開し，脾臓を摘出する（図3-2-2-1）.
・小型シャーレ（Ø 30 mm 程度）2個にハンクス平衡塩溶液または PBS$^{(-)}$ を3 ml ずつ入れ，1個目のシャーレに脾臓を浸して洗う．脂肪等が付着している場合はここで除去する.
・2個目のシャーレに脾臓を移し，ハサミを用いて2～3ヶ所切れ目を入れる.
・ピンセットを2本用いて，一方で脾臓をつまみ，一方でハンクス平衡塩溶液（PBS$^{(-)}$）内で中の細胞を絞り出す.
・赤く濁った（細胞が浮遊しているため）細胞浮遊液を10～15 ml の遠心管に移し，無菌下にて1,500 rpm，5分間で細胞を回収し，上清を捨てる.
・遠心管に，細胞分裂の刺激導入剤としてコンカナバリン A[注8]（Concanavalin A，終濃度 3 μg/ml）を添加した培養液を適量加えて軽くピペッティングし，浮遊細胞培養用のシャーレ（またはフラスコ）に移して，インキュベーターに静置する．なお細胞浮遊液は，細胞濃度が濃くならないように注意する（細胞による濁りがない程度に，薄い分には問題ない）.
・12～20時間後，同量の培養液を加える.

(2) 細胞のサンプリング（以下の作業は無菌的でなくてよい）

・培養開始45.5時間後，コルヒチン（コルセミドでも可）を投与する（終濃度0.025 μg/ml程度）.

・30分後，細胞浮遊液を10～15 mlの遠心管に移し，1,500 rpm，5分間で細胞を回収する.

以下，101～102ページⒶ，Ⓑ，Ⓒの手順に従う.

注8 コンカナバリンAは12 mg/40 mlの濃度で作製して1 mlずつ分注して冷凍保存しておき，使用時，100 mlのMEMに1 ml加える.

3-2-3. 骨髄細胞の短期培養による染色体標本作製法

・剖検後，大腿骨を摘出する．なおモグラ類やコウモリ類では大腿骨が細く小さいので，上腕骨，前腕骨も用いた方がよい[注9,注10].

・あらかじめ37℃に温めておいた培養液を注射筒に吸い上げ，摘出した大腿骨の両端の骨頭をハサミで切り落とし，培養液の入った遠心管に注射筒で骨髄を洗い落とす（**図3-2-3-1**）．培養液10 ml中にコルヒチン（コルセミドでも可）溶液を投与する（終濃度0.025 μg/ml程度）.

・37℃で40分程度培養する.

・培養後，1,500 rpm，5分間で細胞を回収する.

以下，101～102ページⒶ，Ⓑ，Ⓒの手順に従う.

注9 捕獲状況によっては死体の時もあるが，肺や皮膚の線維芽細胞と同様，冷たくなった死後硬直程度（死後数時間程度が目安）であれば短期培養で分裂期の細胞を得ることができる．この場合，捕獲した現地から死体をなるべく冷やして持ち帰るのがよい（アイスやかき氷，市販の氷などで，凍らない程度に冷やす）．そのためには，発泡スチロール製の入れ物を常備しておく.

注10 コウモリ類の場合，骨髄の多くが骨頭の部位に局在しているので，両端の骨頭を切除する際には，可能なかぎり末端ギリギリで切断する方が骨髄のロスが少ない.

以上，代表的な体細胞分裂の染色体標本作製の手法を紹介したが，このうち線維芽細胞の培養においては，継代培養や凍結保存が可能である．しかし初代培養以外では，染色体に突然変異（とくに異数性の発生など）が生じることがあるため，本項ではこれらの方法を割愛する.

なお完成した細胞浮遊液は，2.0～1.5 mlチューブなどに移し替え，−20～

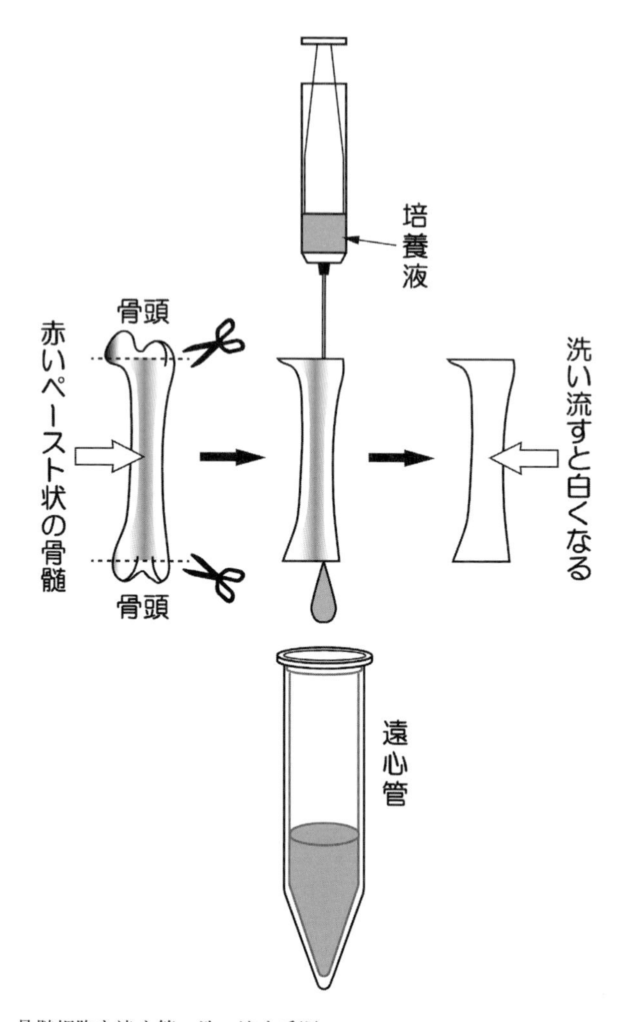

図 3-2-3-1. 骨髄細胞を遠心管へ洗い流す手順.

−80℃で保管しておけば繰り返し使用可能である．カルノア氏液は定期的に交換した方が細胞は長持ちする．

3-2-4. 精母細胞の光学顕微鏡用染色体標本作製法

精母細胞における減数分裂時の染色体標本作製は，前述した体細胞分裂の染色体染色体標本作製とは若干異なる点があるので，注意されたい．

- 剖検後，精巣を摘出し，あらかじめ冷やしておいたMEMに浸す．
- ホールスライド上で，精巣に解剖バサミで切れ込みを入れ，皮膜をピンセットで取り除く．精細管が裸出したら，MEMを2〜3滴滴下し，解剖バサミで精細管を細かく切り刻む．
- パスツールピペットで，MEMに入った破砕された精細管を，10 ml遠心管に移しとる．
- 全量10 mlになるようにMEMを加え，パスツールピペットで激しくピペッティングした後，1〜2分間静置する．
- 肉眼で確認できる大きな破砕片が遠心管の下に沈んだのを確認したら，上清を静かに新しい10 ml遠心管へ移しとる．
- 1,000 rpm，5分間で細胞を回収する．
- 上清を取り除き，低張液を10 ml加えて低張処理を37℃で10分間行う．この際，低張液には0.075M KCl溶液あるいは1%クエン酸ナトリウム溶液を用いる．低張処理が終了したら，1 mlのカルノア氏液を静かに加えてピペッティングし，低張処理を停止する．その後，1,000 rpm，5分間で細胞を回収し，上清を取り除く．
- カルノア氏液を適量加えてピペッティングし，1,000 rpm，5分間で細胞を回収し，上清を取り除く．これを3回繰り返す．
- 最後の遠心による細胞回収後，上清を取り除いたら，適量のカルノア氏液を加え，細胞浮遊液とする．

3-2-5. 精母細胞の透過型電子顕微鏡用対合複合体標本作製法

本法は，減数第一分裂（MI）時に出現する対合複合体（synaptonemal complex）の側生要素（lateral element）を透過型電子顕微鏡（transmission electron microscope）で観察する際の標本作製法[注11]であり，通常の光学顕微鏡による検鏡用の標本作製法とは異なるので，注意されたい．

- 50 mlのクロロフォルムにFalcon社製プラスチックシャーレの破片を0.5 g溶解する．この溶液にスライドグラスを数秒浸し，プラスチックコーティング膜をつくる．コーティング膜が剥がれないよう，スライドグラスの縁をマニキュアで封じておくとよい．埃が付着しないよう，フタのある容器に入れて乾燥させる（作製後，使用までは1～2日程度がよい）．

・3-2-4の「1,000 rpm，5分間で細胞を回収する」まで同じ手順で進める．
・遠心後，新しい適量のMEMを加え，細胞浮遊液とする．
・直径4～5 cm程度のプラスチックシャーレに0.5% NaCl溶液を注ぎ，溢れない程度の表面張力をつくる（**図3-2-5-1**）．
・この表面張力水界面の中心に精母細胞浮遊液を50～100 μl程度静かに滴下する（**図3-2-5-1**）．
・界面上に細胞が単層に広がったのを確認したら，コーティングしたスライドグラスを接触させ，細胞層をスライドグラスに移しとる（**図3-2-5-1**）．
・スライドグラスを4%パラフォルムアルデヒド（paraformaldehyde）溶液で5分間固定し，続いて4%パラフォルムアルデヒド+0.03%ドデシル硫酸ナトリウム（SDS）溶液で5分間固定し，風乾する（**図3-2-5-1**）．
・完全に乾燥したら，後述する3-4-6のAg-NOR-バンド法で染色を施す．
・染色後，スライドグラス上の細胞を移しとった領域を囲むようにダイヤモンドペン等で傷をつける（**図3-2-5-1**）．
・深めのビーカーに入った蒸留水に，細胞面を上にして斜めにスライドグラスを入れていき，コーティング膜を水面上に浮かせる（**図3-2-5-1**）．
・水面に浮いた状態のコーティング膜の上に電顕グリッド（100メッシュ程度，**図3-2-5-2a**）を静かに置いていく（**図3-2-5-1**）．この際，グリッドの上下を間違わないように注意する（グリッドの平らな面と細胞が付着した面が合うようにする）．
・あらかじめダイヤモンドペンで傷をつけた領域よりも一回り大きなサイズに切ったパラフィルムを，グリッドの載ったコーティング膜に静かに近づけていき，全体を付着させる．
・コーティング膜を上にして置き，風乾させる．
・ピンセットの先端で電顕グリッドの輪郭をなぞり，コーティング膜をグリッドの形状に合わせてカットする．
・完成した電顕グリッドはグリッドケース（**図3-2-5-2b**）に収納し，適宜，透過型電子顕微鏡で観察する．

注11　原法はDresser and Moses（1980）による．

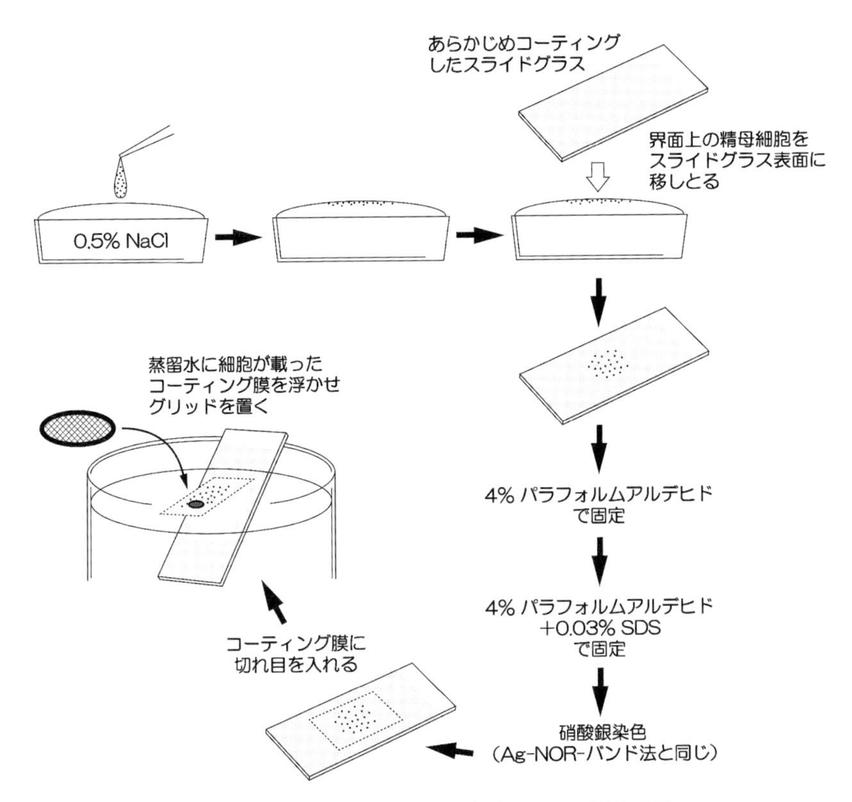

図 3-2-5-1. 透過型電子顕微鏡による対合複合体の観察のための標本手順.

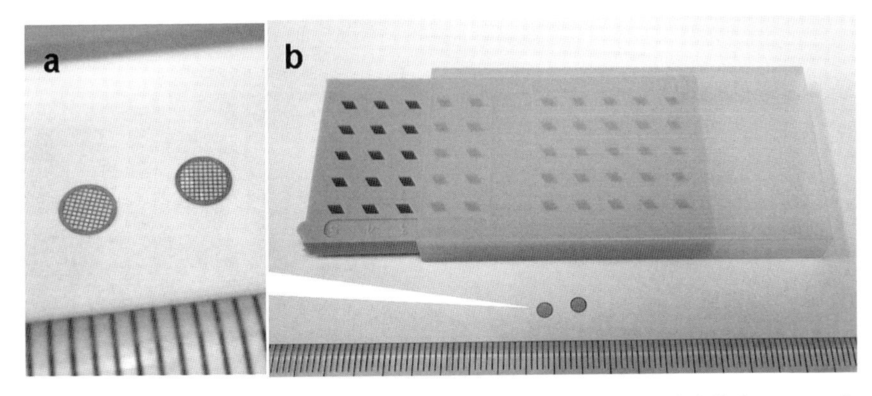

図 3-2-5-2. 透過型電子顕微鏡用の電顕グリッド (a) と電顕グリッドを収納するグリッドケース (b). 定規の最小目盛は 1 mm.

3-3. スライドグラスへの滴下

脱脂のため，スライドグラスはあらかじめ70～99.5%エタノールに浸しておく．使用時にスライドグラスをキムワイプ（日本製紙クレシア社製）で清拭する．ダイヤモンドペンでスライドグラスの端に個体番号や染色法等を記述しておくとよい．ラベルシールなどでもかまわないが，薬品で剥がれたり，色落ちしたりすることがある．なお細胞浮遊液を滴下する際，パスツールピペットかマイクロピペットを用いる．

(1) 空気乾燥法（air-drying）：水平な所にキムワイプを敷いて蒸留水で濡らす．その上にスライドグラスを置き，息を吐きかけ曇らせる．適量の細胞浮遊液を滴下し，さらに息を吐きかけながら展開させた後に，自然乾燥させる（ドライヤーで乾燥させてもよい）．少し高いところから滴下させるのも，染色体の広がりに効果がある．

(2) 火炎乾燥法（flame-drying）：スライドグラスの上に適量の細胞浮遊液を滴下し，アルコールランプ等の炎の中を一瞬くぐらせ，カルノア氏液に引火させる．アルコール分が燃え尽きると酢酸が残るので，直ちにスライドグラスを濾紙に立てかけ酢酸を吸い取らせ完全に乾燥させる．

これら2つの方法にはそれぞれ一長一短がある．空気乾燥法は，その後のさまざまな染色法（とくに分染法）に支障はないが，細胞の展開がよくない場合も多く，染色体同士が重なってしまうことがある．一方，火炎乾燥法は，細胞の展開がよく，染色体同士の重なりも少ない，という利点があるものの，分染法できれいな結果が得られない場合もある．目的や染色体標本の出来しだいで，これらの方法を使い分ける必要がある．なお分染法には，染色体標本にエイジングを施す（室温またはドライオーブン等で乾燥させる）ことによるハードニングが必要な場合もある．

3-4. 各種染色法

染色体標本の染色には，これまで多くの方法が生み出されてきているが，本章では一般的に用いられるいくつかの染色法を紹介する．前処理を行わずに染色する方法を通常染色（conventional staining）というが，前処理を施して各々の染色体に何らかの縞模様（バンド）を検出する染色法を分染法（differential staining，以降，～バンド法または～バンド染色と称する）という．なお，分染法により濃染される部位をポジティブ（positive），淡染される部位をネガティブ（negative）という．例えば，C-バンド法で濃染されない部位は“C-バンドネガティブ”という表現をする場合がある．

以下各項で，この後の第4章および第5章で紹介する解析結果に用いた各種染色法を紹介する．

3-4-1. 通常ギムザ染色法（conventional Giemsa staining）

通常ギムザ染色では一様に染色体が染められるため，染色体の形態，すなわち動原体（一次狭窄 primary constriction）の位置を確認するために欠かせない染色法である．動原体以外で染色されない部位を二次狭窄（secondary constriction）という（**図3-4-1-1**）．

- コプリンジャー（立型染色バット，**図3-4-1-2**）にSörensenリン酸緩衝液[7] 48 mlを入れ[注12]，そこへギムザ原液[8] 2 mlを加えてよく撹拌する．…Ⓓ
- 染色液表面に酸化膜が生じるので，小さく切ったろ紙片ですくいとる．…Ⓔ
- 直ちにスライドグラスを浸け，8〜10分程度染色する．…Ⓕ
- 染色が終わったら，コプリンジャーに緩やかに水道水を入れながら酸化膜を溢れ出させ，スライドグラスを押さえながら一気に染色液を捨てる．その後，水道水で軽くすすぎ，次に蒸留水ですすいだ後に風乾する．…Ⓖ

[注12] 通常ギムザ染色の場合は，Sörensenリン酸緩衝液ではなく蒸留水でもかまわない．

[7] ① 0.2M リン酸二水素酸ナトリウム水溶液
リン酸二水素酸ナトリウム二水和物（$NaH_2PO_4 \cdot 2H_2O$）………………31.202 g

蒸留水で1,000 mlに調整（室温保存）

② 0.2M リン酸水素二ナトリウム水溶液
リン酸水素二ナトリウム（Na_2HPO_4）………………………………28.392 g

蒸留水で1,000 mlに調整（室温保存）

無水のリン酸水素二ナトリウムは，試薬に蒸留水を投入すると固化してしまうことがあるので，スターラーで撹拌している蒸留水に試薬を少しずつ投入した方がよい．

③ Sörensenリン酸緩衝液
0.2M リン酸二水素酸ナトリウム水溶液（①）……………………… 19.5 ml

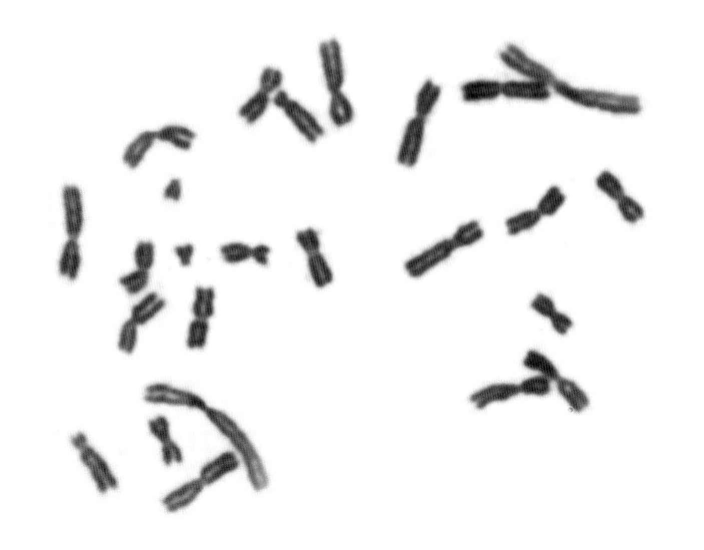

図 3-4-1-1. 通常ギムザ染色法で染色された分裂中期像.

図 3-4-1-2. 50 ml のコプリンジャー.

0.2M リン酸水素二ナトリウム水溶液（②）…………………………30.5 ml

50 ml

Sörensen リン酸緩衝液は，使用時に混合する．

8) ギムザ原液

Giemsa's azur eosin methylene blue solution for microscopy（Merck 109204）

3-4-2. Q-バンド法（Q-banding using quinacrine mustard）注13

特定の塩基に結合する蛍光色素を用いた分染法である（**図 3-4-2-1**）．Q-バンド法で使用するキナクリンマスタード（QM；quinacrine mustard dihydrochloride）は，AT 塩基対に特異的に結合する色素であり，強蛍光バンドは AT-rich とされる．染色体上の特定の塩基の分布に依存してバンドを検出するため，染色体そのものに化学的処理を行ってはいないが，観察時の UV 照射がキナクリンマスタード分子を励起し，蛍光を生じさせる．

・スライドグラスをアルコールシリーズ（95%→70%→50%）に浸し，McIlvain 緩衝液9) に浸す（各 3 分ずつ）注14．

・キナクリンマスタード染色液10) で 10～20 分程度染色する．処理は暗黒下で行うのがよい（染色液を入れたコプリンジャーを遮光処理するなど）．

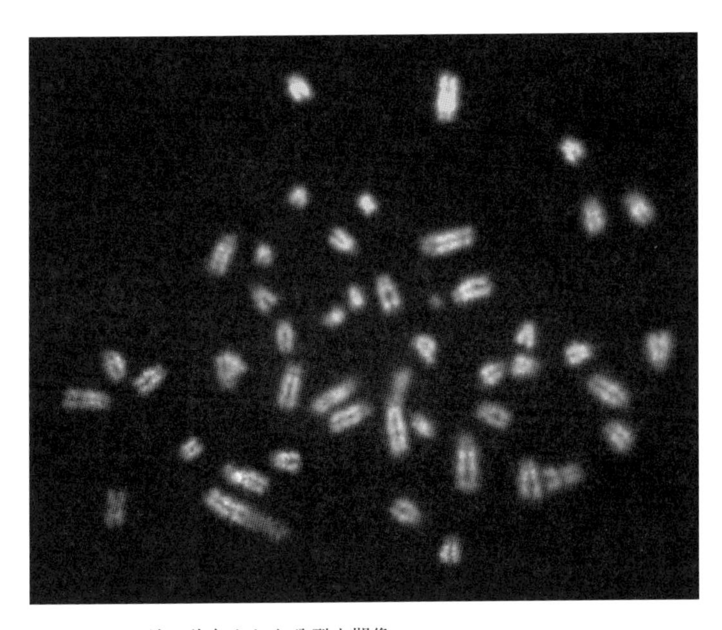

図 3-4-2-1. Q-バンド法で染色された分裂中期像.

・染色後，McIlvaine 緩衝液ですすぎ，スライドグラス上に緩衝液を残した状態で，細胞を展開した部位に気泡が入らないようカバーグラスをかけ，カバーグラス周囲の余分な緩衝液をろ紙で取り除く．カバーグラスをマニキュアで封じてもよい[注15]．

[注13] 原法は Cassperson *et al.*（1971）による．
[注14] 染色体標本のハードニングはあまりしない方がよい．ハードニングが過ぎると，明瞭なバンドが得られない傾向がある．
[注15] 観察には，B または BV フィルターを用いる．褪色が早いので，観察・撮影ともに迅速に行う．

[9)] McIlvaine 緩衝液
クエン酸（$C_6H_5O_7$）……11.90 g
リン酸水素二ナトリウム（Na_2HPO_4）……33.46 g

蒸留水で 1,000 ml に調整（冷蔵保存）

[10)] 冷凍保存用キナクリンマスタード染色液（2.5 mg/ml）
キナクリンマスタード（quinacrine mustard dihydrochloride）……25 mg

蒸留水で 10 ml に調整

冷凍保存用キナクリンマスタード染色液は 1 ml ずつ分注しておき，使用時に McIlvain 緩衝液で 50 ml にする（終濃度 50 μg/ml）．

3-4-3. CMA$_3$-バンド法（CMA$_3$-banding using chromomycin A$_3$）[注16]

CMA$_3$-バンド法で使用するクロモマイシン A$_3$（CMA$_3$；chromomycin A$_3$）は，GC 塩基対に特異的に結合する色素であり，強蛍光バンドは GC-rich とされる（**図 3-4-3-1**）．Q-バンド法と同様，観察時の UV 照射がクロモマイシン A$_3$ 分子を励起し，蛍光を生じさせる．

・マウンティング液[11)]を準備しておく．

・クロモマイシン A$_3$ 染色液[12)]を作製しておく．

・スライドグラスを McIlvaine 緩衝液に 5〜10 秒程度浸す[注17]．それ以上浸すと染色体が膨潤してしまうので，ごく短い時間でかまわない．

・ブロアーで McIlvaine 緩衝液を飛ばし，細胞を展開した部位にクロモマイシン A$_3$ 染色液を 2〜4 滴滴下し，カバーグラスをかけ，5〜6 分程度染色する．

・染色後，溜めておいた蒸留水にスライドグラスを入れて揺らし，カバーグラスをはずす．さらに蒸留水ですすぐ．あまりすすぎすぎると染色が薄く

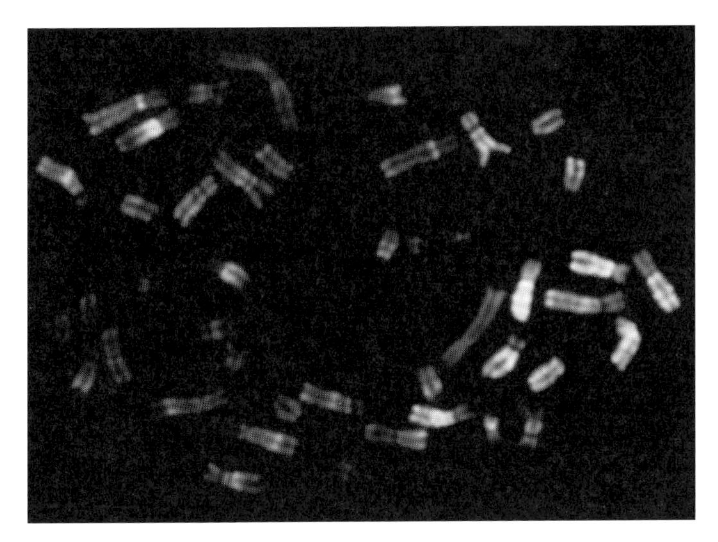

図 3-4-3-1. CMA_3-バンド法で染色された分裂中期像.

なる.

・ブロアーで水滴を飛ばし，マウンティング液を1滴滴下してカバーグラスをかける．マウンティング液がカバーグラス全体に広がったら，スライドグラスを立てかけ，余分なマウンティング液をろ紙などで取り除く．カバーグラスをマニキュアで封じてもよい[注18].

[注16] 原法は Amemiya and Gold (1987) による.
[注17] 染色体標本のハードニングはあまりしない方がよい．ハードニングが過ぎると，明瞭なバンドが得られない傾向がある.
[注18] 観察には，B または BV フィルターを用いる．褪色が早いので，観察・撮影ともに迅速に行う.

[11)] マウンティング液
　水酸化ナトリウム (NaOH)：0.1～0.2 g＋グリセリン 10 ml
なお水酸化ナトリウムはすぐに溶解されないので，室温でしばらく放置して完全に溶解しておく（室温保存).
[12)] 冷凍保存用クロモマイシン A_3 染色液 (0.1～0.2 mg/ml)
　クロモマイシン A_3 (chromomycin A_3) ································ 1～2 mg

McIlvaine 緩衝液で 10 ml に調整
冷凍保存用クロモマイシン A_3 染色液は 1 ml ずつ分注しておき，使用時に McIlvaine 緩衝液で50 mlにする（終濃度2〜4 μg/ml）．

3-4-4. G-バンド法（G-banding）

各々の染色体に固有の縞模様を検出でき，また蛍光顕微鏡を必要としない，もっともよく使われる分染法である（**図3-4-4-1**）．G-バンド法で濃染されるバンドは，Q-バンド法の強蛍光バンドとほぼ同じであるため，AT-richとされる．ただし，G-バンド法の濃染バンドとQ-バンド法の強蛍光バンドが必ずしも常に一致するわけではない．蛍光色素を用いた分染法と異なり，染色体構造へ化学的処理を行うことでバンドを検出している．

① ASG G-バンド法（G-banding by acetic/saline using Giemsa）[注19]

- 60℃の2×SSC[13)]にスライドグラスを60分間浸ける[注20]．この際，細胞展開面に気泡が生じるので，時折スライドグラスを揺らすなどして気泡を取り除く．
- 2×SSCの処理が終わったら，蒸留水ですすぎ，風乾する．

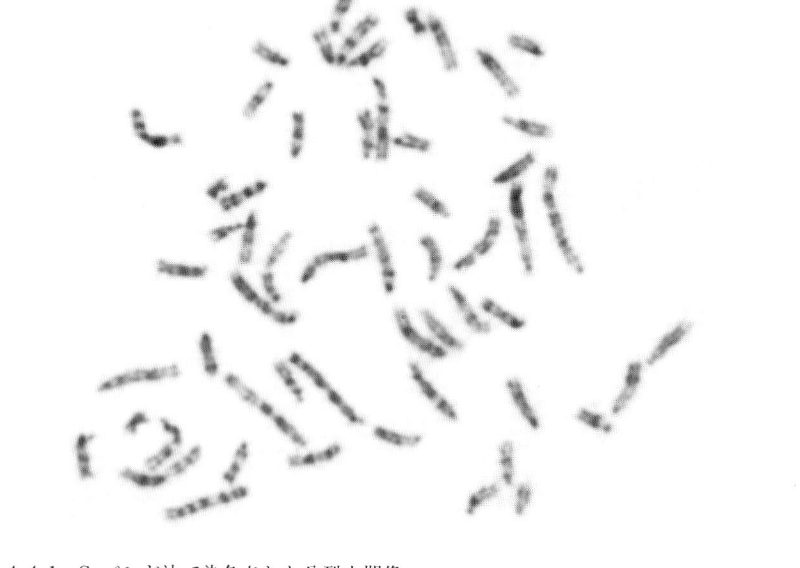

図3-4-4-1. G-バンド法で染色された分裂中期像.

・コプリンジャーにSörensenリン酸緩衝液48 mlを入れ，そこへギムザ原液2 mlを加えてよく撹拌する．

以下，111ページⒹ，Ⓔ，Ⓕ，Ⓖの手順に従う[注21]．

注19 原法はSumner *et al.*（1971）による．
注20 スライドグラスに展開してから，1〜2日ほど室温で染色体標本をハードニングさせるとよい結果が得られるが，季節や湿度などにもよるので，各自で最適な条件をみつける．
注21 本法を行った後に，同じスライドグラスをカルノア氏液に数秒程度浸して脱色し，水洗，風乾後，BSG C-バンド法，Ag-NORバンド法などの分染法を続けて行うことができる．

13) 2×SSC

塩化ナトリウム（NaCl）	1.7532 g
クエン酸三ナトリウム二水和物（$Na_3C_6H_5O_7 \cdot 2H_2O$）	0.8823 g

蒸留水で100 mlに調整

10×SSC，20×SSCなどの濃縮液を作製しておき，使用時に希釈してもかまわない（室温保存）．

②トリプシンG-バンド法（G-banding by trypsin using Giemsa）[注22]

・トリプシン溶液[14]を氷中で冷やし，その中にスライドグラスを入れて1〜5分程度処理する[注23]．

・処理終了後，ただちに$PBS^{(-)}$ですすぎ，さらに蒸留水ですすぎ，風乾する．

以下，111ページⒹ，Ⓔ，Ⓕ，Ⓖの手順に従う．

注22 原法はSeabright（1971）による．
注23 トリプシン処理時間は染色体標本のハードニングに依拠する．あまりハードニングを施していない場合，染色体の輪郭が水膨れになったように不明瞭になる傾向がある．

14) 冷凍保存用トリプシン溶液（0.25%）

トリプシン（Trypsin）	2.5 g

$PBS^{(-)}$で1,000 mlに調整

冷凍保存用トリプシン溶液を作製しておき，使用時に1×$PBS^{(-)}$で10倍希釈する．

③尿素G-バンド法（G-banding by urea using Giemsa）[注24]

・室温の1×$PBS^{(+)}$[15]で作製した3M尿素溶液[16]にスライドグラスを3〜5秒程度浸ける[注25]．

・処理後，ただちに蒸留水でスライドグラスをすすぎ，室温の 1×PBS$^{(+)}$ に 10 秒浸す．
・コプリンジャーに 1×PBS$^{(+)}$ を 48 ml 入れ，そこへギムザ原液 2 ml を加えてよく攪拌する．
・染色液表面に酸化膜が生じるので，小さく切ったろ紙片ですくいとる．
・直ちにスライドグラスを浸け[注26]，5 分程度染色する．

以下，111 ページⒼの手順に従う[注27]．

注24 原法は Kato and Yosida（1972）によるが，原法どおりの 6M 尿素溶液では処理が強すぎるため，本書では 2 倍希釈の濃度（3M）を推奨する．
注25 あまりハードニングを施していない場合，染色されず明瞭にバンドがでない場合がある．
注26 一連の行程は迅速に行う必要がある．
注27 本法を行った後に，同じスライドグラスをカルノア氏液に数秒程度浸して脱色し，水洗，風乾後，BSG C-バンド法，Ag-NOR-バンド法などの分染法を続けて行うことができる．

[15] Ca_2^+/Mg_2^+溶液
2M 塩化マグネシウム六水和物（$MgCl_2 \cdot 6H_2O$）……………………… 2.46 ml
塩化カルシウム（$CaCl_2$）…………………………………………1.0 g

蒸留水で 500 ml に調整（室温保存）

1×PBS$^{(+)}$
25×PBS$^{(-)}$[1] ………………………………………………… 20 ml
Ca_2^+/Mg_2^+溶液……………………………………………… 0.5 ml

蒸留水で 500 ml に調整

1×PBS$^{(+)}$ は，稀に沈殿を生じる場合があるので，使用時に必要な量だけ調整するのがよい．

[16] 3M 尿素溶液
尿素（$CO(NH_2)_2$）…………………………………………9.009 g

1×PBS$^{(+)}$ で 50 ml に調整

3M 尿素溶液は，使用時に調整する．保管しておくと白濁，析出が認められ使用できない．

3-4-5. BSG C-バンド法（C-banding by barium saline using Giemsa）[注28]

C-バンド法では各々の染色体の動原体部などの異質染色質（heterochromatin，ヘテロクロマチン）が特異的に濃染される（**図 3-4-5-1**）．第 1 章 1-1-3 で述べたように，ヘテロクロマチンは大きく 2 つに大別され，1 つは構成

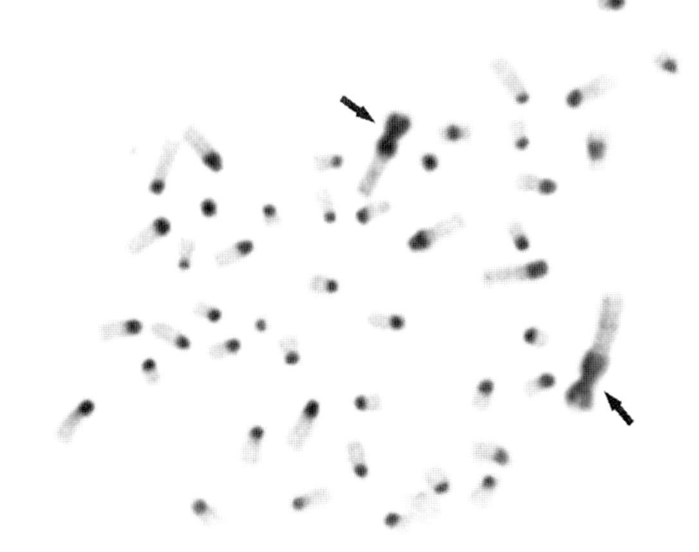

図 3-4-5-1. C-バンド法で染色された分裂中期像．動原体部の C-バンド濃染部がヘテロクロマチンとして認められるが，さらに大型の構成性ヘテロクロマチン（ヘテロクロマチンブロック，矢印）も観察される．

性ヘテロクロマチン（constitutive heterochromatin）であり，動原体近傍や染色体末端部や介在部などに存在し，多くの場合，反復配列やトランスポゾンなどを含み，常に凝集した状態を維持している．大型の構成性ヘテロクロマチンをヘテロクロマチンブロックという．もう一方は機能性ヘテロクロマチン（facultive heterochromatin）と呼ばれ，ユークロマチンとしての特性をもつ染色体領域が，発生・分化の段階で構成性ヘテロクロマチンと似た凝集構造をもたらすもので，不活性化 X 染色体がその典型である．なおハツカネズミ（*Mus musculus*）の染色体において，動原体部の C-バンド濃染部はキナクリンマスタード/ヘキスト 33258 で強蛍光を発するため，この蛍光染色結果をもって「C-バンド」とする研究例が多いが（Moriwaki *et al.* 2009），あくまで C-バンド濃染部に対応したバンドであり，厳密には C-バンドではない（キナクリンマスタード/ヘキスト 33258 で強蛍光を発するのが C-バンドなのではない）．蛍光色素を用いた分染法と異なり，染色体構造へ化学的処理を行うことでバンドを検出している．

・室温の0.2N HClにスライドグラスを60分間浸ける．処理後，蒸留水ですすぐ．
・50℃のバリウム溶液[17)]に2〜5分程度浸して処理する[注29]．この際，バリウム溶液の表面には酸化膜が生じているので，それが細胞の展開面に付着しないようにしなければならない．そのためには，展開面を内側にした状態でスライドグラスを2枚合わせて投入し，中で2枚を離す[注30]．処理後も，酸化膜が展開面に付着しないよう，同様に取り出し，蒸留水ですすぐ[注31]．
・60℃の2×SSCにスライドグラスを60分間浸ける．この際，細胞展開面に気泡が生じるので，時折スライドグラスを揺らすなどして気泡を取り除く．
・2×SSCの処理が終わったら，蒸留水ですすぎ，風乾する．
・コプリンジャーにSörensenリン酸緩衝液48 mlを入れ，そこへギムザ原液2 mlを加えてよく攪拌する．
・染色液表面に酸化膜が生じるので，小さく切ったろ紙片ですくいとる．
・直ちにスライドグラスを浸け，2〜3時間程度染色する．

以下，111ページⒼの手順に従う．

[注28] 原法はSumner（1972）による．
[注29] バリウム溶液の処理時間は，染色体標本のハードニングとバリウム溶液の使用回数に依拠する．あまりハードニングを施していない場合，染色体の輪郭が水膨れになったように不明瞭になる傾向がある．
[注30] スライドグラスの投入時，2枚合わせるためのスライドグラスは，細胞を展開していないものを使用してもかまわない．もちろん，処理を施すためのスライドグラス同士でも問題ない．ただし2枚を離す際，2枚の間にバリウム溶液が毛細管現象で浸透するため，なかなか離しにくい．したがって2枚合わせる時に，スライドグラスの端に何か薄いものを挟みながら（例えばピンセットの先端など）投入すると，離しやすくなる．
[注31] スライドグラスに付着した酸化膜は，0.2N HClに浸すことで除去できる．

[17)] バリウム溶液
水酸化バリウム八水和物（$Ba(OH)_2 \cdot 8H_2O$）……………………………5.0 g

蒸留水で100 mlに調整

室温で一昼夜以上，スターラーで攪拌しておく．フタのある容器を使用すること．飽和溶液なので，完全に溶解しない（白濁している）．繰り返し使用していると，次第に量が減少していくので，定期的に更新する．室温保存．

3-4-6. Ag-NOR-バンド法（1-step method using silver nitrate）注32

Ag-NOR（silver-bound nucleolus organizer region）-バンド法（通称，硝酸銀染色あるいは銀染色）では，核小体形成部位（NOR；nucleolus organizer region）が特異的に検出される（**図 3-4-6-1**）．この部位は，リボソーム RNA 遺伝子（ribosomal RNA gene）座が転写活性を示しているとされ，好銀性の -SH 基を多く含むリボソーム RNA が合成されることに起因して検出される．両腕性染色体の末端や単腕性染色体の長腕（long arm）末端に位置するものを末端型 NOR（telomeric NOR），腕内部に位置するものを介在型または間腕型 NOR（interstitial NOR），アクロセントリック染色体の短腕（short arm）末端に位置するものを動原体被覆型 NOR（centromere cap NOR，cmc NOR）という．

・コロイダルディベロッパー[18]と硝酸銀溶液[19]を準備する．

・スライドグラスの細胞を展開した部位にコロイダルディベロッパーを 2〜4 滴，硝酸銀溶液を 4〜8 滴それぞれ滴下し，カバーグラスをかける．

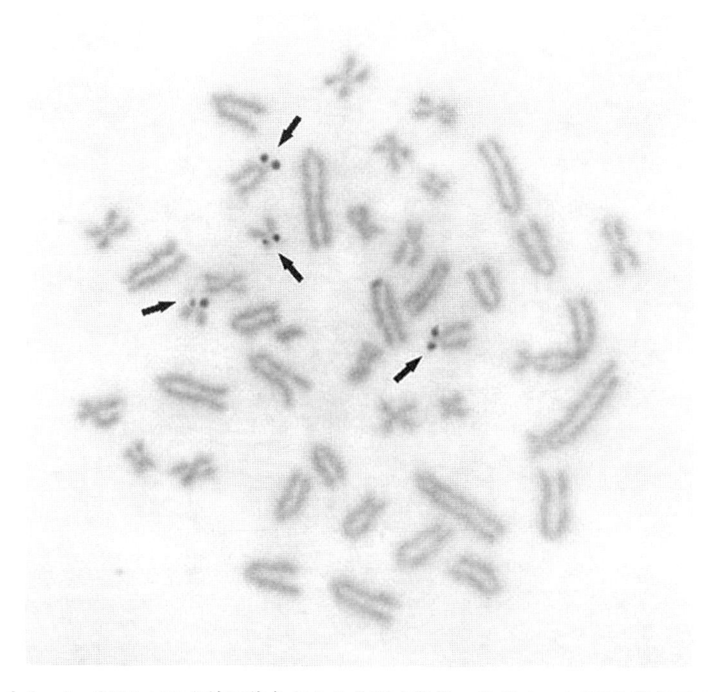

図 3-4-6-1. Ag-NOR バンド法で染色された分裂中期像．リボソーム RNA 遺伝子の転写活性が認められる部位が濃染される（動原体被覆型 NOR）．

この際，カバーグラスの一辺をスライドグラス上に置き，もう一方の辺をピンセットで挟んだ状態でスライドグラスを上下させ，2つの液を混合させる．

- スライドグラスを60℃程度の伸展器の上に置き，混合した溶液が黄金色になるまで処理する（数分程度）．ただし，緑色になるまで処理してはならない．
- 処理後，溜めておいた蒸留水にスライドグラスを入れて揺らし，カバーグラスをはずす．さらに蒸留水ですすぐ．必要なら5%チオ硫酸ナトリウム溶液に数分間浸し，蒸留水ですすぐと，余分な銀染色部を除去できる．
- 対比染色として，通常ギムザ染色の要領で10〜30秒程度染色する．

注32 原法はHowell and Black（1980）による．

18) コロイダルディベロッパー
ゼラチン（Gelatin）……2.0 g
ぎ酸（CH_2O_2）……1.0 ml

蒸留水で100 mlに調整

室温保存だが，使用可能は一週間程度．

19) 硝酸銀溶液
硝酸銀（$AgNO_3$）……0.5 g

蒸留水で1 mlに調整

使用時に調整する．保存はできない．

3-5. 染色体の観察法

染色体の観察は正立顕微鏡で行うが，この際必要なのは10倍対物レンズ，100倍対物レンズ，グリーンフィルターなどである．100倍対物レンズは一般に油浸タイプが多く，顕微鏡メーカー純正のエマルジョンオイル（immersion oil，油浸オイルともいう）を用いることが推奨されている．しかしエマルジョンオイルは，粘性が高いうえに，スライドグラスや対物レンズを洗浄しなければ取り除くことができないので，非常に使いにくい．そこでギムザ染色を施したスライドグラスには，アニソール（anisole）を滴下して油浸するのが便利である（蛍光染色の場合はカバーグラスをかけているため純正のエマルジョンオイルを用いた方がよい）．アニソールの使用に際しては，カバーグラスをかける必要がなく，また検鏡後，ブロアなどで容易に風乾することができ

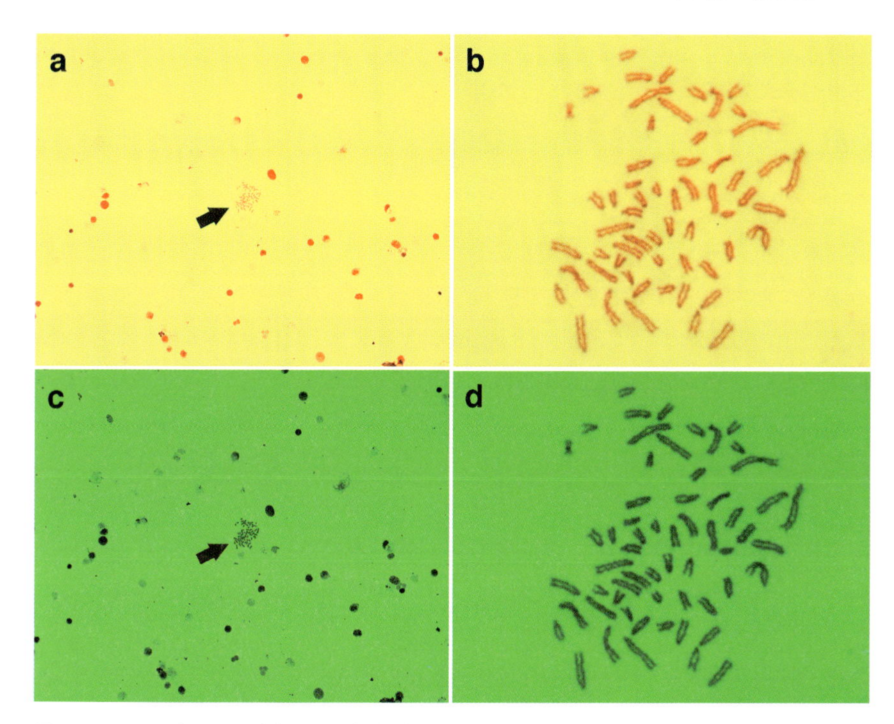

図 3-5-1-1. 通常ギムザ染色による観察像の例．10 倍対物レンズによる分裂中期像（矢印）（a・c）とそれらを 100 倍対物レンズで拡大した像（b・d）．グリーンフィルターを使用しない場合（a・b）と使用した場合（c・d）では，後者の方でコントラストがよく，観察しやすい．

る．ただし，有機溶剤であるため臭いがきつく，検鏡の際は換気に十分注意しなければならない．もしスライドグラスを永久的に保存したいのであれば，やはり包埋剤（カナダバルサムやビオライトなど）とカバーグラスで包埋した方がよい．

検鏡は，まず 10 倍対物レンズを用いて視野内の分裂中期細胞を探す（**図 3-5-1-1**）．目的の細胞を見つけたら，ステージを動かして視野の中央に移動させ，100 倍対物レンズで細部まで観察する（**図 3-5-1-1**）．光源にフィルターがなくても観察できるが，ギムザ染色の場合，グリーンフィルターを用いるとコントラストがよくなる（**図 3-5-1-1**）．なお蛍光染色の場合は，部屋を暗くした方が観察しやすい．

撮影方法は，各自使用の撮影システムに準拠するが，視野絞りやコンデンサ絞りを調整して，最適なコントラストが得られるようにする．また染色体は立体構造物であるため，焦点合わせが難しい．焦点は，染色体の中央部（すなわち最も盛り上がっている部位）に合わせるよりも，染色体の輪郭に合わせた方がきれいに撮影される．また露出は，被写界深度の原則にしたがい，絞りを開いて速いシャッタースピードを用いるよりも，絞りを閉じて遅いシャッタースピードを用いた方がよい．したがって，レリーズ（あるいはリモコン）は必須である．ただし，あまり絞りを閉じすぎると，対物レンズに付着した微小なゴミのノイズも現れてくるので，注意が必要である．なおエマルジョンオイル使用後などに対物レンズを洗浄する際には，ピンセットの先にレンズクリーナー紙を巻きつけ，メタノール：ジエチルエーテル＝3：1に混合した液を浸し，汚れを拭き取る．

空気乾燥によるスライドグラスで染色体の重なりがひどい場合は，火炎乾燥を用いることで改善される．また染色体に靄がかかったようなノイズが現れる場合は，低張処理の時間が短い場合が多い．細胞浮遊液の濃度が高すぎると，細胞の展開も悪く，染色体の広がり方もよくないので，カルノア氏液を追加して薄めた方がよい．

コラム⑥ カワネズミの“天女の舞の遊泳”とアブ

小原良孝

私はカワネズミの染色体研究・分布調査のため，1980年頃から2000年にかけてしばしば青森県の各地の山地渓流に出かけ，その捕獲にたずさわった．その20年ほどの期間で生きているカワネズミを捕獲する機会は数十回あったが，渓流を自在に泳ぐカワネズミを目視できたのは3回ほどしかない．そのうちの2回は渓流の浅瀬でワナ（網かご型のワナ）を仕掛けている時で，ほんの一瞬見かけただけである．3回目の時は幸いにも思う存分（？）観察できたので，その一部始終を紹介しよう．

それは十和田湖の西側に源を発し碇ヶ関村の平川に合流する大落前川の上流部でのことであった．私は前日仕掛けたカワネズミのワナをチェックするため，夜も明けやらぬ早朝に一人で出かけた．現地で渓流に張り出すようにせり出している大きな岩の上に腰かけて一休みし，何の気なしに岩のすぐ下の流れが淀んでいる深みをのぞき込んだら，なんというラッキーであろうか！　その深みからゆっくりと泳ぎ浮き上がってくるカワネズミが目に飛び込んできた．心臓がバクバクするほど興奮し見つめていると，水面で悠然と反転し，深みへと潜っていき，しばらくするとまた浮き上がってくる．何度繰り返したであろうか，私は身じろぎせずただただ見惚れていたが，その時である，何かしら大きなハエのようなものが飛んできて私の下唇のところにとまったのは．手で追い払うとカワネズミがその影を察知し逃げてしまうと思った私は一瞬チクッと刺された感じがしたが，木偶の棒のごとくじっとしたままカワネズミの動きを目で追っていた．何秒だったのか，何十秒だったのか覚えていないが，そのうち下唇が膨れ上がりひりひりと痛くなり，我慢できずついに手で振り払ってしまった．…いつの間にやらカワネズミは姿を消し，小さなキンカンを詰め込んだように下唇を腫らし立ちすくんでいる自分にやっと気がついた．その日，カワネズミの捕獲はゼロであったが，それでも滅多に見られない“天女の舞のごとき”カワネズミの遊泳を見ることができ，ルンルン気分で帰ったものである．今にして思えば，あの大きさ・色具合・羽音といいアブの類だったようで，オオスズメバチでなくてこれもラッキーであった．

コラム⑦　利尻発新千歳行

岩佐真宏

利尻島にムクゲネズミを捕まえにきた時のこと．生きているムクゲネズミやらアカネズミやらを研究室へ持ち帰るため，ケージに移し替えて段ボール箱に梱包し，いつものとおり貨物ターミナルへ持ち込んだ．すると，「お客さん，これから新千歳まで行くんですよね？　それなら，ペットの手荷物で持って帰った方が楽ですよ」と言われたので，返された段ボール箱を持って旅客ターミナルへ．無事チェックインを済ませ，ネズミたちも預け，ロビーでコーヒーを飲んでいると，突然構内放送で呼び出された．

カウンターに行くと，「岩佐さま，こちらの段ボール箱にネズミは何頭入っていらっしゃいますか？」と聞かれたので「9頭です」と答えると，空港スタッフたちが困った表情に….「岩佐さま，お預かりしたネズミたちは，イヌ用のキャリーケージに入れて機内に持ち込むのですが，ルール上，キャリーケージ1台につき，3頭までしか入れてはいけないことになっているんです」とのこと．イヌだろうがネズミだろうが，キャリーケージ1台に3頭が上限というのだ．「箱の中のネズミを3頭ずつ分けることは可能でしょうか？」と聞かれたので，私も今さら中をバラすことのできない段ボールを眺め，しばし困り果てていると，「わかりました．岩佐さま，私どももこのようなケースを想定しておらず勉強不足でございましたので，今回にかぎり，このまま段ボール箱ごとキャリーケージに入れ新千歳まで輸送いたします」と言われ，ホッと胸を撫で下ろした．

ところが，そのキャリーケージとやら，体積自体は幼児が一人余裕で入るほど大きいのだが，入口が頭1つ分しかない．つまり段ボールがそのままでは入らない．しかもその辺のドライバーやレンチでは開けられない特殊な部品で組み立てられているらしい．今度は飛行機の整備スタッフたちが呼び出され，悪戦苦闘しながら専用の工具でケージを分解し，段ボール箱を詰め，またケージを組み立てていた．

無事に新千歳に到着し，件のキャリーケージを待っていた．スタッフは利尻空港での経緯を知らされていないのか，ケージの中の段ボール箱が取り出せず，カウンターでオロオロしていた．私が，利尻空港で整備スタッフの方を呼んで分解していた旨を伝えると，同様に，整備スタッフを呼び出すことになったようだ．しかし利尻空港とちがい，新千歳空港は規模が大きい．飛行機の整備施設は旅客ターミナルからはかなり遠い．

小一時間ほど待たされたが，ANAのつなぎを着た整備スタッフ数名が専用の物々しい工具を持ってやってきて，これまた悪戦苦闘しながらキャリーケージを分解し，私の大事な大事なネズミたちが入った段ボール箱が無事に取り出された．

第4章

染色体が語る哺乳類の進化

4-1. トガリネズミ科食虫類の核学的特性

4-1-1. カワネズミ属ー染色体からカワネズミの祖先種をさぐる

カワネズミ（*Chimarrogale platycephalus*）という動物は大方の読者にとってあまり馴染みがなく，見たこともないという人が多いと思われる．そこで最初にカワネズミとはどのようなものか簡単に述べることとする．カワネズミとはその姿や形が，いわゆる齧歯類（齧歯目 Rodentia）の“ネズミ”に似ているために付けられた和名であるが，分類学上は，哺乳類の中で原始的な形態を維持するグループとされる食虫類（トガリネズミ形目 Soricomorpha）の仲間である（Wilson and Reeder 2005）．現生のトガリネズミ形目はトガリネズミ科（Soricidae）・モグラ科（Talpidae）・ソレノドン科（Solenodontidae）の3つのグループに大別されるが，カワネズミはトガリネズミ科の中の水棲生活に適応したグループ，カワネズミ族（Nectogalini，英語で water shrews と表わされるグループ）に属するカワネズミ属（*Chimarrogale*）の1種である．九州と本州にのみ分布する日本固有種で，水のきれいな山地の渓流沿いに棲み，水中を自在に泳ぎまわり渓流魚や水生昆虫などを食べて生活している．その形態的特徴を挙げると…

- 手足の指間に水掻きの働きをする剛毛が列生
- 耳介が小さく，水中では前倒しとなり耳穴をふさいで耳栓の働き
- 下面に剛毛が列生する長太の丈夫な尾（尾率88％前後）
- 水をはじく体毛が密生し，泳いでも体が濡れることはない
- 腰周りを中心に生えた空気を含みやすく水をはじく長い銀色の刺し毛

ということで，寒さ厳しい積雪期でも渓流に潜り獲物をあさることができるようにうまく適応していることがよくわかる（**図4-1-1-1**）．トガリネズミ科は360種ほど知られており（Wilson and Reeder 2005），日本には12種（トガリネズミ亜科 Soricinae が7種・ジネズミ亜科 Crocidurinae が5種）分布し

図 4-1-1-1. カワネズミ（白神山地・相馬川源流にて）.

ている（Ohdachi *et al.* 2015）．トガリネズミ亜科にはすべての歯の先端部（歯冠）が赤褐色を呈する特有の形質があるが，カワネズミにはこのような赤褐色の歯冠が認められなかったことから，長い間ジネズミ亜科の仲間であるとされていた（今泉・小原 1966）.

しかし，Repenning（1967）は紫外線照射による蛍光反応から歯冠に赤褐色色素の痕跡が残っていること，下顎第4小臼歯（P_4）と下顎関節頭の形態がトガリネズミ亜科のそれと符合することから，カワネズミをトガリネズミ亜科に位置づけた．その後，カワネズミの染色体構成がトガリネズミ亜科のミズトガリネズミ（*Neomys fodiens*）とよく似ているという指摘（Obara and Tada 1985）や電子顕微鏡による精子の微細構造もトガリネズミ亜科のものと類似しているという報告（Mōri *et al.* 1991）もあり，現在はトガリネズミ亜科の仲間であると広く認知されている．このようにカワネズミは系統的な位置づけが亜科レベルで変更されたが，種としての位置づけも何度か変更されている．最初はトガリネズミ属（*Sorex*）の1種として *Sorex platycephalus* と命名され（Temminck 1842），その後 *Chimarrogale platycephala* に属が変更された（Thomas 1905）．さらに，カシミール・ネパールからブータン・ミャンマー北部・ベトナム北部・中国および台湾にかけて分布するヒマラヤカワネズミ（*Chimarrogale himalayica*）の日本産亜種 *Chimarrogale himalayica platycephala* とされたが

図 4-1-1-2. カワネズミ属 6 種およびミズトガリネズミの分布. A, スーチョワンカワネズミ；B, マレーカワネズミ；C, スマトラカワネズミ；D, ボルネオカワネズミ.

(Corbet 1978), 1980 年代に *Chimarrogale platycephala* が妥当であるとされる (Hutterer and Hurter 1981；Hoffmann 1987；Mori *et al.* 2016). この学名変更の詳しい経緯については阿部 (1996) の総説を参照されたい. なお本種の種小名は *platycephala* が用いられてきたが, 動物命名規約の最新版では, 複合名詞による種小名は, 属のジェンダーに従うことなく原記載のスペルに従うべき, と謳われていることから, *platycephalus* と表記するようになった (Ohdachi *et al.* 2015). 参考までに述べると, カワネズミ属にはカワネズミとヒマラヤカワネズミの他に, チベット南東部・青海南部からミャンマー北部にかけて分布するスーチョワンカワネズミ (*Chimarrogale styani*), マレー半島に局在するマレーカワネズミ (*Chimarrogale hantu*), スマトラ島・ボルネオ島に局在するスマトラカワネズミ (*Chimarrogale smatrana*)・ボルネオカワネズミ (*Chimarrogale phaeura*) の 6 種が知られている (**図 4-1-1-2**). いずれも “water shrews” として水辺の生活によく適応した形質をもっていて, 日本のカワネズミはこれら 6 種の中でもっとも緯度の高い地域に分布している. このようにカワネズミ属としてはもっとも北に棲む日本のカワネズミはそもそも何処からやって来たのであろうか？　その分化のもとになった祖先種はどのような種であろうか？先に述べたようにカワネズミはかつてヒマラヤカワネズミの亜種とされていたこともあり，生物地理学的にみて，これら両種はもっとも近縁な種であろうと推測される．ちなみに Motokawa *et al.*（2006）は，G-バンド核型でも C-バンド核型でもカワネズミとヒマラヤカワネズミは極めてよく似ていること，分子系統学的解析および頭蓋形態計測の分析からも両種は極めて近縁であることを報告している．これらの知見はカワネズミとヒマラヤカワネズミは姉妹種であることを裏づけるものであろう．したがって，カワネズミの染色体構成がミズトガリネズミのそれとよく似ているという Obara and Tada（1985）の指摘は，ヒマラヤカワネズミとミズトガリネズミにもいえることである．ただし，彼らの指摘は Fredga and Levan（1969）が発表した通常ギムザ染色（conventional Giemsa staining）の核型と比較しただけであり，G-バンド染色（G-banding）や C-バンド染色（C-banding）などの分染法を用いて比較したものではない．ここで注目したいのは，ミズトガリネズミはカワネズミ属の仲間ではなく，ヨーロッパに発生起源をもつミズトガリネズミ属（*Neomys*）の仲間であるということである．さらに興味深いのはヒマラヤカワネズミとミズトガリネズミの分布域がパミール高原のあたりを挟んで近接しているということである．染色体構成が似ているということを勘案すると，氷期・間氷期の地史的な時の流れの中でどちらかが新たに派生してきたということはありえないことではないであろう．このようにみてくると，属レベルで異なるこれら 2 種の water shrew は系統的に直接つながる属すなわち新しい属の分化を示す例にもなるのではないかと推測できる．そこで Lausanne 大学の Peter Vogel の協力を得てスイス産のミズトガリネズミを送ってもらい染色体を分染法で詳細に分析し，カワネズミとの対比分析を試みた（Mori *et al.* 2016）．

まず初めにカワネズミとミズトガリネズミの骨髄細胞から作製した通常ギムザ染色による核型を示す（**図 4-1-1-3**）．染色体数はともに $2n$＝52 で，カワネズミは両腕性の常染色体 25 対（M 型 17 対・SM 型 4 対・ST 型 4 対）と性染色体 1 対（X 染色体は ST 型・Y 染色体は A 型），ミズトガリネズミは常染色体 25 対（M 型 16 対・SM 型 4 対・ST 型 2 対・A 型 3 対）と性染色体 1 対（X 染色体は ST 型・Y 染色体は A 型）で構成されている．全体的な染色体構成は非常によく似ており，第 1 染色体の短腕（short arm）部の有無，第 23～25

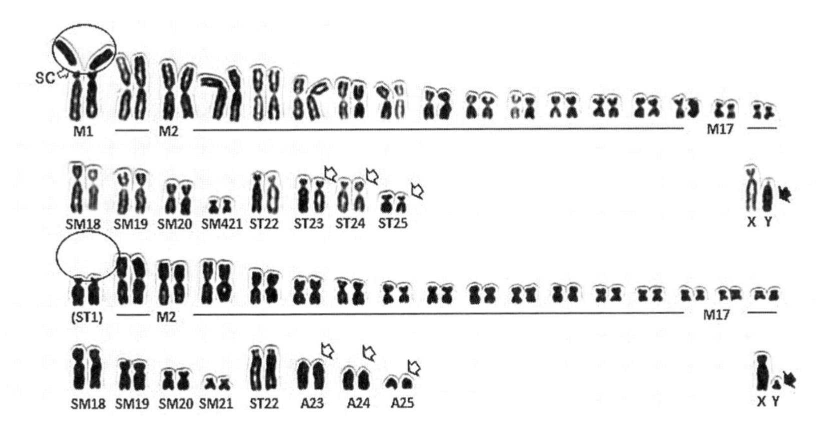

図 4-1-1-3. カワネズミ（上）とミズトガリネズミ（下）の通常ギムザ染色核型. M, M 型；SM, SM 型；ST, ST 型；A, A 型；SC, 二次狭窄. 丸で囲った領域, 第 1 染色体の短腕の有無；白矢印, ST 型か A 型の差異；黒矢印, Y 染色体のサイズの差異.

染色体の ST 型か A 型の違い, および Y 染色体のサイズの違いをのぞくと, 大きな違いはないようにみえる. 核型がこれほど似ているということは, これら両種は別属ではあるが, きわめて近縁であることを意味している. なお, カワネズミの第 1 染色体の短腕は相同対間で著しい異形性（heteromorphism）を示すが, この異形性については第 5 章 5-2 で別途解説する.

一般に染色体に組み込まれている DNA（遺伝子）は核タンパクと結合し複雑に折りたたまれクロマチン（chromatin）として存在している. クロマチンの高次構造の存在様式は染色体 G-バンドパターンに反映されるので, 種間で同じバンドパターンを示すのであれば遺伝子の種類とその配列も同じで互いに同祖染色体（homoeologous chromosome）ということになる. そこで G-バンド分析に適し比較的スマートな染色体が得られる肺組織の培養線維芽細胞から両種の G-バンド核型を作製し（**図 4-1-1-4**), それぞれハプロイド（haploid, 相同対の一方）セットの染色体をピックアップし, G-バンドパターンの相同性をもとに混成 G-バンド核型（比較する複数種の半数染色体組をとりだし相同なバンドパターンを示す染色体を対応させ並べたもの）を作製した（**図 4-1-1-5**). この図からわかるように, 第 1 染色体と Y 染色体に大きな違いがあり, 第 1 染色体に関しては二次狭窄（secondary constriction）を含むカワネズミの短腕部がミズトガリネズミでは他の染色体を含めどこにも見当たらず, Y 染色体に関しても過不足分はどこも見当たらない. 第 25 染色体は挾動

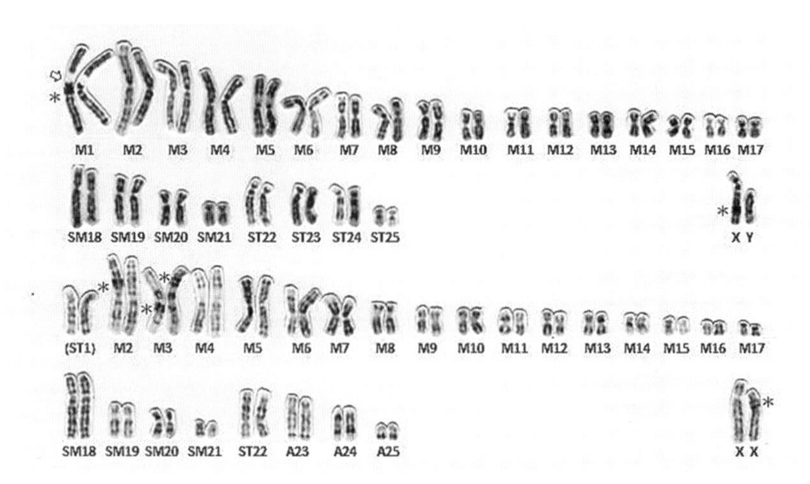

図4-1-1-4. カワネズミ（上）とミズトガリネズミ（下）のG-バンド核型. 矢印, 二次狭窄：アステリスク, 染色体の重なり.

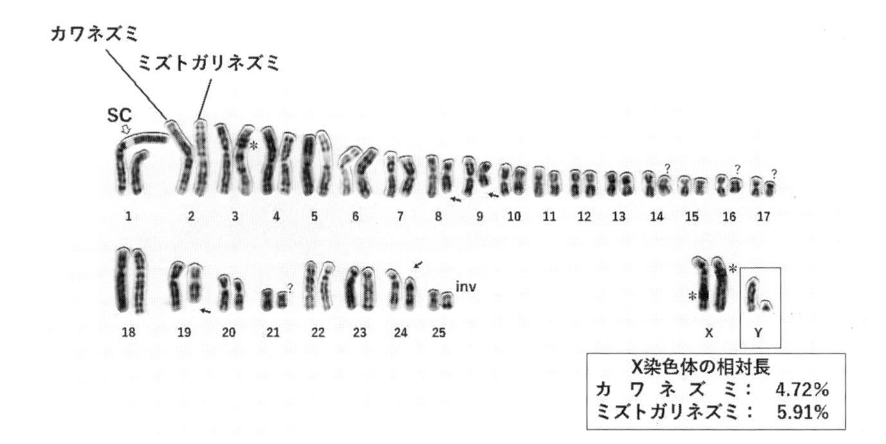

図4-1-1-5. カワネズミとミズトガリネズミの混成G-バンド核型. SC, 二次狭窄；アステリスク, 染色体の重なり；inv, 挟動原体逆位；矢印, 非対応部分；?, 不明瞭な領域.

原体逆位（pericentric inversion）によって説明される. その他矢印で示される非対応の部分や?印の染色体のように対応が不確なところもあるが, 全体として非常に高いG-バンドパターンの相同性が認められ, これら両種の極めて近い類縁性が明瞭に示された. ここまでくると, 新たに派生（分岐）したのはどちらであろうかということになる. この疑問についてとくにX染色体の相対長という観点から検討してみよう．

第1章1-1で解説したOhno's rule（Ohno 1970）によると，有胎盤哺乳類の場合，X染色体の相対長（X染色体がnの染色体の総長に対して占める長さの割合）はX染色体に転座（translocation）や欠失（deletion）・重複（duplication）等の変異がみられない“オリジナルタイプ”であれば，5〜6%の間に入る（Ohno 1970；Pathak and Stock 1974）．カワネズミとミズトガリネズミの場合はどうであろうか？　**図4-1-1-5**からわかるように，X染色体の長さは両種とも同じとみなされるが，相対長を計測するとカワネズミが4.72%，ミズトガリネズミが5.91%という値になり，前者の方が5%以下であるということで例外的に小さい値である．これは第1染色体に大きな短腕部を有するカワネズミで染色体の総長が大きくなり，その分X染色体の相対長が小さくなったためであり，X染色体の相対長から，祖先型はミズトガリネズミの方で，カワネズミはその派生型と考えるのが妥当である．

次にC-バンド染色によって作製したC-バンド核型をみてみよう（**図4-1-1-6**）．哺乳類の場合，C-ヘテロクロマチンは動原体部に局在することが多いが，染色体末端や腕内でも数多く記録されている．カワネズミでは第1染色体の二次狭窄から末端にかけての短腕とY染色体の長腕（long arm）およびM8・ST23の長腕部に大きなC-バンド領域（C-ブロック）がみられるのに対し，ミズトガリネズミではこのようなC-ブロックはなく，過半の染色体に比較的染色性の弱い動原体C-バンド（centromeric C-band）が認められるのみである．

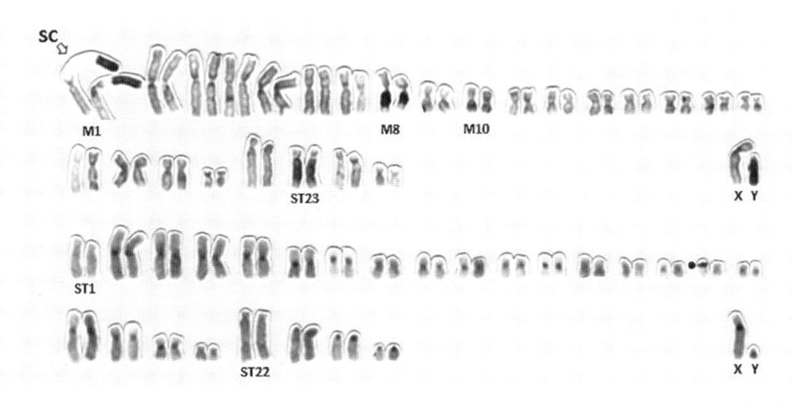

図4-1-1-6. カワネズミ（上）とミズトガリネズミ（下）のC-バンド核型．矢印（SC），二次狭窄；黒丸，撮影時のノイズ．

図4-1-1-6 のカワネズミの第1染色体は相同対間で二次狭窄のサイズが大きく異なっているが，これはスライドグラス上に染色体を展開する際に人為的に伸長したものである．二次狭窄は核小体形成体（nucleolus organizer）ないしは核小体形成部位（NOR；nucleolus organizer region）とも呼ばれ，動物植物を問わず，また生物の高等下等を問わずリボソーム RNA 遺伝子（ribosomal RNA gene）が多数重複して組み込まれ，通常ギムザ染色ではまったく染まらない領域である．従って，NOR が染色体の腕内にある場合はくびれているように見え，染色体の末端に位置する場合は通常ギムザ染色ではその存在を確認できない．しかし，この領域は銀と結合しやすいタンパクを含んでいるので，硝酸銀を用いた Ag-NOR-バンド染色（Ag-NOR-banding）により末端型 NOR でも銀粒子が沈着し，この領域を Ag-NOR として確実に検出できる．**図4-1-1-7** に示したように，カワネズミの Ag-NOR は第1染色体の二次狭窄にのみ存在し，ミズトガリネズミのそれは A23 と A24 の微小な短腕部に位置している．両種にみられる C-ブロックの有無や Ag-NOR の位置的な相違は何を意味するのであろうか？　ここで他の water shrews の核型と比較するため，これまでに報告されたカワネズミ族の核型知見を一覧表にしてまとめた（**表4-1-1-1**）．ちなみにこの表は Motokawa *et al.*（2008）が作成した表にその後の文献をつけ加えたものである．既報の知見に関するかぎり，$2n$ の染色体数は 44 から 74 まで幅広い変異を示すが，$2n=52$ はカワネズミ属とミズト

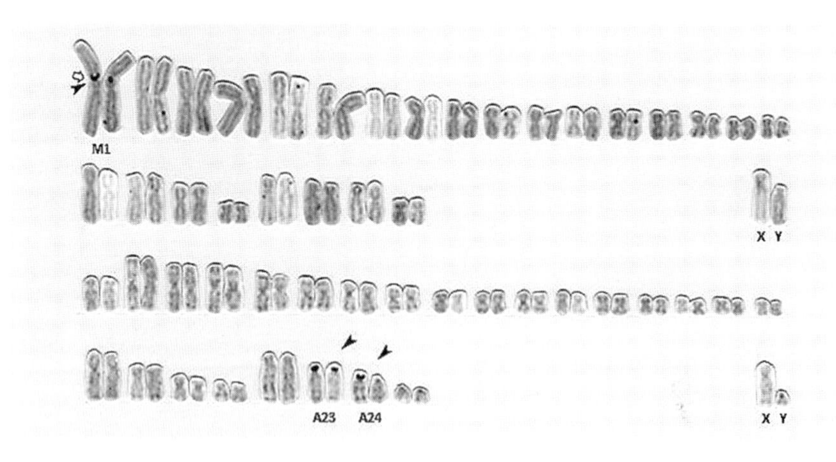

図4-1-1-7. カワネズミ（上）とミズトガリネズミ（下）の Ag-NOR-バンド核型．矢印，二次狭窄；矢頭，Ag-NOR.

表 4-1-1-1. これまでに報告されたトガリネズミ科カワネズミ族（Nectogalini, water shrews）およびモグラジネズミ族（Anourosoricini）の核型知見.

種名	$2n$	FN*	常染色体			X 染色体	Y 染色体	文献
			M･SM	ST	A			
チビオケムリトガリネズミ *Soriculus nigrescens*	64	92	11	2	18	M	A	1
ケムリトガリネズミ *Episoriculus caudatus*	60	118	19	9	1	ST	A	1
E. sacratus soluensis＝ケムリトガリネズミ *E. caudatus*	74	126	12	13	11	SM	A	1
タイワンケムリトガリネズミ *E. fumidus*	64	116	18	7	6	ST	A	2
アリサンケムリトガリネズミ *Chodsigoa sodalis*	44	88	20	2	0	—	—	2
カワネズミ *Chimarrogale platycephalus*	52	104	21	4	0	SM	A	3, 4, 5, 6, 7
ヒマラヤカワネズミ *Chi. himalayica*	52	104	21	4	0	SM	A	8
ミズトガリネズミ *Neomys fodiens*	52	98	20	2	3	ST	SM	7, 9, 10, 11, 12, 13
スペインミズトガリネズミ *N. anomalus*	52	98	20	2	3	ST	ST	13, 14, 15, 16
トランスコーカサスミズトガリネズミ *N. teres*	52	98	20	2	3	SM	M	17
	52	96	19	2	4	SM	M	12
モグラジネズミ *Anourosorex squamipes*	48	96	23	0	0	M	ST	18
タイワンモグラジネズミ *A. yamashinai*	50	100	22	2	0	M	ST	18, 19

* FN，XX を含む全染色体の総腕数；M，M 型；SM，SM 型；ST，ST 型；A，A 型.
1, Motokawa *et al.*（2008）；2, Motokawa *et al.*（1998）；3, Obara and Tada（1985）；4, 小原（1995）；5, Obara *et al.*（1996）；6, Nakanishi and Iwasa（2013）；7, Mori *et al.*（2016）；8, Motokawa *et al.*（2006）；9, Fredga and Levan（1969）；10, Rimsa *et al.*（1978）；11, Ivanitskaya and Malygin（1985）；12, Graphodatsky *et al.*（1993）；13, Zima *et al.*（1998）；14, Meylan（1966）；15, Jiménez *et al.*（1984a）；16, Chassovnikarova *et al.*（2009b）；17, Sokolov and Tembotov（1989）；18, Motokawa *et al.*（2004）；19, Harada and Takada（1985）.

ガリネズミ属のみ（**表 4-1-1-1**）で，その他の7種はすべて $2n=52$ 以外の数である．染色体構成もそれぞれ大きく異なっているので，カワネズミ属とミズトガリネズミ属の2つの属が系統的にもっとも近い関係にあるといえよう．前者のカワネズミとヒマラヤカワネズミは基本数（FN）を含め染色体構成もまったく同じであり，ミズトガリネズミを含むミズトガリネズミ属3種も性染色体 XY の形態に種間での変異があるが，常染色体の構成は基本的に同じである（FN が 96 のトランスコーカサスミズトガリネズミ *Neomys teres* は1個体だけに見つかった個体変異である）．

ネパールにはミズトガリネズミの他にチビオケムリトガリネズミ（*Soriculus nigrescens*），ケムリトガリネズミ（*Episoriculus caudatus*），*Episoriculus sacratus*（＝ケムリトガリネズミ *Episoriculus caudatus*）といったカワネズミ族が生息している．後三者は分布の西端がネパール西部であるのに対して，ヒマラヤカワネズミのそれは局在的ではあるが，ネパールからインド北部のヒマチャルプラデシュやカシミールにまで至っている．したがって，地理的分布からみてミズトガリネズミの分布域にもっとも近接しているのはヒマラヤカワネズミであり，これら両種の系統的なつながりが推測される．このような地理的分布の状況と核型知見，さらに分染法による染色体の同祖性の検証から，ミズトガリネズミとヒマラヤカワネズミは姉妹種であると判断される．X 染色体の相対長に関する Ohno's rule（Ohno 1970）にしたがうと，前者が祖先型で後者が派生型ということになるが，その方向性をさらに確認するため，古生物学的知見（化石情報）と DNA の塩基解析による分子系統学的知見を合わせて検討した．**図 4-1-1-8** にカワネズミとミズトガリネズミの化石の出土年代と分子系統解析からの知見を付したトガリネズミ科の系統樹を示した．Rzebik-Kowalska（1998）の頭骨化石の知見によると，トガリネズミ類は漸新世初期およそ 3,000 万年前のヨーロッパにその起源を発している．一方 DNA 解析に基づく分子系統解析の知見によると，中新世中期の頃までには東方（アジア地域）へ分布を広げ（Dubey *et al.* 2007），その後 690 万年前の頃にはすでにミズトガリネズミ属が分岐していたようである（Castiglia *et al.* 2007）．また，Yuan *et al.*（2013）が最近，カワネズミ属4種とミズトガリネズミ属2種を対象にしたミトコンドリア DNA の塩基解析に基づく分子系統樹を報告している．この分子系統樹から，カワネズミ属は中新世後期，630 万年ほど前にミズトガリネズミ属から分岐し，日本のカワネズミは 300 万年ほど前に中国に広く分布する

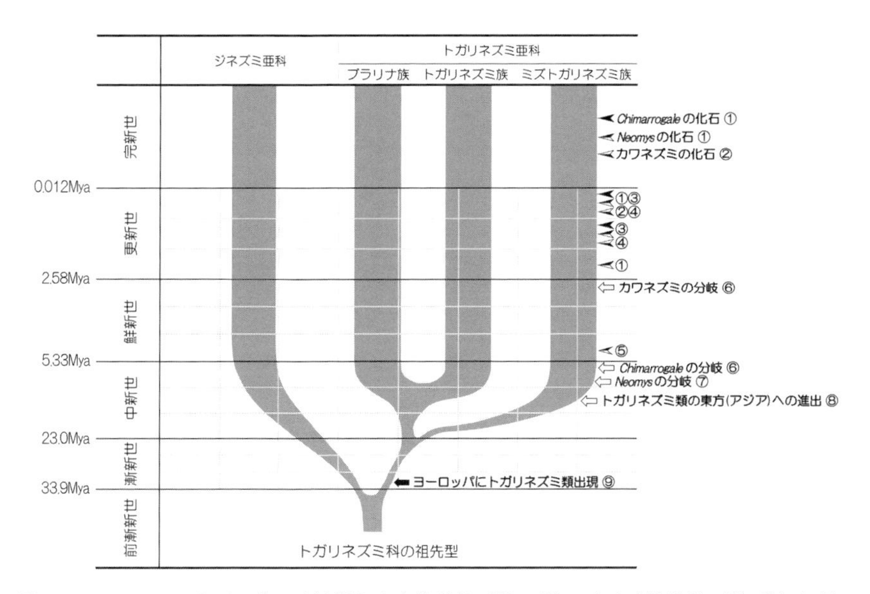

図 4-1-1-8. トガリネズミ科の系統樹と古生物学的（⑤, ⑨）・分子系統学的（⑥-⑧）知見. ① Repenning（1967）; ②長谷川（1966）; ③ Rzebik-Kowalska（2007）; ④河村ほか（1989）; ⑤ Qiu and Storch（2005）; ⑥ Yuan *et al.*（2013）; ⑦ Castiglia *et al.*（2007）; ⑧ Dubey *et al.*（2007）; ⑨ Rzebik-Kowalska（1998）. Mya（million years ago）, 百万年前.

ヒマラヤカワネズミの亜種 *Chimarrogale himalayica leander* から分岐したということが読み取れる．このように化石知見と分子系統解析からの知見から，ミズトガリネズミ属はカワネズミ属に先だって出現していたこと，ミズトガリネズミ属からカワネズミ属が分岐したことが示された．これらの知見と染色体の分析結果を統合し，カワネズミが辿ってきた系統進化の道筋を以下のように提案する．**図 4-1-1-9** に示したように，ヨーロッパに起源を発したミズトガリネズミは東方へ分布を広げ，中新世後期の頃，天山山脈の東端辺りに進出していたミズトガリネズミに C-ヘテロクロマチンの重複による C-ブロックの獲得，Ag-NOR の第一染色体への転座，挟動原体逆位その他の染色体再配列（chromosomal rearrangement，または染色体突然変異）が起こり，このような核学的変異がもとの集団との生殖的隔離の要因となり新たな核型をもつ集団が出現したのであろう．この新たな集団がヒマラヤカワネズミへと分化し，カシミール・ヒマチャルプラデシュ・ネパールからブータン・ミャンマー北部・ベトナム北部を経て中国南東部に広く分布するようになり，さらに 300 万年ほ

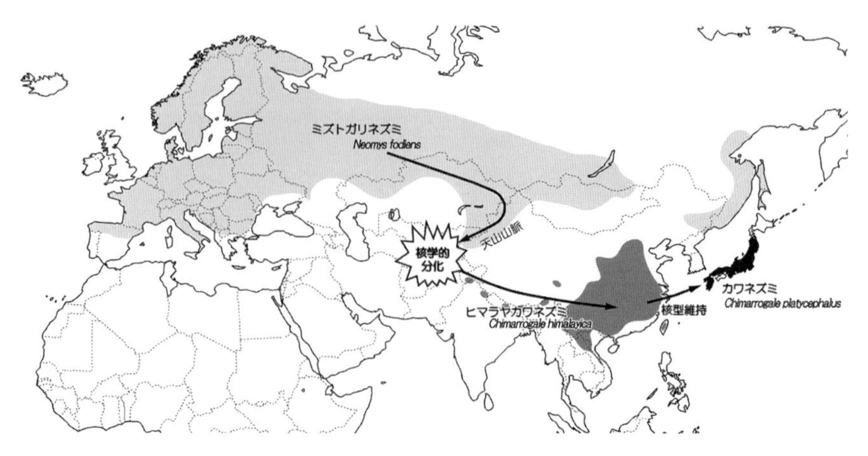

図 4-1-1-9. カワネズミの系統進化の道筋.

ど前大陸とつながっていた原日本列島へと進出し，鮮新世後期末の頃，大陸から分離した現日本列島で分布を広げ，現在北限の地となっている青森県下北半島に至ったのであろう．日本へ進出した集団は日本の特有の環境に適応し，核型を維持したまま日本固有の種へと分化したのであろう．核型に形態変化が生じなくても種分化する例はカワネズミとヒマラヤカワネズミにかぎらず，他の分類群でも知られているが（Okamoto *et al.* 1988），カワネズミ属は染色体再配列・核型の形態的変化が新属出現に結びついたことを示すよい例であろう．

4-1-2. トガリネズミ属・ジネズミ属・ジャコウネズミ属の核学的関係

トガリネズミ科はジネズミ亜科，トガリネズミ亜科およびモリジャコウネズミ亜科（Myosoricinae）の3つの亜科に分けられる（Wilson and Reeder 2005）．森部（2011）の文献調査によると，ジネズミ亜科には210種が知られ，このうち60種で染色体が報告され，148種を占めるトガリネズミ亜科では50種で染色体報告があり，モリジャコウネズミ亜科は18種だけで，染色体の記録も3種のみである．日本にはトガリネズミ亜科のトガリネズミ属6種とカワネズミ属1種，ジネズミ亜科のジネズミ属（*Crocidura*）4種とジャコウネズミ属（*Suncus*）1種，計12種が分布している（Ohdachi *et al.* 2015）．**表 4-1-2-1** に日本産トガリネズミ科動物の染色体知見（2*n* の染色体数と FN 基本数）についてまとめた．参考までに環境省レッドリスト（環境省 2014）の選定状況を示してある．

表 4-1-2-1. 日本産のトガリネズミ科トガリネズミ類の染色体（2*n*・FN）知見.

亜科名・属名・種名・学名	2*n*	FN	環境省レッドリスト	文献
トガリネズミ亜科 Soricinae				
トガリネズミ属 *Sorex*				
チビトガリネズミ *S. minutissimus*	42	74	VU* (ssp. *hawkeri*)	1
アズミトガリネズミ *S. hosonoi*	42	68	NT#	2
シントウトガリネズミ *S. shinto*	42	68	NT (ssp. *shikokensis*)	2, 3, 4
バイカルトガリネズミ *S. caecutiens*	42	68		4, 5, 6
オオアシトガリネズミ *S. unguiculatus*	42	70		3, 4, 7
ヒメトガリネズミ *S. gracillimus*	36	62		4, 5, 8
カワネズミ属 *Chimarrogale*				
カワネズミ *C. platycephallus*	52	104	LP** （九州）	9, 10, 11
ジネズミ亜科 Crocidurinae				
ジネズミ属 *Crocidura*				
アジアコジネズミ *C. shantungensis*	39†/40	50	NT	12
ワタセジネズミ *C. watasei*	26	52	NT	13, 14
ニホンジネズミ *C. dsinezumi*	40	56		8, 13, 15
オリイジネズミ *C. orii*	—	—	EN##	
ジャコウネズミ属 *Suncus*				
ジャコウネズミ *S. murinus*	40	54		15, 16, 17

*絶滅危惧Ⅱ類（亜種トウキョウトガリネズミ *S. m. hawkeri*），**絶滅のおそれのある地域個体群，#準絶滅危惧，##絶滅危惧 IB 類，†ロバートソン型開裂に起因する染色体多型（個体変異），—，未記録.

1, 森部ほか（2006）; 2, Moribe *et al.*（2007）; 3, Takagi and Fujimaki（1966） for ssp. *saevus*; 4, Tada and Obara（1988） for sspp. *shinto* and *saevus*; 5, Zima *et al.*（1998）; 6, Oshida *et al.*（2005）; 7, Shimba and Ito（1969）; 8, Tsuchiya（1979）; 9, Obara and Tada（1985）; 10, Nakanishi and Iwasa（2013）; 11, Mori *et al.*（2016）; 12, 土屋（1987）; 13, Harada and Takada（1985）; 14, Harada *et al.*（1985）; 15, Tada and Obara（1986）; 16, Andō *et al.*（1980）; 17, Obara and Miyai（1981）.

トガリネズミ属は 6 種中 5 種が同じ染色体数（$2n=42$）を有しているが，FN は 68 から 74 まで変異し，残りの 1 種ヒメトガリネズミ（*Sorex gracillimus*）は $2n=36$，FN=62 でいずれももっとも少ない値となっている．カワネズミ属のカワネズミは 2*n* も FN もトガリネズミ属とはかけ離れた値（$2n=52$，FN=104）を有している．ジネズミ亜科に関しては，絶滅危惧 IB 類のオリイジネズミ（*Crocidura orii*）が奄美群島の奄美大島，徳之島および加計呂麻島からごく少数個体が記録されている（Ohdachi *et al.* 2015）だけで，生息数そのものが少ないことから採集そのものが難しく染色体の報告はいまだに皆無である．染色体が報告されているアジアコジネズミ（*Crocidura shantungensis*），ワタセジネズミ（*Crocidura watasei*），ニホンジネズミ（*Crocidura dsinezumi*）およびジャコウネズミ（*Suncus murinus*）の $2n$ と FN はそれぞれ 39/40，26，40，40 と 50，52，56，54 である．ちなみにトガリネズミ科の動物は，環境省のレッドリストに選定されている種の割合が他の哺乳類グループと比べて高く，12 種中 7 種が絶滅危惧 IB や絶滅危惧Ⅱ類など何らかのレベルで絶滅を危惧されている．

4-1-2-1. 日本産トガリネズミ亜科の核学的系統関係

シントウトガリネズミ（*Sorex sihnto*）の本州産亜種ホンシュウトガリネズミ（*Sorex shinto shinto*）とバイカルトガリネズミ（*Sorex caecutiens*）の北海道産亜種エゾトガリネズミ（*Sorex caecutiens saevus*）および北海道産オオアシトガリネズミ（*Sorex unguiculatus*）の通常ギムザ染色核型と C-バンド核型を**図 4-1-2-1** および**図 4-1-2-2** に示した．通常ギムザ染色核型でみる限り，エゾトガリネズミとオオアシトガリネズミはほとんど同じ核型で，ともに 7 対の M 型染色体（第 1～7 染色体），5 対の SM～ST 型染色体（第 8～12 染色体），8 対の A 型染色体（第 13～20 染色体）および性染色体 XX または XY 染色体（ともに A 型）から成り，ホンシュウトガリネズミの核型もこれら 2 種とよく似ており，唯一の形態的違いは第 5 染色体に認められ，ホンシュウトガリネズミは SM 型でエゾトガリネズミとオオアシトガリネズミは M 型である（**図 4-1-2-1**）．また，3 種とも第 19・20 染色体に付随体（サテライト satellite）が存在する．C-バンド核型に関しては，常染色体は 3 種ともほとんど C-バンド染色で淡染され，恒常的に濃染される典型的な C-バンドは見当たらない．ホンシュウトガリネズミには微かに染まる動原体 C-バンドが存在しているようであるが，エゾトガリネズミ・オオアシトガリネズミではまったく染まらない．哺乳類の場合，動原体 C-バンドが記録されることが多く，末端部 C-バンド（telomeric C-band）や介在部 C-バンド（interstitial C-band）なども少なからず報告されているが，トガリネズミ属のグループは日本産に限らず大陸産の種も含め，C-バンドは一般的にきわめて希薄である．しかし，**図 4-1-2-3** に示すように，Y 染色体には恒常的に染まる C-バンドが存在し，G-バンド染色では長腕基部に濃染されるバンドをもっている．これら 3 種を混成 G-バンド核型として対比分析したのが**図 4-1-2-4** である．通常ギムザ染色核型から示唆されることではあるが，この混成核型からこれら 3 種間には非常に高い G-

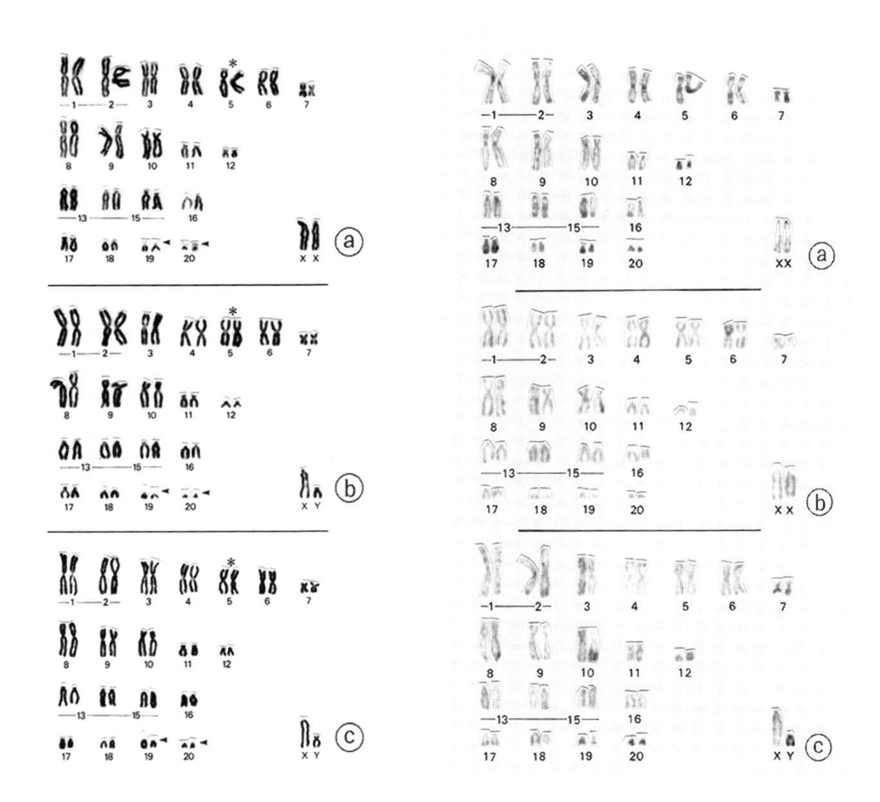

図 4-1-2-1. トガリネズミ属 3 種の通常キムザ染色核型（a，ホンシュウトガリネズミ；b，エゾトガリネズミ；c，オオアシトガリネズミ）．矢頭，微細な付随体部．アステリスクの染色体はホンシュウトガリネズミで SM 型，エゾトガリネズミとオオアシトガリネズミで M 型を示す．

図 4-1-2-2. トガリネズミ属 3 種の C-バンド核型（a，ホンシュウトガリネズミ；b，エゾトガリネズミ；c，オオアシトガリネズミ）．

バンド相同性（G-band homology）が認められ，第 5 染色体以外の他の染色体は偏動原体逆位（paracentric inversion）などの再配列もなく G-バンドパターンもよく保存されていると云えよう．**図 4-1-2-4** の第 5 染色体は三者三様の G-バンドパターンを示すようにみえるので，どのような再配列を経て生じたのか，**図 4-1-2-5** に模式図を付して再配列の仕組みを提示した．この図に示した

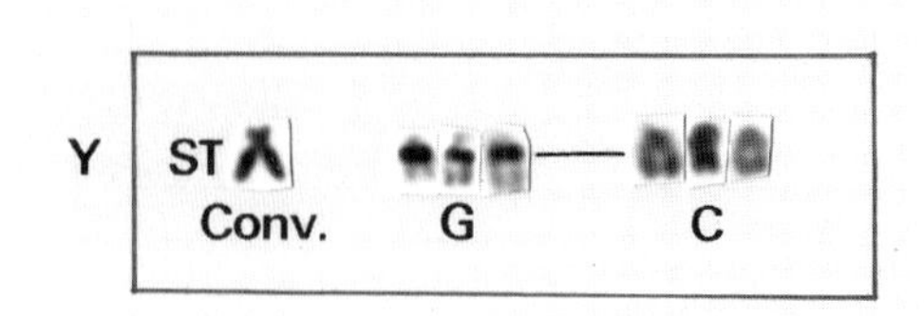

図 4-1-2-3. G-バンド染色（G）およびC-バンド染色（C）のY染色体. GとCのトリプレットは左より順にオオアシトガリネズミ，エゾトガリネズミ，ホンシュウトガリネズミ．左端の染色体は3種を代表して示したオオアシトガリネズミの通常ギムザ染色（Conv.）のY染色体（STはST型を示す）.

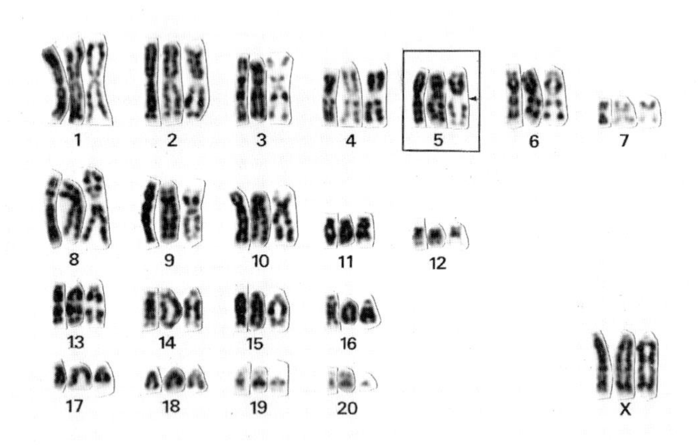

図 4-1-2-4. トガリネズミ属3種の混成G-バンド核型．各トリプレットの左側：エゾトガリネズミ，中央：ホンシュウトガリネズミ，右側：オオアシトガリネズミ，矢頭，長腕基部のG-バンド染色淡染部．方形枠内の第5染色体は三者三様のG-バンドパターンを示すようにみえる.

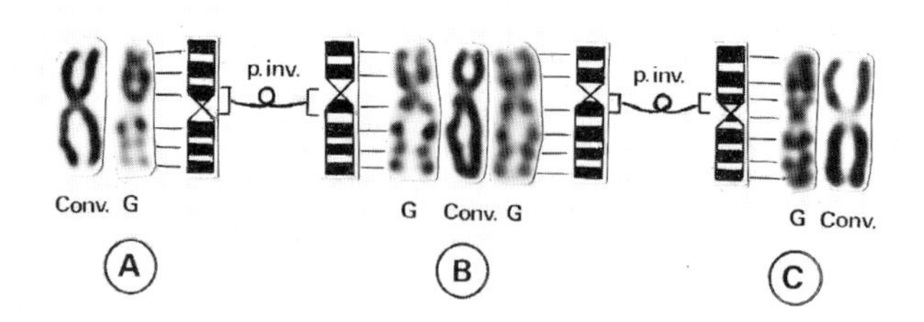

図 4-1-2-5. エゾトガリネズミ（A），ホンシュウトガリネズミ（B），オオアシトガリネズミ（C）の第5染色体で想定される染色体再配列．Conv.，通常ギムザ染色；G，G-バンド染色；p. inv.，挾動原体逆位.

ように，オオアシトガリネズミとホンシュウトガリネズミ，ホンシュウトガリネズミとエゾトガリネズミの間にはそれぞれ動原体近傍部での異なる挟動原体逆位が関与しているものと判断された．

森部ほか（2008）によると，シントウトガリネズミの佐渡産亜種サドトガリネズミ（*Sorex shinto sadonis*）とホンシュウトガリネズミおよび四国産亜種シコクトガリネズミ（*Sorex shinto shikokensis*）の 3 亜種はともに $2n$=42 で，両種の混成 G-バンド核型でみるかぎり，染色体構成はもちろん G-バンドパターンにもほとんど違いは認められないという．したがってこれらの亜種間には染色体再配列などの変異は生じていないものと思われる．また，同じく森部ほか（2006）によると，アズミトガリネズミ（*Sorex hosonoi*）とチビトガリネズミ（*Sorex minutissimus*）との間でも混成 G-バンド核型での対比分析を行っており，明らかな別種であるにもかかわらず，核学的な分化は生じていないという．アズミトガリネズミに関してはシントウトガリネズミとの混成 G-バンド核型が報告されており（Moribe *et al.* 2007），これら両種は $2n$ も FN も同じ（$2n$=42，FN=68）で核型もきわめて酷似し，アズミトガリネズミの第 5 染色体とシントウトガリネズミの第 9 染色体のペア以外はほぼ完璧な G-バ

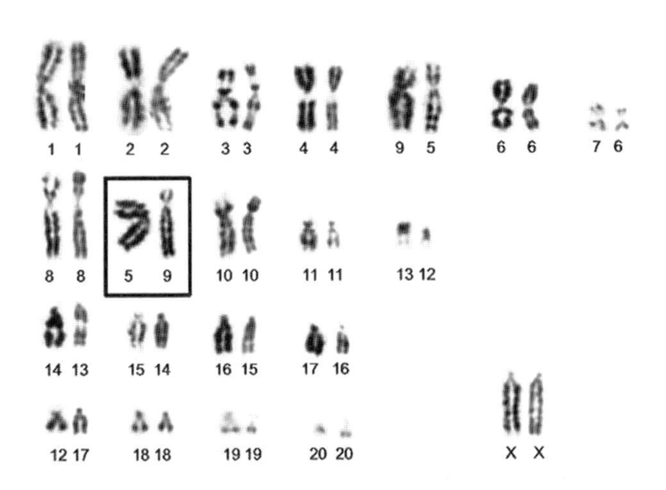

図 4-1-2-6. アズミトガリネズミ（各対の左側）とシントウトガリネズミ（各対の右側）の混成 G-バンド核型（Moribe *et al.* 2007 より転載）．方形枠内のアズミトガリネズミの第 5 染色体とシントウトガリネズミの第 9 染色体だけは相同性が確認できないが，それ以外はほぼ相同性が認められる．

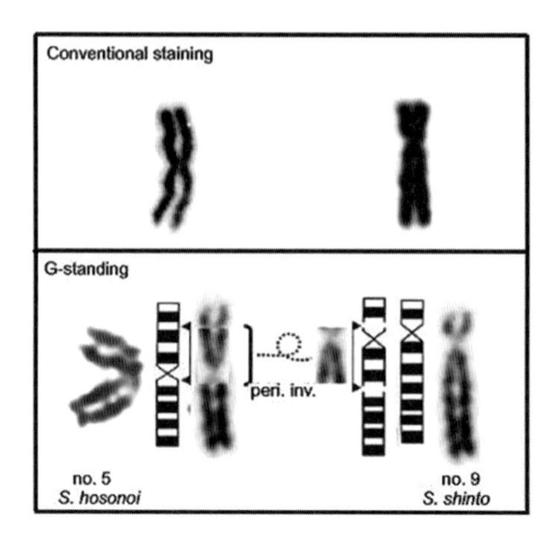

図 4-1-2-7.　アズミトガリネズミ（*S. hosonoi*）の第5染色体（no. 5）とシントウトガリネズミ（*S. shinto*）の第9染色体（no. 9）の間に想定される挟動原体逆位（peri. inv.）（Moribe *et al.* 2007 より転載）．上は通常ギムザ染色（Conventional staining），下は G-バンド染色（G-banding）をそれぞれ示す．

ンド相同性を示すという（**図 4-1-2-6**）．**図 4-1-2-7** に示すように，このペアはアズミトガリネズミの第5染色体の短腕中央部から長腕基部にかけての部分での逆位によって G-バンドパターンが互いに相同なパターンとなることから，挟動原体逆位によってうまく説明される．**図 4-1-2-5** に示した挟動原体逆位とは切断部位が異なる逆位のようではあるが，アズミトガリネズミとシントウトガリネズミは系統的に密接な関係にあることが示唆される．

次に，ヒメトガリネズミ（$2n=36$）とオオアシトガリネズミ（$2n=42$）の核型を比較してみよう．**図 4-1-2-8** にヒメトガリネズミの G-バンド核型を示した．$2n=36$ であり，染色体の数も構成（M 型染色体7対，SM 型染色体4対，ST 型および A 型染色体6対）も上記のオオアシトガリネズミとは大きく異なっているが，それぞれの染色体対がそれぞれ特有の G-バンドパターンを示し，性染色体を含めすべての相同対が同定される．この G-バンド核型をオオアシトガリネズミのそれと対比分析したのが**図 4-1-2-9** である．この図から，ヒメトガリネズミ（Sg，左）とオオアシトガリネズミ（Su，右）の間の G-バンド相同性は上述3種の場合より低いことがわかるであろう．染色体が1対1で対応するのは Sg1/Su1，同様に 2/2，4/3，5/5，6/6，7/7，9/8，11/10，14/18，17/20，X/X の11対で，Sg3 と Su14-15 はロバートソン型再

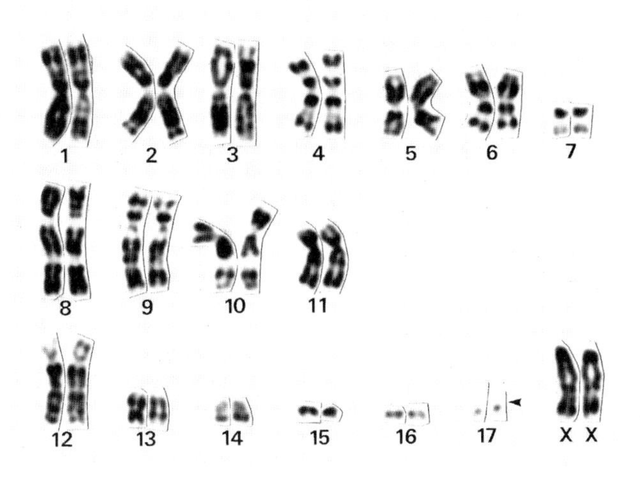

図 4-1-2-8. ヒメトガリネズミのG-バンド核型. 矢頭, 微細な付随体部.

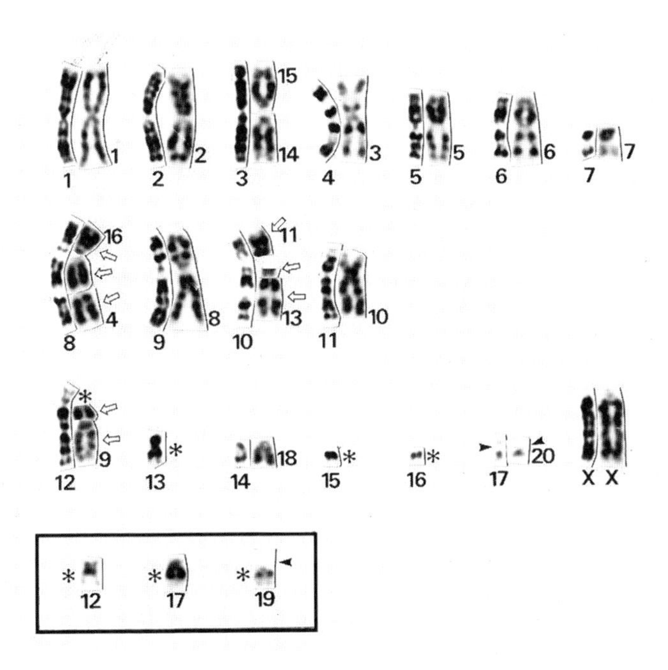

図 4-1-2-9. ヒメトガリネズミ（左）とオオアシトガリネズミ（右）の混成G-バンド核型. 方形枠内は対応する相手のないオオアシトガリネズミの染色体. 矢印, 再配列した染色体ないしは染色体部分：矢頭, 微細な付随体部：アステリスク, 空白.

配列（Robertsonian rearrangement）で説明され，Sg8はSu4の挟動原体逆位に加えさらにSu16とのロバートソン型融合によって相同な関係となり，Sg10も同様な再配列で説明される．Sg12の長腕はSu9に挟動原体逆位を想定すると相同な関係になるが，Sg12の短腕に対応するSuの染色体は見当たらず，残りの染色体（Sg13，15，16およびSu12，17，19）も対応する染色体が見当たらない．また，Su19に相当する付随体もSgのどの染色体にも見当たらない．Ag-NOR-バンド染色や蛍光*in situ*ハイブリダイゼーション（FISH）法による18S-28SリボソームRNA遺伝子座分析でその行方を確認する必要があろう．両種の間にG-バンド相同性がどの程度保存されているか，実際に染色体の計測をしたところ，オオアシトガリネズミの染色体長のほぼ92%がヒメトガリネズミの染色体と相同なG-バンドパターンを有していた．

カワネズミはトガリネズミ属と同様にトガリネズミ亜科に属するが，水棲適応を示すカワネズミ族の仲間であり，系統的にはミズトガリネズミ属のミズトガリネズミを祖先種としている．このことに関しては前項で詳しく述べたので，ここでは説明を省略し，ジネズミ亜科に話を進めることとする．

4-1-2-2. 日本産ジネズミ亜科の核学的系統関係

日本産のジネズミ亜科食虫類は，ジネズミ属4種とジャコウネズミ属1種，計5種である（**表4-1-2-1**）．まず初めに本州・九州・四国に広く分布するジネズミ属のニホンジネズミ（$2n=40$）とジャコウネズミ属のジャコウネズミ（$2n=40$）の核型をみてみよう．**図4-1-2-10**と**図4-1-2-11**にニホンジネズミとジャコウネズミの通常ギムザ染色核型とG-バンド核型を示した．通常ギムザ染色では両種とも染色体番号を確定できない染色体が多いが，G-バンド染色では性染色体を含むすべての染色体がそれぞれ特有のG-バンドパターンを示すことから，すべての染色体が特定される．また，C-バンド染色から両種の常染色体には多かれ少なかれ動原体C-バンドが認められる（**図4-1-2-12**）．とくにジャコウネズミの場合は**図4-1-2-13**に示したように，第4，6，7，9および10染色体は微小な短腕を含め動原体部に顕著なC-バンドを有している．X染色体はジャコウネズミの方がニホンジネズミより大きいが，そのサイズの違いはジャコウネズミのX染色体の短腕・長腕の末端部に存在するC-ヘテロクロマチンに起因し，重複伸長により大型化したものと考えられる（**図4-1-2-13**）．また，Y染色体は哺乳類の場合，一般に全体的に濃染されるのがふつうであるが，ジャコウネズミのY染色体は極めて例外的で，長腕末端側

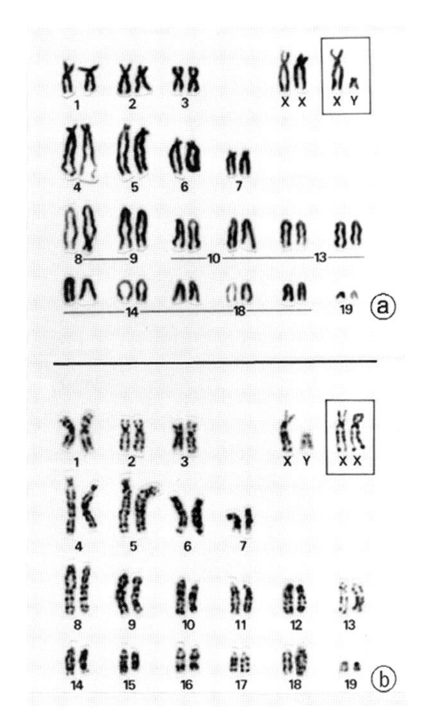

図 4-1-2-10.　ニホンジネズミの通常ギムザ染色核型（a）とG-バンド核型（b）. 方形枠内の性染色体は，他の個体からのもの.

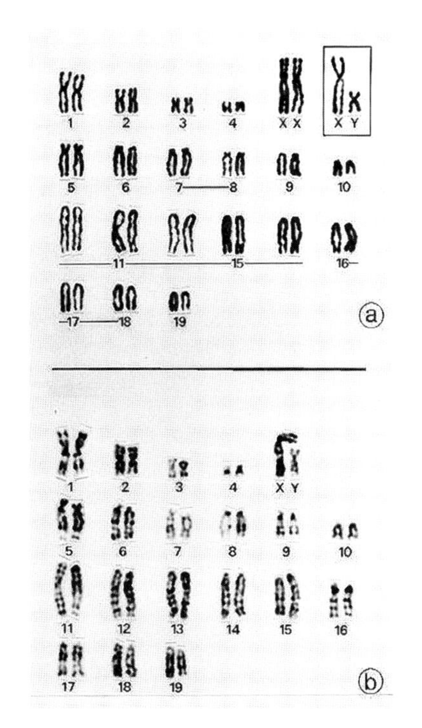

図 4-1-2-11.　ジャコウネズミの通常ギムザ染色核型（a）とG-バンド核型（b）. 方形枠内の性染色体は，他の個体からのもの.

半分はユークロマチックである（**図 4-1-2-13**）. おそらく常染色体の一部が転座しているのであろう. 次に**図 4-1-2-14** に示したニホンジネズミ（Cds, 左）とジャコウネズミ（Sm, 右）の混成 G-バンド核型をみてみよう.

染色体が 1 対 1 で対応するのは 10 対（Cds3/Sm2, 同様に 5/11, 6/5, 7/8, 8/12, 9/13, 10/15, 13/17, 14/19 および 15/7）で, Cds2/Sm18 は Sm18 の挟動原体逆位によって, Cds4/Sm9・6 は転座によって相同性が成立し, Cds1/Sm1 は長腕に関しては対応するが, 短腕については必ずしも対応してはいない. 同様に Cds11/Sm14, Cds17/Sm16, Cds18/Sm10 は部分的に対応することを示す.

表 4-1-2-1 に示したように, 日本産ジネズミ属 4 種のうち染色体が調べられているのは 3 種で, ニホンジネズミとアジアコジネズミはともに $2n=40$, FN は

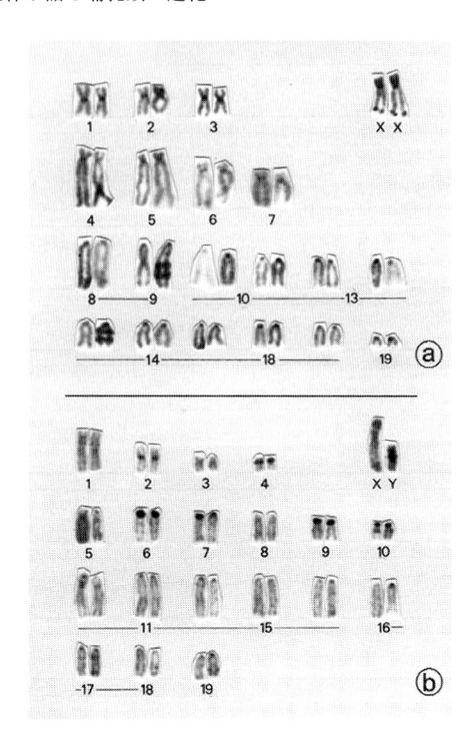

図 4-1-2-12.　ニホンジネズミ（a）とジャコウネズミ（b）の C-バンド核型.

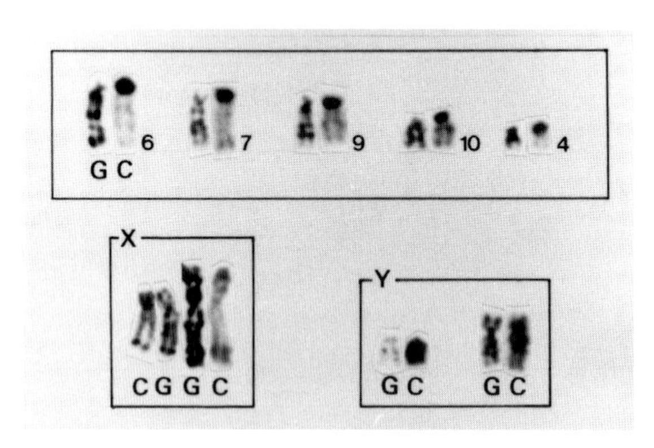

図 4-1-2-13.　ジャコウネズミの第4，6，7，9，10 染色体とニホンジネズミおよびジャコウネズミの性染色体 XY．XY とも右側の G と C がジャコウネズミ，左側の G と C がニホンジネズミ．G，G-バンド染色；C，C-バンド染色.

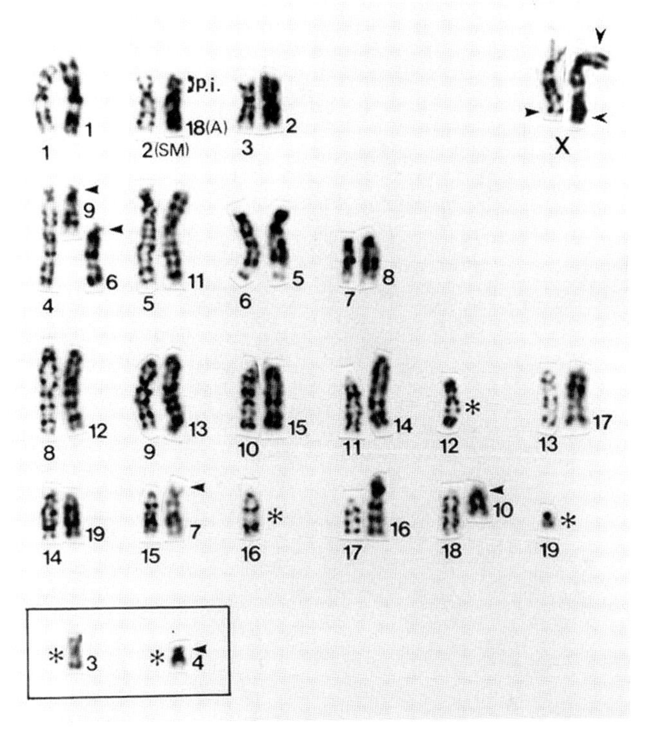

図 4-1-2-14. ニホンジネズミ（各ペアの左側）とジャコウネズミ（各ペアの右側）の混成 G-バンド核型．方形枠内は対応するニホンジネズミの染色体が見当たらないジャコウネズミの染色体を示す．矢頭，C-バンド部位；p.i.，挟動原体逆位；アステリスク，対応なし．

それぞれ 50 と 56 で，ワタセジネズミが $2n$＝26，FN＝52 である．**図 4-1-2-15** に Ohdachi *et al.*（2015）に掲載されたアジアコジネズミの通常ギムザ染色核型を示す．アジアコジネズミの G-バンド核型が報告されていないので，ニホンジネズミとアジアコジネズミの染色体の相同性がどの程度か定かではないが，両種の通常ギムザ染色核型を見比べると（**図 4-1-2-10** と**図 4-1-2-15**），両種の核型の違いは A 型染色体 3 対での挟動原体逆位だけでうまく説明されそうである．ニホンジネズミ（$2n$＝40）とワタセジネズミ（$2n$＝26）との核学的な関係については Harada *et al.*（1985）が混成 G-バンド核型で詳しく分析している（**図 4-1-2-16**）．ニホンジネズミとワタセジネズミは染色体数が 14 本も違い，染色体構成も大きく異なることから，通常ギムザ染色核型からは核

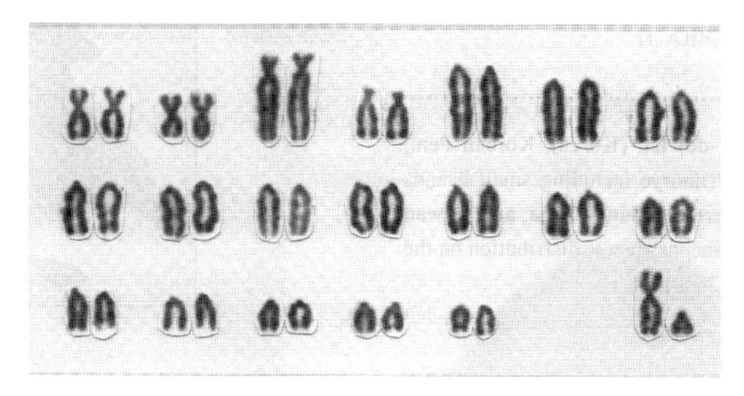

図 4-1-2-15. アジアコジネズミの通常ギムザ染色核型．Ohdachi *et al.*（2015）より転載．

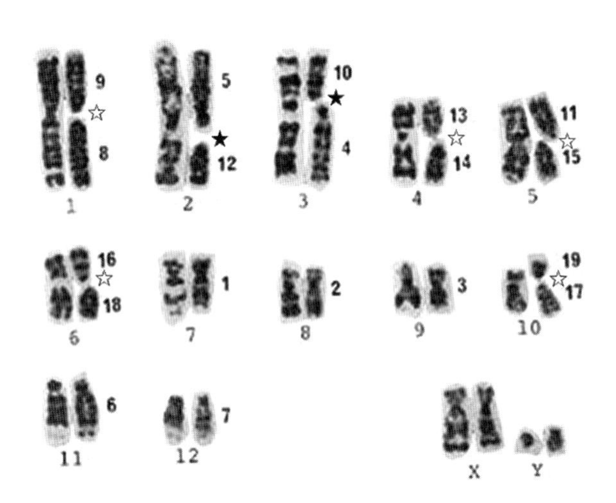

図 4-1-2-16. ワタセジネズミ（各対の左側）とニホンジネズミ（各対の右側）の混成 G-バンド核型．白星印，ロバートソン型融合．黒星印，動原体―テロメア転座．Harada *et al.*（1985）より改変して転載．

学的な類縁性はかけ離れているように思われがちであるが，この混成 G-バンド核型から，これら両種の核型の違いは A 型染色体同士による 5 つのロバートソン型融合と A 型染色体と ST 型染色体による 2 つの動原体―テロメア転座（centromere-telomere translocation）によって説明される．後者の場合は，ニホンジネズミの第 10 および第 12 染色体の動原体が不活性化を伴なったものと想定される．

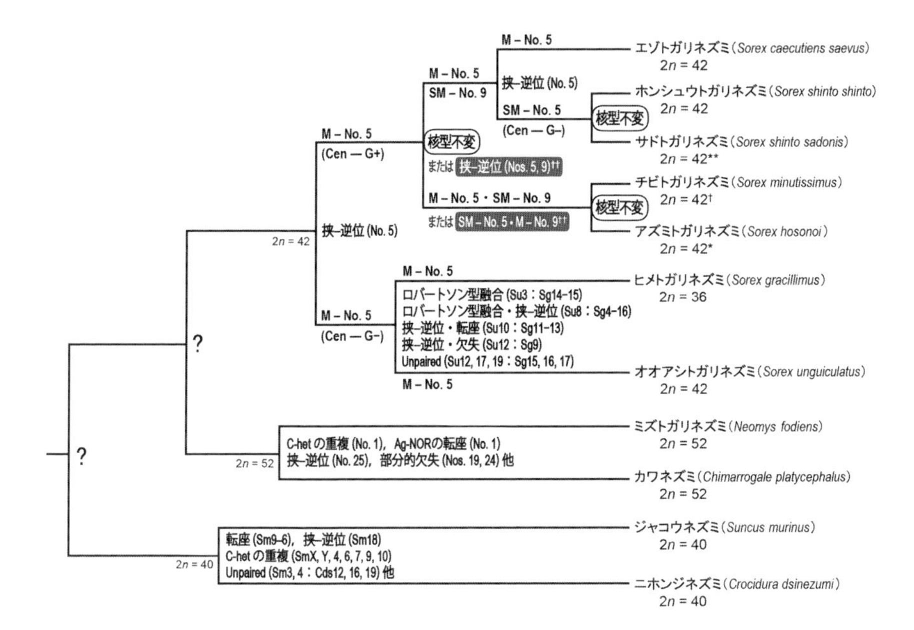

図 4-1-2-17. Ohdachi *et al.*（1997）の分子系統樹に即した日本産トガリネズミ科 10 種 1 亜種の核型進化．M，M 型染色体；SM，SM 型染色体；Cen-G+，G-バンド染色で濃染される動原体部；Cen-G-，G-バンド染色で淡染される動原体部；挟–逆位，挟動原体逆位；Su，オオアシトガリネズミ；Sg，ヒメトガリネズミ；Sm，ジャコウネズミ；Cds，ニホンジネズミ．*，Moribe *et al.*（2007）；**，森部ほか（2008）；†，森部ほか（2006）；††，本書での見解．

これまで報告されているこれらの染色体知見を分子系統学からの知見と突き合わせてみよう．Ohdachi *et al.*（1997）はミトコンドリア DNA cytochrome *b* 遺伝子の塩基配列からユーラシア大陸のトガリネズミ科食虫類 23 種の系統解析を行った．そこで 23 種の中から，本項でとり上げた分類群をピックアップし，これらの系統関係をトポロジーを変えずに単純化した樹形とし，そこに染色体の知見を表示した（**図 4-1-2-17**）．つまり，分子系統学的情報に基づく系統関係にあわせて染色体の変遷を追跡しようということである．日本産トガリネズミ属の祖先種は $2n=42$ で，第 5 染色体に挟動原体逆位が生じて Cen-G+ と Cen-G-の系統に分岐，後者の系統ではオオアシトガリネズミよりロバートソン型融合（Robertsonian fusion）や挟動原体逆位，転座，欠失その他いくつかの未知の染色体変異を介して染色体数が 36 に減じたヒメトガリネズミが分化し，一方前者（Cen-G+）の系統ではエゾトガリネズミ—シントウトガリネズミ（ホンシュウトガリネズミ・サドトガリネズミ）の系統とチビトガリネズミ―アズミトガリネズミの系統がいずれも染色体数・核型を維持したまま分岐した．Moribe *et al.*（2007）のアズミトガリネズミのG-バンド核型（**図4-1-2-6**）と**図4-1-2-4**および**図4-1-2-5**のエゾトガリネズミのそれを比較すると，両種の核型には違いがないようであるが，**図4-1-2-6**におけるアズミトガリネズミ（Sho，左）とシントウトガリネズミ（Ssh，右）の混成G-バンド核型では，Sho9・Ssh5およびSho5・Ssh9のペアはそれぞれSho5・Ssh5およびSho9・Ssh9である可能性もありそうである．その場合は第9染色体間での挟動原体逆位として説明される．また，M型の第5染色体を有していたエゾトガリネズミの祖先からこの第5染色体に挟動原体逆位を介してシントウトガリネズミ（基亜種ホンシュウトガリネズミ）を派生し，サドトガリネズミは核型を維持したまま亜種として分化したのであろう．

Ohdachi *et al.*（1997）の分子系統樹によると，オオアシトガリネズミのクレードとミズトガリネズミのクレードの間にはオニトガリネズミ（*Sorex mirabilis*）やマスクトガリネズミ（*Sorex cinereus*）など5種が介在しており，染色体数も大幅に異なるが，両者間での染色体の比較分析はいまだなされていない．ミズトガリネズミからカワネズミの分化に際して生じたであろう核型変異については，前項で詳しく述べたように，第1染色体の短腕でのC-ヘテロクロマチンの重複，同染色体二次狭窄部へのNORの集中転座，第25染色体の挟動原体逆位，その他部分的欠失などいくつかの染色体での未知の変異が関与したものと思われる．

Ohdachi *et al.*（1997）の分子系統樹にはアジアコジネズミとワタセジネズミの2種が載っていなかったため，これら2種を**図4-1-2-17**に盛り込めなかった．そこで，これら2種を含むジネズミ亜科の分子系統樹（Ohdachi *et al.* 2004）を参考にして**図4-1-2-17**と同様に分岐のトポロジーを変えずに単純化し，核型の変化の情報を付した（**図4-1-2-18**）．Ohdachi *et al.*（2004）の分岐のトポロジーに沿ってこれら3種の分化を核学的に追うと，$2n=40$を有していたであろうこれらジネズミ属3種の共通祖先は，G-バンド染色による検証はないが，おそらく3対のA型染色体に挟動原体逆位を介してアジアコジネズミとニホンジネズミ・ワタセジネズミの系統に分化し，次いで後者の系統から10対のA型染色体のロバートソン型融合とA型2対とST型2対の動原体―テロメア転座を介してワタセジネズミが分化したものと説明される．

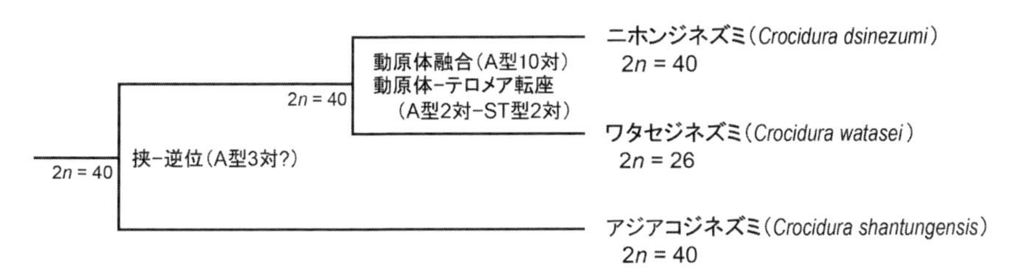

図 4-1-2-18. Ohdachi *et al.*(2004)の分子系統に則したジネズミ属 3 種の核型進化. 挟―逆位, 挟動原体逆位.

以上, これまでに公表されている論文と私信等で得た情報を合わせ日本産のトガリネズミ科動物の染色体に関する知見をとりまとめたが, 調査個体数が必ずしも充分とは言えないことやG-バンドパターンの再現性, G-バンド相同性の信頼度などまだまだ改善・補完すべきところが多い. 今後に向けての中間的とりまとめととらえていただきたい.

4-2. モグラ科食虫類の核学的特性

4-2-1. 情報が少なかったモグラ科食虫類の核型

かつてモグラ科食虫類は染色体情報の乏しい分類群であった. 世界中の種を合わせても 50 種未満から構成されるこの小さなグループで, 1980 年代の終わりまでに核型の報告があったのはわずか 25 種である. モグラ科食虫類の染色体研究は 1930 年代に始まる. ヨーロッパの Koller(1936)はヨーロッパモグラ(*Talpa europaea*)の核型を組織切片法によって解析し, $2n=38$ と報告した. また同じ頃台湾帝国大学の立石新吉は, タイワンモグラ(*Mogera insularis*)の染色体数 $2n=32$ を報告した(Tateishi 1938). 組織切片法による分析は正確な染色体数の確定が困難である. ヨーロッパモグラの染色体数は現在では $2n=34$ であることが確かめられているが, Koller(1936)では正確にカウントできなかったようだ. 一方で Tateishi(1938)が報告したものは現在の骨髄細胞や他の組織の培養細胞を用いた研究でも支持されている(Lin *et al.* 2002). その後本格的にこのグループの染色体研究が行われるのは, 組織培養法などが確立されたのち 1960 年代に入ってからである.

我が国でモグラ科食虫類の染色体分析を行った人物として重要なのは土屋公幸である. 彼が 1988 年に日本哺乳類学会の和文誌『哺乳類科学』に執筆した総説(土屋 1988)は, このグループの核型変異に関する総括的なものであり,とくに地下性適応が著しいいわゆる真正モグラ類では，染色体数 $2n=36$ が共通しており，種ごとにA型染色体数が減少してコウベモグラ（*Mogera wogura*）の8対からアズマモグラ（*Mogera imaizumii*）の7対と朝鮮半島産のニホンモグラ属（*Mogera*）の一種の5対を経てサドモグラ（*Mogera tokudae*）の4対と変化し，すなわち常染色体総腕数に変異があることが示されている．また半地下性の生活型をもつヒミズ類に関しても，この頃までにヒミズ（*Urotrichus talpoides*）とヒメヒミズ（*Dymecodon pilirostris*）の両方で染色体数が $2n=34$ で，ヒミズには本州中部地方の黒部川と富士川を結ぶ線の東西で挟動原体逆位による変異があること，およびその変異のうち本州西部のヒミズにみられるものと類似した核型をヒメヒミズが有すること，が明らかになっていた（土屋 1988）．

しかしながら土屋が上記総説を執筆した1980年代の終わりは，次第に哺乳類の染色体研究が少なくなり，アイソザイムなどの生化学的な手法や遺伝子配列の分析などの研究が盛んになってくる時期である．1991年に米国ニューメキシコ大学のTerry Yatesが執筆したモグラ科の核型に関する総説では，それまでに知られている染色体数のほとんどが $2n=34$ と36の二極に分かれること，また齧歯類などでは核型変異が大きい地下性哺乳類であるにも関わらず，その変異が種の特徴や系統的な推定に不向きであるという結論がなされている（Yates and Moore 1990）．染色体数に関する変異が少ないのは確かであるが，各種染色体分染法を用いた詳しい分析が行われていなかったというのも事実である．

4-2-2．モグラ科食虫類の核学的系統関係

では，これまで報告されている染色体に関する知見（**表4-2-2-1**）をもとに，モグラ科食虫類の核学的類縁関係について概観してみよう．

まずミミヒミズ亜科（Uroposilinae）のミミヒミズ類（Chinese shrew-mole）として，これまでにミミヒミズ属（*Uropsilus*）のホソミミヒミズ（*Uropsilus gracilis*）とアンダーソンミミヒミズ（*Uropsilus andersoni*）で核型が知られ，いずれも染色体数が2n＝34と報告されている（Kawada *et al.* 2006b；Motokawa *et al.* 2009）．**表4-2-2-1**に示すように，これら2種の常染色体総腕数は異なっているが，染色体像をみるかぎりでは大きな核型の違いはなく，小さな短腕をもつ染色体をST型とA型のどちらと判断したかに依拠すると思われる．核

型は他のモグラ科食虫類とは異なり，二次狭窄の位置が一対の中型M型染色体の長腕基部にある点と，比較的大型のY染色体をもつことに特徴づけられる（**図4-2-2-1**）．以下のモグラ科食虫類では，二次狭窄は中型M型染色体の短腕基部に存在し，またY染色体は微小な点状染色体（長腕と短腕が識別できない）となっている．ミミヒミズ属の他の種でも同様の核型であるかどうかを調査する必要がある．

モグラ亜科（Talpinae）のヒミズ類（shrew-mole）には，シナヒミズ族（Scaptonychini）のシナヒミズ属（*Scaptonyx*），ヒミズ族（Urotrichini）のヒミズ属（*Urotrichus*）とヒメヒミズ属（*Dymecodon*）が知られ，またアメリカモグラ亜科（Scalopinae）には，アメリカモグラ族（Scalopini）で北米大陸に分布するモグラヒミズ属（*Parascalops*），トウブモグラ属（*Scalopus*），セイブモグラ属（*Scapanus*）と中国に分布するカンスーヒミズ属（*Scapanulus*），および北米東部に生息するホシバナモグラ族（Condylurini）のホシバナモグラ属（*Condylura*）が知られる．これらに共通する特徴は，他より明らかに大型のM型染色体を1対もち，染色体数が$2n=34$であるという点だ（Meylan 1968；Gropp 1969；Lynch 1971；Yates *et al.* 1976；Yates and Moore 1990；Kawada *et al.* 2008a；He *et al.* 2012）．通常ギムザ染色レベルでは一見して違いがよくわからないが，G-バンドレベルでは種間差がある．また，アジア産モグラ族（Talpini）の一種アッサムモグラ属（*Parascaptor*）でも類似した核型が示されているが（Kawada *et al.* 2016），このような族を超えて共通する特徴がモグラ科における祖先的な核型と位置づけられるかどうかは未解決である（**図4-2-2-2**）．

ヒミズ類として位置づけられる北米西海岸のアメリカヒミズ（*Neurotrichus gibbssi*）の染色体数は$2n=38$で，核型には上記グループを特徴づける大型のM型染色体が含まれていない（**図4-2-2-2**）．さらにこのM型染色体の短腕と長腕に該当するA型染色体が核型中に見受けられないことから，単純なロバートソン型開裂（Robertsonian fission）により生じたものではないと考えられる（Kawada *et al.* 2008a）．外部形態は明らかにヒミズ的特徴をもつのだが，本種の頭骨を観察すると切歯部から小臼歯部の特徴はアジア産ヒミズ類とは大きく異なっており，とくに小臼歯が二根性のよく発達した歯である．これらの特徴は本種が他のヒミズ類と異なるグループであることを示しているように思われ，核型の情報はWilson and Reeder（2005）が独立のアメリカヒミズ族

表 4-2-2-1. 新世界および旧世界におけるモグラ類の染色体数および染色体構成.

種名#	2n	NFa	常染色体（対）		性染色体		文献
			両腕性*	単腕性*	X	Y	
旧世界：モグラ科（Talpidae）							
ミミヒミズ亜科（Uropsilinae）							
ホソミミヒミズ *Uropsilus gracilis*	34	46	7	9	M	A	Kawada *et al.*（2006b）
アンダーソンミミヒミズ *Uropsilus andersoni*	34	52	10	6	M	A	Motokawa *et al.*（2009）
デスマン亜科（Desmaninae）							
ロシアデスマン *Desmana moschata*	32	60	15	0	SM	M	Aniskyn and Romanov（1990）
ピレネーデスマン *Galemys pyrenaicus*	42	?	?	?	?	?	Peyre（1957）
アメリカモグラ亜科（Scalopinae）							
ヒメヒミズ *Dymecodon pilirostris*	34	62	15	1	M	dot	浜田・吉田（1980）, Kawada and Obara（1999）
ヒミズ *Urotrichus talpoides*	34	64	16	0	M	dot	浜田・吉田（1980）, Kawada and Obara（1999）
シナヒミズ *Scaptonyx fusicaudus*	34	64	16	0	M	dot	Kawada *et al.*（2008a）
モグラ亜科（Talpinae）							
アルタイモグラ *Talpa altaica*	34	64	16	0	M	dot	Kratochvíl and Král（1972）, Kawada *et al.*（2002a）
ヨーロッパモグラ *Talpa europaea*	34	64	16	0	M	dot	Zima（1983）
ローマモグラ *Talpa romana*	34	64	16	0	M	dot	Capanna（1981）
ギリシャモグラ *Talpa stankovici*	34	62	15	1	M	dot	Todorović *et al.*（1972）
チチュウカイモグラ *Talpa caeca*	36	64	15	2	M	dot	Todorović *et al.*（1972）
イベリアモグラ *Talpa occidentalis*	34	62	15	1	M	dot	Jiménez *et al.*（1984b）
トルコモグラ *Talpa levantis*	34	62	15	1	M	dot	Dzuev（1982）
コーカサスモグラ *Talpa caucasica*	38	62	13	5	M	dot	Dzuev（1982）, Kozlovsky *et al.*（1972）
ミズラモグラ *Oreoscaptor mizura*	36	52	9	8	M	dot	Kawada *et al.*（2001）
マレーシアモグラ *Euroscaptor malayana*	36	52	9	8	M	dot	Kawada *et al.*（2005）
クロスモグラ *Euroscaptor klossi*	36	52	9	8	M	dot	Kawada *et al.*（2006a）

Euroscaptor orlovi *	34	52	10	6	M	M	Kawada *et al.*（2008c）descrived as *E. longirostris*
Euroscaptor kuznetsovi *	34	52	10	6	M	M	Kawada *et al.*（2008c）descrived as *E. longirostris*
ドウナガモグラ *Euroscaptor parvidens*	36	60	13	4	M	dot	Kawada *et al.*（2008b）
ヒメドウナガモグラ *Euroscaptor subanura*	38	56	10	8	M	dot	Kawada *et al.*（2012）
フーチェンモグラ *Mogera latouchei*	30	52	12	2	M	?	Kawada *et al.*（2010）
ヤマジモグラ *Mogera kanoana*	32	54	10	7	M	dot	Kawada *et al.*（2007）
タイワンモグラ *Mogera insularis*	32	54	10	7	M	dot	Tateishi（1938）, Lin *et al*（2002）, Kawada *et al.*（2007）
エチゴモグラ *Mogera etigo*	36	54	10	7	M	dot	Kawada *et al.*（2001）
サドモグラ *Mogera tokudae*	36	60	13	4	M	dot	土屋（1988）, Kawada *et al.*（2001）
アズマモグラ *Mogera imaizumii*	36	54	10	7	M	dot	土屋（1988）, Kawada *et al.*（2001）
コウベモグラ *Mogera wogura*	36	52	9	8	M	dot	土屋（1988）, Kawada *et al.*（2001）
オオモグラ *Mogera robusta*	36	58	12	5	M	dot	土屋（1988）, Kawada *et al.*（2001）
アッサムモグラ *Parascaptor leucura*	34	58	13	3	M	A	Kawada *et al.*（2016）
ニオイモグラ *Scaptochirus moschatus*	48	54？	4？	19？	?	?	Kawada *et al.*（2002b）
新世界：モグラ科（Talpidae）							
アメリカモグラ亜科（Scalopinae）							
アメリカヒミズ *Neurotrichus gibbsii*	38	72	17	2	M	dot	Brown and Waterbury（1971）
カンスーヒミズ *Scapanulus oweni*	34	64	16	0	M	dot	He *et al.*（2012）
モグラヒミズ *Parascalops breweri*	34	56	12	4	M	dot	Gropp（1969）
ウスイロセイブモグラ *Scapanus latimanus*	34	64	16	0	?	?	Lynch（1971）
セイブモグラ *Scapanus townsendii*	34	?	?	?	?	?	Yates and Moore（1990）
ヒメセイブモグラ *Scapanus orarius*	34	?	?	?	?	?	Yates and Moore（1990）
メキシコモグラ（仮称）*Scapanus anthonyi*	34	?	?	?	?	?	Yates and Moore（1990）
トウブモグラ *Scalopus aquaticus*	34	64	16	0	M	dot	Yates *et al.*（1976）, Yates and Moore（1990）
ホシバナモグラ *Condylura cristata*	34	64	16	0	M	dot	Meylan（1968）

[#]基本的に分類体系は Wilson and Reeder（2005）にしたがったもの．*Euroscaptor orlovi と Euroscaptor kuznetsovi* は 2005 年以降に新種記載された種で，対応する和名が確立されていない．

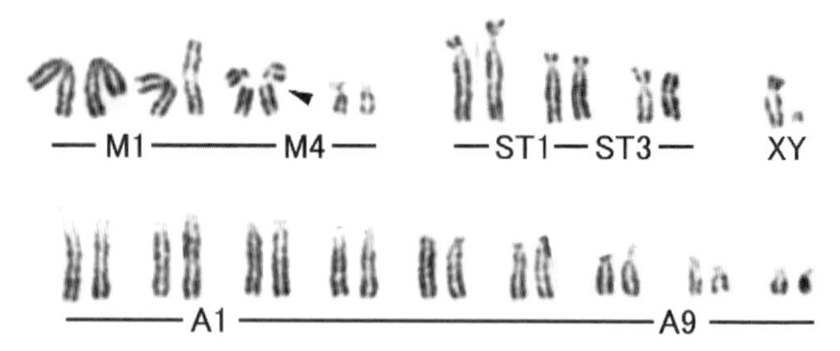

図 4-2-2-1.　ホソミミヒミズの通常ギムザ染色核型．矢頭はミミヒミズ亜科に特徴的に見られた，長腕基部の二次狭窄を示す．Y 染色体は明らかに小型の A 型染色体の特徴を持つ．NFa，常染色体総腕数．

ヒメヒミズ *D. pilirostris* (2n=34, NFa=62)

ヒメセイブモグラ *Scap. orarius* (2n=34, NFa=60)

トウブモグラ *Scal. aquaticus* (2n=34, NFa=64)

ホシバナモグラ *C. cristata* (2n=34, NFa=64)

アメリカヒミズ *N. gibbsii* (2n=38, NFa=76)

アッサムモグラ *P. leucura* (2n=34, NFa=58)

図 4-2-2-2.　類似した核型を持つ，ヒミズ類のヒメヒミズと北米産モグラ 3 種（ヒメセイブモグラ，トウブモグラおよびホシバナモグラ）．一方でヒミズ類とされるアメリカヒミズの核型は大きく異なる．またアジア産モグラの一種アッサムモグラはヒメヒミズや北米産モグラの核型に類似する．いずれも通常ギムザ染色による．NFa，常染色体総腕数．

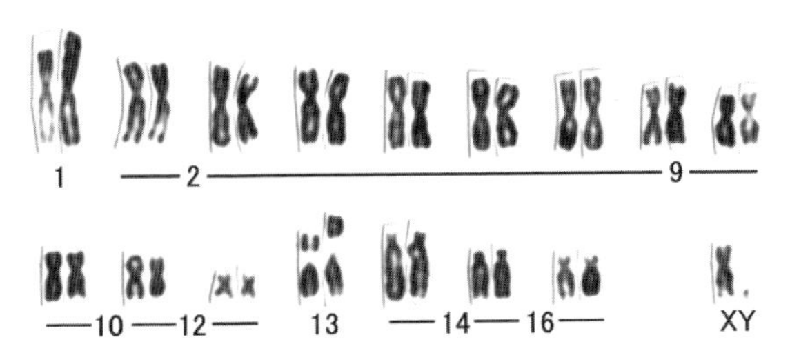

図 4-2-2-3. アルタイモグラの通常ギムザ染色核型. 第1染色体はいずれのものよりも大型のM型染色体だが, 短腕はC-ヘテロクロマチンからなり, 相同対間で変異があることがわかる. NFa, 常染色体総腕数.

(Neurotrichini) とした見解を支持している.

一方, モグラ族に含まれるヨーロッパのモグラ類として, ヨーロッパモグラ属 (*Talpa*) の種では, ほとんどの種が $2n=34$ を示し, 大から小へと段階的に小型化する多数のM型染色体を有する. 例外として, チチュウカイモグラ (*Talpa caeca*) の $2n=36$ とコーカサスモグラ (*Talpa caucasica*) の $2n=38$ が知られるが, いずれも 2n=34 から派生したものであると考えられる (Dzuev 1982). またアルタイモグラ (*Talpa altaica*) は大型のM型染色体を1対有し, 通常ギムザ染色レベルではヒミズ類やアメリカモグラ類に類似した核型をもつとされていたが (Kratochvíl and Král 1972), これはヘテロクロマチンの重複によって短腕が二次的に派生したものであることがわかっているので, 核型においてもヨーロッパモグラのグループに含まれる (Kawada *et al.* 2002a; **図 4-2-2-3**).

日本産モグラ族として知られるのはニホンモグラ属数種とミズラモグラ (*Oreoscaptor mizura*) で, 朝鮮半島から沿海州に生息する種も認められる. 染色体数は $2n=36$ で, A型染色体の数がコウベモグラの8対を最大として, アズマモグラとエチゴモグラ (*Mogera etigo*) の7対, 大陸産オオモグラ (*Mogera robusta*) の5対, サドモグラの4対と種間差がある (土屋 1988). これらは挟動原体逆位による変異であることが, G-バンド染色を用いた分析により示されている (Kawada *et al.* 2001; **図 4-2-2-4**). 2016年にアジアモグラ属 (*Euroscaptor*) から独立して一属一種となったミズラモグラ (Kawada 2016) はコウベモグラと同じ8対のA型染色体を持つ核型を有する (Kawada

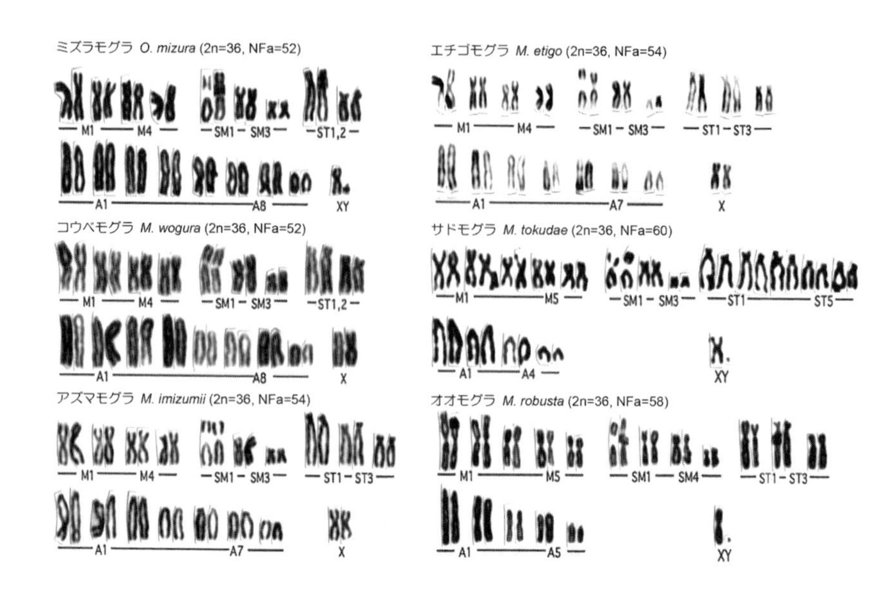

図 4-2-2-4. 日本産モグラ類の通常ギムザ染色核型．いずれも染色体数は $2n=36$ だが，種によって A 型染色体の数が異なっていることがわかる．NFa，常染色体総腕数．

et al. 2001；**図 4-2-2-4**)．一方台湾および中国南部に分布するニホンモグラ属では染色体数が $2n=30$〜32 で，これらはロバートソン型融合により変化を遂げたものであることが知られ（Kawada *et al.* 2010)，どうやら日本産ニホンモグラ属とは別の核型進化の傾向をもつらしい．日本産との中間型となる 2n＝34 が発見されていないため，独立した位置づけができる．なお台湾・中国南部のモグラ類に含まれるフーチェンモグラ（*Mogera latouchei*）はかつてタイワンモグラの亜種とされていたが，形態学的な変異の精査結果，およびベトナム北部産の *Mogera latouchei* の核型が台湾産と異なる $2n=30$ であったことから，独立種として位置付けるのが妥当とされたものである（Kawada *et al.* 2010；**図 4-2-2-5**)．

モグラ族のうち，東南アジアを中心に分布域が認められるアジアモグラ属の種は，非常に多様な染色体数（$2n=34$〜38）および染色体構成を有する（**図 4-2-2-6**)．核型未記載の種としてヒマラヤ産チビオモグラ（*Euroscaptor micrura*）と中国南西部産チュウゴクオオモグラ（*Euroscaptor grandis*）等があり，また分子系統学のデータによれば複数の隠蔽種（cryptic species）を擁

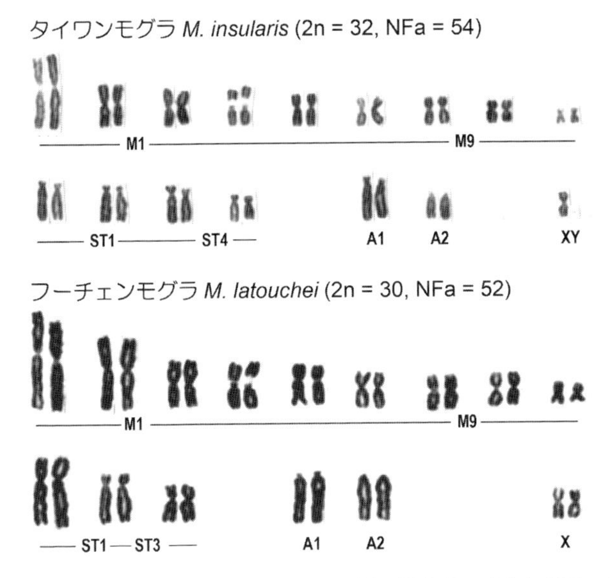

図 4-2-2-5. 台湾とベトナムに産するニホンモグラ属の通常ギムザ染色核型．日本産の同属別種と比較して，染色体数が減少しているのが特徴．NFa，常染色体総腕数．

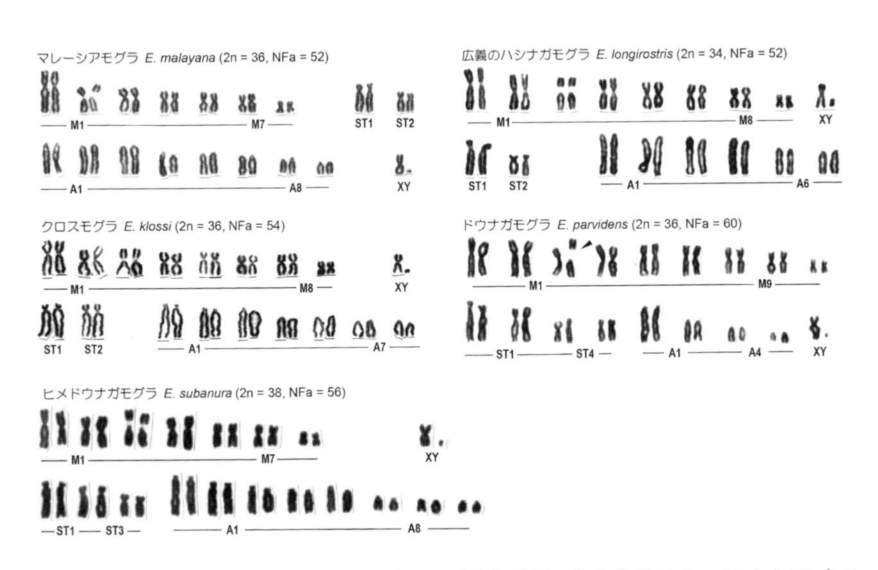

図 4-2-2-6. 東南アジア産モグラ類の通常ギムザ染色核型．染色体数は $2n=34$ から 38 まで変化する．すべて複雑な構造的再配列により多様化したグループ．NFa，常染色体総腕数．

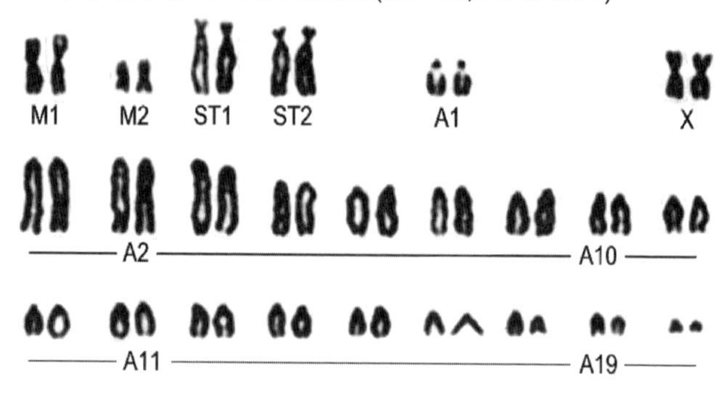

図 4-2-2-7. ニオイモグラの通常ギムザ染色核型．非常に多くの A 型染色体を有し，そのため染色体数が $2n=48$ にまで増加しているのが特徴．二次狭窄は 1 対の A 型染色体長腕基部に存在する．雌 1 個体のみ調査されており，X 染色体の同定がされていないので，常染色体総腕数（NFa）は他のモグラ類の X 染色体と同じと仮定した場合の暫定的なもの．

するとされるグループなので，さらなる研究が必要な分類群である．核型の多様化には相互転座（reciprocal translocation）を含むさまざまな構造的再配列が関わっていると考えられている（**図 4-2-2-6**）．マレー半島産のモグラはかつてタイに分布するクロスモグラ（*Euroscaptor klossi*）の亜種とされていたが，各種分染法を用いた核型比較により，明確に異なっていることから（Kawada *et al.* 2005），現在ではマレーシアモグラ（*Euroscaptor malayana*）として独立した位置づけがされている（Kawada *et al.* 2008c）．ベトナムには本属の 2 種，広義のハシナガモグラ（*Euroscaptor longirostris*，現在は *Euroscaptor orlovi* と *Euroscaptor kuznetsovi* の 2 種に新種記載されている）とドウナガモグラ（*Euroscaptor parvidens*）が分布するとされていたが（Kawada *et al.* 2009），それらの染色体数はそれぞれ $2n=34$ と 36 だった（Kawada *et al.* 2008b）．しかし 2012 年にベトナム北部で小型の新種ヒメドウナガモグラ（*Euroscaptor subanura*）が発見され，核型分析の結果染色体数 $2n=38$ が明らかにされた（Kawada *et al.* 2012）．

中国に分布するニオイモグラ属（*Scaptochirus*）は，ニオイモグラ（*Scaptochirus moschatus*）のみから構成され，形態的にも非常に独特の真正モグラ類の一種であるが，核型も同様に独特である．本種の染色体数は雌 1 個体に関する報告がある $2n=48$（Kawada *et al.* 2002b）で，他のモグラ類より著しく増加している（**図 4-2-2-7**）．染色体構成は 5 対を除いてすべて A 型染色体であるので，ロバートソン型再配列が連続して固定されたものと推測されるが，各種染色体分染法を用いた研究はまだ行われていない．ほとんどのモグラ科の種に特徴的にみられる介在型の二次狭窄が，M 型染色体短腕基部ではなく，1 対の A 型染色体長腕基部にみられるため，祖先的なものから染色体数を増加させるロバートソン型開裂によって変化したものであろう．

最後に，モグラ亜科デスマン族（Desmanini）について記しておく．デスマン族にはピレネーデスマン（*Galemys pyrenaicus*）とロシアデスマン（*Desmana moschata*）が知られ，染色体数はそれぞれ $2n=42$ と 32 と報告されているが（Aniskyn and Romanov 1990；Peyre 1957），詳しい核型分析は行われていない．デスマン類は陸水環境に適応した半水生の生活スタイルをもつグループであり，形態的にも独特だが，分子系統学的解析では旧大陸産モグラ類と比較的近縁な位置づけがなされている（Shinohara *et al.* 2003）．

以上近年の研究成果によって，核型の記載が行われた種は 18 属 41 種にまで増加している．その結果は，モグラ科食虫類がかつていわれていたような染色体の変異に乏しいグループではなく，染色体数の幅こそ $2n=30$～38 と狭いもの（例外として 48 まで）であるが，基本的に種に独特の染色体構成をもつものがほとんどである．たとえば，2012 年に新種として記載されたベトナム北部産ヒメドウナガモグラは外部形態や骨形態によって明確に同定可能な種であるが，その核型はそれまでアジア産のモグラ類では未発見だった $2n=38$ であり，形態分類と核型分類が一致した例である（Kawada *et al.* 2012）．後の DNA 解析でも本種が近縁種からアジア産モグラ類が多様化する過程のかなり古い段階で分岐したことが示されている（Shinohara *et al.* 2015）．帰納的とはいえるが，染色体の構造的再配列が種の分化において何らかの影響を与えていたように見受けられる．

一方で，別種として認識された種間で核型の変異が認められなかった例としては，台湾産のタイワンモグラとヤマジモグラ（*Mogera kanoana*）や日本産のアズマモグラとエチゴモグラ，また近年 Zemlemerova *et al.*（2016）により，ハシナガモグラから独立種として認められたベトナム北部の *Euroscaptor orlovi* と *Euroscaptor kuznetsovi* といったものがある（いずれも和名は未確定）．これらのケースでは光学顕微鏡下で認知可能な染色体の構造的再配列は種分化の過程で重要な役割を担わなかったようである．

4-3. ヒナコウモリ科翼手類の核学的特性

翼手目は哺乳類の中で齧歯類に次いで多くの種に分化しているとともに，染色体の数的・構造的変異も著しいグループである（Baker and Bickham 1980）．その中でもヒナコウモリ科（Vespertilionidae）コウモリ類はもっとも多くの種数を含むことから（Corbet and Hill 1991；Wilson and Reeder 2005），種分化と染色体進化に関する研究が古くから報告されている（Baker and Patton 1967；Capanna and Civitelli 1970；Bickham 1979a, b）．ここでは，日本産ヒナコウモリ科コウモリ類の染色体進化についての解析結果を中心に概説する．第2章2-2-3ではコウモリの捕獲方法と生体の写真を示したが，**図4-3-1-1**には捕獲した個体の剥製標本の例を挙げた．

ヒナコウモリ科では，ホオヒゲコウモリ属（*Myotis*）がもっとも原始的な形態を保っており，分類学上祖先型に近いグループとして位置づけられている（Tate 1942；Yoshiyuki 1989）．また，これまでに知られている日本産ヒナコウモリ科コウモリ20種の核型，すなわち染色体数（2*n*）と常染色体総腕数（基本数 FNa）のデータをみると（**表4-3-1-1**），ホオヒゲコウモリ属の核型

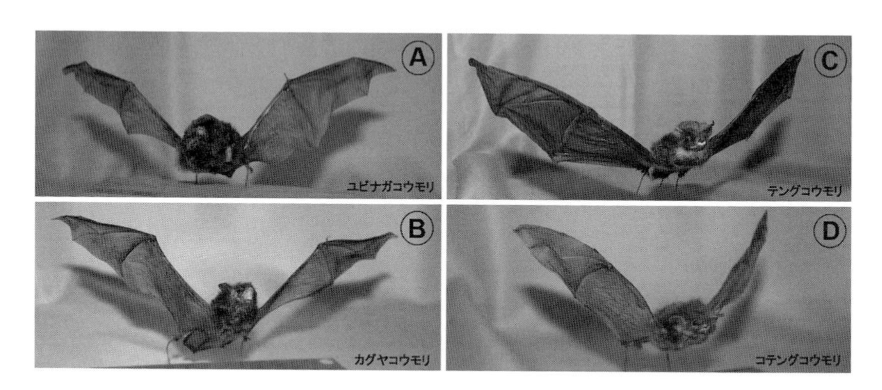

図4-3-1-1. 飛翼を広げた状態で作製したコウモリの剥製標本．ユビナガコウモリ（A）は，洞窟をおもな棲みかとして群をなしていることが多く，日本列島に広く分布する．カグヤコウモリ（B）は，その和名が竹林で最初に発見されたことに由来し，日本では本州東北部，北海道に分布し，おもに樹洞をすみかとする．テングコウモリ（C）は，鼻孔が管状に突出している特徴が和名の由来とされ，北海道，本州，四国，九州に広く分布する．コテングコウモリ（D）は，テングコウモリより小型でやや明るい茶褐色を示し，対馬などの島嶼部を含んで日本列島に広く分布する．

表 4-3-1-1. 日本産ヒナコウモリ科コウモリ 20 種の染色体数および基本数（FN）の知見.

種名	$2n$	FN	文献
クビワコウモリ *Eptesicus japonensis*	50	48	Andō *et al.* 1977；原田 1988
キタクビワコウモリ *Eptesicus nilssonii*	50	50	Tsuchiya 1979；Ono and Yoshida 1995
ヤマコウモリ *Nyctalus aviator*	42	50	Andō *et al.* 1977；Harada *et al.* 1982；Ono and Obara 1994
コヤマコウモリ *Nyctalus furvus*	44	50–52	Andō *et al.* 1977；Harada *et al.* 1982；Ono and Obara 1994
アブラコウモリ *Pipistrellus abramus*	26	44	Andō *et al.* 1977；Obara *et al.* 1976b；Ono and Obara 1994
モリアブラコウモリ *Pipistrellus endoi*	36	50	Andō *et al.* 1987；Ono and Obara 1994
チチブコウモリ *Barbastella darjelingensis*	32	50	内田・安藤 1972；Andō *et al.* 1977；Ono and Obara 1994
ニホンウサギコウモリ *Plecotus sacrimontis*	32	50–54	Andō *et al.* 1977；Tsuchiya 1979；Ono and Obara 1994
クロオオアブラコウモリ *Hypsugo alaschanicus*	44	50	Park and Won 1978（韓国産個体）；Volleth *et al.* 2001（ギリシャ産個体）
ヒメヒナコウモリ *Vespertilio murinus*	38	50	Volleth 1985（ドイツ産個体）
ヒナコウモリ *Vespertilio sinensis*	38	50–54	Obara and Saitoh 1977；Harada *et al.* 1987b；Ono and Obara 1994
カグヤコウモリ *Myotis frater*	44	52	Andō *et al.* 1977；Harada and Yosida 1978；Ono and Obara 1994
シナノホオヒゲコウモリ *Myotis hosonoi* （ヒメホオヒゲコウモリ *Myotis ikonnikovi* を含む）	44	52	原田 1973；Andō *et al.* 1977；Ono and Obara 1994
モモジロコウモリ *Myotis macrodactylus*	44	52	Obara *et al.* 1976a；Andō *et al.* 1977；Ono and Obara 1994
ニホンノレンコウモリ *Myotis bombinus*	44	50	Andō *et al.* 1977；Harada and Yosida 1978；Ono and Obara 1994
クロホオヒゲコウモリ *Myotis pruinosus*	44	52	Harada and Uchida 1982；Ono and Obara 1994
テングコウモリ *Murina hilgendorfi*	44	50–58	Andō *et al.* 1977；Harada *et al.* 1987a
コテングコウモリ *Murina ussuriensis*	44	56–60	Andō *et al.* 1977；Harada *et al.* 1987a；Ono and Obara 1994
ユビナガコウモリ *Miniopterus fuliginosus*	46	50–52	Andō *et al.* 1977；Obara and Tazaki 1980；Ono and Obara 1994
リュウキュウユビナガコウモリ *Miniopterus fuscus*	46	50–52	沢田ほか 1987；原田 1988

文献は代表的なもの 3 つまでとした.
ここに挙げた FN 数は，ほとんどの文献で性染色体を含まない．FN 数の扱いについては第 1 章 1-1-4 を参照されたい．種名は Wilson and Reeder（2005），Ohdachi *et al.*（2015）にしたがった.

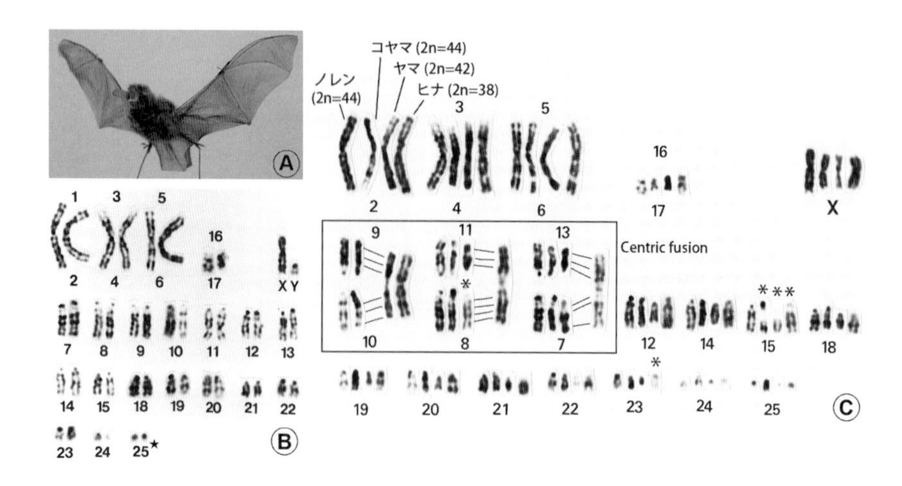

図 4-3-1-2. ニホンノレンコウモリ（＝ノレン）の剥製標本（A）とヒナコウモリ科におけるロバートソン型再配列（B，C）．X と Y はそれぞれ X 染色体と Y 染色体を示し，数字は常染色体の腕番号を示す．染色体再配列における染色体腕の追跡のために，M 型染色体と SM 型染色体は 2 つの腕番号が割り振られている（Volleth, 1987）．星印はホオヒゲコウモリ属において C-ヘテロクロマチンの重複がみられる腕番号 25 の染色体（後述する第 5 章 5-2 の**図 5-2-1-9** で示された第 5 染色体）を示す．ニホンノレンコウモリ（雄）の G-バンド核型（B，$2n=44$）とヒナコウモリ科 4 種の混成 G-バンド核型（C）において，ニホンノレンコウモリ，コヤマコウモリ（＝コヤマ），ヤマコウモリ（＝ヤマ），ヒナコウモリ（＝ヒナ）の 4 種の核型を比較すると，染色体数は異なるが，腕の G-バンドパターンはほぼ過不足なく対応しており，枠で囲んだ 6 本の染色体腕が関与した形態変化はロバートソン型融合によって説明できる（Ono and Obara 1994）．アステリスクは核小体形成部位（NOR）と対応した二次狭窄をもつ染色体を示す．

（$2n=44$，FN＝50～52）はこの属以外の種でも類似したものがみられる．したがって，ホオヒゲコウモリ属が祖先的な核型をもつことが示唆され，その中でニホンノレンコウモリ（*Myotis bombinus*，かつてはノレンコウモリ *Myotis nattereri* とされた）の核型（**図 4-3-1-2A**）が基本型であることが提唱されている（原田 1988）．

一般的に，核型変異の著しいグループは種数が多く，逆に核型変異が少なく安定しているものは種数が少ない（White 1978）．ホオヒゲコウモリ属はヒナコウモリ科でもっとも激しい種分化を遂げたグループで，全世界では 105 種が知られている（Wilson and Reeder 2005）．ところが，ホオヒゲコウモリ属では激しい種分化とは対照的に，これまでに報告されている種はすべて染色体数が 2n=44 である（**表 4-3-1-1**）．これだけをみるとホオヒゲコウモリ属の核型は安定しているといえるが，各種の分染法をもちいた解析が進むにつれて数的変化を伴わない染色体変異が見いだされている．その1つは小さな A 型染色体の短腕における C-ヘテロクロマチンの重複であり，日本産ホオヒゲコウモリ属4種，ニホンノレンコウモリ，シナノホオヒゲコウモリ（*Myotis hosonoi*，ヒメホオヒゲコウモリ *Myotis ikonnikovi* とすることもある），カグヤコウモリ（*Myotis frater*），モモジロコウモリ（*Myotis macrodactylus*）においては段階的な増幅の例が報告されている（Harada and Yosida 1978）．染色体進化における C-ヘテロクロマチンの重複の意義については，第5章5-2で詳しく触れているので参照されたい．加えて，クロホオヒゲコウモリ（*Myotis pruinosus*）では挟動原体逆位を含んだ染色体再配列も観察されている（Harada and Uchida 1982）．さらにホオヒゲコウモリ属では，A 型染色体の微小な短腕末端部に核小体形成部位が多数観察されるという特徴がある（Volleth 1987；Ono and Obara 1994）．実際に，Ag-NOR を解析したところ，この属では，種間で Ag-NORs の染色体分布パターンが大きく異なっていた（**図 4-3-1-3A，B**）．加えて，このような微小な短腕末端部にある動原体被覆型の Ag-NOR（centromere cap NOR, cmc NOR）は，個体間でも染色体分布パターンの変異が大きかった（Ono and Obara 1994）．このような Ag-NORs の変異は核型の変異の有無とは別に，核学的類縁関係の指標となりうることが報告されている（Dev *et al.* 1977；Yosida 1979；Mahony and Robinson 1986；Amemiya and Gold 1988）．したがって，染色体の数的変異が認められないホオヒゲコウモリ属においては，C-ヘテロクロマチンの重複とともに Ag-NORs の変異は類縁関係の推定に有効であり，この属の激しい種分化とも関連している可能性がある（小原 1991a）．実際に，これらの染色体変異からみたホオヒゲコウモリ属の近縁な類縁関係は最近の分子系統学的解析の結果とも一致している（Kawai *et al.* 2003；Stadelmann *et al.* 2007；Tsytsulina *et al.* 2012）．

ホオヒゲコウモリ属以外のヒナコウモリ科コウモリ類では染色体数の変異が非常に大きい（原田 1988）．日本産のものでは，アブラコウモリ（*Pipistrellus abramus*）の 2n=26 からクビワコウモリ属（*Eptesicus*）の 2n=50 まで報告されている（**表 4-3-1-1**）．この大きな数的変異を生み出した主たる機構はロバートソン型再配列である．したがって，このグループの染色体進化の解析は主として染色体腕の追跡となる．そこで，変化した前後の関係が分かるよう

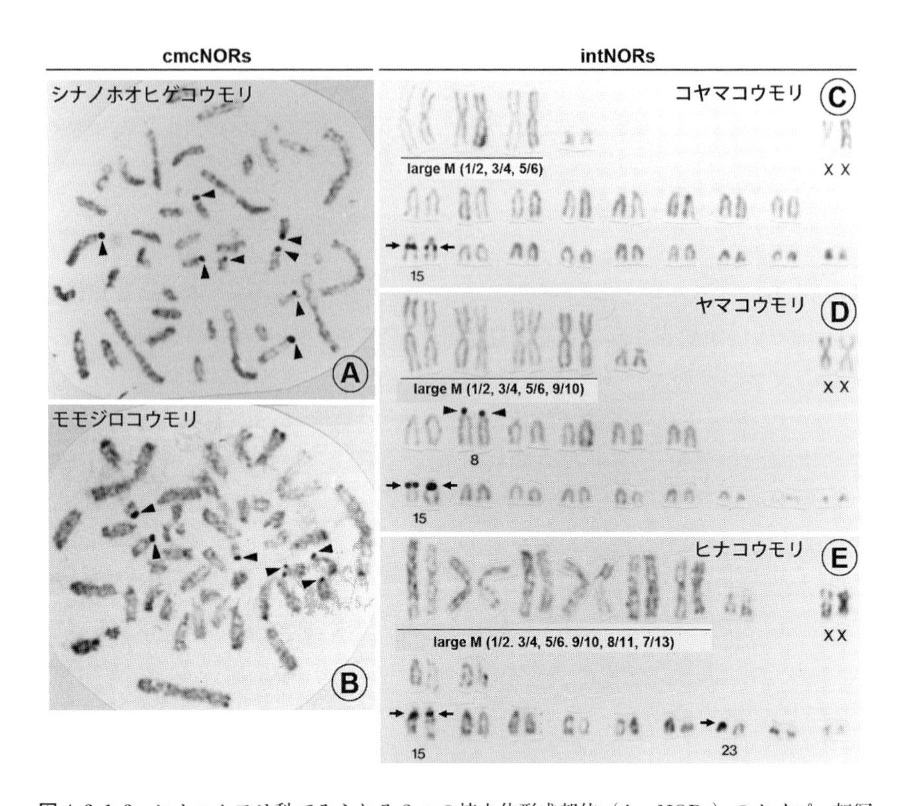

図 4-3-1-3.　ヒナコウモリ科でみられる2つの核小体形成部位（Ag-NORs）のタイプ．転写活性のある核小体形成部位を検出する Ag-NOR-バンド染色（第3章参照）によって，ヒナコウモリ科には大きく2つのタイプの NORs が検出される．A 型染色体の短腕もしくは動原体近傍にある centromere cap（cmc）NOR と，染色体腕内で二次狭窄に局在する interstitial（int）NOR である（Ono and Obara 1994）．cmc NORs（矢頭）をもつ例としてシナノホオヒゲコウモリ（A）とモモジロコウモリ（B）を挙げた．前者では大型の A 型染色体にも Ag-NORs がみられるのに対して，後者では比較的小さな A 型染色体だけに Ag-NORs が観察される．int NORs（矢印）の例としてコヤマコウモリ（C），ヤマコウモリ（D），ヒナコウモリ（E）を挙げた．ヤマコウモリでは第8染色体に cmc NORs が，ヒナコウモリでは第23染色体に int NORs がみられるが，3種に共通して第15染色体に Ag-NORs が観察される．

に，それぞれの腕に番号を付けた解析が有効となる（Volleth 1987）．基本核型となるニホンノレンコウモリでの腕番号を**図 4-3-1-2B** に示した．ここでは，常染色体の両腕性染色体（M 型や SM 型）には2つの腕番号を，単腕性染色体（A 型や T 型）には1つの腕番号を割り振り，それぞれの腕の G-バンドパターンを指標にして各染色体腕の対応関係の解析を進めた．例としてニホンノレンコウモリ，ヤマコウモリ属（*Nyctalus*）2 種，そしてヒナコウモリ（*Vespertilio sinensis*，かつては *Vespertilio superans* とされていた）における染色体腕の対応関係を示す（**図 4-3-1-2C**）．これは，それぞれハプロイドを取り上げ，G-バンドパターンの相同性をもとに染色体腕を対応させた混成核型である．コヤマコウモリ（*Nyctalus furvus*）では腕番号 15 の染色体の二次狭窄と，いくつかの A 型染色体の動原体近傍に C-ヘテロクロマチンがみられる点が基本核型と異なるが，染色体数と腕構成は基本核型と同じである．一方で，ヤマコウモリ（*Nyctalus aviator*）では基本核型の A 型染色体 2 対（腕番号 9，10 の染色体）が，大型の M 型染色体に対応していた．同様にヒナコウモリでは，さらに 4 対の A 型染色体（腕番号 8 と 11，7 と 13）の染色体が 2 対の大型 M 型染色体に対応していた．この結果はヤマコウモリ属とヒナコウモリ属（*Vespertilio*）は種分化に伴ったロバートソン型融合による染色体進化を遂げた，同一系統のごく近縁な属であることを強く示唆する（Harada *et al*. 1982；Volleth 1987；Ono and Obara 1994）．これらのロバートソン型融合が起こった要因は明確ではないが，染色体の最小作用説（第 1 章 1-1-5 を参照）に従えば，コヤマコウモリの A 型染色体にみられる C-ヘテロクロマチンが動原体部での相互作用を容易にしたのかもしれない（今井 1994）．A 型染色体の動原体部のヘテロクロマチンはロバートソン型融合によって取り除かれたと考えられる（すなわち，ヤマコウモリとヒナコウモリにおいてロバートソン型融合によって形成された両腕性染色体の動原体部には大きな C-ヘテロクロマチンが検出されない）．一方で，ヒナコウモリにおける A 型染色体の動原体部の C-バンド濃染部位は，染色体進化の過程で増幅したことが示唆されており（Ono and Yoshida 1997），最小作用説モデルとよく合致する（第 1 章 1-1-5 の**図 1-1-5-3** を参照）．その他の同じ腕構成を示す両腕性染色体と，過不足なく対応する単腕性染色体は同祖染色体とみなされ，染色体進化の過程で保存されてきたと考えられる．

また，ヤマコウモリ属とヒナコウモリ属では，染色体の腕構成の他にも Ag-NORs の染色体上の分布がホオヒゲコウモリ属と大きく異なっていた（**図 4-3-1-3C，D**）．これらの 2 属 3 種（コヤマコウモリ，ヤマコウモリ，ヒナコウモリ）では共通して腕番号 15 の染色体の二次狭窄部に Ag-NORs が見いだされ（interstitial NOR, int NOR），その活性は比較的安定しており，個体間の変異も少なかった（Volleth 1987；Ono and Obara 1994；Ono and Yoshida 1998）．このことからも，ヤマコウモリ属とヒナコウモリ属は同一系統の近縁な属であることが支持される．

このように，両腕性染色体の腕構成とAg-NORsの染色体上の分布を指標にして他の日本産ヒナコウモリ科コウモリ類を詳細に解析したところ，それまでに予想されていたように基本核型（ニホンノレンコウモリ）の4対の両腕性染色体（腕番号1-2，3-4，5-6，16-17の染色体）はヒナコウモリ科で非常に高い保存性をもつことが確認できた（Ono and Obara 1994）．さらに，基本核型からみてロバートソン型融合を介して形成されたと考えられるM型染色体の腕構成の解析から，ヒナコウモリ科では前述したヤマコウモリやヒナコウモリの系統に加えて，2つの染色体進化の系統があることが示唆された．1つはチチブコウモリ（*Barbastella darjelingensis*，かつては*Barbastella leucomelas*とされた）とニホンウサギコウモリ（*Plecotus sacrimontis*）を含む系統である．この2種は共に$2n=32$で腕構成が等しい10対の大型の両腕性染色体をもち，核型の違いはみられない（**表4-3-1-1**）．その腕構成をみると，基本核型にみられた3対以外の両腕性染色体の腕構成がヒナコウモリのものとはまったく異なっていた．加えて，Ag-NORsは両種ともにホオヒゲコウモリ属でみられたcmc NORであった．これらの結果から，チチブコウモリ属（*Barbastella*）とウサギコウモリ属（*Plecotus*）は染色体レベルで非常に近縁であることが示される一方，ヤマコウモリ―ヒナコウモリの系統とは異なることが強く示唆される（Volleth 1985；Ono and Obara 1994）．

もう1つの系統に属すると思われるのが，アブラコウモリ属（*Pipistrellus*）のモリアブラコウモリ（*Pipistrellus endoi*）とアブラコウモリである．前者は$2n=36$，後者は$2n=26$であり，大型の両腕染色体の数もそれぞれ8対と10対で，両者の核型は大きく異なる（**表4-3-1-1**）．アブラコウモリの場合は基本核型の3対の両腕性染色体を含め，多くの染色体で顕著なC-ヘテロクロマチンの重複（Obara *et al.* 1976c；Okada *et al.* 2014；Andō *et al.* 1987）がみられ，さらには基本核型の腕番号では対応させることができない染色体領域もみられる．したがって，一見すると両種は染色体レベルで離れた系統であるようにみえる．しかし，腕番号9～13で構成される両腕性染色体や，染色体腕内に介在するint NORをもつという共通点がある（Ono and Obara 1994）．さらにアブラコウモリ属では，日本産のこの2種のみがA型のX染色体をもっている（Andō *et al.* 1977；Obara *et al.* 1976c）．これらの知見から，モリアブラコウモリとアブラコウモリは同一系統に属するものの，種分化後に激しい染色体変異を受けたグループであるといえよう．最近の分子系統学的解析によれば，アブラコウモリ属はヒナコウモリ科のなかではヒナコウモリ属に近縁であることが示されており（Sakai *et al.* 2003），その痕跡が int NOR なのかもしれない（Ono and Yoshida 1998）．

ロバートソン型融合によって染色体数を減らしたグループとは逆に，ユビナガコウモリ（*Miniopterus fuliginosus*），クビワコウモリ（*Eptesicus japonensis*），キタクビワコウモリ（*Eptesicus nilssonii*）ではロバートソン型開裂によって両腕性染色体が単腕性染色体（すなわち A 型）に変化して染色体数が増加している（Bickham and Hafner 1978；Andō *et al.* 1977；Tsuchiya 1979；Obara 1983；Ono and Yoshida 1995）．染色体数でみるとユビナガコウモリは $2n=46$，後者のクビワコウモリ属（*Eptesicus*）2 種は $2n=48$ であることから，基本核型と比較するとクビワコウモリ属の方がロバートソン型開裂を経た染色体が多い（**表 4-3-1-1**）．ところが，形態学的解析と最近の分子系統学的解析では，ユビナガコウモリ属（*Miniopterus*）は他のヒナコウモリ科コウモリ類と大きく離れた属であることが示されており（Tate 1942；Yoshiyuki 1989；Kawai *et al.* 2003；Sakai *et al.* 2003；Tsytsulina *et al.* 2012），最近では独立してユビナガコウモリ科（Miniopteridae）と位置づけられている（Ohdachi *et al.* 2015）．一方，クビワコウモリ属はユビナガコウモリ属とは異なり，ヤマコウモリ属—ヒナコウモリ属に近縁であることが示されている（Kawai *et al.* 2003；Tsytsulina *et al.* 2012）．したがって，これらの 2 つのグループのロバートソン型開裂はそれぞれ独立して起こったこと考えられる．

この他日本産コウモリ類では，**図 4-3-1-1** に示したテングコウモリ属（*Murina*）属 2 種が知られている．これらの染色体数は $2n=44$ で基本核型とほぼ同様であるが（**表 4-3-1-1**），挟動原体逆位に由来する短腕をもつ A 型染色体が 3 対みられる点が基本核型とは異なる（Harada *et al.* 1987a）．

最後に，実際に解析したヒナコウモリ科コウモリ類に絞って，染色体進化に関する知見をまとめたのが**図 4-3-1-4** である．ここに挙げたヒナコウモリ科 13 種に関しては，それぞれ異なる 5 つの系統に別個に分化したと考えるのが適当であろう．これらのグループでの核型進化の主たる要因は，ロバートソン型融合，開裂および C-ヘテロクロマチンの重複であると考えられる．Ag-

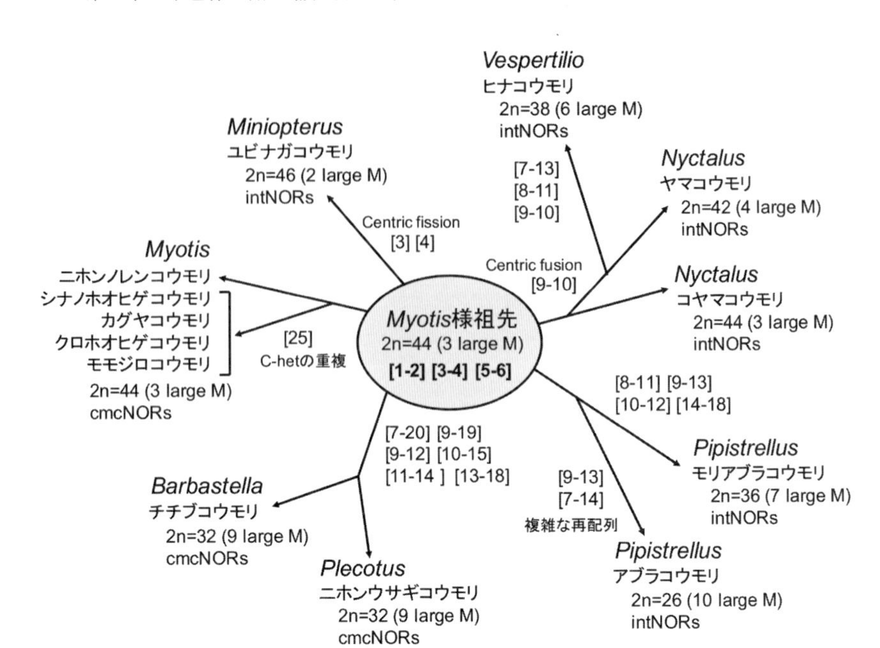

図 4-3-1-4. 染色体からみたヒナコウモリ科コウモリ類の系統関係．ロバートソン型融合と開裂，C-ヘテロクロマチンの重複，そして Ag-NORs のタイプから，ここに挙げた 13 種においては，基本核型をもつホオヒゲコウモリ属様の祖先からそれぞれ異なる 5 つの系統に別個に分化したと考えられた．

NORs のタイプは染色体再配列で示唆された染色体進化の系統を支持するものとなった．しかし，こういった染色体の変異が引き起こされる要因や，種分化とどのように関連するのかという課題を考えると，野生動物の染色体研究はまだ緒に着いたばかりであろう．現在，本文中に挙げた分子系統学的解析に加えて，翼手目でも分子細胞遺伝学的な解析が進みつつある（Ono and Yoshida 1997；Ao *et al.* 2007；Mao *et al.* 2008；Volleth *et al.* 2011）．こうした研究の積み重ねによって，染色体変異に関与した DNA 配列と，それに伴うクロマチン構造とグローバルな染色体構造の変化が理解され，染色体進化のメカニズムや種分化との関連が明らかにされていくことを期待したい．

4-4. ヤマネ属の核学的特性

ヤマネ属（*Glirulus*）齧歯類は，世界で日本の本州・四国・九州・隠岐諸島

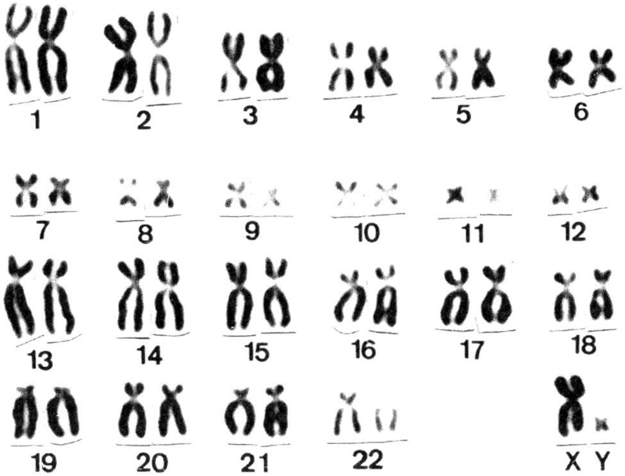

図 4-4-1-1． ヤマネの通常ギムザ染色核型（Oshida *et al.* 1997）を改変）．

の島後にのみ生息する日本の固有属である（Ohdachi *et al.* 2015）．本属に分類される種は，現在ヤマネ（*Glirulus japonicus*）1 種のみであり，“1 属 1 種の固有種”である希少性から 1975 年より日本の天然記念物に指定されている（Ohdachi *et al.* 2015）．本種は樹上性で，冬季には樹洞等で冬眠をする．リス類の様な多様性は現在のヤマネ属には見られないが，ヨーロッパから幾つかの絶滅種（化石種）が記録されており（Daams 1999），絶滅と適応進化のパターンを考える際の興味深いモデル分類群であると考えられる．

ヤマネの染色体は $2n=46$，FNa＝88 であり（Tsuchiya 1979；Oshida *et al.* 1997），全ての染色体は両腕性である（**図 4-4-1-1**）．分染パターンについては，これまでに Q-バンド染色（Q-banding），C-バンド染色および Ag-NOR-バンド染色の結果が報告されている（Oshida *et al.* 1997）．C-ヘテロクロマチンは全ての染色体の動原体部にのみ存在し，Y 染色体の長腕および短腕にもヘテロクロマチンブロックは認められない．NOR については，地理的変異の存在が報告されている（Oshida *et al.* 1999）．山梨県産の個体では 3 対の小型 M 型常染色体の短腕末端に Ag-NOR が認められたが，熊本県産の個体では，これらに加えて 1 対の ST 型常染色体の短腕末端にも Ag-NOR が存在する．また長崎県産の個体では，山梨県産・熊本県産の 3 対の小型の M 型常染色体で認められた NOR から 1 対が消失し，さらに熊本県産でみられた ST 型常染

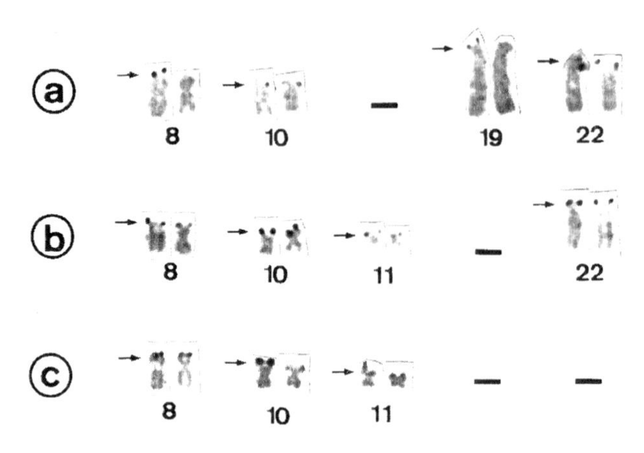

図 4-4-1-2. ヤマネの第11，19，および22染色体に見られたAg-NORバンドの地理的多型（geographic polymorphism，矢印，Ag-NOR；Oshida *et al*. 1999 を改変）．分析個体はそれぞれ長崎県（a），熊本県（b），山梨県（c）より採集された．バーは，当該染色体がAg-NORを持たないことを意味する．

色体1対に加えてもう1対のST型常染色体短腕末端にもAg-NORが存在する（**図 4-4-1-2**）．本種のAg-NORについては，これまでに山梨県・熊本県・長崎県の3ヶ所で採集された個体から報告されているが，その3ヶ所で全てパターンが異なっていたことは興味深い．今後様々な地域の個体群のAg-NORを解析することによって，本種におけるAg-NORの多型（polymorphism）が形成されたプロセスが追跡できるかもしれない．

4-5. ネズミ科齧歯類の核学的特性

4-5-1. アカネズミ属の核学的関係

アカネズミ属（*Apodemus*）は齧歯目ネズミ科に属するグループで，哺乳類の中では比較的種数が多く22種（Nowak 1999）あるいは20種（Wilson and Reeder 2005）が知られている．このグループは旧北区（Palaearctic）のユーラシア大陸に分布しているが，ごく一部はアフリカ大陸の地中海沿岸域にも進出している．日本に分布しているアカネズミ属は尖閣諸島（魚釣島）のセスジネズミ（*Apodemus agrarius*），北海道のハントウアカネズミ（*Apodemus peninsulae*），北海道・本州・九州・四国および周辺の島々に生息する日本固有種のアカネズミ（*Apodemus speciosus*）・ヒメネズミ（*Apodemus argenteus*）

の4種のみである（Ohdachi *et al.* 2015）.

アカネズミ属の染色体に関しては，日本の4種を含めこれまでに17種が報告されている（**表 4-5-1-1**）．この表は $2n$，両腕性染色体，B染色体およびAg-NORの知見に限ってあげたものであるが，アカネズミ属は基本的に $2n=48$ で唯一ヒメネズミだけが $2n=46$ ということで，$2n$ の染色体数に関しては種間での変異は極めて少ない．しかし，アカネズミ属にはいわゆるA染色体の他に過剰な染色体として存在するB染色体（supernumerary chromosome）を有する種が多く（既報17種中7種），B染色体の数のみならずこれを有する個体の頻度も種によって大きく異なる（A染色体，B染色体については第5章5-1-1を参照）．ちなみに，B染色体を有する個体の頻度はハントウアカネズミがもっとも高く87.9%（Roslik and Kartavtseva 2010），キクビアカネズミ（*Apodemus flavicollis*）で42.5%，セスジネズミで4.5%，モリアカネズミ（*Apodemus sylvaticus*）で2.4%（Zima and Macholán 1995b；Chassovnikarova *et al.* 2009a）で，ヒメネズミでは42.9%という報告（Obara *et al.* 2007）もあるが，ヒメネズミに関しては特定地点での少数個体での記録であり分布域全体でみるとsporadicとみなすべきものである．一般にB染色体の数は集団間・個体間のみならず個体内でも変異するので，B染色体を有する種数が多いアカネズミ属は染色体数が安定な属であるとは言い難い．

この項の後半で示す核型からもわかるように，アカネズミ属はA染色体の構成にも少なからず種間で違いがみられる．アカネズミ属のA染色体はヒメネズミの $2n=46$ を除きすべて $2n=48$ で，モリアカネズミ・ハントウアカネズミ・キクビアカネズミなど大半の種は性染色体も含めすべてA型染色体であるが，調べた7種のうち4種（アカネズミ・ヒメネズミ・タイワンモリネズミ *Apodemus semotus*・セスジネズミ）にM型やSM型の染色体が1〜4対含まれている．また，第5章5-1-2で詳しく紹介するが，アカネズミには他のアカネズミ属にみられない特異的な事象，すなわち本州中部のいわゆる富山—浜松ラインによって分けられる $2n=46$ と $2n=48$ の染色体種族（chromosomal race）の存在が知られており（Tsuchiya *et al.* 1973；土屋 1974），まさに種分化の途上にある種であろうということで注目されている（Saitoh and Obara 1986, 1988, Saitoh *et al.* 1989）．このようにアカネズミ属はA染色体の数は安定的ではあるが，核型としては多様な変異を示す属である．

種の高等下等を問わずすべての生物に存在するリボソームRNA遺伝子は高

表 4-5-1-1. アカネズミ属の染色体（2*n*，B 染色体，Ag-NOR）知見.

種名#	2*n*	両腕性A 染色体数	最大B 染色体数	最大Ag-NORs個数	文献
ヒロバアカネズミ *A. mystacinus*	48+B**	?	2	12	1, 9
セイブヒロバアカネズミ *A. epimelas*†	48	4	–	–	10
キクビアカネズミ *A. flavicollis*	48+B	0	8	18	2, 11
A. hermonensis＝ステップアカネズミ *A. witherbyi*	48	0	–	–	12
アルプスアカネズミ *A. alpicola*	48	0	–	9	13
コーカサスアカネズミ *A. ponticus*	48	0	–	13	14
ヒルカニアアカネズミ *A. hyrcanicus*	48	0	–	10	9
モリアカネズミ *A. sylvaticus*	48+B	0	4	14（7 対）	3, 15
ウラルアカネズミ *A. uralensis*	48	0	–	9	9
*A. ciscaucasicus**＝ウラルアカネズミ *A. uralensis*	–	–	–	10	11
*A. mosquensis**＝ウラルアカネズミ *A. uralensis*	–	–	–	10	11
*A. vohlynensis**＝モリアカネズミ *A. sylvaticus*	–	–	–	22	11
*A. microps**＝ウラルアカネズミ *A. uralensis*	48	0	–	9	13
A. fulvipectus＝ステップアカネズミ *A. witherbyi*	48	0	–	11	14
A. wardi＝ヒマラヤアカネズミ *A. pallipes*	48	0	–	10（5 対）	15
ハントウアカネズミ *A. peninsulae*	48+B	0	30	4（2 対）	4, 16
タイワンモリネズミ *A. semotus*	48	2	–	4（2 対）	15
アカネズミ *A. speciosus*	46/47/48***+B	8	3	2（1 対）	5, 15
ヒメネズミ *A. argenteus*	46+B	4	1	6（3 対）	6, 15
ネパールアカネズミ *A. gurkha*	48	4	–	–	17
セスジネズミ *A. agrarius*	48+B	8	1	6（3 対）	7, 15
		6,8		12（6 対）	8, 15
A. avicennicus	48	0	–	–	18

#分類体系は Wilson and Reeder（2005）にしたがったもの．†以前はヒロバアカネズミの亜種 *A. mystacinus epimels* とされていた．*Nowak（1999）では *A. uralensis* の亜種．なお *Apodemus avicennicus* は 2006 年に新種記載された種で，対応する和名が確立されていない．
B 染色体；*46 の染色体種族，48 の染色体種族およびそれらの交雑個体（47）．
1, Belcheva *et al.*（1998）；2, 3, Zima *et al.*（1997）；4, Kartavtseva and Roslik（2004）；5, Kral（1971）；6, Obara and Sasaki（1997）；7, Kartavtseva（1994）；8, Chassovnikarova *et al.*（2009a）；9, Boeskorov *et al.*（1995）；10, Rovatsos *et al.*（2008）；11, Orlov *et al.*（1996）；12, Zima and Macholan（1995b）；13, Reutter *et al.*（2001）；14, Kozlovskii *et al.*（1990）；15, Obara *et al.*（2007）；16, Borisov *et al.*（2010）；17, Matsubara *et al.*（2004）；18, Darvish *et al.*（2006）．文献は 2 編までとした．

度に反復する多遺伝子性遺伝子群として染色体の特定の部位に組み込まれており，第3章で解説したようにこの領域はAg-NOR-バンド染色によってAg-NORとして特異的に染め出される．一般にAg-NORは二次狭窄に位置する腕内タイプ（int NOR）と染色体の末端部に位置する末端タイプ（telomeric type）の2つに分けられ，A型染色体の場合，後者は長腕末端部のNORと微小な短腕末端部のNOR（cmc NOR）に分けられる（小原 1991a）．既報の文献をみる限り，アカネズミ属には二次狭窄が存在しないので，報告されているAg-NORはすべて末端型，すなわちtelomeric NORかcmc NORである．**表4-5-1-1**から明らかなように，アカネズミ属のAg-NOR数はB染色体と同様に変異幅が広い．また，表には記載されていないが，Ag-NORを有する染色体の組み合わせパターンも種によって多様である．アカネズミ属7種のAg-NORsを詳細に分析し，ユーラシア大陸に広く分布するアカネズミ属の染色体に関する既報の文献と照らし合わせ，興味深い知見を得ている（Obara *et al.* 2007）ので，その内容を紹介しよう．

図4-5-1-1に分析したアカネズミ属7種の採集場所と個体数を示した．これらの材料を使い第3章3-2-1の手順で肺と尾椎骨先端部の組織培養を行い，初代培養～2代目継代培養で得られた線維芽細胞から染色体標本を作製した．アカネズミ属の核型は基本的に大きさが順次小さくなるA型染色体で構成され，

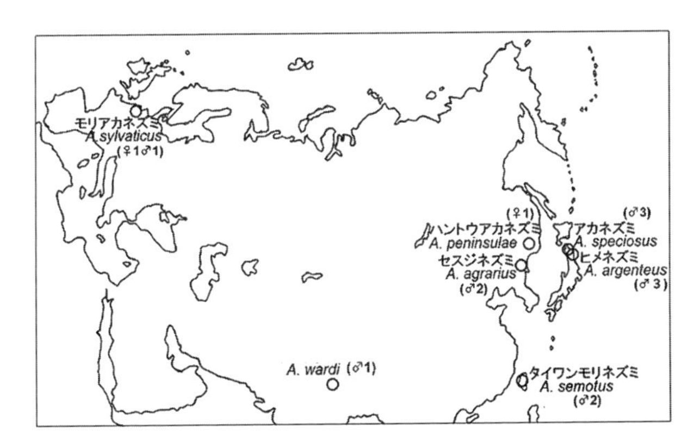

図4-5-1-1. 分析したアカネズミ属7種の採捕地と個体数．アカネズミ・ヒメネズミ，青森県；ハントウアカネズミ，Khasan（Russia）；セスジネズミ，Ussuriysk（Russia），タイワンモリネズミ，Mt. Hohuan Shan（Taiwan）；*A. wardi*，Mt. Nilgiri（Nepal），モリアカネズミ，Leiden（Holland）．

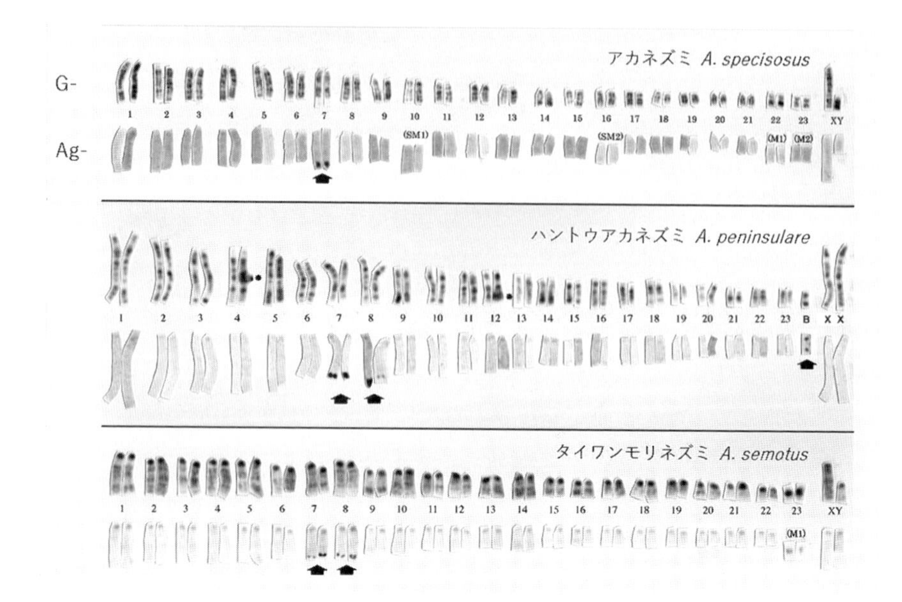

図 4-5-1-2. アカネズミ，ハントウアカネズミおよびタイワンモリネズミのG-バンド核型（各上段）と，連続処理したAg-NOR-バンド核型（各下段）．矢印，Ag-NORを有する染色体；B，B染色体；アステリスク，染色体の重なり．

種によってところどころにM型やSM型が入るだけなので，通常ギムザ染色では個々の染色体の番号を同定するのは難しい．したがってAg-NORを有する染色体の番号を決定するには，G-バンドパターンの情報が欠かせない．そこで染色体の構造に影響が少ないと思われる尿素G-バンド染色を行い，直ちにG-バンドパターンがよく見える中期核板を多数写真撮影し，脱色後あらためてAg-NOR-バンド染色でAg-NORを可視化し，先に撮影しておいた核板を再度写真撮影し，両者の核型を対比した上でAg-NORを有する染色体の番号を決定するという手法をとった．ちなみにこの方法をG-バンド・Ag-NOR-バンドの連続分染法（sequential G-banding/Ag-NOR-banding）という（Obara *et al.* 2007；Suzuki *et al.* 2014）．このようにして作製したのが**図 4-5-1-2** および**図 4-5-1-3** である．この連続分染法により7種のすべての染色体が同定され，ハントウアカネズミ，*Apodemus wardi*（＝ヒマラヤアカネズミ *Apodemus pallipes*）およびモリアカネズミの3種はA染色体23対がすべてA型で，アカネズミには4対の両腕性染色体（第10・16染色体がSM型，第22・23染

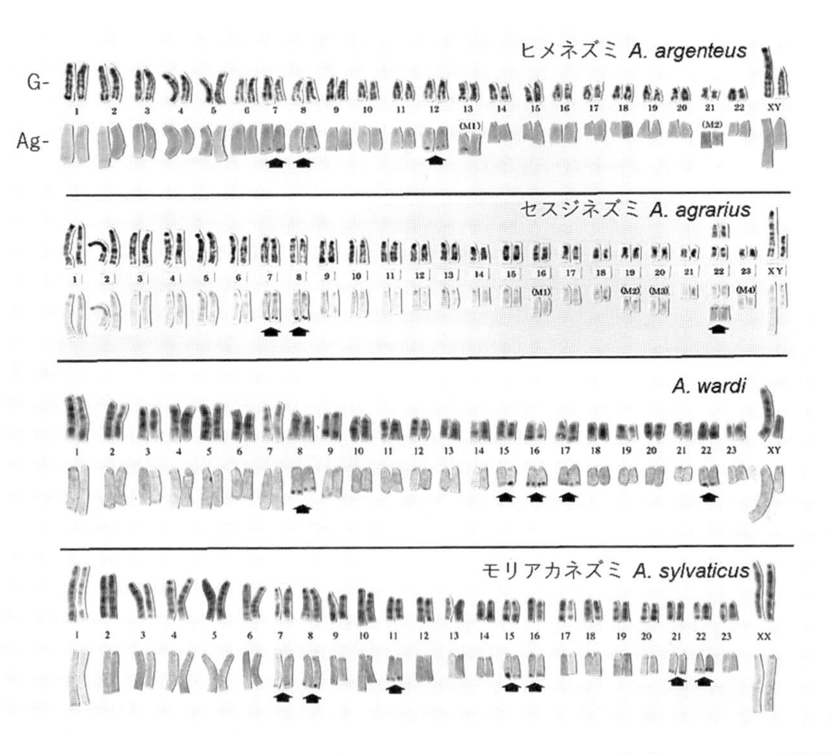

図 4-5-1-3. ヒメネズミ，セスジネズミ，*A. wardi* およびモリアカネズミの G-バンド核型（各上段）と，連続処理した Ag-NOR-バンド核型（各下段）．矢印，Ag-NOR を有する染色体．セスジネズミの第 22 染色体は Ag-NOR のシグナルが弱いので，確認のため他の核板より追加で示した．

色体が M 型）が含まれ，タイワンモリネズミは第 23 染色体だけが M 型，ヒメネズミは第 13・21 染色体が M 型，セスジネズミは 4 対（第 16・19・20・23 染色体）が M 型であることが示された．G-バンドパターンから Ag-NOR を有する染色体もすべて特定され，セスジネズミの第 22 染色体に座位する cmc NOR 以外はすべて telomeric NOR である．Ag-NOR を有する A 染色体はアカネズミで 1 対（第 7 染色体），ハントウアカネズミとタイワンモリネズミで 2 対（第 7・8 染色体），ヒメネズミとセスジネズミで 3 対（それぞれ第 7・8・12 と第 7・8・22 染色体），*Apodemus wardi* で 5 対（第 8・15・16・17・22 染色体），モリアカネズミで 7 対（第 7・8・11・15・16・21・22 染色体）である．アカネズミ属の Ag-NOR に関しては Matsubara *et al.*（2004）

表 4-5-1-2. Ag-NORs と 18S-28S リボソーム RNA 遺伝子の FISH シグナルの対応.

種　名	2*n*	Ag-NOR を有する染色体（Obara *et al.* 2007）	18-28S リボソーム RNA 遺伝子の FISH シグナルを有する染色体（Matsubara *et al.* 2004）
アカネズミ	48	7	7
ハントウアカネズミ	48+Bs	7 8 B	7 8 B
タイワンモリネズミ	48	7 8	7 8
ヒメネズミ	46	7 8 12	7 8 12
セスジネズミ	48	7 8 22	7 8 22
A. wardi	48	7 8 15 16 17 22	7 8 15 16 17 22
モリアカネズミ	48	7 8 11 15 16 21 22	7 8 11 12 15 16 21 22 X Y

が FISH 法による 18S-28S リボソーム RNA 遺伝子座分析を行っている．Ag-NOR-バンド染色の分析結果と Matsubara *et al.*（2004）の FISH 分析結果を一覧表で比較したのが**表 4-5-1-2** である．Matsubara *et al.*（2004）は *Apodemus wardi* を調べていないが，比較できる 6 種でみると，Ag-NOR を 1～3 対有する 5 種では完璧な対応を示し，Ag-NOR が 7 対のモリアカネズミでも非常に高い対応を示している．参考までに**図 4-5-1-4** にモリアカネズミの Ag-NOR-バンド核型と FISH 像（Matsubara *et al.* 2004）を挙げた．この図では，第 12 染色体と X 染色体に FISH シグナルの部位が認められるが，Ag-NOR-バンド核型ではこれらの染色体に Ag-NOR が出現しない（図 4-5-1-4）．染色体の NOR の中に入っているリボソーム RNA 遺伝子は常時活性化しているわけではなく，その活性度合いは細胞のタンパク合成の必要度によって変わり，発生段階や組織・腫瘍形成などによっても変わるとされ（King *et al.* 1988；Smith and Crocker 1988），Ag-NOR の数と大きさは細胞間あるいは個体間でも変異を示すとされている（Goodpasture and Bloom 1975；Sasaki *et al.* 1986；Kopp *et al.* 1988）．また，染色体上で検知される Ag-NOR は分裂期に入る前の間期核でのリボソーム RNA 遺伝子の転写活性を反映しているともされ（Sumner 1990），細胞によっては相同対間で Ag-NOR の大きさが異なることもあり，両方とも不活性のため Ag-NOR が不検出ということも想定されることである．図中のハントウアカネズミの第 8 染色体，タイワンモリネズミの第 7 染色体，*Apodemus wardi* の第 15 染色体などの異形な Ag-NOR やセスジ

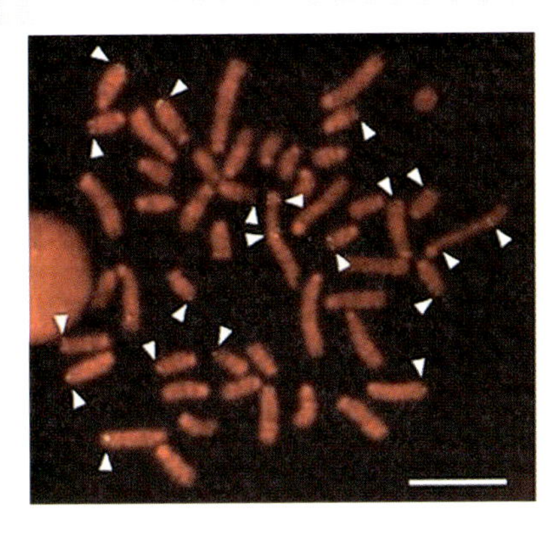

図 4-5-1-4. モリアカネズミの Ag-NOR-バンド核型（上，Obara *et al.* 2007 を改変）と 18S-28S リボソーム RNA 遺伝子のゲノミック DNA clones による FISH 像（下，Matsubara *et al.* 2004 より転載）．黒矢印，Ag-NOR；黒矢頭，Ag-NOR と対応する FISH シグナル部位；白矢頭，Ag-NOR と対応する FISH シグナル部位；白矢印，Ag-NOR と対応しない FISH シグナル部位．

ネズミの第 22 染色体の例などはこれらのことを反映しているものであろう．

これらのことを踏まえ，1 種につき 30～60 核板をチェックし Ag-NOR を有する染色体の最大数の核板とそれ以下の数の核板の出現頻度を調べた（**図 4-5-1-5**）．Ag-NOR を有する染色体の最大数はグラフの上から順に 2，4（B 染色体の Ag-NOR は除く），4，6，6，10，14 であり，核型で示した結果と同じである．セスジネズミの場合は最大頻度（60%）と Ag-NOR の最大数の頻度（16%）とが一致しないが，後者の場合はすべての核板で 3 対ホモ接合（homozygosity）として確認されたので，実質的に最大 6 とみなした．この分析結果より，Ag-NOR を有する染色体対の数は Ag-NOR を有する染色体の最大数の 2 分の 1 の値となる．

図 4-5-1-2 と**図 4-5-1-3** に示した Ag-NOR の核型を概観すると，モリアカネズミや *Apodemus wardi* の Ag-NOR の大きさが非常に小さく，逆にアカネズミやハントウアカネズミのそれは大きく顕著であるようにみえる．Ag-

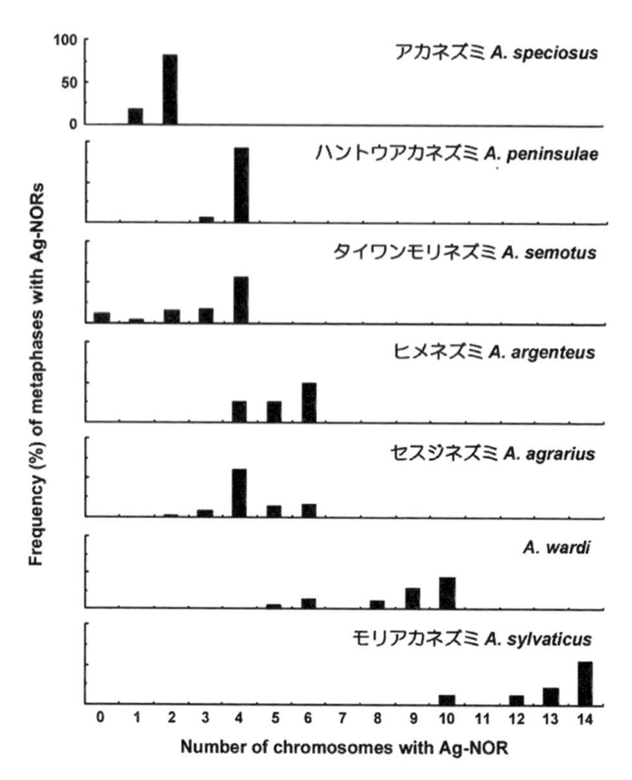

図 4-5-1-5. Ag-NOR を有する染色体の数とそれぞれの数の出現頻度．横軸は Ag-NOR を有する染色体数，縦軸は頻度を示す．

NOR の数との関連でみると，Ag-NOR 数が少ないほど，その大きさが増し，その数が多くなると，大きさは小さくなるということを示唆しているように思える．そこで，同じ染色体番号での Ag-NOR シグナルを比較するため，Ag-NOR の保持に関して共通性が高い第7染色体と第8染色体を対象にそれぞれの種から典型的な Ag-NOR パターンを示す3核板3対をピックアップした（**図 4-5-1-6**）．この第7・第8の部分核型からわかるように，第7染色体は *Apodemus wardi* を除く6種に，第8染色体はアカネズミを除く6種に共通して telomeric NOR を有している．この図から，Ag-NOR の大きさ（リボソーム RNA 遺伝子の重複の度合い）は Ag-NOR を有する染色体対の数と密接に関連している，すなわち Ag-NOR の染色体対の数が多くなるにしたがい，Ag-NOR は小さくなると考えてよいようである．Ag-NOR の大きさに関する

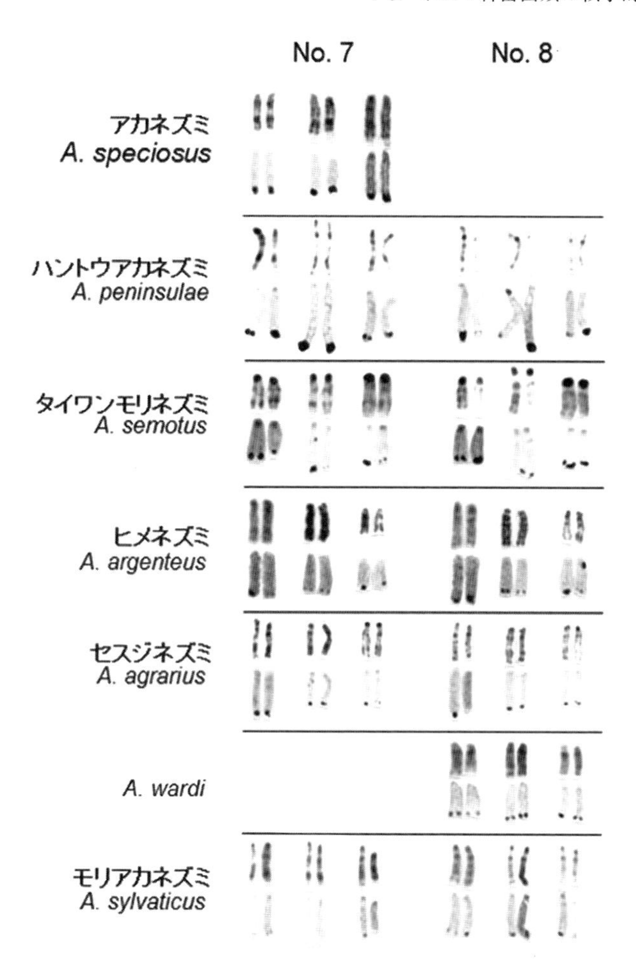

図 4-5-1-6. アカネズミ属 7 種 3 核板からの第 7（No. 7）・第 8（No. 8）染色体の Ag-NOR.

このような見解はヒナコウモリ科のグループやキヌゲネズミ科（Cricetidae）のビロードネズミ属（*Eothenomys*）のグループにおいても報告されている（Ono and Obara 1994；Iwasa and Kosaka 2007）ので，アカネズミ属だけに生じていることではなく，むしろ末端型の Ag-NOR を有する種ではしばしばみられる現象かもしれない．これは減数分裂の際，相同染色体（homologous chromosome）が対合する前期の接合糸期（zygotene）に各染色体の末端が核内の一端に集合するいわゆる花束期があり，この時期に Ag-NOR を有する染

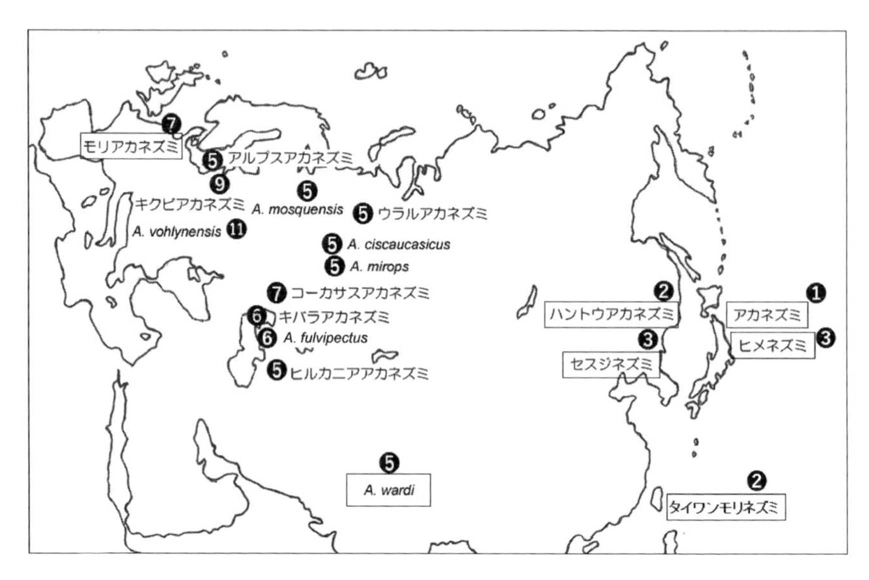

図 4-5-1-7. アカネズミ属で記録されたAg-NORの染色体対の最大数（黒丸数字）の分布傾向（引用文献は表 4-5-1-1 に示す）.

色体とこれをもたない染色体が物理的に近接し，染色体末端間で部分的に不等交換を起こすなどしてNORが細分され分散する形で他の染色体末端に移動する転座の突然変異で説明できるであろう．逆の方向であればAg-NORがつながる形で大型化するということになる．

表 4-5-1-1 でアカネズミ属のAg-NORの染色体対の数は1から11まで種によって多様であることが示されたが，Ag-NORの染色体対の数とそれぞれの種の生息域との関係を探るため，Ag-NORが報告されたアカネズミ属12種についてAg-NORの最大の対の数を付した種名を地図上に示した（**図 4-5-1-7**）．これらのうち，セスジネズミはアカネズミ属の中でもっとも広い分布域をもつ種で，ユーラシア大陸の東西にわたって広範囲に分布している．モリアカネズミ・ウラルアカネズミ（*Apodemus uralensis*）・キクビアカネズミも生息範囲は比較的広いが，それぞれヨーロッパから東欧・ウクライナにかけて，東欧から中央アジアにかけて，ヨーロッパからウラル山脈にかけて分布するいわばユーラシア大陸の西域の種であり，アルプス山脈に生息するアルプスアカネズミ（*Apodemus alpicola*），コーカサス地方や小アジアに生息するヒルカニアアカネズミ（*Apodemus hyrcanicus*）・コーカサスアカネズミ（*Apodemus*

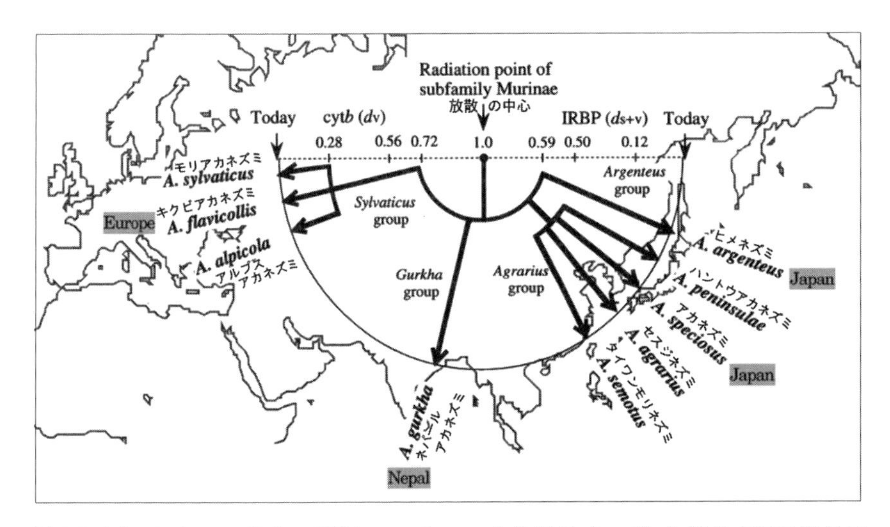

図 4-5-1-8. ミトコンドリア DNA cytochrome *b* 遺伝子（cyt*b*）と核の *IRBP* 遺伝子（IRBP）の変異から作図したアカネズミ属 9 種の種放散モデル（Serizawa *et al.* 2000 より改変して転載，和名は本書で付加したもの）．

ponticus）・*Apodemus fulvipectus*（＝ステップアカネズミ *Apodemus witherbyi*）・ヒロバアカネズミ（*Apodemus mystacinus*）はいずれも比較的生息域が狭い西域の種である．その他，*Apodemus mosquensis*, *Apodemus vohlynensis*, *Apodemus ciscaucasicus*, *Apodemus microps* はウラルアカネズミの亜種とされていた（Nowak 1999）ので，同様に生息域の狭い西域の種である．一方，ハントウアカネズミは中央シベリアから極東ロシア・中国東北部・サハリン・北海道にかけての大陸東部のネズミで，*Apodemus wardi*・タイワンモリネズミはそれぞれネパール・台湾の固有種，アカネズミ・ヒメネズミは日本の固有種である．アカネズミ属のこのような分布域を念頭に Ag-NOR の最大数をみていくと，ユーラシア大陸の東域（アジア地域）に分布するアカネズミ類は Ag-NOR の染色体対の数が少なく，逆に西域のグループは概して Ag-NOR が多いようにみえる．このような分布傾向はどのように説明したらよいのであろうか？　ミトコンドリア DNA（cytochrome *b* 遺伝子）と核 DNA（*IRBP* 遺伝子）に基づく Serizawa *et al.*（2000）のアカネズミ属の種放散に関する系統発生学的見解がこの問いへの足掛かりを提示しているように思えるので，紹介する．

図 4-5-1-8 はその論文で提案されているアカネズミ属の種放散のモデルである．この図は，ネズミ亜科の起源が中央アジアのどこかにあり，そこからおよ

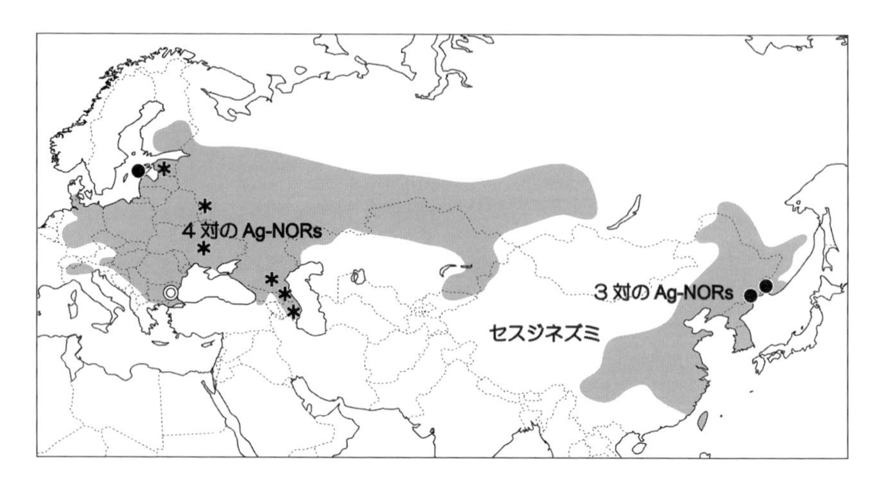

図 4-5-1-9. セスジネズミの分布域と Ag-NOR の数的変異．黒丸，Ag-NOR が 6 個の集団；アステリスク，Ag-NOR が 8 個の集団；二重丸，Ag-NOR が 12 個の集団．

そ 8〜10 Mya (million years ago) に東方，南方，西方へと *Argenteus*, *Gurkha*, *Sylvaticus* のグループが分岐し，7〜8 Mya に *Agrarius* グループが第 2 波として東方へ進出し 4 種が分化，そしてヨーロッパ方面へ進出した *Sylvaticus* グループから 2〜4 Mya にモリアカネズミ・キクビアカネズミ・アルプスアカネズミが分化したことを示している．この放散モデルに沿って考えると，アジア地域のアカネズミ属は特定の染色体上に NOR を集中させることで Ag-NOR を減少させる方向で分化し，ヨーロッパのアカネズミ属では逆に Ag-NOR を細分化させ多くの染色体に転座させる方向で分化してきたのであろう，ということになる．**図 4-5-1-7** でも**図 4-5-1-8** でもセスジネズミをアジア地域に示しているが，先に述べたようにセスジネズミは大陸の東西にわたって分布する種である．そこでセスジネズミの分布域と Ag-NOR の染色体対の最大数の知見を地図上でみてみよう（**図 4-5-1-9**）．この図は Boeskorov *et al.*（1995）と Kartavtseva and Pavlenko（2000）の報告をもとにセスジネズミの捕獲地を地図上にプロットしたものである．セスジネズミの分布域はバイカル湖のあたりを間に挟んで大きく大陸東部 (Far Eastern〜Chinese) と大陸西部 (European〜Central Siberian) の 2 つの地域に分けられ，前者の集団では Ag-NOR が 6 個 (3 対)，後者の集団では 8 個（4 対）が報告されている．興味深いのは後者の集団の中に前者のポイントが 1 つ記録されていることであり（**図 4-5-1-9**），これはエストニア沖のSaaremaa Islandからの1個体の記録で，Boeskorov *et al.*（1995）は，大陸集団から隔離された島の集団にAg-NORが1対減ずる変異が生じたもので，大陸集団からの核学的分岐の初期段階を示すものであろうと考察している．なお，ブルガリアでは9つの地点で12個（6対）のAg-NORを有する集団が記録されている（Chassovnikarova *et al.* 2009，**図4-5-1-9**）．大陸の東西に広く分布するセスジネズミではAg-NORを有する染色体対の数に地理的勾配の傾向がみられる．ユーラシア大陸に広く分布するアカネズミ属の種は，東西でAg-NORを有する染色体対の数が増減逆方向に向かっているのは間違いなさそうであるが，その方向性を規定する要因については未だわかっていない．

最後に，5Sおよび18S-28SリボソームRNA遺伝子の染色体上分布の解析とG-バンドによる染色体再配列の分析から，日本産アカネズミ属3種を含むアカネズミ属7種の系統類縁関係を明らかにしたMatsubara *et al.*（2004）の分子細胞遺伝学的研究を紹介する．**図4-5-1-4**に彼らの論文から転写した18S-28SリボソームRNA遺伝子のゲノミックDNAクローンによるモリアカネズミのFISH核板像を載せてあるが，このようなFISH解析を7種（日本産：アカネズミ・ヒメネズミ・ハントウアカネズミ，台湾産：タイワンモリネズミ，ユーラシア大陸産：セスジネズミ・モリアカネズミ）で行いその結果をまとめたのが**図4-5-1-10**である．彼らの解析によると，分析したアカネズミ属で判断する限り，アカネズミ属の染色体再配列の主役は逆位（ここでは挾動

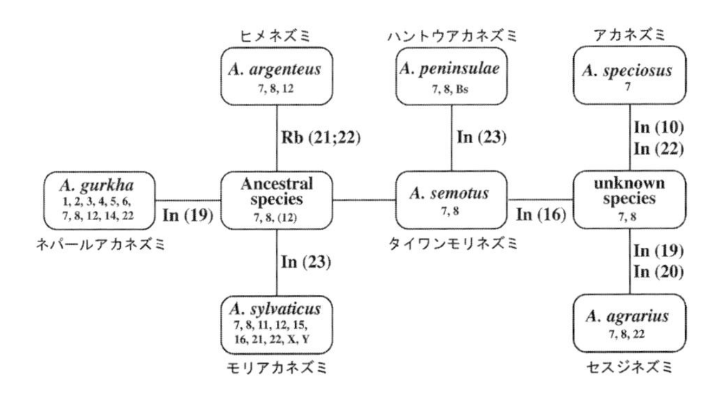

図4-5-1-10. 染色体再配列と18S-28SリボソームRNA遺伝子の染色体分布に基づくアカネズミ属7種の系統関係（Matsubara *et al.* 2004より改変して転載，和名は本書で付加）．数字はそれぞれの種において18S-28SリボソームRNA遺伝子座が存在する染色体番号を表す．Rb，ロバートソン型再配列；In，逆位．

原体逆位）であり，ロバートソン型融合による再配列が関与したのはヒメネズミの分化に際しての1回のみである．祖先型のアカネズミより第19染色体，第23染色体に逆位が生じ，それぞれネパールアカネズミ，モリアカネズミが分化した．また，タイワンモリネズミがもっとも祖先的な核型を維持しており，このタイワンモリネズミの第23染色体に逆位が生じハントウアカネズミが分化，さらに何らかの種（unknown species）を介して第19・20染色体，第10・22染色体に逆位が生じ，それぞれセスジネズミとアカネズミが分化したとしている（**図4-5-1-10**）．この図に示した核学的な系統関係はSerizawa *et al.*（2000）によって発表された分子系統樹とよく一致するという．

4-5-2. ヒメネズミのC-ヘテロクロマチンの特異的蛍光動態：蛍光遅延

ヒメネズミは北海道から九州まで全域的に分布する日本固有種であり，日本を代表するネズミ亜科のネズミである（**図4-5-2-1**）．その染色体は古くより調べられ，$2n=46$であることはよく知られている（Makino 1951；Yoshida and Kobayashi 1966；Shimba *et al.* 1969；Yoshida *et al.* 1975；Tsuchiya 1979；土屋1979b；Fukuoka and Udagawa 1979）．その後1990年代にスタンダードとなるような分染核型が報告された（Obara and Sasaki 1997；Obara *et al.* 1997）．参考までにそれらの論文に掲載されたヒメネズミのG-およびC-バンド核型を**図4-5-2-2**に示す．常染色体は2対のM型染色体（M1，M2）と20対のA型染色体から成り，性染色体はX染色体がST型でY染色体がA

図4-5-2-1. ヒメネズミ（青森県，岩木山・高照神社）．

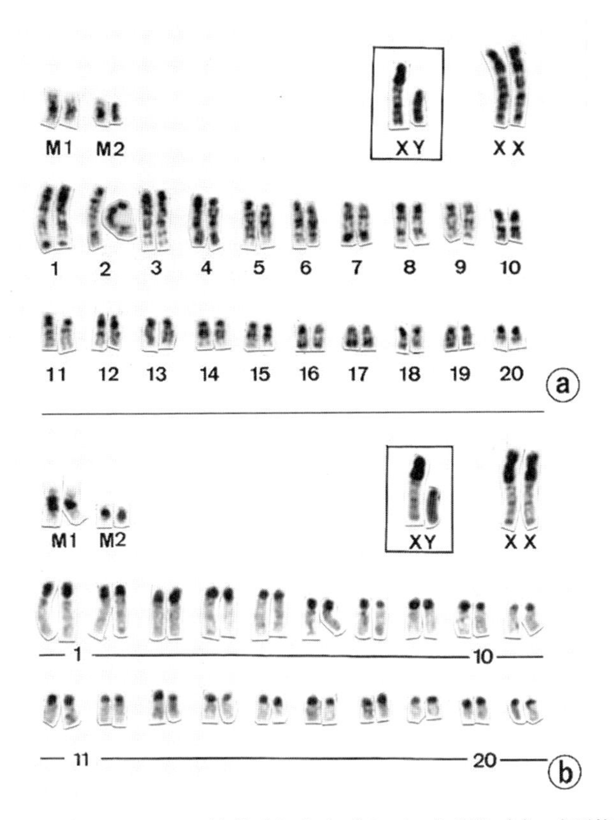

図 4-5-2-2. ヒメネズミのG-バンド核型（a）およびC-バンド核型（b）．方形枠内の性染色体は，他の個体からのもの．

型である．各染色体対がそれぞれ固有のG-バンドパターンを有していることから，すべての染色体が同定される．注目すべきことは，X染色体の短腕全体と長腕基部（X染色体の全長の40%ほどを占める）が一様に濃染され，この濃染部はそっくりそのままC-バンド濃染部に対応するということである．このX染色体の大型のC-バンド濃染部をC-ブロックと呼ぶ．Y染色体もG-バンド染色で全体的に濃染されるが，C-バンド染色では動原体部が動原体C-バンドとして濃染され，長腕部は全長にわたって染色度合いが若干弱いC-バンドとして検出される．このC-ブロックと常染色体の動原体C-バンド領域がアクリジン系の蛍光色素キナクリンマスタード（QM；quinacrine mustard dihydrochloride）に対してたぐい稀な蛍光特性を有している．この蛍光特性

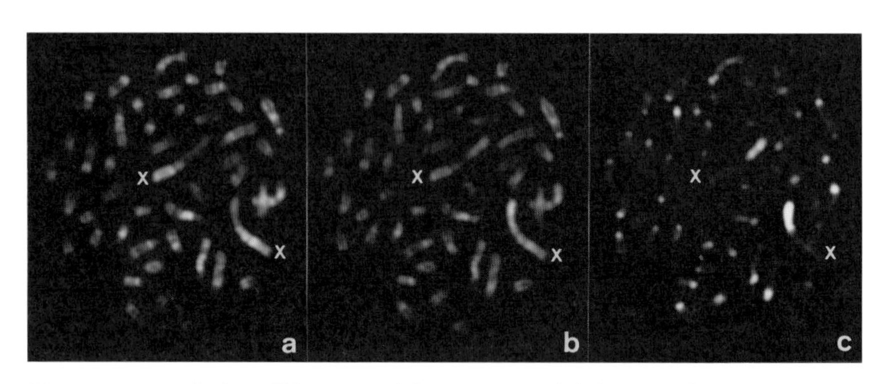

図4-5-2-3. ヒメネズミ（雌）のQM-蛍光遅延．X，X染色体；a，励起光照射直後；b，1.5分後；c，5分後．X，X染色体．

に関する研究では，それまで報告例がなかった独自の成果が得られているので，本書であらためて紹介する．詳細についてはObara and Sasaki（1997），Obara *et al.*（1997），Fukushi *et al.*（2001），Nomura *et al.*（2001），Inuma *et al.*（2007, 2009）を参照されたい．

蛍光色素で染色した染色体を観察するには435 nmの青色光（励起光）のもと蛍光顕微鏡で観察するが，染色体に組み込まれているDNA（染色体DNA）に結合した色素分子が励起光によって励起され蛍光を発するようになるので，この色素分子と結合しているDNAを多く含んでいる染色体領域が強い蛍光を発し，これが少ない領域は弱蛍光となる．Q-バンド染色の場合は蛍光色素分子がDNAのAT塩基対間にその芳香環を挿入（intercalation）し結合するため，AT-richなDNAを含む染色体領域で強蛍光となり，GC-richな染色体領域では弱蛍光となる（Weisblum and Haseth 1972；Sumner 1990）．一般に，蛍光は励起光照射直後がもっとも明るく，時間の経過とともに減衰しやがて消滅する．これが通常の蛍光動態であり，蛍光色素の種類を問わず，また動物植物あるいは高等下等を問わず，蛍光染色した染色体はこのような蛍光動態を示す．したがって染色体の蛍光パターンを分析するには照射開始後ただちに写真撮影する必要がある．しかし，ヒメネズミはこの蛍光動態から逸脱する“蛍光遅延（delayed fluorescence）”という極めて特異な蛍光反応を示す．すなわちヒメネズミの染色体をQ-バンド染色すると，ユークロマチン領域は通常の蛍光動態を示すが，C-バンド領域（Y染色体は除く）は励起光照射直後には弱蛍光であり，漸次時間の経過とともに蛍光強度を増し，ピークに達したのち減衰するというこれまでまったく知られていない新たなタイプの蛍光動態を示す．**図 4-5-2-3** が蛍光遅延を示した連続写真で，この図に沿って説明すると，励起光照射直後（a）はいわゆる Q-バンドパターンがみられ，X 染色体は長腕部の方が明るい蛍光を発し，長腕基部から短腕部にかけての C-ブロック領域は弱蛍光である．時間の経過とともに X 染色体の長腕部も含め全体的に蛍光が弱くなるが，逆に C-ブロック領域は蛍光強度が増し，X 染色体は全長にわたって同程度のレベルの蛍光強度となる（b）．5 分後には X 染色体の C-ブロックおよび常染色体の動原体 C-バンド領域だけが強蛍光を発しその他の部分はほとんど非蛍光となり（c），その後これらの強蛍光部分も蛍光の減衰が進みやがて非蛍光となる．なお，蛍光の強さやその継続時間は光源ランプの消耗度や光軸・光量などに依存するので，ここで示した時間は固定的なものではない．いずれにしてもヒメネズミのこのユニークな蛍光動態（蛍光遅延）は実験個体の齢（幼獣・老獣），染色液の pH（pH4.5，7.0，9.0），染色体の凝縮の度合い（分裂前中期・分裂中期），あるいは染色体標本作製後の日数（1 日後，1 週間後，1ヶ月後）の如何を問わず観察される．ちなみに，培養細胞を用い DNA の脱メチル化を誘導する 5-アザデオキシシチジン（5-azadeoxycytidine）を C-ブロックの DNA に取り込ませ，人為的に C-ブロックを脱凝縮させても Q-バンド染色による蛍光遅延は変わらない．したがって，蛍光遅延は蛍光顕微鏡の操作上あるいは染色操作上のテクニカルな要因で生じているものではなく，ヒメネズミの染色体が内生的にもっている生物学的特性とみなされる．ちなみにトガリネズミ形目 3 種，翼手目 2 種，齧歯目 13 種，食肉目 2 種の計 20 種で Q-バンド染色による蛍光動態を調べたが，蛍光遅延を示したのは唯一ヒメネズミだけであった（**表 4-5-2-1**）．

非蛍光性抗生物質ディスタマイシン A（DA；distamycin A）と蛍光色素ダピ（DAPI；4'-6-diamidino-2-phenylindole）で二重染色するいわゆる DA/DAPI 染色は，ヒトやチンパンジー・ゴリラ・オランウータン，イヌ・ホッキョクギツネ・ブタなど特定の哺乳類の AT-rich なヘテロクロマチンを検出する蛍光分染法である（Schweizer *et al.* 1978, 1979；Schnedl *et al.* 1981；Schweizer 1983；Mayr *et al.* 1983, 1986；Schmid *et al.* 1986；Sumner 1990）．また，蛍光性抗生物質クロモマイシン A_3（CMA_3；chromomycin A_3）は一般に GC-rich なヘテロクロマチンを特異的に染め分けることができる染色剤として動植物の染色体分析に広く使われている（Sumner 1990）．これらの先行研究

表 4-5-2-1. 哺乳類 20 種におけるキナクリンマスタード染色に対する C-ヘテロクロマチン領域の蛍光動態.

分類群	蛍光遅延の有無	文献
トガリネズミ形目		
カワネズミ・ヒミズ	−	Obara *et al.* (1997)
ヒメヒミズ	−	Fukushi *et al.* (2001)
翼手目		
アブラコウモリ	−	Obara *et al.* (1997)
モモジロコウモリ	−	Fukushi *et al.* (2001)
齧歯目		
ヒメヤチネズミ・ハタネズミ	−	Obara *et al.* (1997)
ルーマニアハタネズミ	−	Fukushi *et al.* (2001)
ハツカネズミ・ドブネズミ	−	Obara *et al.* (1997)
ツチイロハツカネズミ・ミラードヤワゲネズミ	−	Fukushi *et al.* (2001)
ヒメネズミ（東北産・北海道産）	+	Obara and Sasaki (1997), Obara *et al.* (1997)
同上（東北産・北海道産）	+	Fukushi *et a.* (2001), Nomura *et al.* (2001)
同上（東北産）	+	Inuma *et al.* (2007, 2009)
アカネズミ・ハントウアカネズミ（北海道産）	−	Obara *et al.* (1997)
ハントウアカネズミ（韓国産）	−	Fukushi *et al.* (2001)
セスジネズミ・モリアカネズミ・タイワンモリネズミ	−	Fukushi *et al.* (2001)
食肉目		
イイズナ（青森県産・北海道産）・ニホンイタチ	−	Obara *et al.* (1997)

+, 蛍光遅延；−, 非蛍光遅延（通常の蛍光動態）

に従ってヒメネズミの染色体を DA/DAPI 染色すると，QM と同様の蛍光遅延を示し，CMA_3-バンド染色（CMA_3-banding）では C-ブロックはほとんど非蛍光で，かつ蛍光遅延も示さない（**図 4-5-2-4**）．これらの蛍光反応から，ヒメネズミの C-ブロックは AT-rich なヘテロクロマチンから成っていることが強く示唆される．その後，Fukushi *et al.*（2001）は C-ブロックに含まれる反復配列に注目した分子細胞遺伝学的な解析を行い，ヒメネズミの C-ブロックにはこの種固有の反復配列である 230 塩基対反復単位の *Dra*I fragment（AT 含量約 65%）が存在すること，かつ“CENP-B box-like sequence（セン

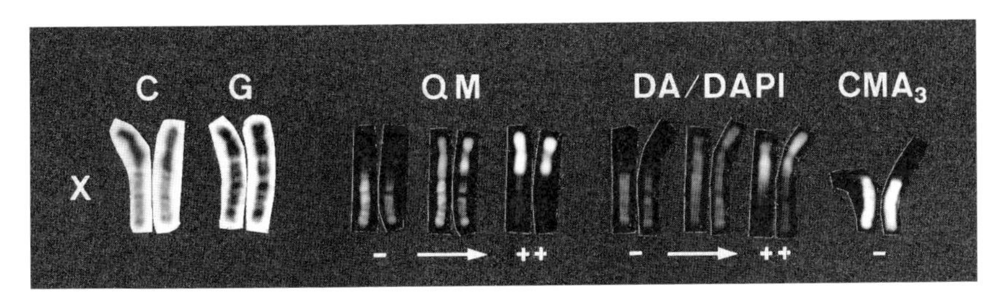

図 4-5-2-4. ヒメネズミのX染色体のC-バンド染色（C），G-バンド染色（G）およびQ-バンド染色，DA/DAPI 染色および CMA_3-バンド染色の蛍光パターン．QM と DA/DAPI は同じX染色体の蛍光動態で，左より順に励起光照射直後，1.5 分後，5 分後を示す．DA/DAPI と CMA_3 の X 染色体は短腕が異形性を示す個体からのものである．—，C-ブロックが非蛍光；＋＋，C-ブロックが強蛍光．

トロメア構成タンパク質Bの認識配列に似た配列）”も含まれていることを報告し，*Dra*I fragment が蛍光遅延現象と直接的に関連している可能性を指摘している．しかし，同じように AT-rich な染色体領域を染めるヘキスト 33258 染色では弱蛍光からそのまま蛍光が減衰し，蛍光遅延を示すことはない（Nomura *et al.* 2001）ことも判明している．これはヘキスト 33258 の DNA との結合様式が QM と違い AT-rich な DNA の副溝（minor groove；DNA 二重螺旋の小さい方の溝）に結合するタイプであり（Sumner 1990），ヒメネズミの C-ヘテロクロマチンの DNA においては結合度合いが弱いことを反映しているのかもしれない．

C-ブロックは高度反復 DNA が密に折りたたまれて構築されているので，その C-ブロックを制限酵素（DNA の特定の塩基配列を認識してこれを切断する酵素）で処理すれば，蛍光遅延に影響がおよぶ可能性がある．そこで染色体標本を 8 種類の制限酵素（*Alu*I・*Rsa*I・*Hae*III・*Dra*I・*Eco*RI・*Hin*dIII・*Hpa*I・*Ssp*I）で処理し，QM の蛍光動態をしらべたところ，*Alu*I と *Rsa*I 処理の染色体にのみ劇的な変化がみられ，C-ブロックは蛍光遅延が解除され通常の蛍光動態へと転換し，残り 6 種の制限酵素処理では蛍光遅延に変化は生じなかった（**図 4-5-2-5**）．各種制限酵素処理後の QM の蛍光動態を比較したこの図から，*Alu*I と *Rsa*I 処理が蛍光遅延を解除させるファクターに何らかの影響を及ぼしたこと，すなわち励起光照射後，C-ブロックの DNA に結合した QM 分子に即刻の蛍光励起を起こさせるような変化をもたらしたことが想定される．そのファクターが何であるかは未だ特定できていないが，染色体標本をタ

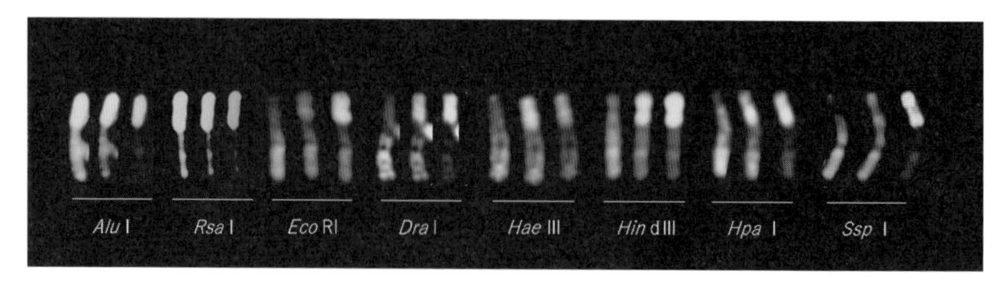

図 4-5-2-5.　各制限酵素処理後の QM の蛍光動態（制限酵素については本文参照）．各制限酵素の上に示された3つ組みの染色体は同一の染色体で，左から順に励起光照射直後，45 秒後，90 秒後の蛍光様態を示す．

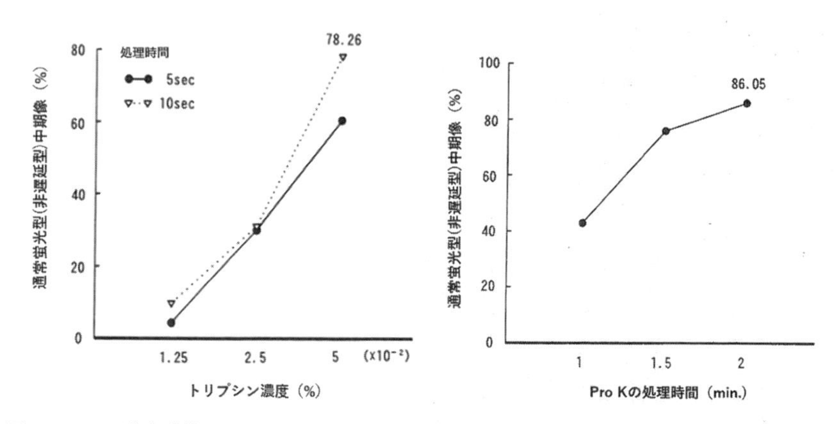

図 4-5-2-6.　蛍光動態に及ぼすトリプシンおよびプロテイナーゼ K（Pro K）の影響．5 sec，トリプシンの処理時間 5 秒；10 sec，トリプシンの処理時間 10 秒．

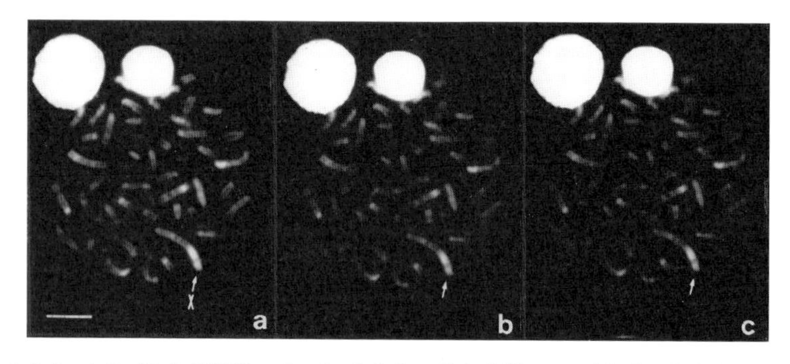

図 4-5-2-7.　トリプシン処理後の Q-バンド染色の蛍光動態．A，励起光照射直後；b，45 秒後；c，1.5 分後．

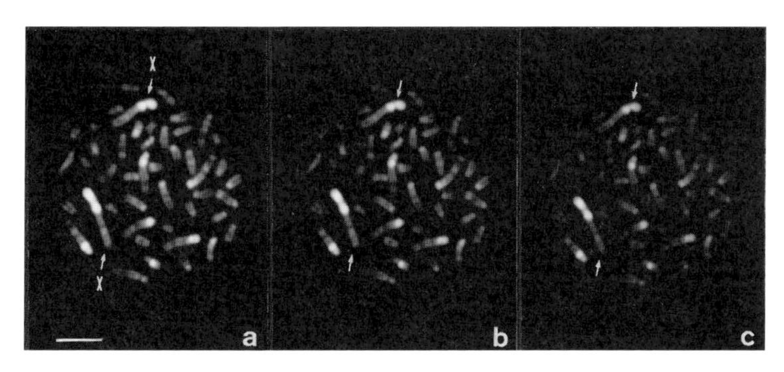

図 4-5-2-8. プロテイナーゼ K 処理後の Q-バンド染色の蛍光動態．A，励起光照射直後；b，45 秒後；c，1.5 分後．

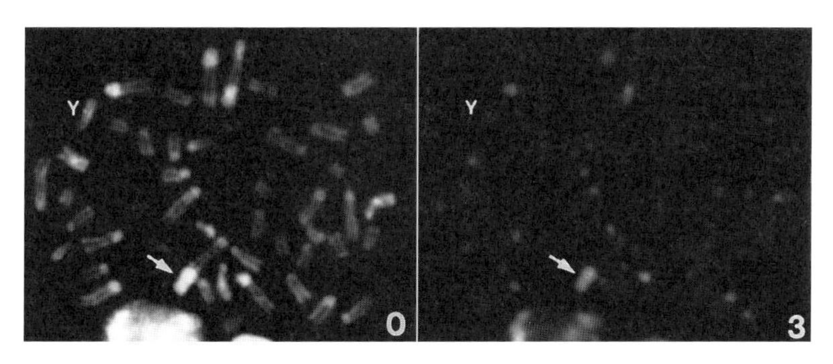

図 4-5-2-9. 0.2N HCl-5% $Ba(OH)_2$ の連続処理後の Q-バンド染色の蛍光動態．0，励起光照射直後；3，照射 3 分後．

ンパク分解酵素であるトリプシンやプロテイナーゼ K（Pro K）で前処理することによって蛍光遅延が解除される（**図 4-5-2-6,7,8**）ので，C-ブロックを構築している核タンパクも蛍光遅延の一因として働いていることは確かであろう（Inuma and Obara 2006）．また，染色体標本を 0.2N HCl 処理しても，5%水酸化バリウム処理しても C-ブロックの蛍光遅延に変化はない（Obara *et al.* 1997）．前者は染色体からヒストン（histone）を除去する処理であり（Comings and Avelino 1974），後者は染色体 DNA を一本鎖に解離させる処理である（Sumner 1990）．したがって少なくともヒストンは蛍光遅延の要因ではないといえよう．興味深いことに，単独処理では蛍光遅延に影響を及ぼさないが，これらを連続処理すると通常の蛍光動態へと転換する（**図 4-5-2-9**）．おそらくこの連続処理によって C-ブロックを構築している高次構造に何らかの変化が

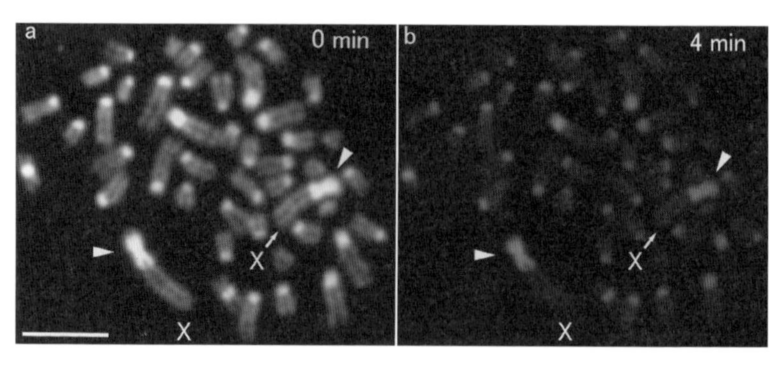

図 4-5-2-10. メチレンブルーによる光酸化後の Q-バンド染色の蛍光動態．a，励起光照射直後；b，励起光照射 4 分後．矢頭，C-ブロック；X，X 染色体．スケールは 10 μm.

おこり，C-ブロックの DNA と結合している QM 分子が励起光照射とともに即刻励起されるに至ったものであろう．また，Nomura *et al.*（2001）および Inuma *et al.*（2009）は，染色体標本をメチレンブルー（MB；methylene blue）で光酸化すると，ただちに蛍光遅延が解除され，通常の蛍光動態へと変換し，かつ光酸化後の蛍光の強さは C-ブロックだけでなく核板全体で強まることを報告している（**図 4-5-2-10**）．Ferrucci and Mezzanotte（1982）の報告によると，MB による光酸化は DNA のグアニン残基を特異的に分解し，このグアニンの崩壊が蛍光の抑制を解除し蛍光強度を強めるという．この見解に立つと，上記の知見は，染色体 DNA の中に散在するグアニン残基が MB 光酸化により崩壊し，染色体全体にわたって DNA 分子に“切れ目（ニック nick）”が生じていることを示すもので，MB 光酸化によるグアニン残基の崩壊がスライド上に固定された染色体標本においても確実に生じ，このグアニン残基の崩壊によって蛍光の抑制がなくなり，本来の蛍光が発出されるようになったものと解釈される．この染色体 DNA のニックの存在を顕微鏡下で検出する手法が *in situ* ニックトランスレーション（*in situ* nick translation）という分子遺伝学的手法で，エキソヌクレアーゼ活性をもつ DNA ポリメラーゼ I と基質ヌクレオチドを使ってニックの部分を埋め合わせるもので，染色体標本上で DNA の合成反応とエキソヌクレアーゼ反応を誘導し，ニックの部分にビオチン-16-dUTP などの標識ヌクレオチドを取り込ませ，その埋め合わせ部分にビオチンと強い親和性をもつアビジン（蛍光物質を結合してある）を結合させることによりニックの存在を蛍光で可視的に検出するものである（Adolph and

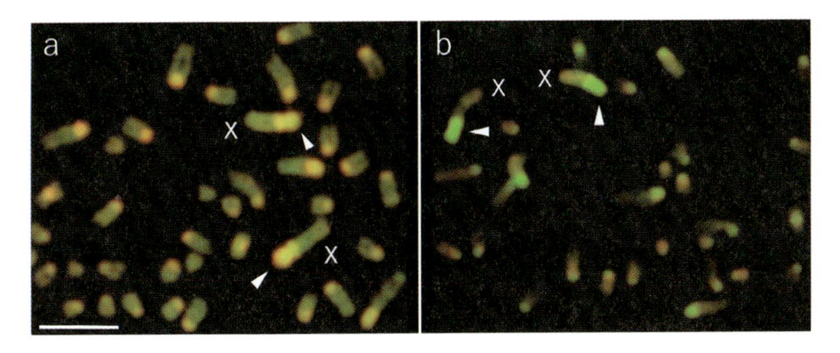

図 4-5-2-11. Q-バンド染色・*in situ* ニックトランスレーションを施し，ローダミン―アビジン・Q-バンド染色した部分的核板像．オレンジ色の部分がニックの存在を表わし，グリーンの部分はニックが存在せず無傷の 2 本鎖 DNA が入っていることを表わしている．グレイがかっている部分はある程度のニックが存在することを意味する．光酸化処理をした核板 a ではオレンジ系の蛍光が全体的に明るく見えるが，特に X 染色体の C-ブロックと常染色体の動原体 C-バンドの部分にニックが多く存在し，X 染色体および常染色体のユークロマチン領域にもある程度のニックが存在していることが見てとれる．光酸化処理をしていない核板 b では，C-ブロックをはじめ常染色体の C-バンド領域はほとんどグリーンで占められ，ニックはほとんど存在しないとみてよい．ユークロマチン領域では多少赤みがかった蛍光がみられるので，ごく少量のニックが生じているのかもしれない．a，メチレンブルーによる光酸化処理；b，光酸化なし．

Hameister 1985)．そこで，光酸化による染色体 DNA のニックをヒメネズミの染色体上で検出するため，MB で光酸化処理を施したヒメネズミの染色体標本と無処理の標本にこの手法を適用した（**図 4-5-2-11**）．この図では，ニックの存在と，ニックの不在による無傷の 2 本鎖 DNA の存在がわかる．また光酸化処理をした核板では，とくに X 染色体の C-ブロックと常染色体の動原体 C-バンドの部分にニックが多く存在し，X 染色体および常染色体のユークロマチン領域にもある程度のニックが存在していることがわかる．一方，光酸化処理をしていない核板では，C-ブロックをはじめ常染色体の C-バンド領域にはニックがほとんど存在しないとみてよいが，ユークロマチン領域ではごく少量のニックが生じているようだ（**図 4-5-2-11**）．

このようにさまざまな特性を示すヒメネズミの C-ヘテロクロマチンの“蛍光遅延”は生物学的あるいは進化学的にどのような意義を持つのか，いまだ謎のままであるが，とりあえずこれまでに得られた観察結果をもとに，蛍光遅延のメカニズムについてまとめる．

ヒメネズミの C-ヘテロクロマチンには Q-バンド染色で取り込まれた QM

分子の励起を妨げるようなこの種特有の高次構造が備わっていて，Q-バンド染色されたヒメネズミの染色体に顕微鏡光源の励起光が照射されると，当初はこの特異構造によりAT塩基対間に結合しているQMの励起が抑えられるが，照射時間の経過とともに励起光そのものによって光酸化が進み，グアニンが次第に崩壊しその結果としてDNAニックが増える．またグアニンそのものによる励起抑制の効果も減少し，2本鎖DNAの切断も増えてくる．これに伴って本来のクロマチン構造が変形し，QM分子の励起の抑制効果がさらに失われ，QM分子が順次励起され，蛍光遅延としてとらえられることになるのであろう．タンパク分解酵素処理や光酸化処理，0.2 N HCl-5% $Ba(OH)_2$の連続処理，制限酵素*Alu*I・*Rsa*I処理による蛍光動態の転換の知見はいずれもこの見解のベースになっている．

4-5-3. 日本産ハツカネズミ属の核学的特性

日本列島には，汎世界的に分布するハツカネズミ（*Mus musculus*）がほぼ全域に，オキナワハツカネズミ（*Mus caroli*）が沖縄島にそれぞれ認められる（Ohdachi *et al.* 2015）．なおハツカネズミは外来性とされるが，農耕文化以降の穀物の伝来とともに日本列島に移入してきたと考えられており（森脇 1989；Moriwaki et al. 1994），日本列島産の個体は，背面が野生色，腹面が淡色という独自の毛色や形態を有することが知られ（**図 4-5-3-1**），亜種ニホンハツカネズミ（*Mus musculus molossinus*）とされる（Marshal and Sage

図 4-5-3-1. 日本産ハツカネズミ（千葉県産）．

1981；Marshal 1998；Suzuki and Iwasa 2013；Iwasa and Udagawa 2016）が，分類学的位置づけについては異論がある（Marshal 1998；Wilson and Reeder 2005）．分子を用いた系統学的解析から，ハツカネズミはマケドニアハツカネズミ（*Mus macedonicus*）やアルジェリアハツカネズミ（*Mus spretus*），ツカハツカネズミ（*Mus spicilegus*）に近縁とされ，一方オキナワハツカネズミはクックハツカネズミ（*Mus cookii*）やクチバハツカネズミ（*Mus cervicolor*）に近縁と考えられている（Auffray *et al.* 2003；Suzuki *et al.* 2004；Cazaux *et al.* 2011）．なお愛玩用のパンダマウスとしても知られるJF1（**図 4-5-3-2**）という実験用マウスは，日本産ハツカネズミから作り出された系統とされている（Koide *et al.* 1998）．

ハツカネズミの染色体数は一般に $2n=40$ で，すべてA型から構成される

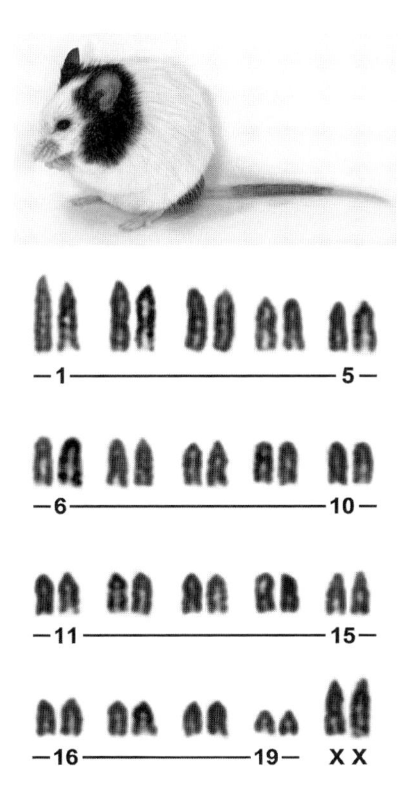

図 4-5-3-2. ハツカネズミ（JF1）の外観（上）の通常ギムザ染色核型（下）．JF1は，日本産ハツカネズミから実験用マウスとして系統化された．

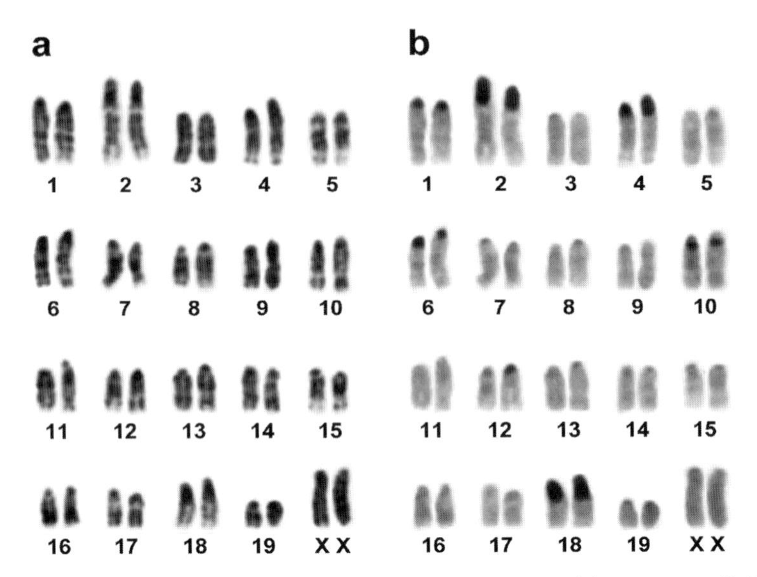

図 4-5-3-3. ハツカネズミ（神奈川県藤沢市産）の G-バンド核型（a）と C-バンド核型（b）（連続処理を行った同一の核型）（Myoshu and Iwasa 2016 を改変）．日本産ハツカネズミでは，一般に第 2 および第 18 染色体の C-バンド濃染部が顕著に大きく，また相同対間で大きさが異なる多型を示す．

（**図 4-5-3-2**）．したがって，形態から個々の染色体を同定するのは困難であり，Q-バンド染色や G-バンド染色により個々の染色体を識別しなければならない（Cowell 1984；Committee on Standard Genetic Nomenclature for Mice 1972；**図 4-5-3-3**）．ヨーロッパ産の亜種イエハツカネズミ（*Mus musculus domesticus*）（Marshal 1998；Wilson and Reeder 2005）を起源とする実験用マウス系統（C57BL/6 など）は，全染色体の動原体部に C-バンド濃染部を有するが（Miller *et al.* 1976），日本産ハツカネズミは，多くの染色体の動原体部に C-バンド濃染部を欠き，また第 2 および第 18 染色体の C-バンド濃染部が顕著に大きく，さらにその量的変異による多型がみられる（Moriwaki *et al.* 1985, 1986, 2009；Myoshu and Iwasa 2016；**図 4-5-3-3**）．このようなヘテロクロマチンの量的変異は，不等交叉（unequal crossing-over，または不等乗換え）や重複などに起因すると考えられ，カワネズミの第 1 染色体などでもみられる現象である（Obara *et al.* 1996；Nakanishi and Iwasa 2013，第 4 章 4-1-1 参照）．なお，日本産ハツカネズミの一部の染色体の動原体部には，反復配列であるメジャーサテライト DNA（major satellite DNA）が多く偏在し（**図**

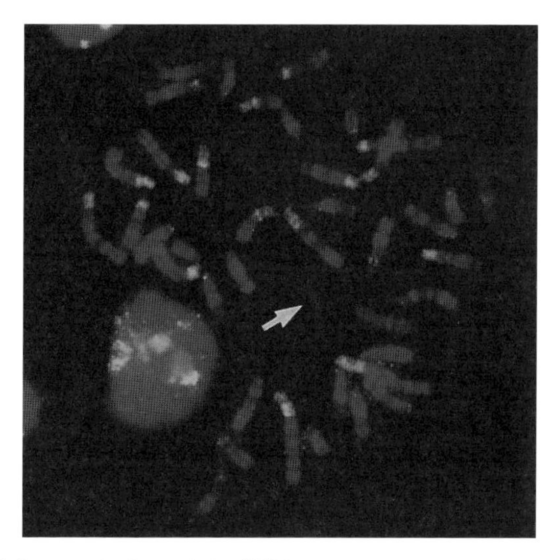

図 4-5-3-4. 日本産ハツカネズミの分裂中期核板にメジャーサテライト DNA の偏在を FISH 法により検出した像（松田 1994 を改変して転載）．白く明るく見える部位がメジャーサテライト DNA の偏在部位（原図はカラー）．矢印は Y 染色体を示す．

4-5-3-4），またこの偏在部位は C-バンド濃染部とほぼ一致することから，C-バンド濃染部の量的変異は，このメジャーサテライト DNA のコピー数に起因するものと考えられている（松田 1994）．

一方，ヨーロッパ産ハツカネズミなどでは，著しいロバートソン型再配列による染色体種族が知られ（Piálek *et al.* 2005），例えば北大西洋に位置するポルトガル領マデイラ島の亜種イエハツカネズミには，6 つの染色体種族（核型）が存在し，これらが適応的なプロセスとは関係なく，地理的隔離（geographic isolation）と遺伝的浮動（genetic drift）によって新たな核型を生じさせ，急速に多様性を産出していることが知られる（Britton-Davidian *et al.* 2000，**図 4-5-3-5**）．しかし日本列島において，このような染色体種族を構成するロバートソン型再配列はほとんど認められておらず，小笠原諸島において，亜種イエハツカネズミと亜種ニホンハツカネズミの交雑に起因するとされる第 9 染色体と第 15 染色体間の転座に関して報告されている程度である（Moriwaki *et al.* 1984）．なお日本産ハツカネズミの染色体に関する研究において，キナクリンマスタード/ヘキスト 33258 染色による動原体部の強蛍光部位を「C-バンド」

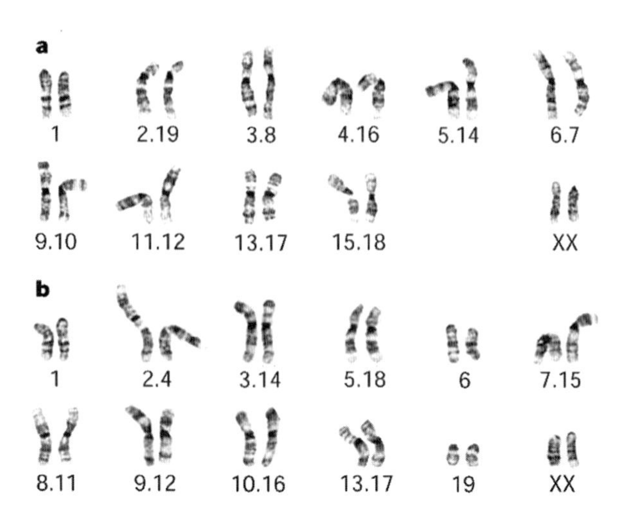

図 4-5-3-5. Britton-Davidian *et al.*（2000）による，ハツカネズミの亜種イエハツカネズミの代表的な2つの染色体種族（a：$2n=22$，b：$2n=24$）のG-バンド核型．各番号は，ロバートソン型再配列を生じていない標準核型（$2n=40$）の染色体番号（**図 4-5-2-2** 参照）を表し，どの染色体同士がロバートソン型融合を起こしたのかを示している（Britton-Davidian *et al.* 2000 より転載）．

としている先行研究が多い（Moriwaki *et al.* 2009）が，厳密にはC-バンド濃染部が真の「C-バンド」であり，両者がバンドの位置として一致しているにすぎず，蛍光染色による強蛍光部位を「C-バンド」と称するのは，厳密に正しくない．

オキナワハツカネズミについては，染色体の研究例はあるものの，染色体構成についての詳細は言及されておらず，$2n=40$ という染色体数が報告されているのみで，詳細な核型についてはわかっていない（Tsuchiya 1979；土屋 1981；Matsuda *et al.* 1994；Auffray *et al.* 2003；Cazaux et al. 2011）．

4-5-4. 日本産クマネズミ属・トゲネズミ属・ケナガネズミ属の核学的特性

クマネズミ属（*Rattus*）として，汎世界的に分布するクマネズミ（*Rattus rattus*）およびドブネズミ（*Rattus norvegicus*）がほぼ日本列島全域に，ポリネシアネズミ（*Rattus exulans*）が先島諸島の宮古島に，それぞれ認められており，いずれも外来性とされる（Ohdachi *et al.* 2015）．

クマネズミの染色体数は $2n=42$ であるが，挟動原体逆位やロバートソン型再配列による染色体多型（chromosomal polymorphism）を有する（土屋 1970, 1979a；Yosida 1980）．クマネズミの第1染色体には，挟動原体逆位に起因するA型とST型が認められ，A型/A型，A型/ST型，ST型/ST型という3つの組み合わせのパターンが存在する．日本列島では，A型/A型の頻度がもっとも高いが，地域によってA型/ST型，ST型/ST型が低頻度ながら出現してくる（Yosida 1980）．これらの多型は，日本列島以外の地域でも認められている（Yosida 1980）．また過剰染色体（B染色体）を有していた例が報告されている（土屋 1979a）．なおアジア産のクマネズミを別種タネズミ（*Rattus tanezumi*）とする知見もある（Wilson and Reeder 2005）．日本を含むアジアに広く分布するクマネズミを別種タネズミとする根拠として，染色体数の違いがその1つに挙げられている．タネズミの染色体数は$2n=38$とされ（Yosida 1975, 1980），クマネズミの$2n=42$との差異はすべてロバートソン型再配列で説明される．また$2n=42$と$2n=38$の交雑個体である$2n=40$の個体も確認されている（Yosida 1975）．しかしクマネズミとタネズミの分類学的な関係ははっきりしていないのが現状である．なお，クマネズミの染色体に関する知見は，「Cytogenetics of the Black Rat —Karyotype Evolution and Species Differentiation（Yosida 1980）」という総説書が出版されているので，そちらを参考にされたい．

ドブネズミの染色体数も$2n=42$であり，形態やバンドパターンは，クマネズミとほぼ同じである（Yosida and Amano 1965；Tsuchiya 1979；土屋 1979a, 1981；Yosida 1980，**図4-5-4-1**）．第1染色体は通常ST型であるが，クマネズミと同様，A型/ST型が出現する多型が認められている（土屋 1979a）．また第3染色体は通常A型であるが，やはりA型/ST型の多型が報告されている（Yosida and Amano 1965；土屋 1979a）．

ポリネシアネズミは，1955年に宮古島で初めて採集され，2001年に本種と同定された（Motokawa *et al.* 2001）．船舶等にまぎれて非意図的に導入されたものと考えられている（日本生態学会 2002）．宮古島産のポリネシアネズミの核型は知られていないが，原産地の個体の染色体数は$2n=42$で，ドブネズミやクマネズミとほぼ同じであるが，バンドパターンに若干の差異が認められている（Yosida 1980；Motokawa *et al.* 2001）．

トゲネズミ属（*Tokudaia*）には，奄美大島にアマミトゲネズミ（*Tokudaia osimensis*），徳之島にトクノシマトゲネズミ（*Tokudaia tokunoshimensis*），沖縄島にオキナワトゲネズミ（*Tokudaia muenninki*）の3種が認められてい

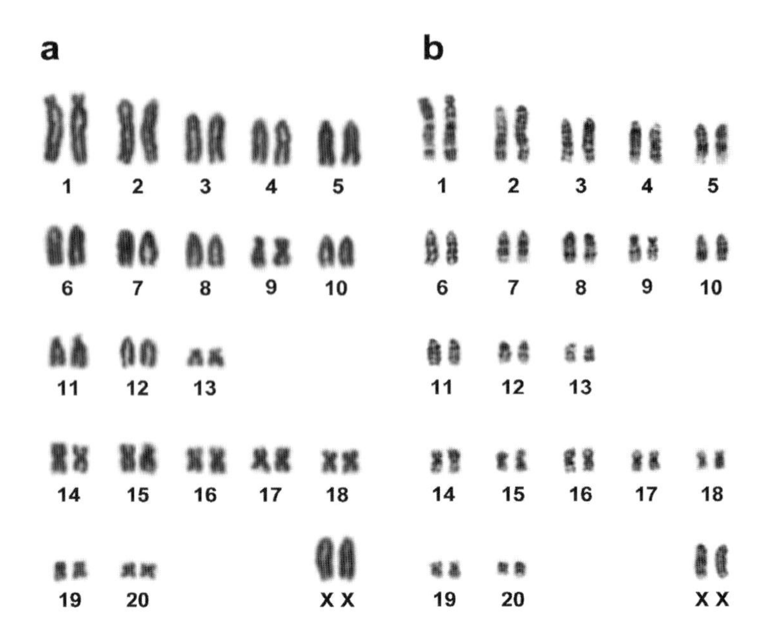

図 4-5-4-1. ドブネズミ（北海道札幌市産）の通常ギムザ染色核型（a）とG-バンド核型（b）．染色体番号は，Yosida（1980）にしたがった．第1染色体はST型/ST型を呈する．

る（Ohdachi *et al.* 2015）．これらは島ごとに染色体構成が異なり，染色体数はアマミトゲネズミが雌雄ともに$2n=25$（XO），トクノシマトゲネズミが雌雄ともに$2n=45$（XO），オキナワトゲネズが$2n=44$（雌XX，雄XY）となっている（土屋ほか 1989）．このうち，アマミトゲネズミおよびトクノシマトゲネズミの雌雄に認められるXO型のX染色体には，Y染色体の遺伝子が存在することが知られ（Arakawa *et al.* 2002；Ohdachi *et al.* 2015），Y染色体がX染色体に転座したことを示唆している．ただし，もっともよく知られるY染色体上の雄化性決定遺伝子*Sry*（sex determining region on Y）は，消失している（Sutou *et al.* 2001；黒岩 2009）．一方，両種は染色体数が大きく異なるが，マウス染色体のプローブを用いた染色体ペインティングの結果から，両種の間にはロバートソン型融合と縦列転座（tandem translocation）といった染色体再配列を介した近縁性が認められている（Nakamura *et al.* 2007）．またアマミトゲネズミのX染色体はSM型，トクノシマトゲネズミのX染色体は

ST型であるが，両者の遺伝子オーダー（遺伝子が染色体上に並んでいる順）は変わらないため，これらの形態の違いは挟動原体逆位に起因するものではなく，動原体の位置の変化（centromere repositioning），すなわち動原体シフト（centromere shift）により生じたと考えられている（Kobayashi *et al.* 2008）．なお，トゲネズミ属の染色体に関しては，黒岩麻里のグループが精力的に研究を進めており，今後の展開が期待される．

ケナガネズミ属（*Diplothrix*）には，奄美大島・徳之島・沖縄島に分布するケナガネズミ（*Diplothrix legata*）1種のみが認められる（Ohdachi *et al.* 2015）．染色体数は，$2n=44$ という報告もあったが（Tsuchiya and Yosida 1971，Tsuchiya 1979），その後の研究で $2n=42$ とされ，雌の性染色体はXXでサイズの違いによる異形対，雄はXYとされる（土屋 1981）．ただし，X染色体のサイズの違いや核型全体についての詳細はよくわかっていない．分子系統学的研究（Suzuki *et al.* 2000）によると，ケナガネズミはクマネズミ属（*Rattus*）と非常に近縁であり，クマネズミやドブネズミと同じ $2n=42$ という染色体数は，その近縁性を反映しているのかもしれない．

4-6. キヌゲネズミ科齧歯類の核学的特性

4-6-1. ハタネズミ属の核学的関係

ハタネズミ属（*Microtus*）はキヌゲネズミ科の1属で，この仲間は概して体形がふっくらと丸く，尾が短いのが特徴で，体毛に埋もれてしまうような小さな耳介が *Microtus* という学名（micro 小さい・otus 耳）の語源となっている．主に草地に生息し，基本的に草食で草や木の実・根茎等を餌とする半地下生活者である．その分布域はユーラシア大陸と北米大陸だけであるが，種数が多く62種が知られている（Wilson and Reeder 2005）．1つの属で60余種というのは哺乳類としては非常に多いということで，ハタネズミ属は哺乳類の中ではもっとも種数の多い属の1つであり，いいかえれば種分化がもっとも著しい属の1つでもある．ハタネズミ属に関しては，これまでにそのほとんどの種で染色体が調べられている（**表 4-6-1-1**）．染色体数は $2n=17$ から $2n=64$ まで種によって幅広く異なり，きわめて多様である．染色体数が複数示されている種は亜種間ないしは地域集団間で染色体数が異なるいわゆる染色体多型や雌雄で異数性を示す種で，オレゴンハタネズミ（*Microtus oregoni*）・サンガクハタネズミ（*Microtus montanus*）・ツンドラハタネズミ（*Microtus oeconomus*）など

表 4-6-1-1. ハタネズミ属（*Microtus*）の染色体数一覧.

種名	2*n*	文献
オレゴンハタネズミ *M. oregoni*	17/18	1, 2
サンガクハタネズミ *M. montanus*	22/24	3, 4
ハイオハタネズミ *M. canicaudus*	24	3
キクチハタネズミ *M. kikuchii*	30	5, 6
ハタネズミ *M. montebelli*	30/31	1, 7, 8
ツンドラハタネズミ *M. oeconomus*	30/31/32	9, 10, 11
ホソガオハタネズミ *M. gregalis*	36	1, 12
ミズベハタネズミ *M. limnophilus*	38	13
シベリアハタネズミ *M. mujanensis*	38	1, 14
エボロンハタネズミ *M. evoronensis*	38/40	1, 15
アムールハタネズミ *M. maximowiczii*	36-44	1, 16
トマスマツネズミ *M. thomasi*	40/42/44	17, 18, 19
M. nasarovi＝コーカサスマツネズミ *M. daghestanicus*	42	1
メキシコハタネズミ *M. mexicanus*	44/48	1, 4, 20
ユーラシアハタネズミ *M. arvalis*	46/47	21, 22, 23
マサチューセッツハタネズミ *M. breweri*	46	1, 3
M. obscurus＝ユーラシアハタネズミ *M. arvalis*	46	24
アメリカハタネズミ *M. pennslyvanicus*	46	1, 3, 25
トルコハタネズミ *M. dogramachii*	48	26
M. sikimensis＝シッキムマツネズミ *Neodon sikimensis*	48	27
キタハタネズミ *M. agrestis*	50	1, 28
ミッデンドルフハタネズミ *M. middendorffii*	50	29
M. hyperboreus＝ミッデンドルフハタネズミ *M. middendorffii*	50/52	1, 30
モンゴルハタネズミ *M. mongolicus*	49/50	1, 31
サハリンハタネズミ *M. sachalinensis*	50	1
タウンゼントハタネズミ *M. townsendii*	50	1, 18
ヨシハタネズミ *M. fortis*	52	1, 32
M. subarvalis＝ルーマニアハタネズミ *M. levis*	52	23
バルチスタンハタネズミ *M. transcaspicus*	52	1, 33
プレーリーハタネズミ *M. ochrogaster*	52/54	1, 20, 25

1, O'Brien *et al.* 2006；2, Modi 1987a；3, Modi 1986；4, Judd *et al.* 1980；5, Mekada *et al.* 2001；6, Harada *et al.* 1991；7, 山影ほか 1985；8, Kyoya *et al.* 2008；9, Fredga and Bergström 1970；10, Fredga *et al.* 1980；11, Fredga *et al.* 1990；12, Fedyk 1970；13, Malygin *et al.* 1990；14, Lemskaya *et al.* 2015；15, Kovalskaya and Sokolov 1980；16, Kartavtseva *et al.* 2008；17, Giagia-Athanasopoulou and Stamatopoulos 1997；18, Acosta *et al.* 2009；19, Rovatsos *et al.* 2011；20, Modi 1987b；21, Ashley *et al.* 1989a；22, Zima *et al.* 1992；23, Mazurok *et al.* 1996；24, Yorulmaz *et al.* 2013；25, Modi *et al.* 2003；26, Şekeroğlu *et al.* 2011；27, Mekada *et al.* 2002；28, Ashley *et al.* 1989b；29, Matthey and Zimmermann

種名	2*n*	文献
ヨーロッパマツネズミ *M. subterraneus*	52/54	1, 34, 35
カリフォルニアハタネズミ *M. californicus*	53/54	1, 20, 36
ベーリングハタネズミ *M. abbreviatus*	54	12
イベリアハタネズミ *M. cabrerae*	54	25, 37, 38
M. carruthersi＝タカネマツネズミ *Neodon juldaschi*	54	39
コーカサスマツネズミ *M. daghestanicus*	54	1
M. epiroticus＝ルーマニアハタネズミ *M. levis*	54	40, 41
バルカンマツネズミ *M. felteni*	54	42
ギュンターハタネズミ *M. guentheri*	53/54/60	1, 43, 44
M. hartingi＝ギュンターハタネズミ *M. guentheri*	54	43
カザフスタンハタネズミ *M. ilaeus*	54	25
イランハタネズミ *M. irani*	46/48/54/60/62/64	33, 43
M. juldaschi＝ タカネマツネズミ *Neodon juldaschi*	54	1, 39
M. kirgisorum＝ カザフスタンハタネズミ *M. ilaeus*	54	1, 45, 46
トルコマツネズミ *M. majori*	54	1, 35
M. mystacinus＝ユーラシアハタネズミ *M. arvalis*	54	33
M. nivalis＝ヨーロッパユキハタネズミ *Chionomys nivalis*	54/56	38, 47
カズヴィーンハタネズミ *M. qazvinensis*	54	33
M. rossiaemeridionalis＝ルーマニアハタネズミ *M. levis*	54	1, 25, 33
サヴィマツネズミ *M. savii*	54	48
エルブルズマツネズミ *M. schelkovnikovi*	54	1
アラスカハタネズミ *M. miurus*	56	25
アメリカミズハタネズミ *M. richardsoni*	56	1, 20, 36
アナトリアハタネズミ *M. anatolicus*	60	49, 50
キバナハタネズミ *M. chrotorrhinus*	60	25
シャカイハタネズミ *M. socialis*	60/62	1, 33, 43
チチュウカイマツネズミ *M. duodecimocostatus*	62	34
トルクメニスタンハタネズミ *M. paradoxus*	62	33, 51
アメリカマツネズミ *M. pinetorum*	62	1, 20
オナガハタネズミ *M. longicaudus*	62/64	1, 2, 20

1961；30, Liapounouva and Krivosheyev 1969；31, Yatsenko *et al.* 1980；32, Kartavtseva and Kryukov 1998；33, Mahmoudi *et al.* 2014；34, Gamperl *et al.* 1982；35, Macholán *et al.* 2001；36, Modi 1985；37, Burgos *et al.* 1988；38, Burgos *et al.* 1990；39, Gileva *et al.* 1982；40, Zima *et al.* 1981；41, Fredga *et al.* 1990；42, Mitsainas *et al.* 2010；43, Zima *et al.* 2013；44, Chassovnikarova *et al.* 2008；45, Mazurok *et al.* 1994；46, Zima and Macholán 1995a；47, Matthey 1947；48, Galleni *et al.* 1992；49, Kefelioğlu and Kryštufek 1999；50, Yavuz *et al.* 2009；51, Zykov and Zagorodnyuk 1988. 文献は3篇までとした.

20種近い種で確認されており，個体変異として報告されているものもある．2*n*の染色体数がこれだけ幅広く異なるということは，核型も相応に多様であるということを意味するが，同じ染色体数を示す種どうしであっても染色体構成は大きく異なることが多く，*Microtus obscurus*（＝ユーラシアハタネズミ *Microtus arvalis*）やトルコハタネズミ（*Microtus dogramacii*）・*Microtus carruthersi*（＝タカネマツネズミ *Neodon juldaschi*）・アナトリアハタネズミ（*Microtus anatolicus*）などで報告されているように1つの種内で染色体数が同じでも挟動原体逆位などで基本数（常染色体総腕数）が変わり核型に違いが生じたり（Yorulmaz *et al.* 2013；Şekeroğlu *et al.* 2011；Gileva *et al.* 1982；Yavuz *et al.* 2009），メキシコハタネズミ（*Microtus mexicanus*）では地域集団による染色体数の違いに加え集団内での基本数の違いも知られている（Lee and Elder 1977）．このようにハタネズミ属は哺乳類の中では核型の変化がもっとも著しい属の1つといえるであろう．

核型の多様性を生み出すおもな要因は染色体の突然変異すなわち染色体の切断と再結合によって生じるさまざまなタイプの染色体再配列にあるが，キタハタネズミ（*Microtus agrestis*）やイベリアハタネズミ（*Microtus cabrerae*）・*Microtus rossiaemeridionalis*（＝ルーマニアハタネズミ *Microtus levis*）・キバナハタネズミ（*Microtus chrotorrhinus*）などで知られているようにC-ヘテロクロマチンの重複による染色体の伸長もその一因となっている（Burgos *et al.* 1988, 1990；Ashley *et al.* 1989b；Modi 1992, 1993a, b；Neitzel *et al.* 1998；Modi *et al.* 2003）．第1章で解説したように，染色体再配列とは染色体に切断や再結合などの構造的な変化が生じ新たな染色体が形成されることであり，このような染色体突然変異が生殖細胞に生じ，その子孫がもとの集団と生殖的に隔離されるようであれば，新たな核型をもつ集団が形成され新しい種の分化につながってゆくであろう．種間のみならず種内でも核型に著しい多様性がみられるハタネズミ属においては，C-ヘテロクロマチンの重複も含め染色体の構造的変化が新しい種の分化に主要な役割を果たしてきたといえるであろう．

日本で唯一のハタネズミ属であるハタネズミ（*Microtus montebelli*）は本州・九州・佐渡・能登島にのみ分布する日本固有種である（**図4-6-1-1**）．本種は半地下棲（semi-fossorial）で，造林地や河川敷・草地などで比較的浅い地中に網目状の巣穴を作り生活している．ハタネズミの染色体については山影ほか（1985）がG-バンド染色，C-バンド染色およびAg-NOR-バンド染色の

図 4-6-1-1. ハタネズミ.

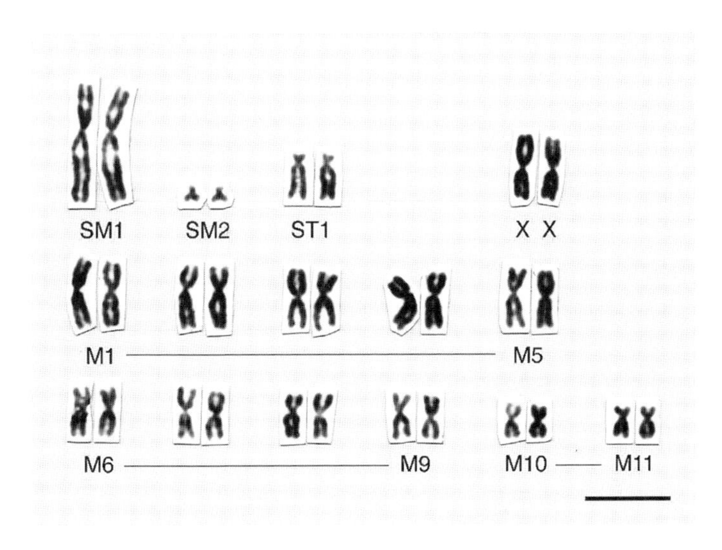

図 4-6-1-2. 通常ギムザ染色によるハタネズミ（雌）の核型. スケールは 10 μm.

核型を報告し, Fredga *et al.*（1980）が報告した北欧産のツンドラハタネズミのそれと詳細に比較しているので, その分析結果を中心に稿を進めよう.

ハタネズミの染色体数は $2n=30$ で, 常染色体はすべて両腕性染色体（M 型が 11 対, SM 型が 2 対, ST 型が 1 対）からなり, X 染色体は M 型, Y 染色体は A 型である（**図 4-6-1-2, 4-6-1-3, 4-6-1-4**）. 一番大きい SM1 染色体の長腕の動原体寄りのところに小さな二次狭窄が認められる. 二次狭窄は通常リ

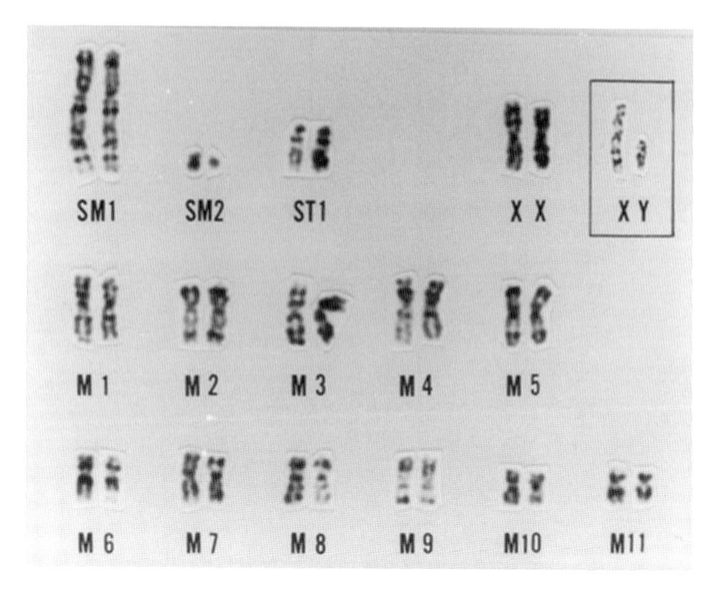

図 4-6-1-3. ハタネズミ（雌）の G-バンド核型．方形枠内の性染色体は，他の個体（雄）からのもの．

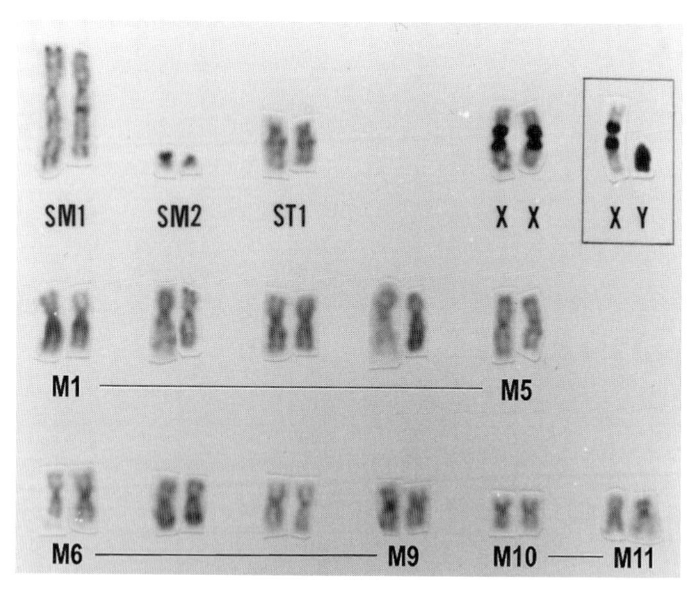

図 4-6-1-4. ハタネズミ（雌）の C-バンド核型．方形枠内の性染色体は，他の個体（雄）からのもの．

ボソーム RNA 遺伝子の遺伝子座として存在し，Ag-NOR-バンド染色によって特異的に染め分けられる．しかし，ハタネズミの場合は小さな二次狭窄であるためか，Ag-NOR は細胞によっては痕跡的であったり，観察されなかったりする．典型的な Ag-NOR-バンドは SM1 染色体と M6 染色体の短腕末端に位置している．M 型の染色体は X 染色体を含め大きさが似ているので，通常ギムザ染色では個々の染色体を特定することはできない．しかし G-バンド染色を施すと，そのバンドパターンによって相同対の決定はもちろん，すべての染色体を特定できる（**図 4-6-1-3**）．第 4 章 4-1-1 で紹介したカワネズミの例から示唆されるように，G-バンドそのものは染色体再配列が生じないかぎり何百万年という時を経ても変わることのない安定した形質であり，この安定性のゆえに G-バンドパターンの変遷から核型進化の経緯を追跡できるのである．

次にハタネズミの C-バンド核型をみてみよう（**図 4-6-1-4**）．齧歯目の場合，C-バンドは動原体部に認められることが多いが，ハタネズミでは動原体部は微かに染まるだけで，濃染する典型的な C-バンドがみられるのは性染色体だけである．X 染色体では長腕と短腕の動原体近傍が大きく濃染され，その濃染部は X 染色体全長のほぼ 41％を占める．X 染色体の動原体両側を占めるこのようなブロック状の C-バンド（C-ブロック）はハタネズミにしかみられない特有のパターンである．一方，Y 染色体は全体的に濃染される．ハタネズミと同じ $2n=30$ の染色体数をもつのがツンドラハタネズミとキクチハタネズミ（*Microtus kikuchii*）で（**表 4-6-1-1**），Fredga *et al.*（1980）がスカンジナビア半島のツンドラハタネズミを使って G-バンド染色，C-バンド染色および Ag-NOR-バンド染色の分染核型を報告している．そこで，上に示した分染核型と彼らの分染核型をもとにハタネズミとツンドラハタネズミの混成核型を作製した（**図 4-6-1-5**）．この混成核型から，これら両種の常染色体はすべて相同染色体のように完璧な G-バンド相同性を示すこと，X 染色体はハタネズミの方が幾分大きく，矢印で示したハタネズミの短腕と長腕の動原体近傍部がツンドラハタネズミでは見当たらず，その違いは C-ブロックの有無に起因していることがわかる．一方，典型的な Ag-NOR の分布パターンは両種間で明瞭に異なり，ハタネズミでは SM1 染色体と M4 染色体の短腕末端部に，ツンドラハタネズミでは SM1 染色体の二次狭窄部と SM2 染色体両腕末端に検出される（**図 4-6-1-6**）．これほどの高い G-バンドの相同性は両種が系統的に近いというだけでなく，もっとも近縁な関係，すなわち互いに姉妹種であるという

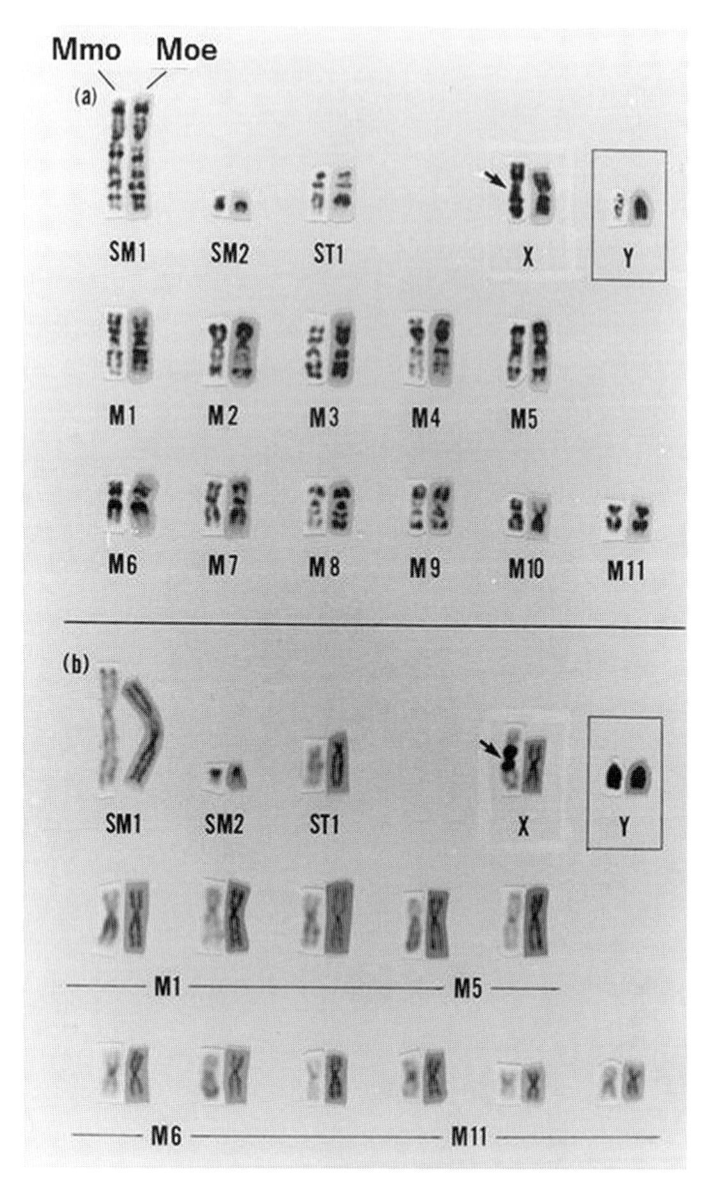

図4-6-1-5. ハタネズミ（Mmo）とツンドラハタネズミ（Moe）の混成G-バンド核型（a）・混成C-バンド核型（b）. 矢印, X染色体のC-ブロック及びそれに対応するG-バンド領域. 方形枠内の性染色体は, 他の個体からのもの.

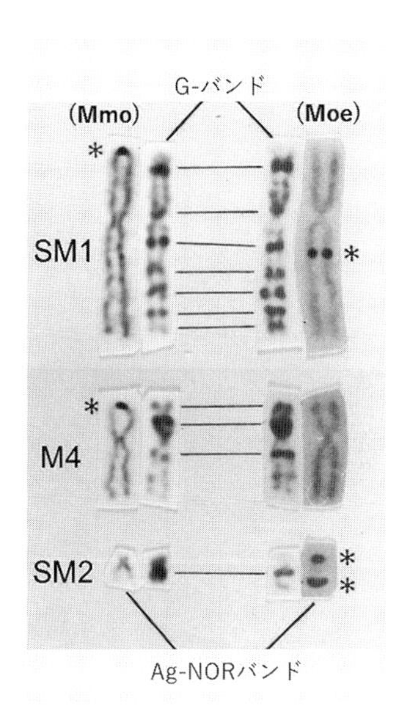

図 4-6-1-6. ハタネズミ（Mmo）とツンドラハタネズミ（Moe）の G-バンド染色および Ag-NOR-バンド染色を施した部分核型（M1，M4 および SM2 染色体）．アステリスク，Ag-NOR.

可能性をも示唆する．一般に姉妹種は同所的種分化によるものであれば，両者の分布は重なっていることになり，異所的種分化によるものであれば互いに近接した分布となる．このことを念頭に両種の分布域をみてみると，ツンドラハタネズミは，東は北アメリカ大陸北西部からシベリアを経て西はヨーロッパ北西部までの寒帯～亜寒帯に分布し，60 数種を擁するハタネズミ属の中でもっとも広い分布域を占めている（Wilson and Reeder 2005）．ユーラシア大陸北東部に限れば，ハバロフスク地方北部・アムール地方北部を含む北東シベリア，中国内モンゴル北部，モンゴル北部…がその分布域である（**図 4-6-1-7**）．2 つの大陸にわたる分布の広がりを考えるとハタネズミよりツンドラハタネズミの方が古い種であるとみなされる．一方，X 染色体の相対長を計測すると，ツンドラハタネズミは 5.93%で X 染色体の一般的なサイズの範囲に入り，ハタネズミは 7.97%で例外的に大きな値を示した（山影ほか 1985）．この計測結果は先に述べたように，C-ヘテロクロマチンの重複伸長によって C-ブロックが形成され，その分だけ X 染色体が大きくなったことを示すもので，Ohno's rule（Ohno 1970）に則り，ハタネズミの方が派生的な種と考えてよいであろ

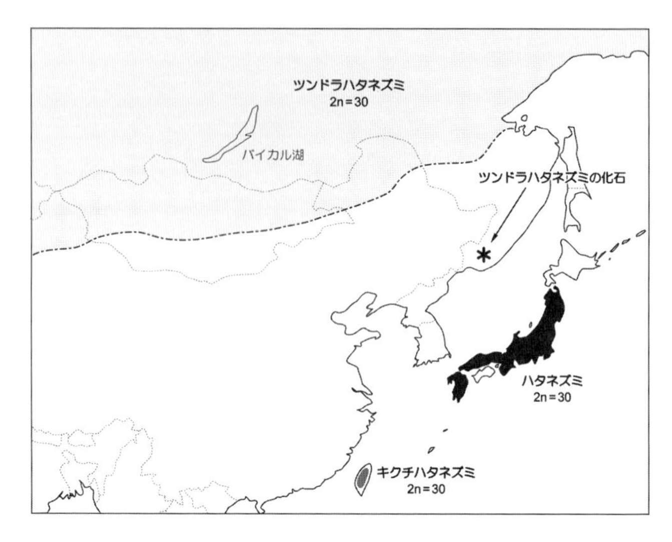

図 4-6-1-7. ハタネズミ，ツンドラハタネズミ，キクチハタネズミの分布．

う．現在，極東ロシア南部（ハバロフスク地方南部や沿海地方）にはツンドラハタネズミが生息していないが，沿海州の Sikhote-Alin 山脈南端に位置する Medvezhyi Klyk Cave や Bliznets Cave などの洞窟（**図 4-6-1-7**）でツンドラハタネズミの化石が数多く見つかっている（Alexeeva and Golenishchev 1986；Panasenko and Tiunov 2010；Voyta *et al.* 2011；Haring *et al.* 2015）．朝鮮半島での化石情報は不明であるが，日本国内では山口県の秋吉台や高知県の猿田洞遺跡の後期更新世堆積層からハタネズミの化石のほかにツンドラハタネズミの仲間（化石種 *Microtus epiratticepoides*）も見つかっている（Kawamura 1988；河村・西岡 2011；西岡ほか 2011）．サハリンや北海道からはツンドラハタネズミの化石記録がないので，おそらく更新世末期の最終氷期の頃，シベリア北東部から大陸を南下したツンドラハタネズミの集団の一部が原日本列島とつながった陸橋（原朝鮮半島）を経由して進出し，やがて大陸から分離した現日本列島の環境の中で C-ブロックの形成や NOR の転座などを介しハタネズミが姉妹種として分化したものであろう．また，台湾には $2n=30$ のキクチハタネズミが生息しており，その核型は常染色体 1 対（Fredga *et al.* 1980 の M11 染色体に相当）に認められる挟動原体逆位と思われる再配列を除くと，X 染色体も含めツンドラハタネズミと酷似している（Mekada *et al.* 2001）．台湾

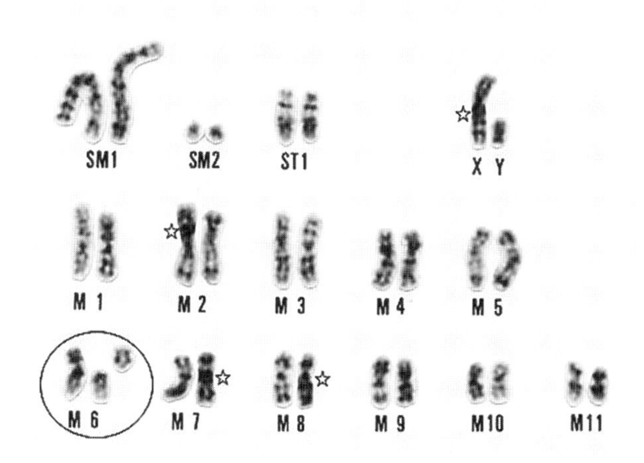

図 4-6-1-8. ハタネズミの G-バンド核型．M6 染色体のロバートソン型開裂に起因するヘテロ接合の変異個体（2n=31）．星印，染色体の重なり部分．

もまた最終氷期の頃は大陸と接していたので，キクチハタネズミもまたハタネズミと同様に，現台湾が大陸から分離した後にツンドラハタネズミを祖先種として異所的に形成された姉妹種であろう．

ツンドラハタネズミに関しては，ノルウェイ南部とスウェーデン中部の集団に $2n=31$ や $2n=32$ の変異個体が多数報告されている（Fredga and Bergström 1970；Fredga *et al.* 1980, 1986）．G-バンド分析により，これらの変異個体は M8 染色体のロバートソン型開裂によるもので，$2n=31$ の個体は M8 染色体の相同対の一方がロバートソン型開裂し，2 本の A 型染色体となったヘテロ接合（heterozygosity）の個体で，$2n=32$ の個体は M8 染色体の相同対が両方ともロバートソン型開裂し，4 本の A 型染色体をもつホモ接合の個体であることが証明されている．日本のハタネズミにおいても同様の染色体変異が 2 個体報告されている（Kyoya *et al.* 2008）．その分析内容を紹介すると，ハタネズミの場合は M6 染色体の相同対の一方がロバートソン型開裂したことにより $2n=31$ となったもので（**図 4-6-1-8**），2 個体とも産業廃棄物の大規模な不法投棄場で捕獲されたものである．この産廃投棄場に生息するハタネズミの染色体を調べると，染色体数の変異とは別に染色体の切断やギャップが数多く観察される．染色体の切断とは片方ないし両方の染色分体（chromatid）に切れ目が入り非染色となっている部分が染色分体の幅より大きくなっているものを指

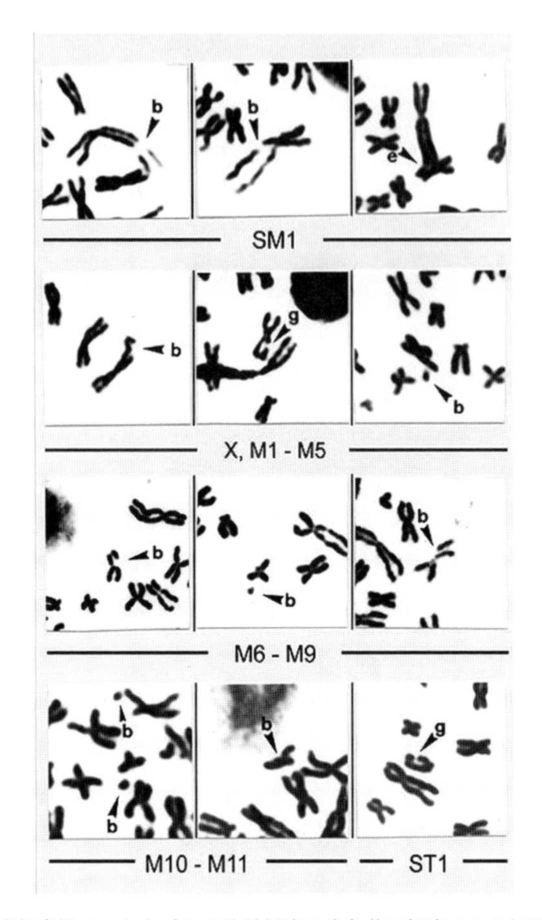

図 4-6-1-9. 産廃投棄場のハタネズミの骨髄細胞の染色体に観察された切断（b）・ギャップ（g）・染色分体交換（e）の例示.

し，それより狭いものをギャップと云う．**図 4-6-1-9** に切断やギャップの例を部分的な分裂中期像（partial metaphase）で紹介する．これらの切断やギャップがどれくらいの頻度で生じているのか，投棄場の集団と投棄場から離れた周辺域の集団で比較すると，両集団間には明らかに有意差があり，50 細胞あたりの出現数で表すと投棄場集団の方が周辺域集団より 3 倍ほど高い頻度で観察された（**表 4-6-1-2**）．このデータは 2003 年の単年度の調査によるものであるが，その後 4 年間の継続調査でもほとんど同じ傾向を示した．また，これらの切断とギャップが生じやすい染色体があるのかチェックすると（**表 4-6-1-3**），

表 4-6-1-2. 産廃投棄場およびその周辺地で捕獲されたハタネズミの染色体異常.

捕獲場所	個体数	分析細胞数	50 細胞あたりの染色体異常個数（平均値±標準誤差）			*F*-test	*t*-test
			切断	ギャップ	計		
産廃投棄場	30	1500	1.67±0.34	0.90±0.21	2.57±0.41	8.355	3.844
周辺地	15	750	0.40±0.19	0.40±0.16	0.80±0.14	($p<0.01$)	($p<0.01$)

表 4-6-1-3. 産廃投棄場のハタネズミ 87 個体に観察された染色体の切断とギャップの染色体上分布.

染色体番号	相対長（%）	切断とギャップの総数	
		理論値	観察値
SM1	13.54	35.1	39
SM2	2.10	5.4	0
ST1	5.67	14.7	16
X, M1-M5	46.11	119.4	118
M6-M9	24.14	62.5	67
M10-M11	8.43	21.8	19
総数	100	258.9	259

染色体ないしは染色体グループごとの出現頻度から，とくに切断・ギャップに感受性の高い染色体ないしは特定の部位があるということではなく，すべての染色体にランダムに分布していることがわかったのである．投棄場の現場からは環境基準を超える有害物質が検出されているので，何らかの環境変異原が関与している可能性が考えられる．その要因が何であれ，投棄場のハタネズミ集団に染色体数の変異個体が複数存在することや切断・ギャップが恒常的かつ高頻度で生じているということは，そこに生息しているハタネズミは少なからず遺伝的な影響を受けているということであり，ハタネズミに限らずこの地に生息する他の野生動物にも遺伝的な影響が及んでいる可能性が考えられる．そこでそこに生息する他のネズミ類（アカネズミとヒメネズミ）および半地下棲のヒミズを対象にしてハタネズミと同様の染色体分析をおこなったところ（**図 4-6-1-10**），ハタネズミとアカネズミは 4 年間，ヒメネズミとヒミズは 1 年の調査の集計であるが，50 細胞あたりの切断とギャップの頻度はハタネズミ以外の 3 種ではいずれも予想に反して低い頻度で，ハタネズミの対照地（投棄場から 100 km 以遠の山林他）や周辺地（投棄場から 2 km 以上離れている山林）

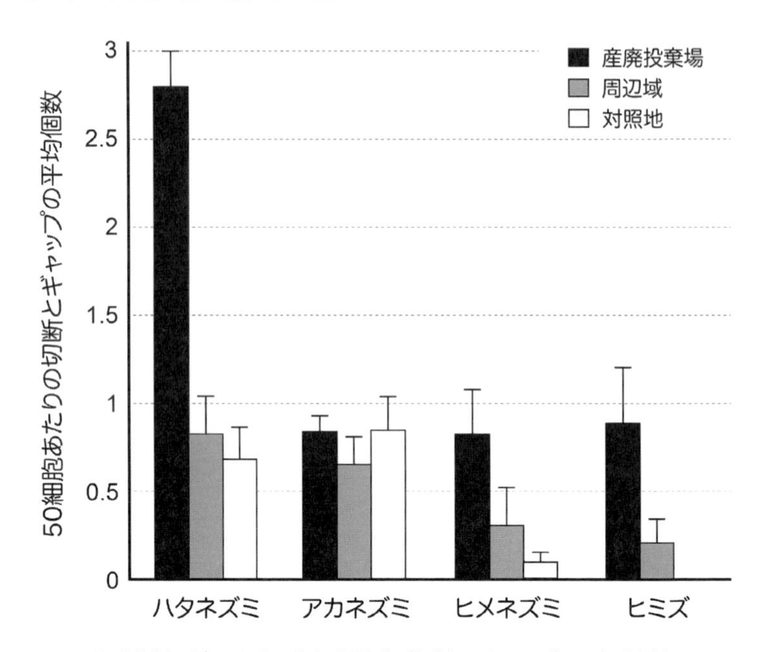

図 4-6-1-10. 小哺乳類4種における染色体異常（切断・ギャップ）の出現頻度.

のレベルであった（Obara *et al.* 2009）．この分析結果から，ハタネズミは突然変異原（mutagen）に対する感受性が他の小哺乳類と比べ格段に高いことが読み取れる．なぜハタネズミだけが高い感受性をもっているのであろうか？　染色体を構築している染色質の構造的な部分にその要因があるのか，細胞ないしは生体レベルでの変異原に対する防御機構の弱さにあるのか，現段階では未解明であるが，突然変異原に対する高感受性という特性がハタネズミ属の核学的多様性・著しい種分化傾向の要因となっている可能性はおおいにあるであろう．いずれハタネズミ以外のハタネズミ属の種も含め，培養細胞系での突然変異原投与の実験系で検証して欲しいと願っている．

4-6-2. ヤチネズミ属・ビロードネズミ属の核学的関係

キヌゲネズミ科ミズハタネズミ亜科（Arvicolinae）に属する広義のヤチネズミ類は，成獣の背面に不明瞭な赤褐色の縦帯を生じることから“red-backed voles”と呼ばれ，おもに半地下性で植食性を呈する分類群の総称である．日本列島にはヤチネズミ属（*Myodes*）とビロードネズミ属

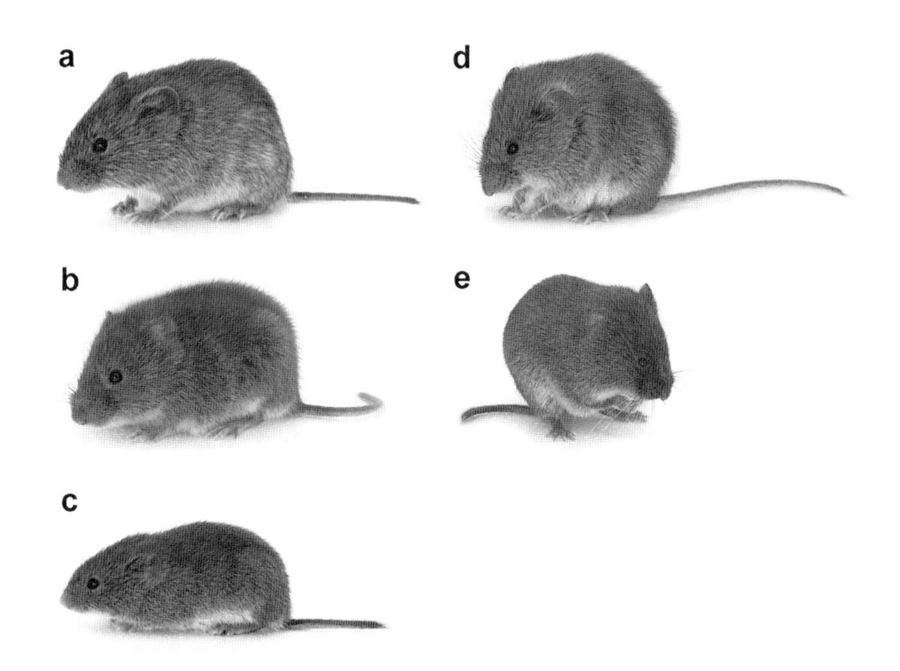

図 4-6-2-1. タイリクヤチネズミ（a, 北海道産），ムクゲネズミ（b, 北海道産），ヒメヤチネズミ（c, 北海道産），ヤチネズミ（d, 山梨県産），スミスネズミ（e, 東京都産）.

（*Eothenomys*）が認められ，それぞれにタイリクヤチネズミ（*Myodes rufocanus*, **図 4-6-2-1a**），ムクゲネズミ（*Myodes rex*, **図 4-6-2-1b**），ヒメヤチネズミ（*Myodes rutilus*, **図 4-6-2-1c**），およびヤチネズミ（*Eothenomys andersoni*, **図 4-6-2-1d**），スミスネズミ（*Eothenomys smithii*, **図 4-6-2-1e**）の 5 種が知られる．このうち日本列島における分布として，タイリクヤチネズミとムクゲネズミは北海道本島および近隣属島に，ヒメヤチネズミは北海道本島のみ，ヤチネズミは本州（東北〜中部地方および飛び地状に紀伊半島）に，スミスネズミは本州（北東北を除く）・四国・九州・隠岐にそれぞれ認められる（Ohdachi *et al.* 2015）．またタイリクヤチネズミはユーラシア大陸に広く分布する旧北区種（Palaearctic species）で，ヒメヤチネズミはユーラシア大陸および北米大陸にも分布する全北区種（Holarctic species）でもある（Shenbrot and Krasnov 2005）（**図 4-6-2-2**）．ムクゲネズミはサハリンと南千島列島にも分布するが，ヤチネズミとスミスネズミは日本固有種である（Shenbrot and Krasnov 2005；

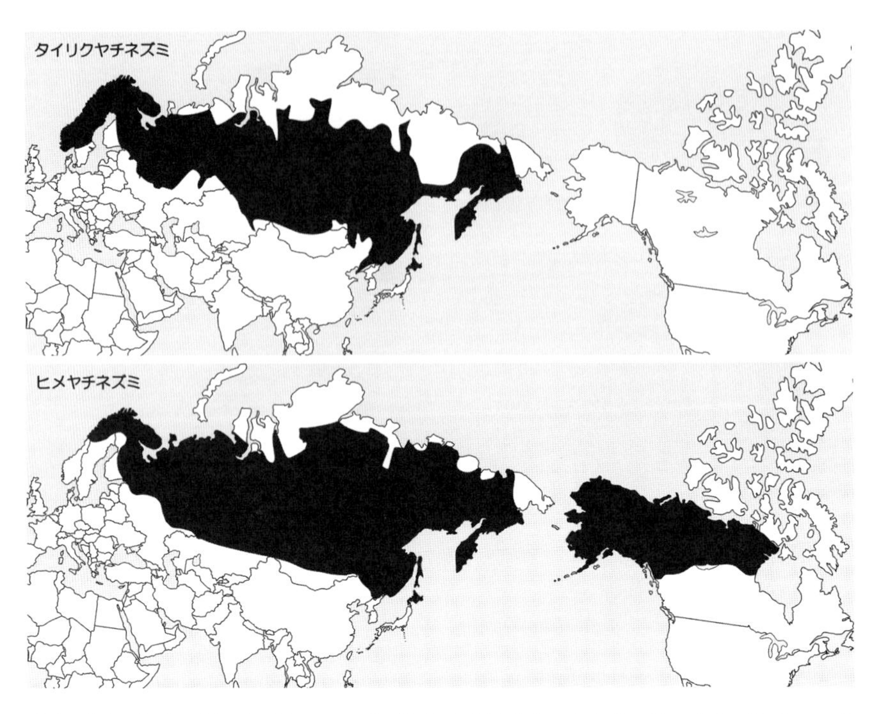

図 4-6-2-2. 旧北区種のタイリクヤチネズミと全北区種のヒメヤチネズミの分布域（Ohdachi *et al.* 2015 を改変）.

Ohdachi *et al.* 2015）．なお，これら5種をすべてヤチネズミ属に含めるという見解もある（Wilson and Reeder 2005）が，ヤチネズミ類の系統分類において，重要な属の標徴形質とされる歯根の有無を尊重し，ここではヤチネズミ属とビロードネズミ属を用いる．またヤチネズミは，ヤチネズミ属に含められたこともあるが（Corbet 1978；Corbet and Hill 1991），現在はビロードネズミ属とするのが妥当である（Ohdachi *et al.* 2015）．他にも，文献によってはシコタンヤチネズミ（*Myodes sikotanensis*），トウホクヤチネズミ（*Eothenomys andersoni*），ニイガタヤチネズミ（*Eothenomys niigatae*），ワカヤマヤチネズミ（*Eothenomys imaizumii*），カゲネズミ（*Eothenomys kageus*）といった分類が認められるが（今泉 1960），本書では，シコタンヤチネズミをタイリクヤチネズミの島嶼変異型，トウホクヤチネズミ，ニイガタヤチネズミ，ワカヤマヤチネズミをすべてシノニム（同物異名 synonym）として1種ヤチネズミ，カゲネズミもスミスネズミの地域変異型，としてそれぞれ扱う（金子 1985；

Ando *et al.* 1990；岩佐 1998；岩佐ほか 2001；Motokawa 2008；Ohdachi *et al.* 2015).

ヤチネズミ類は，すべて染色体数が $2n=56$ で（岩佐 1998），常染色体は，もっとも小さい M 型を除きすべて A 型から構成され，X 染色体は基本的に大型の A 型で，いずれも動原体部が C-バンド濃染部である（**図 4-6-2-3**）．一方 Y 染色体は，スミスネズミを除く種が小型の A 型または両腕型の形態を呈し，全体が C-バンド染色で濃染される性状を有するが，スミスネズミはそれらよりも顕著に大きい ST 型で，長腕末端側に C-バンド染色で濃染されない部分がある（土屋 1981；Ando *et al.* 1988；Iwasa and Tsuchiya 2000；**図 4-6-2-4**）．常染色体・性染色体ともに A 型がほとんどであるため，形態から個々の染色体を同定することは困難であり，G-バンド染色による個々の染色体の識別が必要である．なおヤチネズミ類の核型は，後述するように，大きく 2 つの系統群に分けられる（Iwasa and Suzuki 2002）が，非常に保存的であり，種間変異に乏しい分類群である．

ユーラシア大陸および北米大陸に広く分布するヤチネズミ類には，G-バンドパターンによる 2 つの核型があり（Gamperl 1982；Modi and Gamperl 1989），1 つはヨーロッパに広く分布するヨーロッパヤチネズミ（*Myodes glareolus*）に認められる *glareolus* 型（*glareolus*-cytotype），もう一方はタイリクヤチネズミに認められる *rufocanus* 型（*rufocanus*-cytotype）である（岩佐 2007；Iwasa and Suzuki 2002）．これらの核型間には，第 1 染色体と第 9 染色体間の相互転座が認められている（Gamperl 1982，**図 4-6-2-5**）．

日本列島に分布するヤチネズミ類のうち，ヒメヤチネズミは *glareolus* 型に属するが（Obara *et al.* 1995），それ以外のタイリクヤチネズミ，ムクゲネズミ，ヤチネズミ，スミスネズミはすべて *rufocanus* 型である（Ando *et al.* 1988；Sokolov *et al.* 1990；Obara *et al.* 1995；Kitahara and Harada 1996；岩佐 1998；Iwasa and Tsuchiya 2000；Iwasa and Nakata 2015）．一方，日本列島以外に目を向けてみると，北米大陸のアメリカヤチネズミ（*Myodes gapperi*）やカリフォルニアヤチネズミ（*Myodes californicus*），中央アジアに分布するティエンシャンヤチネズミ（*Myodes centralis*）は *glareolus* 型を有し（Modi and Gamperl 1989；Sokolov *et al.* 1990），朝鮮半島に分布するコウライヤチネズミ（*Eothenomys regulus*）は *rufocanus* 型である（Iwasa *et al.* 1999a）．すなわち，*glareolus* 型の核型はユーラシアおよび北米両大陸に広く認められるのに

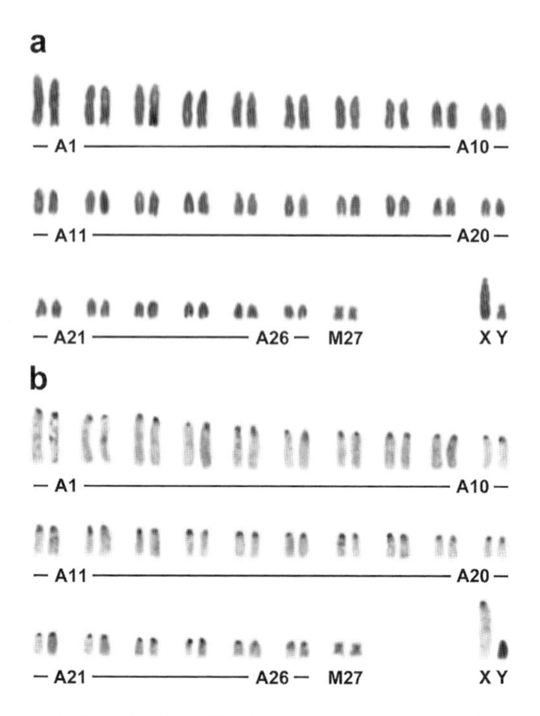

図 4-6-2-3. 典型的なヤチネズミ類の核型の一例である，ムクゲネズミ（北海道利尻町産）の通常ギムザ染色核型（a）とムクゲネズミ（北海道天塩町産）C-バンド核型（b）（Iwasa and Nakata 2015 を改変）.

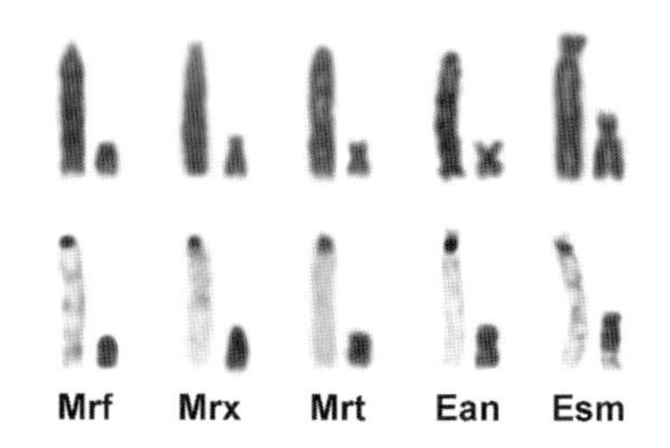

図 4-6-2-4. 日本産ヤチネズミ類の X 染色体と Y 染色体の性状（上段が通常ギムザ染色，下段が C-バンド染色，Mrf：タイリクヤチネズミ（北海道早来町産），Mrx：ムクゲネズミ（北海道天塩町産），Mrt：ヒメヤチネズミ（北海道根室市産），Ean：ヤチネズミ（山梨県北沢峠産），Esm：スミスネズミ（静岡県富士宮市産）．岩佐，原図）．いずれも X 染色体は動原体部に C-バンド濃染部が認められる．一方 Y 染色体は，スミスネズミで長末端側に C-バンド染色で濃染されない部分があるが，他の種は全体が濃染される．

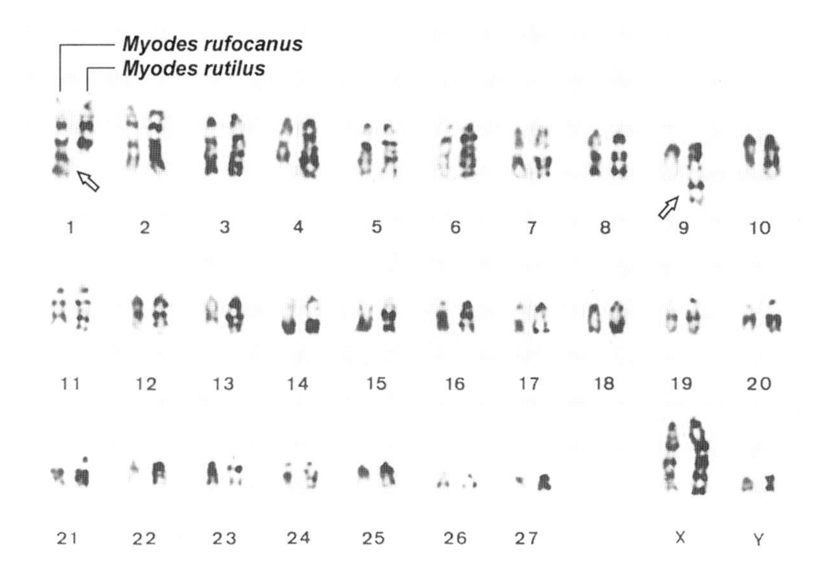

図 4-6-2-5. 北海道産タイリクヤチネズミ（*Myodes rufocanus*）とヒメヤチネズミ（*Myodes rutilus*）の間にみられる第 1 染色体と第 9 染色体間の相互転座．矢印で示した部位が両種間で入れ替わっている（Obara *et al.* 1995 より改変）．

対し，*rufocanus* 型はユーラシア大陸にしかみられない（岩佐 2007）．このことは，動物地理学的に *glareolus* 型から *rufocanus* 型が派生したことを示唆しており（岩佐 2007），少なくともユーラシア大陸と北米大陸を隔てるベーリング海峡が成立したあとに *rufocanus* 型が分化したと考えられる．この *glareolus* 型と *rufocanus* 型の系統群の存在は，分子系統からも支持されており（Cook *et al.* 2004；Kohli *et al.* 2014），2 つの核型が生じた後に，多様なヤチネズミ類が種分化してきたものと推察される．なお，2 つの核型の系統群は，ヤチネズミ類の属分類とは一致していない（岩佐 2007）．また，ヤチネズミ類と同じミズハタネズミ亜科に属し，おもに中央アジアに分布するコウザンネズミ属（*Alticola*）の仲間も，ヤチネズミ類と同じ $2n=56$ の核型を有しているようで，先行研究で明確に言及されてはいないが，その G-バンドパターンを見るかぎり *glareolus* 型を呈しているように推察され（Hielscher *et al.* 1992；岩佐 1998），分子系統の知見からもこの見解は支持されている（Lebedev *et al.* 2007）．なお中国産ヤチネズミ類について，タカネビロードネズミ（*Eothenomys proditor*）で $2n=32$（Yang *et al.* 1998），ウンナンビロードネズミ（*Eothenomys miletus*）

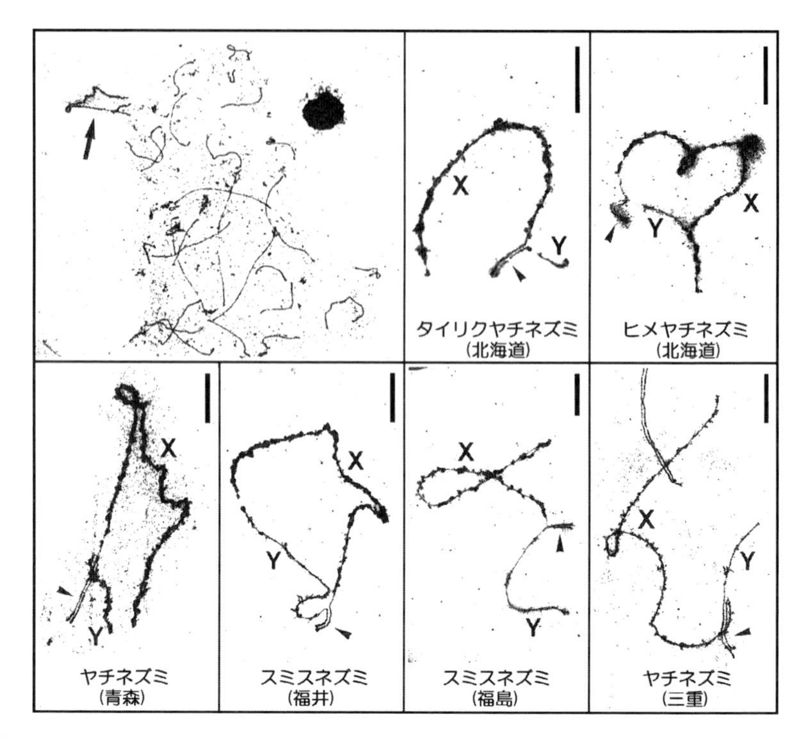

図 4-6-2-6. ヤチネズミ類における対合複合体の透過型電子顕微鏡像．一次精母細胞の全体像（青森産ヤチネズミ）を左上に示し，各種の X 染色体および Y 染色体の側生要素（X 軸および Y 軸）から構成される XY ペアのみをそれぞれ示した（Iwasa *et al.* 1999 より改変）．矢印，XY ペア；矢頭，XY 染色体間の対合部位．スケールバーは 2 μm.

で $2n$=56（Chen *et al.* 1994），および台湾産ビロードネズミ（*Eothenomys melanogaster*）で $2n$=56（Harada *et al.* 1991）といった報告があるが，詳細な G-バンドパターンによる考察がなされておらず，これらの種について染色体からみた系統関係を現段階で論じることはできない．

また日本産ヤチネズミ類には，さまざまな性染色体の変異が認められている（Ando *et al.* 1988；Iwasa and Tsuchiya 2000）．これは，減数第一分裂（MI）時の一次精母細胞（primary spermatocyte）で認められる対合複合体（synaptonemal complex）形成時の側生要素（lateral element）に対する透過型電子顕微鏡による観察からも明らかになっている（Iwasa *et al.* 1999b，**図 4-6-2-6**）．X 染色体および Y 染色体にそれぞれ形成される対合複合体の側生

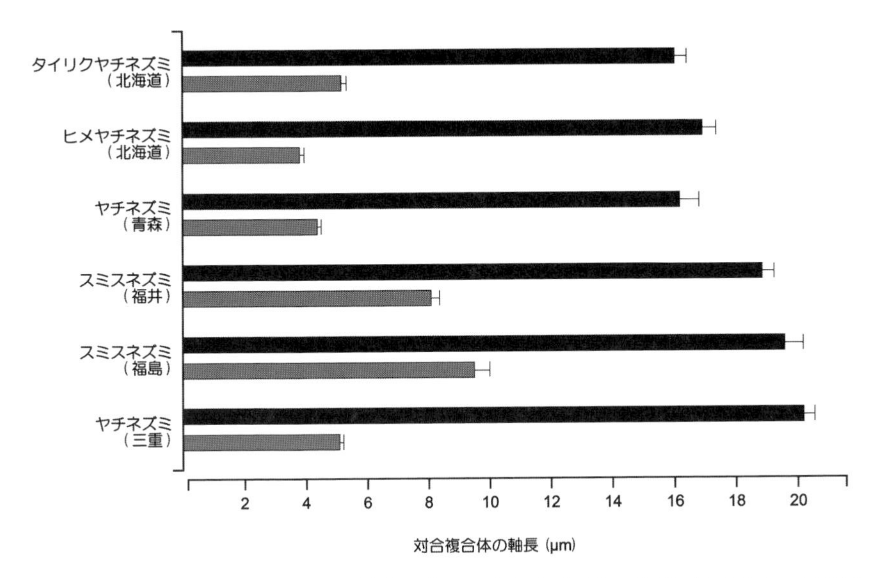

図 4-6-2-7. ヤチネズミ類における対合複合体の X 軸および Y 軸の軸長（平均値および標準誤差）（Iwasa *et al.* 1999 より改変）.

要素（X 軸および Y 軸，**図 4-6-2-6**）を計測して得られた結果から，タイリクヤチネズミやヒメヤチネズミ，青森産ヤチネズミのように A 型の X 染色体を有する種では X 軸の長さに 16～17 μm 前後の値が，スミスネズミや三重産ヤチネズミのように ST 型の X 染色体を有する種では同様に 19～20 μm 前後の値がそれぞれ得られており，X 染色体の形態の違いに起因するサイズの違いが対合複合体に顕著に反映されていることが明らかになった（**図 4-6-2-7**）. また同様に，Y 染色体についても形態とサイズの違いが対合複合体の Y 軸の長さに反映されていることが示された（**図 4-6-2-7**）.

ところでビロードネズミ属のヤチネズミには性染色体の地域変異が認められ，東北地方および中部地方では X 染色体が A 型であるが，紀伊半島では顕著な短腕を有する ST 型がみられる傾向があり，また両腕性の Y 染色体も地域により若干のサイズの差異が認められる（土屋 1981；Kitahara and Harada 1996；Iwasa *et al.* 1999b；Iwasa and Tsuchiya 2000；岩佐 2008，**図 4-6-2-4**，**図 4-6-2-7**）．一方，同じビロードネズミ属のスミスネズミの X 染色体に顕著な地域変異はなく，通常微小な短腕を有する ST 型であるが，北陸地方において，挟動原体逆位と C-ヘテロクロマチンの重複によって生じたとされる，大型の短腕を有するX染色体が報告されている（土屋 1981；Ando *et al.* 1991）．日本産ヤチネズミ類において，スミスネズミ以外は小型のY染色体を有するのに対し，スミスネズミのみが中型のY染色体を有しており（**図 4-6-2-4**），さらにこのY染色体は東北地方から中部地方にかけての地域で大きく，それより西側の地域では小さいことが知られる（Ando *et al.* 1988，**図 4-6-2-7**）．日本列島ではスミスネズミのみに認められる中型のY染色体であるが，同様のサイズとC-バンド染色で一部濃染されないパターンを呈するY染色体は，朝鮮半島に分布するコウライヤチネズミでも認められており（Iwasa *et al.* 1999a），両者の近縁性がうかがえるが，系統的にコウライヤチネズミはスミスネズミよりもタイリクヤチネズミなどのヤチネズミ属の種に近縁である（Iwasa and Suzuki 2002b）．さらにヤチネズミでは，常染色体とX染色体間の転座などの突然変異も知られており（Obara and Yoshida 1985），ヤチネズミ類は染色体変異の生じやすい分類群であると考えられる．なお，ヤチネズミ属の種はX染色体がA型なのに対し，ビロードネズミ属の種の多くはX染色体がA型～ST型を示す傾向があることから，X染色体の形態が系統を反映している可能性が考えられるが，X染色体上の *G6pd* 遺伝子を用いて系統関係を調査したところ，そのような傾向は認められず，X染色体の形態は同形形質（homoplasy，共通祖先から受け継がれていない類似性）であると示唆されている（Iwasa and Suzuki 2002，**図 4-6-2-8**）．

またヤチネズミとスミスネズミについてAg-NORの出現パターンを調査したところ，同一個体内の細胞間で，じつにAg-NORを有する染色体数が，ヤチネズミで2～19または14～22，スミスネズミで4～18または8～22と変異に富むことが報告されている（Iwasa and Kosaka 2007；Suzuki *et al.* 2014）（**図 4-6-2-9**）．同様の報告はタイリクヤチネズミでも認められており，やはり細胞間で9～14と変異がみられる（Suzuki *et al.* 2014）（**図 4-6-2-10**）．これらのAg-NOR数の変異の傾向から，ヤチネズミは系統的に，タイリクヤチネズミよりもスミスネズミに近縁であると考えられ，またヤチネズミとスミスネズミが，リボソームRNA遺伝子の同じ遺伝子型を共有している場合がある（Fujimoto and Iwasa 2010）ことから，分類学的にもヤチネズミ属よりビロードネズミ属とするのが妥当であると結論づけられている（Suzuki *et al.* 2014）．Ag-NORはリボソームRNA遺伝子の遺伝子座に出現するが，実際ヤチネズミ類の染色体上にこの遺伝子座がいくつあるのかはわかっていない．おそらく

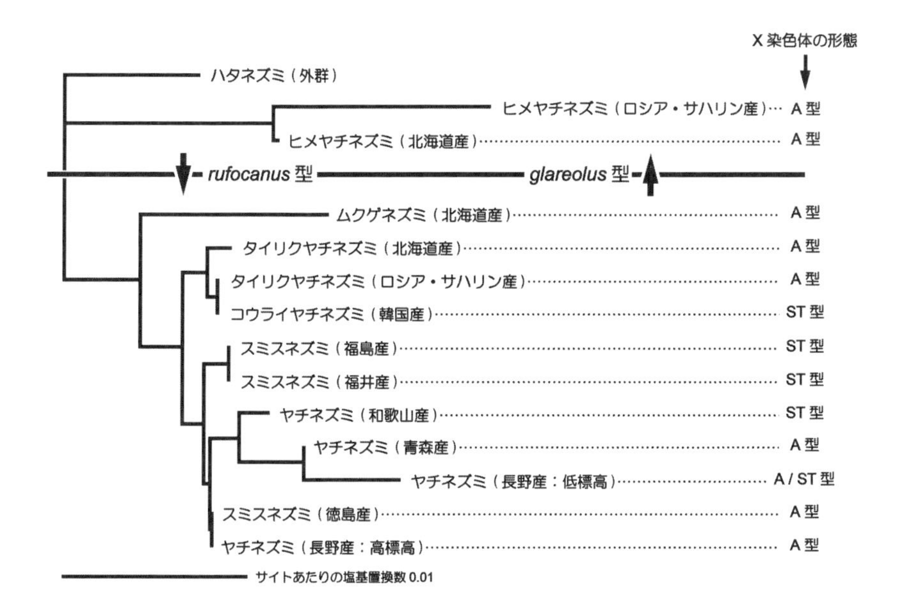

図 4-6-2-8. ヤチネズミ類における X 染色体上の遺伝子 *G6pd* のイントロン領域の塩基配列から作製した近隣結合法による分子系統樹（Iwasa and Suzuki 2002 より改変）. X 染色体の形態は種の系統を反映しておらず，同形形質であることを示唆している.

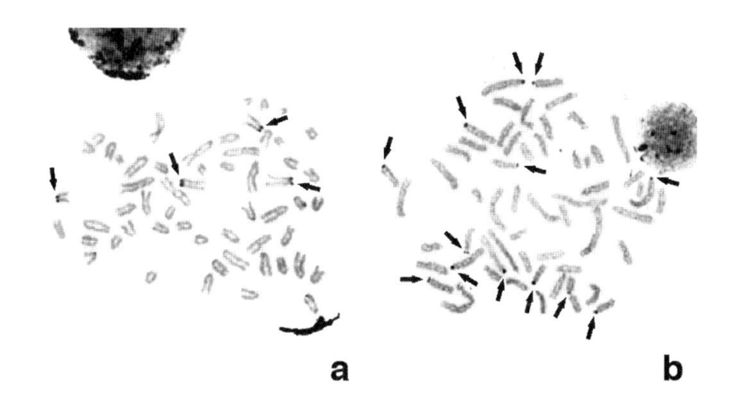

図 4-6-2-9. ヤチネズミにおける NOR の出現パターンの例. 同一個体においても，1 細胞あたりの NOR 数が顕著に異なる（矢印，Ag-NOR；a，4 本の染色体に出現；b，13 本の染色体に出現）（Iwasa and Kosaka 2007 より改変）.

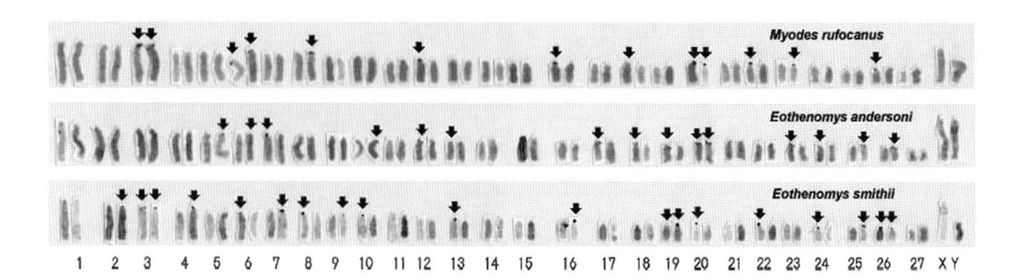

図 4-6-2-10．ヤチネズミ類における Ag-NOR の出現（矢印）パターンの例．タイリクヤチネズミ（*Myodes rufocanus*）に 13，ヤチネズミ（*Eothenomys andersoni*）に 15，スミスネズミ（*Eothenomys smithii*）に 19，それぞれ NOR が認められる（Suzuki *et al.* 2014 より改変）．

すべての遺伝子座が転写活性を有しているわけではなく，細胞ごとに活性遺伝子座数が異なっているため，Ag-NOR 数に大きな変異幅が生じるのであろう．

以上の染色体のさまざまな変異がヤチネズミ類の分類上の標徴形質とされることもあるが（土屋 1981），種内の多型現象の1つとみなすべきというのが現段階での見解である（岩佐 2008）．とくにヤチネズミ類は，常染色体の種間変異に乏しく，それぞれの種を明確に認識できる標徴形質（diagnostic character）としての染色体の性状は明らかになっていない．しかし調査が不十分であり，とくに地域変異については分布域全体に調査が行き渡っておらず，性染色体の変異やその他の染色体の性状と系統分類学的な関係については今後のさらなる研究が望まれる．

4-7．リス科齧歯類の核学的特性

4-7-1．リス科齧歯類の染色体概説

リス科（Sciuridae）齧歯類はオーストラリア，両極地を除く世界中に分布し，その種数は 250 種以上である（Thorington *et al.* 2012）．地中，地上，樹上，空中（滑空によるものではあるが）という陸域の様々な生活空間に適応し，大きさの変異も大きく，小型の種では 16〜17 g，大型種では 9 kg に達するものまでいる．体毛色も同じ齧歯目のネズミ類と比較すると非常に多彩・多様であり，進化生物学的・生態学的に興味深い研究題材がギッシリ詰まった分類群であるといえよう（様々な進化生物学的・生態学的命題に答えてくれるモデル分類群であると考えられる）．このリス科齧歯類の種分化の謎を探るべく染色体進化の研究を行ってきた（例えば，Oshida and Yoshida 1999；押田・

吉田 1999).

リス科齧歯類の染色体構造が保存的である知見が近年報告されている. Stanyon *et al.* (2003) が, ヒトの染色体由来のDNAを蛍光色素でラベルし, これをトウブハイイロリス (*Sciurus carolinenesis*) の染色体上に *in situ* ハイブリダイゼーションさせた結果, 本種の染色体上で12本ものヒト染色体由来DNAが保存的に検出されたのである (ヒトの各染色体由来DNAが, リスの核型上でも特定の染色体上の部位にまとまって観察されたわけである). この試行はインドシナシマリス (*Menetes berdmorei*) でも行われ, やはり同様の結果が報告されている (Richard *et al.* 2003). 哺乳類の進化過程でヒトとリスが系統的に大きく離れていることは承知の通りである. これほど離れている分類群の間で染色体構造がここまで保存的である例は珍しい. そして, このようなリス科齧歯類の属内・種間での系統関係を染色体の形態および分染パターンに基づいて検討することは難しいと予想される. しかしながら, Li *et al.* (2004) は, 染色体ペインティング法とトリプシンG-バンド法を用いて, リス類 (シマリス属 *Tamias*, ムササビ属 *Petaurista*, リス属 *Sciurus*, タイワンリス属 *Callosciurus*) の属間における系統関係を明らかにしており, 今後まだ解析されていない多くのリス科齧歯類の細胞遺伝学的特徴が明らかになれば, 染色体構造から系統進化の道筋を議論することができるかもしれない.

これまでにリス科齧歯類のいくつかの属を対象に核型の比較検討を行ってきたが, これらの属内系統関係を分染パターンに基づいて議論することは難しい. しかしながら, ここでは現在日本に生息し, 読者にも馴染みのある属 (モモンガ属 *Pteromys*, ムササビ属, リス属, タイワンリス属) について, 染色体構造の特徴とそれぞれの種間関係について述べることにする.

4-7-2. モモンガ属の核学的関係

モモンガ属に分類されるリス類はタイリクモモンガ (*Pteromys volans*) とニホンモモンガ (*Pteromys momonga*) の2種のみである. 両種とも日本に生息しており, 読者諸氏も御存知ではないだろうか?　タイリクモモンガ (**図4-7-2-1**) はユーラシア大陸北部一帯, サハリン, 朝鮮半島, 日本の北海道に広く分布する (Ohdachi *et al.* 2015). 北海道の集団は一亜種であり, “エゾモモンガ (*Pteromys volans orii*)” と呼称され, ミトコンドリアDNAを用いた系統地理学的研究結果から, 大陸の集団とは遺伝的に異なることが知られてい

図 4-7-2-1. 巣箱内のエゾモモンガ（富良野市にある東京大学北海道演習林にて撮影，撮影者：加藤アミ）.

る（Oshida *et al.* 2005）．一方，ニホンモモンガは日本の本州・四国・九州にのみ分布する日本の固有種である（Ohdachi *et al.* 2015）．ミトコンドリア DNA を用いた分子系統学的解析結果から，両種は遺伝的に大きく異なることが報告されている（Oshida *et al.* 2000a）．両種の核型を比較した結果（**図 4-7-2-2**），共に $2n=38$ であるものの，その染色体構成は異なっており，エゾモモンガの常染色体は5対の M 型，11対の SM 型ないしは ST 型，2対の A 型から構成される（Rausch and Rausch 1982；Oshida and Yoshida 1996）が，ニホンモモンガの常染色体は4対の M 型，3対の SM 型，9対の ST 型，2対の A 型から成る（Oshida *et al.* 1996a, 2000c）．性染色体については，両種とも中型の SM 型 X 染色体および中型の A 型 Y 染色体をもつ．フローサイトメトリーを用いて両種の細胞あたりの DNA 量を測定した結果，ニホンモモンガの DNA 量が有意に多いことが分かっている（Oshida *et al.* 2000c）．この様に細胞遺伝学的に両種は大きく異なっており，古い時期（おそらく中期更新世以前）に分岐を遂げ，エゾモモンガを含むタイリクモモンガはユーラシア大陸の広域分布性種として，そして，ニホンモモンガは日本の本州・四国・九州にのみ分布する固有種として各々進化したと考えられる．

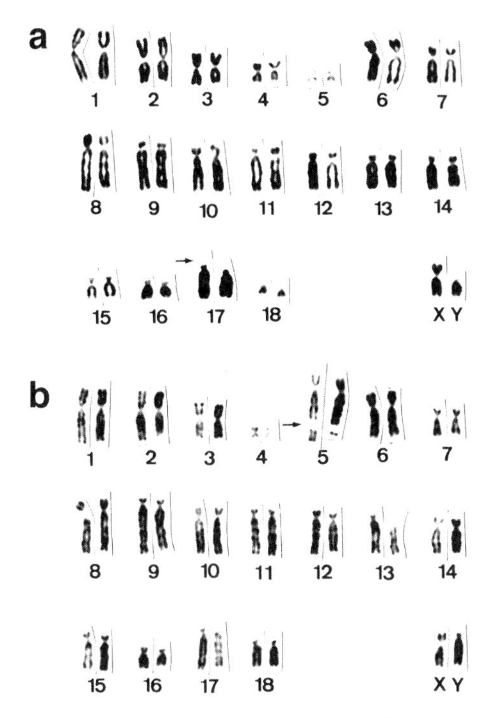

図 4-7-2-2. エゾモモンガ（a）とニホンモモンガ（b）の通常ギムザ染色核型（矢印，二次狭窄または付随体；Oshida *et al.* 2000c を改変）.

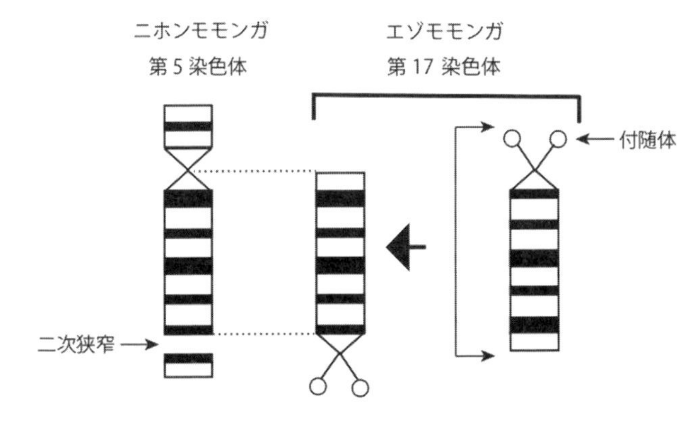

図 4-7-2-3. ニホンモモンガの第 5 染色体およびエゾモモンガの第 17 染色体の G-バンドパターンの模式図（Oshida *et al.* 2000c を改変）.

エゾモモンガでは，1対のA型常染色体である第17染色体の短腕末端に長いストーク部位を伴った付随体構造が認められるが（Oshida and Yoshida 1996），ニホンモモンガでは，1対のSM型常染色体である第5染色体の長腕に特徴的な二次狭窄が存在する．2つの染色体は，G-バンドパターンから判断して同一起源であろうと考えられる（Oshida *et al.* 2000c，**図4-7-2-3**）．興味深いことに，ニホンモモンガの第5染色体では，二次狭窄部位を挟んで生じた

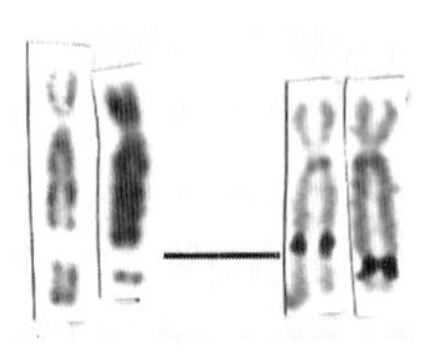

図4-7-2-4. ニホンモモンガの第5染色体（左：通常ギムザ染色，右：Ag-NOR-バンド染色）．長腕上における二次狭窄部位（Ag-NORに相当する）の位置の違いが明瞭である．

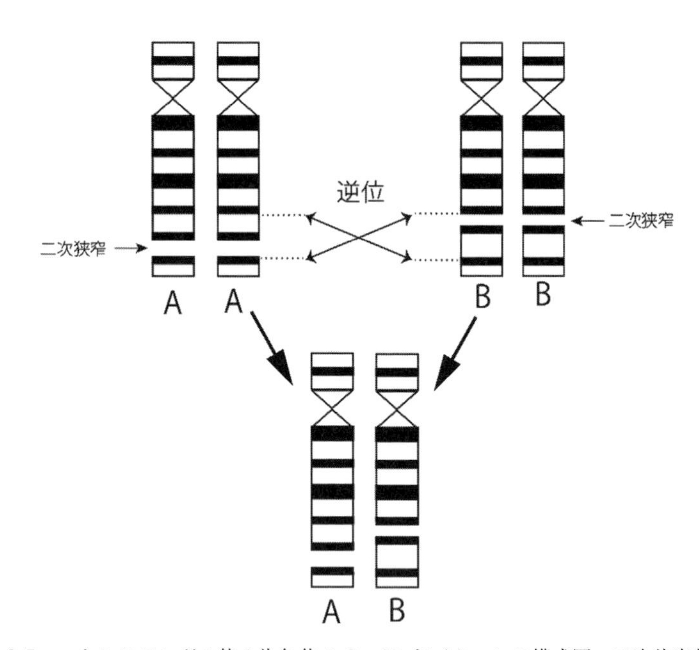

図4-7-2-5. ニホンモモンガの第5染色体のG-バンドパターンの模式図．二次狭窄部位が異なる染色体を便宜上AとBで記した．これまでにヘテロ接合の個体（同腹仔）のみ報告されているが，ホモ接合の個体の存在が予測される（Oshida *et al.* 2000cを改変）．

偏動原体逆位が観察されており（**図 4-7-2-4**），分析に使用した同腹の 3 個体ではすべてヘテロ接合であった（Oshida *et al.* 2000c）．野生下においては，各々のタイプをホモ接合に持つ個体も存在すると予測され（**図 4-7-2-5**），今後の研究課題であろう．

4-7-3. ムササビ属の核学的関係

ムササビ属も日本ではお馴染みの動物であろう（**図 4-7-3-1**）．滑空性リス類の中では大型のグループであり，体重が 2 kg に達する種も存在する．本属はアジア固有のグループであり，南アジア，東南アジア，中国南部，日本の本州・四国・九州に広く分布する（Thorington *et al.* 2012）．現在 9 種が記載されているが（Thorington *et al.* 2012），その分類体系は未だに確立されていない．ミトコンドリア DNA cytochrome *b* 遺伝子塩基配列を用いた分子系統学的な解析結果から，本属は少なくとも幾つかの系統グループに区分出来ることが示唆されている（Oshida *et al.* 2004）が，結論には至っていない．

これまでに核型が報告されているムササビ属は 5 種であり，これらを**表 4-7-3-1** および**図 4-7-3-2** にまとめて記した．染色体数はいずれも $2n=38$ である．同じ齧歯類でもアカネズミ属（本章 4-5-1 参照）やヤチネズミ類（本章

図 4-7-3-1. ホオジロムササビ（東京都高尾山にて撮影）．

表 4-7-3-1. ムササビ属の染色体（標本の採集国が明確な情報のみを記載）.

種名	採集地	2*n*	FNa	引用文献
カオジロムササビ *P. alborufus*				
亜種 *P. alborufus lena*	台湾	38	72	Oshida *et al.*（1992, 2000b）
ホオジロムササビ *P. leucogenys*	日本	38	72	Oshida and Obara（1991）
ホジソンムササビ *P. magnificus*	インド	38	76	Chatterjee and Majhi（1975）
オオアカムササビ *P. petaurista*	インド	38	72	Nadler and Lay（1971）
	マレーシア	38	72	Yong and Dhaliwal（1976）
インドムササビ *P. philippensis*				
亜種 *P. philippensis grandis*	台湾	38	72	Oshida *et al.*（1992）

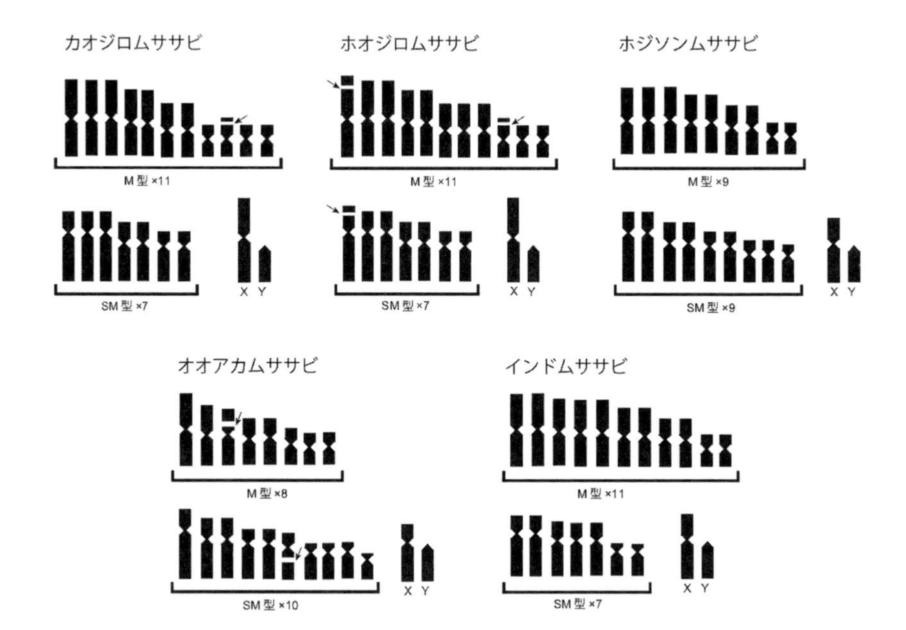

図 4-7-3-2. ホオジロムササビ（Oshida *et al.* 1991），オオアカムササビ（Yong and Dhaliwal 1976），カオジロムササビ（Oshida *et al.* 1992），インドムササビ（Oshida *et al.* 1992），ホジソンムササビの常染色体半数体および性染色体の模式図．Oshida *et al.* 1992；Chatterjee and Majhi 1975）．矢印，二次狭窄部位および付随体のストーク部位．

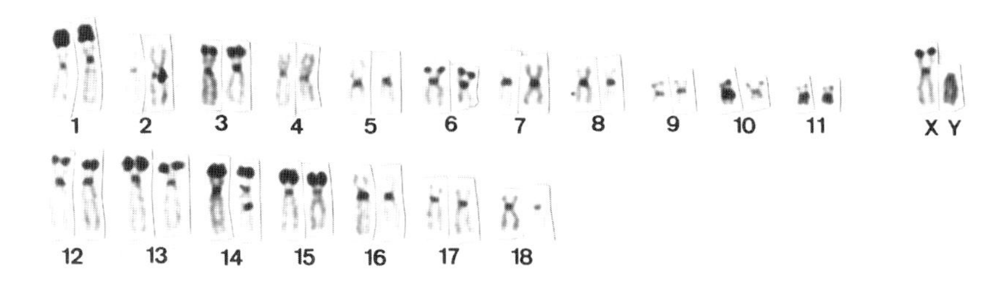

図 4-7-3-3. ホオジロムササビのC-バンド核型（Oshida and Obara 1991を改変）．染色体の番号はM型から順に付したため，Oshida and Obara（1991）の報告とは異なる．

4-6-2参照）とは大きく異なり，多くの常染色体は両腕性である．X染色体は大型のM型で，Y染色体はA型である．常染色体のハプロイドセットの総長に占めるX染色体の相対長は，カオジロムササビ（*Petaurista alborufus*）で7.22±0.22%，オオアカムササビ（*Petaurista petaurista*）で7.77±0.15%，さらにインドムササビ（*Petaurista philippensis*）で8.46±0.22%である（Oshida *et al.* 1992）．一般に哺乳類では，X染色体に転座等の再配列が生じていない場合，Ohno's ruleによると，その相対長は5～6%程度の範囲であることが知られる（Ohno 1970；Pathak and Stock 1974）．本属のX染色体は哺乳類としては例外的に大きく，進化の過程で常染色体の一部が転座等を起した可能性が示唆される．

さて，残念ながら本属の核型進化の過程についてもG-バンドパターン等に基づいて追跡することは困難であり，染色体を用いた系統進化の議論をすることは出来ない．しかしながら，本グループの特筆すべき核学的特徴としてC-バンドパターンを挙げることができる（**図 4-7-3-3**）．日本産のホオジロムササビ（*Petaurista leucogenys*）をはじめ，これまでC-バンドが報告されているカオジロムササビ，オオアカムササビ，インドムササビでY染色体が濃染されないという特徴が観察されている（Oshida and Obara 1991；Oshida *et al.* 1992；Oshida *et al.* 2000b）．また，大型の両腕性常染色体の末端に大きなC-ヘテロクロマチンのブロックが観察される（Oshida and Obara 1991；Oshida *et al.* 1992；Oshida *et al.* 2000b）．日本産のホオジロムササビでは，このブロックの数に多型が見られ，青森県で1対多い個体が記録されている（Oshida and Obara 1993）．本属は，進化プロセスにおけるC-ヘテロクロマチンの変化を研究する際にモデルとして利用可能なグループであるかもしれない．

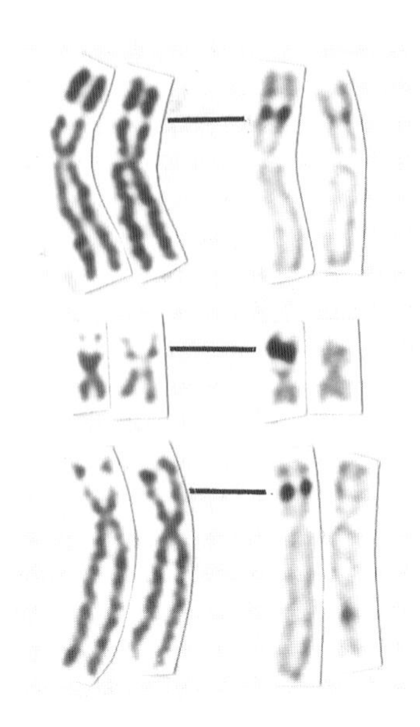

図 4-7-3-4. ホオジロムササビの核型に認められた二次狭窄部位（Ag-NOR に相当する）（左，通常ギムザ染色；右，Ag-NOR-バンド染色）.

さらに，モモンガ属でもみられたが，本属でも特徴的な付随体および二次狭窄構造が観察されている（**図 4-7-3-2**，**図 4-7-3-4**）．モモンガ属のように，これらの構造をマーカーとして染色体進化を検討しようと試みたが，ムササビ属では困難であった．本属における付随体および二次狭窄構造の起源等の議論は今後の課題である．

4-7-4. リス属の核学的関係

リス属は現在 28 種に分類されているが，25 種は新世界に生息しており，旧世界に分布するのは，ユーラシア大陸北部一帯・サハリン・北海道に分布するキタリス（*Sciurus vulgaris*）（**図 4-7-4-1**），西南アジアに分布するペルシアリス（*Sciurus anomalus*），そして日本の本州・四国にのみ分布する本国の固有種ニホンリス（*Sciurus lis*）の 3 種のみである（Thorington *et al.* 2012）．ニホンリスについては，多くの図鑑などで九州にも分布すると記述されているが，近年その生息は確認されていない（例えば，安田 2006）．北半球を中心として分布する本属は，その生態的な特徴から温帯・亜寒帯域の森林に最もよく適応

図 4-7-4-1. 樹上でクルミを食べるキタリス（北海道帯広市にて撮影）.

を遂げた樹上性リスのグループであると考えられ，温帯・亜寒帯域における森林環境の変化とこれに伴う哺乳類の進化的歴史を検証する際に重要な研究対象である.

リス属の染色体研究史についてここでまとめて紹介したい（**表 4-7-4-1**）.最初にリス属数種の染色体をまとめて解析したのは Nadler and Sutton（1967）である.彼らは，北米に生息するトウブキツネリス（*Sciurus niger*），トウブハイイロリス（*Sciurus carolinensis*），アーベルトリス（*Sciurus aberti*），そしてセイブハイイロリス（*Sciurus griseus*）の核型を分析し，これらの染色体数が全て $2n=40$ であること，さらに常染色体は全て両腕性の M 型および SM 型で，FNa=76 であり，4 種が保存的な染色体を持つことを明らかにした.加えて，セイブハイイロリスに特徴的な二次狭窄構造を有する染色体が 2 対みられることから，本種が系統的に他の 3 種から異なると考えた（**図 4-7-4-2**，ここではセイブハイイロリスの核型を“北米Ⅱ型”，その他 3 種の核型を“北米Ⅰ型”と呼ぶことにする）.さらに，Nadler and Hoffmann（1970）は，南米に生息するコクモツリス（*Sciurus granatensis*），および西南アジアにのみ限

表 4-7-4-1. リス属の染色体（標本の採集国が明確な情報のみを記載）.

分布	種名	採集地	2n	FNa	核型区分	引用文献
旧世界						
	ペルシアリス *S. anomals*	イラン	40	76	西南アジア型	Nadler and Hoffmann（1970）
		トルコ	40	76	西南アジア型	Atilla *et al.*（2008）
	ニホンリス *S. lis*	日本	40	72	東アジア型	Oshida and Yoshida（1997）
	キタリス *S. vulgaris*					
	亜種 *S. vulgaris orientis*	日本	40	72	東アジア型	Sasaki *et al.*（1968a）, Oshida *et al.*（1993）, Oshida and Yoshida（1997）
	亜種 *S. vulgaris coreae*	韓国	40	72	東アジア型	Kim and Lee（1990）
	亜種 *S. vulgaris exalbidus*	ロシア	40	72	東アジア型	Lapunova and Zolnerovskaja（1969）
新世界						
【北米】						
	アーベルトリス *S. aberti*	アメリカ	40	76	北米Ⅰ型	Nadler and Sutton（1967）
	トウブハイイロリス *S. carolinensis*					
	亜種 *S. carolinensis carolinensis*	アメリカ	40	76	北米Ⅰ型	Nadler and Sutton（1967）
	亜種 *S. carolinensis pennsylvanicus*	アメリカ	40	76	北米Ⅰ型	Nadler and Sutton（1967）
	セイブハイイロリス *S. griseus*					
	亜種 *S. griseus griseus*	アメリカ	40	76	北米Ⅱ型	Nadler and Sutton（1967）
	トウブキツネリス *S. niger*					
	亜種 *S. niger rufiventer*	アメリカ	40	76	北米Ⅰ型	Nadler and Sutton（1967）
【南米】						
	ブラジルリス *S. aestuans*					
	亜種 *S. aestuans alphonsei* *	ブラジル	40	76	南米Ⅱ型	Lima and Langguth（2002）
	亜種 *S. aestuans ingrami*	ブラジル	40	74	—	Fagundes *et al.*（2003）
	コクモツリス *S. granatensis*	ベネズエラ	42	78	南米Ⅰ型	Nadler and Hoffmann（1970）
	クリイロリス *S. spadiceus*	ブラジル	40	76	南米Ⅱ型	Lima and Langguth（2002）

*本文中では Lima and Langguth（2002）に従って種として記したが，ここでは Thorington *et al.*（2012）に従って亜種とした.
—は原稿中で規定した核型区分に該当しない亜種であることを示す.

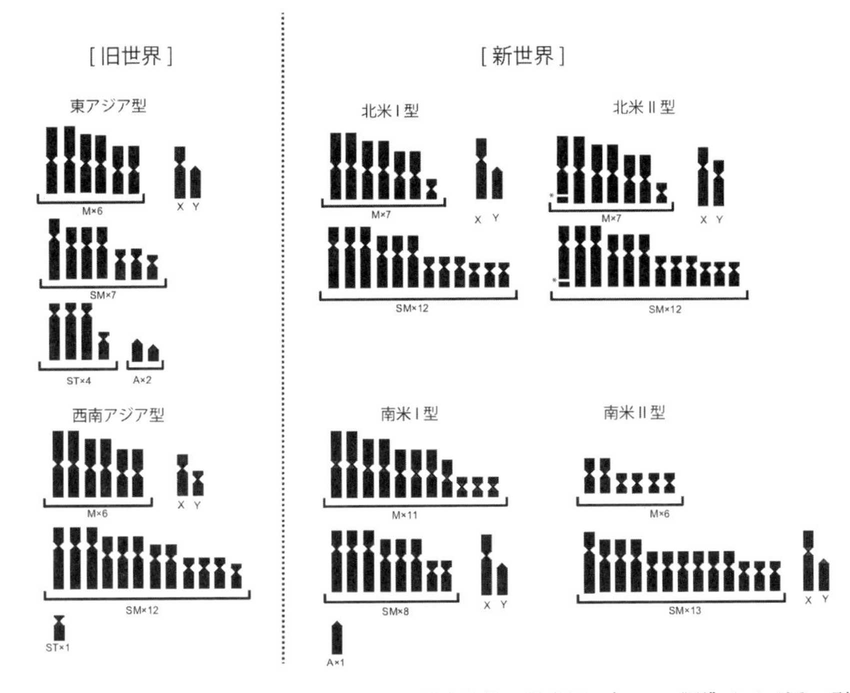

図 4-7-4-2. リス属の常染色体半数体および性染色体の模式図．各々の“型”およびその引用文献については，本文および**表 4-7-4-1** を参照．

局的に分布するペルシアリスの核型を分析し（各々“南米Ⅰ型”，“西南アジア型”と呼ぶことにする），Sasaki *et al.*（1968a）によって報告されたキタリスの核型（“東アジア型”と呼称する）を併せた系統学的検討を行った（**図 4-7-4-2**）．この論文が新・旧世界に分布するリス属の系統関係を遺伝学的背景に基づいて議論した最初のものである．ペルシアリスの核型は $2n=40$，FNa＝76 であり，北米Ⅰ型と同様のパターンを示す．しかし，キタリスでは $2n=40$，FNa＝74 で，2 対の A 型常染色体の存在により，腕数が異なっていた．また，コクモツリスの核型は $2n=42$，FNa＝78 であり，北米のものとは M 型および SM・ST 型常染色体の数，そして 2 対の A 型常染色体の存在によって異なっていた．Nadler and Hoffmann（1970）は Y 染色体の違いに着目する．X 染色体は全てのリス属の種で ST 型であるが，Y 染色体には変異が認められ，北米Ⅰ型・南米Ⅰ型・東アジア型では A 型，北米Ⅱ型では SM 型，西南アジア型では M 型である．これらの結果に基づいて，Nadler and

Hoffmann（1970）は，リス属の核型進化の過程を常染色体とY染色体に生じた挟動原体逆位あるいは相互転座によって説明可能であるかもしれないと述べている．各型間で逆位や転座等の再配列が起こった可能性は十分に考えられるが，詳細なバンドパターンの比較は実施されておらず，現在のところ，結論には至っていない．

リス科齧歯類の中で最も広範な分布域を持つキタリスの核型は，これまでロシア産（Lapunova and Zolnerovskaja 1969），韓国産（Kim and Lee 1990），ヨーロッパ産（Renzoni 1967；Petit *et al.* 1984）の個体から報告されているが，全てSasaki *et al.*（1968a）により報告された北海道産個体のものと同一であり（**表4-7-4-1**），染色体の数および腕数に関する種内多型は知られていない．なお，キタリスの核型は，Oshida and Yoshida（1997）により報告されたニホンリスのものと同じであり，ニホンリスの核型も“東アジア型”である．

染色体数と通常ギムザ染色核型からリス属の染色体を議論できるのはここまでが限界である．分染法を用いて得られたバンドパターンを分析しなければ核学的関係の把握は困難である．リス属の染色体分染パターンの報告は，Kim and Lee（1990）によるキタリスのC-バンド核型が最初であろう．続いてOshida *et al.*（1993）がキタリスのC-バンド染色，G-バンド染色，Ag-NOR-バンド染色による核型を報告する．さらにOshida and Yoshida（1997）はキタリスの分染パターンをニホンリスと比較し，Q-バンド核型が全く同一であること，C-バンド核型において，キタリスでは5対の常染色体に大型のC-ヘテロクロマチンのブロックが存在するが，ニホンリスでは4対であること，Ag-NOR-バンド染色において，キタリスでは4対の常染色体の末端にAg-NORが認められるのに対し，ニホンリスでは3対の常染色体の末端にこれらがみられることを報告した．Q-バンドパターンが全く同一であることから両種の染色体は極めて保存的であると考えられるが，C-バンドパターンやAg-NOR-バンドパターン等において細胞遺伝学的に異なる特徴を有することが明らかになった．Atilla *et al.*（2008）は，ペルシアリスのC-バンドおよびG-バンド核型とAg-NOR-バンドパターンを報告している．本種のC-バンドは動原体部にのみ認められ，キタリス・ニホンリスのようにC-ヘテロクロマチンのブロックは存在しない．加えて，興味深いことにムササビ属と同様Y染色体が濃染されないという特徴が認められた．Ag-NORは1対の常染色体の末端部にのみ観察されたが，キタリスやニホンリスとは数が異なる．

Lima and Langguch（2002）は，南米に生息する *Sciurus alphonsei*（一般にブラジルリス *Sciurus aestuans* の一亜種に分類されるが彼らの論文では別種として扱われており，ここでは暫定的に別種として説明をする）およびクリイロリス（*Sciurus spadiceus*）の通常ギムザ染色核型，および *Sciurus alphonsei* のC-バンド核型を報告している．両種の核型は $2n=40$，FNa=76 であり，常染色体は全て両腕性で，X 染色体は M 型，Y 染色体は A 型である．G-バンドパターンによる種間比較は為されていないものの，核型構成は同様である（“南米II型”として**図 4-7-4-2** に示した）．*Sciurus alphonsei* の C-ヘテロクロマチンは常染色体の動原体部にのみ認められる．同じく南米からブラジルリスの亜種（*Sciurus aestuans ingrami*）の C-バンド核型および Ag-NOR に関する知見が Fagundes *et al.*（2003）によって報告されている．本亜種の核型は $2n=40$，FNa=74 であり，前述の 2 種とは異なり，1 対の小型の A 型常染色体が存在する．X 染色体は SM 型，Y 染色体は A 型である．本亜種の両腕性常染色体に関しては，M 型であるのか SM 型であるのかに関する記述が論文中に書かれていないため，**図 4-7-4-2** 中に模式図は示していない．しなしながら，一般に同種の別亜種と扱われている *Sciurus alphonsei* と染色体構成が異なることは興味深い．C-ヘテロクロマチンは 9 対の常染色体および X 染色体の動原体部にのみ認められ，Y 染色体はムササビ属同様 C-バンド染色で濃染されない．

以上がリス属の染色体に関するこれまでの研究であるが，未だに分染法を用いて解析されていない種が多く，核型進化の全体像については全く不明である．リス属の分子系統については，Oshida *et al.*（2010）がミトコンドリア DNA cytochrome *b* 遺伝子塩基配列を用いて，旧世界に分布するペルシアリス・キタリス・ニホンリスが単系統ではなく，ペルシアリスは他の旧世界リスよりもむしろ新世界のリス属に近縁であることを示唆した．この結果は Villalobos and Gutierrez-Espeleta（2014）による追試験でも示されている．リス属の核型進化を考える際に，分子系統学的研究で得られた結果を睨んで分染核型の比較検討を実施することにより，これまでに得られたリス属の染色体に関する断片的な知見を整理することができるかもしれない．

4-7-5. タイワンリス属の核学的関係

タイワンリス属は現在 14 種に分類されている．*Callosciurus* とは“美しい

図 4-7-5-1. ワキスジシロアシリス（*Callosciurus phayrei*）（ミャンマーのマンダレーにて撮影）.

リス”という意味であり，ムササビ属以上に多彩・多様な体毛色パターンを示す（**図 4-7-5-1**）．本属は東南アジアに広く分布し，中国南部，ネパール，ブータン，バングラディシュ，インド東部にも生息する（Thorington *et al.* 2012）．日本に生息するクリハラリス（*Callosciurus erythraeus*）個体群は外来の移入種であり，地域的に積極的な駆除活動が行われている（例えば，安田 2013，2017）．

本属において，これまでに核型が報告されているのは5種のみであり，これらを**表 4-7-5-1** および**図 4-7-5-2** にまとめて記した．染色体数はいずれも $2n=40$ であるが，FNa については 68〜72 とばらつきが記載されており（Yong *et al.* 1975），この FNa の解釈には検討の余地がある．バナナリス（*Callosciurus notatus*）の FNa は Yong *et al.*（1975）によると 68 であるが，Nadler *et al.*（1975）では 70 である．この違いは，1 対の小型常染色体を A 型とするか（A 型が計 4 対であり，FNa=68 となる），或は ST 型とするか（A 型が計 3 対であり，FNa=70 となる）という解釈の相違から生じており，本質

表 4-7-5-1. タイワンリス属の染色体（標本の採集国が明確な情報のみを記載）.

種名	採集地	2*n*	FNa*	引用文献
ハイガシラリス *C. caniceps*	マレーシア	40	68(70)	Yong *et al.* (1975)
クリハラリス *C. erythraeus*				
亜種 *C. erythraeus flavimanus*	ベトナム	40	72(70)	Nadler and Hoffmann (1970)
亜種 *C. erythraeus flavimanus*	タイ	40	70	Nadler *et al.* (1975)
フィンレイソンリス *C. finlaysonii*	タイ	40	70	Nadler *et al.* (1975)
ワキスジリス *C. nigrovittatus*	マレーシア	40	70	Yong *et al.* (1975)
バナナリス *C. notatus*	マレーシア	40	68(70)	Yong *et al.* (1975)
	インドネシア，マレーシア	40	70	Nadler *et al.* (1975)
ミケリス *C. prevostii*	マレーシア	40	68(70)	Yong *et al.* (1975)

* () の数値はそれぞれの引用文献とは異なる解釈（本文参照）を示す.

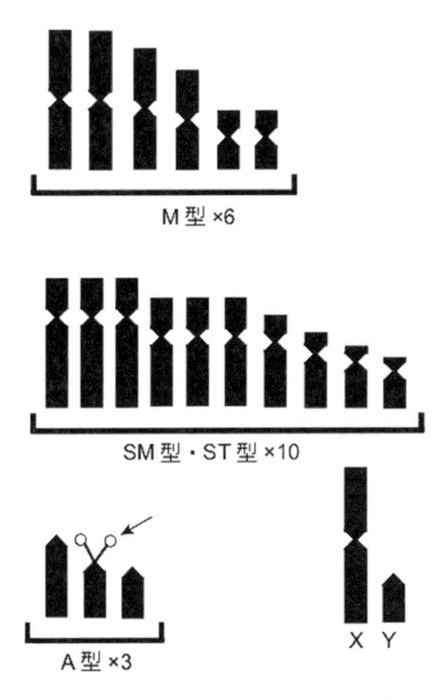

図 4-7-5-2. 表 4-7-5-1 に示したタイワンリス属 5 種の常染色体半数体および性染色体の模式図．核型は全て同様である（矢印，付随体部位）.

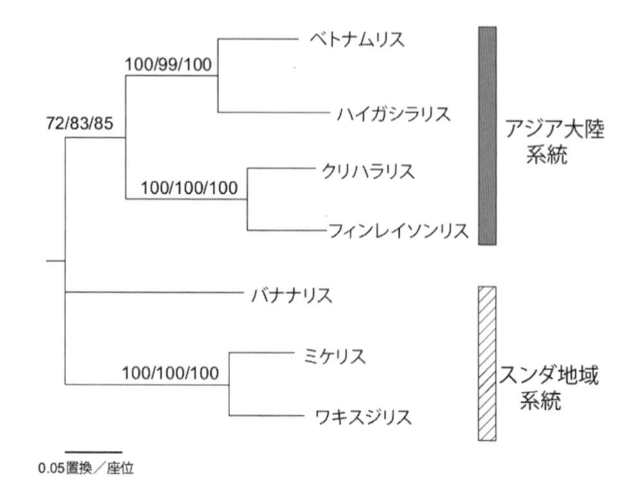

図 4-7-5-3. 最尤法を用いて描かれたタイワンリス属7種の分子系統樹（Oshida *et al.* 2010 を改変）．枝上の数字はブーツストラップ値（左から最尤法・最節約法・近隣結合法によるサポート値を表す）を，樹形図左下のバーは遺伝距離を示す．“アジア大陸系統”と“スンダ地域系統”の存在が強く示唆される．バナナリスの系統的位置は明瞭ではないが，ここでは Oshida *et al.*（2001）に基づいて“スンダ地域系統”へ含めた．

的な違いとは思えない．Yong *et al.*（1975）に掲載されている核型写真をみたかぎりでは，この小型常染色体にははっきりと短い短腕が認められ，ST 型と解釈するのが妥当であろう．同様に，Yong *et al.*（1975）はミケリス（*Callosciurus prevostii*）についても FNa＝68 となる記載をしているが，Oshida and Yoshida（1994）では FNa＝70 である．この不一致も上記同様1対の小型常染色体を A 型とするか，ST 型とするかの解釈の違いで生じており，Yong *et al.*（1975）に掲載されている核型写真から判断すると，この小型常染色体も ST 型と解釈するべきであろう．**表 4-7-5-1** の FNa については，このような修正解釈と論文のオリジナル記載とを併記したので注意して頂きたい．また**図 4-7-5-2** については修正解釈に基づいた核型を示した．本属の性染色体であるが，全ての種で X 染色体は中型の SM 型（或は M 型），Y 染色体は小型の A 型である．

既述の通り本属の染色体は極めて保存的である．ミトコンドリア DNA cytochrome *b* 遺伝子塩基配列に基づく分子系統学的解析結果から，本属はユーラシア大陸南部に分布する“アジア大陸系統”と東南アジア島嶼部に分布する“スンダ地域系統”に大別されることが報告されている（Oshida *et al.* 2001, 2010；**図 4-7-5-3**）．系統が異なるアジア大陸系統のクリハラリスとスンダ地域系統のミケリスの G-バンドパターンを比較したところ，全く同一であった（Oshida *et al.* 1996b，c；**図 4-7-5-4**）．このように核型が保存的であるため，本属内においても染色体のバンドパターンに基づいて核型進化の過程を

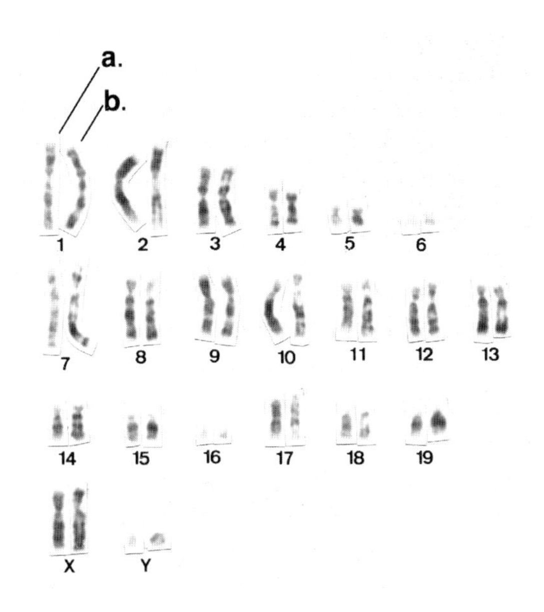

図 4-7-5-4. ミケリス（a）およびクリハラリス（b）の混成 G-バンド核型（Oshida *et al.* 1996c より転載）．

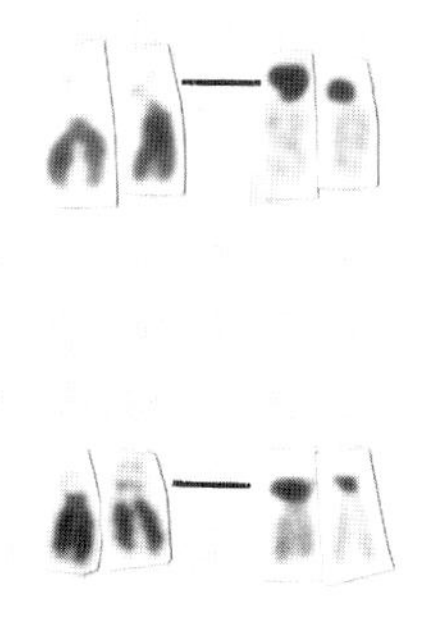

図 4-7-5-5. ミケリス（上）およびクリハラリス（下）に認められた付随体（付随体の柄部は Ag-NOR に相当する）（左，通常ギムザ染色；右，Ag-NOR-バンド染色）．

追跡することは困難であった.

本グループの特筆すべき核学的特徴は，1対のA型常染色体の短腕末端に存在する付随体構造である．この構造は，これまでに核型が報告された全ての種で認められており，本属の共有派生形質であると考えられる（Nadler and Hoffmann 1970；Nadler *et al.* 1975；Yong *et al.* 1975；Oshida *et al.* 1996c；**図4-7-5-5**）.

4-8. イタチ科食肉類の核学的特性

日本には5属8種のイタチ科（Mustelidae）食肉類が生息するとされていた（今泉 1960）が，分類学上の位置づけの変更や外来種の野生定着化（ミンク *Neovison vison*）などもあり，現在は6属10種となっている（Ohdachi *et al.* 2015）（**表4-8-1-1**）．これら10種のうち，ニホンカワウソ（*Lutra nippon*）は環境省レッドデータブック（RDB）2002年版では絶滅危惧IA類（CR）に選定されていたが（環境省 2002），同RDB 2014年版で絶滅（EX）と判定された（環境省 2014）．なお，日本哺乳類学会では絶滅危惧IB類としている．その分類学的位置づけはユーラシア大陸に広く分布するユーラシアカワウソ（*Lutra lutra*）と同じ種とされているが（Ohdachi *et al.* 2015），ミトコンドリアDNAを指標とした分子系統学的解析や骨計測学的解析などから日本固有種ニホンカワウソとする見解もある（Suzuki *et al.* 1996；Endo *et al.* 2000）．ちなみにラッコ（*Enhydra lutris*）は絶滅危惧IA類に，オコジョ（*Mustela erminea*）の本州産亜種ホンドオコジョ（*Mustela erminea nippon*），同じく北海道産亜種エゾオコジョ（*Mustela erminea orientalis*），イイズナ（*Mustela nivalis*）の本州産亜種ニホンイイズナ（*Mustela nivalis namiyei*），クロテン（*Martes zibellina*）の北海道産亜種エゾクロテン（*Martes zibellina brachyura*），ニホンテン（*Martes melampus*）の対馬産亜種ツシマテン（*Martes melampus tsuensis*）の5亜種が準絶滅危惧NTに選定されている（環境省RDB 2014）.

イタチ科食肉類の染色体に関しては歴史的に欧州やロシア産の種を調べたものが多く（Fredga 1967；Graphodatsky *et al.* 1976, 1982a, b, 1989；Mandahl and Fredga 1980），2000年代になってからではロシア産7種・日本産1種（ニホンテン）・アフリカ産1種（ゾリラ *Ictonyx striatus*）のG-バンドパターンを詳細に対比分析し，分子細胞遺伝学的解析とあわせて染色体レベルでの類縁関係を考察したものがある（Graphodatsky *et al.* 2002）．日本産のイタチ類

表 4-8-1-1. 日本産イタチ科食肉類.

亜科名	属名	種名	亜種名
イタチ亜科 Mustelinae	イタチ属 *Mustela*	オコジョ *M. erminea*	ホンドオコジョ *M. e. nippon*（本州）
			エゾオコジョ *M. e. orientalis*（北海道）
		イイズナ *M. nivalis*	ニホンイイズナ *M. n. namiyei*（本州）
			キタイイズナ* *M. n. nivalis*（北海道）
		ニホンイタチ *M. itatsi*	オオシマイタチ *M. i. asaii*（伊豆大島）
			ホンドイタチ *M. i. itatsi*（伊豆大島・屋久島以外の日本）
			コイタチ *M. i. sho*（屋久島）
		シベリアイタチ *M. sibirica*	
	ミンク属 *Neovison*	ミンク *N. vison*	
	テン属 *Martes*	ニホンテン *M. melampus*	ホンドテン *M. m. melampus*（対馬以外の日本）
			ツシマテン *M. m. tsuensis*（対馬）
		クロテン *M. zibellina*	エゾクロテン *M. z. brachyura*（北海道）
アナグマ亜科 Melinae	アナグマ属 *Meles*	アナグマ *M. anakuma*	
カワウソ亜科 Lutrinae	カワウソ属 *Lutra*	ニホンカワウソ *L. nippon*	
	ラッコ属 *Enhydra*	ラッコ *E. lutris*	

種の分類体系は Wilson and Reeder（2005）および Ohdachi *et al.*（2015）に準じているが，亜種名は基本的に環境省（2002）に準じた．*学術的に認知された名前ではないが，便宜的に小原（1991a）に準じた．

の染色体に関しては古くはニホンイタチ（*Mustela itatsi*）の生殖細胞中期像（$2n=38$）の描画記載（Makino 1948），ミンクの肺の組織培養から得た描画核型（$2n=30$）の報告（塩田・佐々木 1962），ニホンイタチ（$2n=38$）やニホンテン（$2n=38$）の核型分析（Makino 1948；Tsuchiya 1979）があるが，いずれも単一種の通常ギムザ染色の核型記載だけである．複数の種について比較分

図 4-8-1-1. 日本産イタチ科食肉類．①，イイズナ（青森県産）；②，オコジョ（撮影：弘前市飛鳥和弘氏）；③，ニホンイタチ（青森県産）；④，ニホンテン（青森県産）；⑤，アナグマ（撮影：白神山地 小原良孝）．

析した報告として，染色体分染法によるニホンイタチとシベリアイタチ（*Mustela sibirica*），エゾクロテンとニホンテンの対馬を除く亜種ホンドテン（*Martes melampus melampus*）の比較核型分析（Kurose *et al.* 2000；Iwasa and Hosoda 2002）があるが，いずれも2種間での比較である．1980年代に日本産イタチ科6分類群であるホンドオコジョ，ニホンイイズナ，イイズナの北海道産亜種キタイイズナ（*Mustela nivalis nivalis*），ニホンイタチ，ホンドテン，アナグマ（*Meles anakuma*）のG-バンド染色，C-バンド染色およびAg-NOR-バンド染色による比較分析を行い（Obara 1982a, b, 1985a, b, 1987a, b），総説としてまとめたものがある（小原 1991a, b）．これらの報告はもはや四半世紀以上も前のものではあるが，日本産イタチ科の系統類縁関係について核学的な観点から体系的に論じたものは他に見当たらないので，本節ではその内容を中心に紹介する．

対象としたイタチ科食肉類5種の外部形態写真を**図 4-8-1-1** に，基礎的な染色体知見を**表 4-8-1-2** に示す．染色体数はニホンイイズナ・ニホンイタチ・ホンドテンが38，キタイイズナが42，ホンドオコジョ・アナグマが44である．

表 4-8-1-2. 日本産イタチ科食肉類の染色体知見.

種名ないしは亜種名	2*n*	FNa	性染色体		C-ブロック	Ag-NOR		SC
			X	Y	(染色体対の数)	int	cmc	(染色体対の数)
ホンドオコジョ	44	64	m-M	s-ST	1	1	0	1
キタイイズナ（北海道）	42	74	m-M	s-SM	7	1	0	1
ニホンイイズナ（青森県）	38	66	m-M	s-SM	5	1	0	1
ニホンイタチ	38	64	m-M	s-ST	7	1	3	0
ホンドテン	38	66	m-M	s-A	0	1	0	1
アナグマ	44	64	m-M	s-ST	0	0	3	0

2n，染色体数；FNa，基本数（常染色体総腕数）；C-ブロック，ブロック状の大型 C-バンド領域；Ag-NOR，Ag-NOR-バンド染色によって染め出される核小体形成部位；SC，二次狭窄，int，介在型；cmc，動原体被覆型；m-M，中型 M 型；s-ST，小型 ST 型；s-SM，小型 SM 型；s-A，小型 A 型.

常染色体総腕数 FNa は 64，66，74 の 3 つの値を示すが，染色体数の増減との相関はない．X 染色体はいずれの種も中型の M 型で，Y 染色体には s-ST 型・s-SM 型・s-A 型（s-は小型の意）の 3 つの型が認められる．大型の C-バンド領域（C-ブロック）はイタチ属にのみ観察され，ホンドオコジョで 1 対，キタイイズナ・ニホンイイズナ・ニホンイタチでそれぞれ 7 対・5 対・7 対存在する．二次狭窄はニホンイタチとアナグマには存在せず，その他の種ではそれぞれ 1 対存在し，二次狭窄が存在する種では例外なく二次狭窄部位に，染色体の腕内に位置する介在型の NOR（int NOR）として検出される．アナグマでは A 型染色体 3 対に動原体被覆型の NOR（cmc NOR）が検出され，ニホンイタチでは int NOR と cmc NOR の両タイプが存在する.

4-8-1. オコジョ・イイズナの核学的関係

イタチ科食肉類はオーストラリア大陸・南極大陸を除くすべての大陸に分布し，全部で 67 種が知られている（Nowak 1999）．オコジョとイイズナはこれらの中で体躯が最も小さく，頭胴長—尾長が雌でそれぞれ 16 cm— 5 cm，15 cm— 2 cm ほどしかない．特にイイズナは英名で least weasel ということからわかるように，イタチ科のなかでもっとも小さい種として知られている．オコジョとイイズナはサイズが小さいということだけでなく，冬季に純白の体毛に換毛するなど，生理生態学的にも共通する特性を有している．またミトコンドリア DNA cytochrome *b* 遺伝子の塩基配列を指標とした分子系統学的解析か

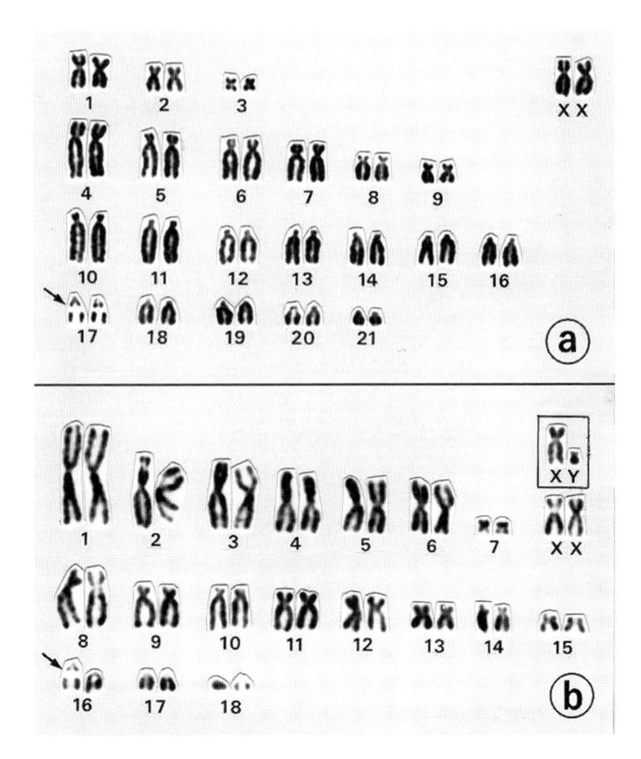

図 4-8-1-2. ホンドオコジョ（a）とニホンイイズナ（b）の通常ギムザ染色核型．矢印，二次狭窄．方形枠内の性染色体は，他の個体からのもの．

ら，これら両種はオコジョ―イタチ―イイズナのクラスターを形成する近縁な種であることも示されている（Masuda and Yoshida 1994a, b).

図 4-8-1-2 に示したように，ホンドオコジョ（Oko）とニホンイイズナ（N-iiz）の $2n$ の染色体数はそれぞれ 44・38 で 6 本の違いがある．染色体構成も大きく異なり，ニホンイイズナが 6 対の大型の M 型染色体を有しているのに対し，ホンドオコジョにはこのような大型の M 型染色体は見当たらない．またホンドオコジョは A 型染色体を 10 対も有しているのに，ニホンイイズナは 3 対だけである．ホンドオコジョの第 17 染色体（Oko-17），ニホンイイズナ第 16 染色体（N-iiz-16）に典型的な二次狭窄が存在し，これらの二次狭窄はいずれも Ag-NOR-バンド染色で Ag-NOR として濃染される．参考までに，**図 4-8-1-3** にニホンイイズナの Ag-NOR-バンド核型を示す．相同対間で大きさが異なる Ag-NOR が認められるが，この領域はリボソーム RNA 遺伝子が

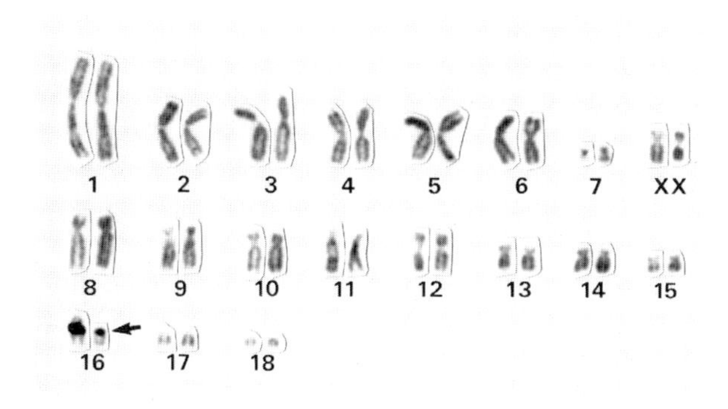

図 4-8-1-3. ニホンイイズナの Ag-NOR-バンド核型．矢印，Ag-NOR.

多数重複して収められている二次狭窄部位であり，細胞分裂の際にこの二次狭窄領域の染色分体間で不等交叉が生じ不均等に組換えられることが起こりうることから，このようにしばしばヘテロ接合で観察されるのである．また，**図 4-8-1-4** にホンドオコジョとニホンイイズナの G-バンドと C-バンドの混成核型を示した．Oko-10・16 は N-iiz-1 の長腕と短腕末端側半分と，Oko-12・18 は N-iiz-2 の長腕および短腕末端側半分と相同な G-バンドパターンを示し，同祖の染色体として組み合わせる（対応させる）ことができる．また，Oko-14・19 はそれぞれ N-iiz-6 の長腕・短腕と対応させることができ，この違いはロバートソン型再配列で説明される．矢印で示したニホンイイズナの 5 個の G-バンド淡染領域はすべて C-バンド染色でブロック状に濃染される大型の C-バンド濃染領域（C-ブロック）に相応しており，この部分を除くと，残りの染色体は X 染色体も含めすべて相同なパターンをもつものとして対応させられる．このことから染色体の全長は矢印で示した G-バンド淡染領域の分だけニホンイイズナの方が長いことが示唆される．実際にどの程度長いのか，核型写真から染色体を実測し数値的に算定した（**表 4-8-1-3**）．染色体の全長はゲノム長（ハプロイドセットの染色体の全長を意味し，ここでは X 染色体の長さを 1 としたときのハプロイドセットの長さとして表す）として表わされるが，表に示したようにニホンイイズナのゲノム長はホンドオコジョのそれより 22.4%ほど長く，その差は X 染色体の長さのほぼ 4.1 倍の長さに相当し，この値は G-バンド淡染領域（矢印）の全長からの値とほぼ符合する．したがって両種のゲノム長の違いは C-ブロックに起因するとも言えるのである．

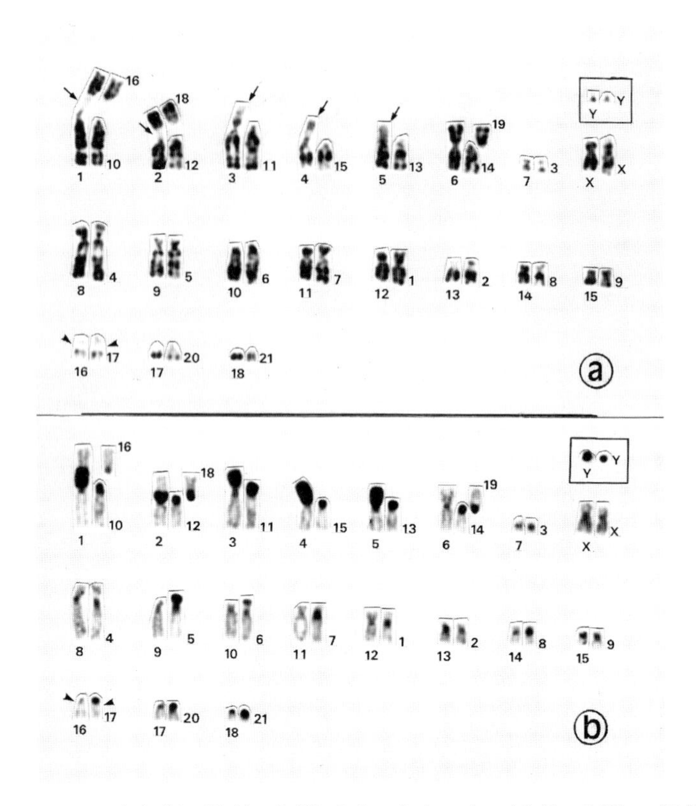

図 4-8-1-4. ニホンイイズナ（各対の左側）とホンドオコジョ（各対の右側）の混成 G-バンド（a）および C-バンド核型（b）．矢印，G-バンド核型における C-バンド濃染領域（C-ブロック）に相応する領域．方形枠内の性染色体は，他の個体からのもの．

表 4-8-1-3. ホンドオコジョとニホンイイズナの染色体計測．

亜種名	X 染色体全長を 1 とした時の TCL(±*SD*)	ホンドオコジョ TCL に対する TCL 比(%)	TCL の差 (②-①)	G-n.b.の全長/X 染色体全長	TCL に対する X 染色体の相対長(%)
ホンドオコジョ	18.33±8.81 …①	100(①/①)	—	—	5.47±0.26
ニホンイイズナ	22.43±8.40 …②	122.4(②/①)	4.1	32.4/8.0 (≒4.1)	4.46±0.17

TCL，ハプロイド染色体の全長．G-n.b.，G-バンド淡染ブロック（C-ブロックに対応する部分）．G-n.b.の全長/X 染色体全長は，核型からの実測値（mm）に基づく．

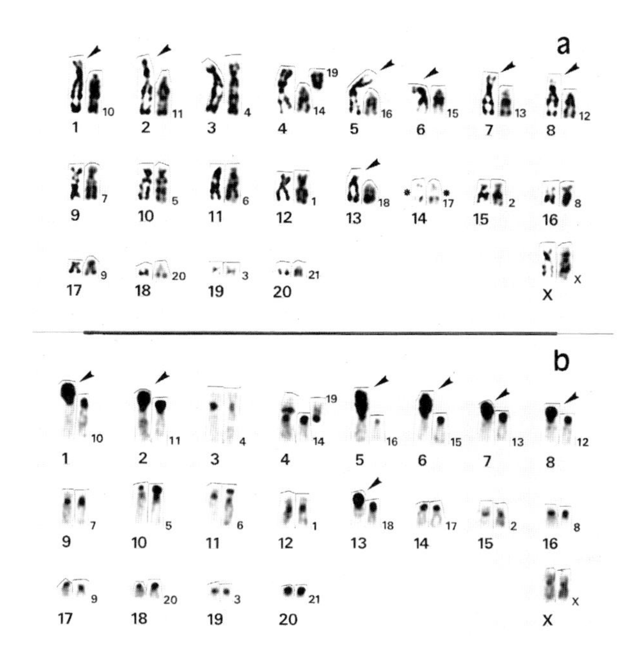

図 4-8-1-5. キタイイズナ（各対の左側）とホンドオコジョ（各対の右側）の混成 G-バンド（a）および C-バンド核型（b）．矢頭，C-バンド染色による C-バンド濃染領域（C-ブロック）（b）と G-バンド核型における C-ブロックに相応する領域（a）．アステリスク，二次狭窄．

一方で，ホンドオコジョ（2*n*＝44）とキタイイズナ（2*n*＝42）の間には，2本の染色体数の違いしかない．同様に，ホンドオコジョとキタイイズナ（K-iiz）の混成核型を作製し（**図 4-8-1-5**），キタイイズナの核型配置にオコジョの染色体を対応させてみた．C-バンド核型から，キタイイズナは 7 つの C-ブロックを有するが，ホンドオコジョにはそのような C-ブロックは見当たらない．なお**図 4-8-1-5a** では，C-バンド染色の C-ブロックに相応する領域を G-バンド核型上に示してある．キタイイズナの第 4 染色体（K-iiz-4）：Oko-14・19 は上述の Oko-14・19：N-iiz-6 と同様にロバートソン型再配列で説明される．また，K-iiz-10：Oko-5 や K-iiz-11：Oko-6 のように C-バンドのサイズに違いがみられるものもあるが，C-ブロックの領域を除くと，両者の染色体はすべて相同な G-バンドパターンを示すものとして対応させられる．ニホンイイズナとキタイイズナはともに C-ブロックによって特徴づけられるので，改めて両者の C-バンド核型を示す（**図 4-8-1-6**）．キタイイズナは 7 対の染色

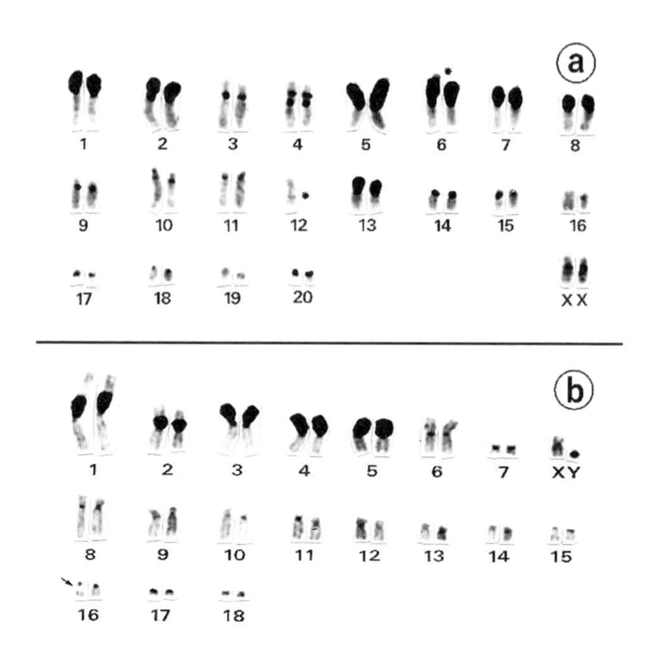

図 4-8-1-6. キタイイズナ（a）とニホンイイズナ（b）のC-バンド核型.

体（第1，2，5～8，13染色体）に，ニホンイイズナは5対の染色体（第1～5染色体）に典型的なC-ブロックを有している．つぎに両者のG-バンドとC-バンドの混成核型を**図 4-8-1-7** に示す．前掲の2種の場合と同様に，ニホンイイズナとキタイイズナの染色体はG-バンド淡染領域（C-ブロックに相応する領域）を除くと，残りの染色体はすべて相同なパターンを示す染色体として対応させられる．二次狭窄（矢頭）はともにAg-NORとして分染される．注目すべきはN-iiz-1：K-iiz-1・5およびN-iiz-2：K-iiz-8・13の2つの組み合わせでC-ブロックの量的不整合が顕著であるということである．この不整合はK-iiz-1・5のどちらかのC-ブロックの欠失と残りの長腕部のもう一方のC-ブロックへの転座によって説明され，N-iiz-2：K-iiz-8・13も同様に説明される．

これら3者の核学的関係を1つの混成核型にしてまとめたのが**図 4-8-1-8** である．個々の染色体の対応については説明済みであるので結論だけを述べると，3者ともG-バンド淡染領域を除くとすべての染色体がほぼ完璧ともいえ

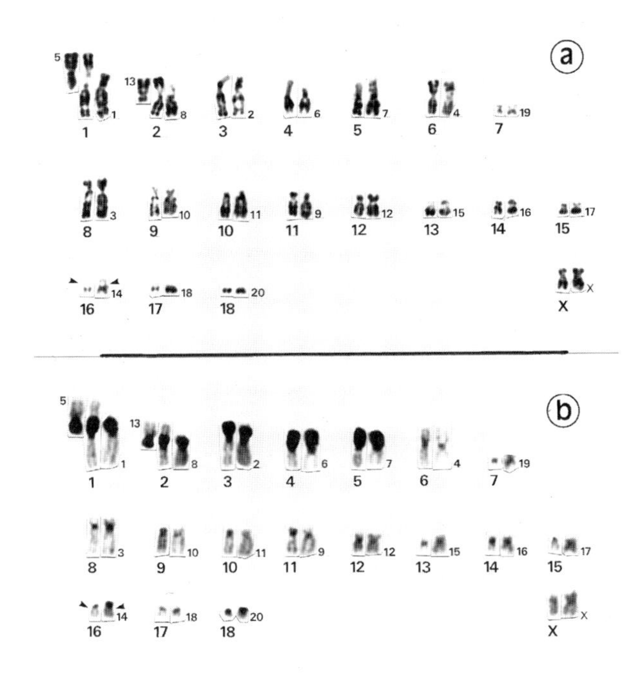

図 4-8-1-7. ニホンイイズナ（各対の左側，トリプレットの場合は中央）とキタイイズナ（各対の右側，トリプレットの場合は両サイド）の混成 G-バンド核型（a）および C-バンド核型（b）．矢頭，二次狭窄．

る相同な G-バンドパターンを有し，トリプレットの形で対応できるということである．この混成核型から，ホンドオコジョ・キタイイズナ・ニホンイイズナはそれぞれ染色体数も染色体構成も大きく異なるが，核学的には極めて近縁な仲間であることがわかる．

Oko-14・19：K-iiz-4・N-iiz-6 の形態的違いは上述のようにロバートソン型再配列で説明されるが，再配列の方向はロバートソン型融合とロバートソン型開裂のどちらであろうか？　本章 4-1-1，カワネズミの項で紹介した Ohno's rule を念頭に検討してみよう．ホンドオコジョ・ニホンイイズナ・キタイイズナの X 染色体は G-バンドパターンから判断すると，いずれもオリジナルタイプである（**図 4-8-1-8**）．第 1 章で述べたように，有胎盤哺乳類の場合，オリジナルタイプの X 染色体の相対長は 5〜6%の範囲に入る．ホンドオコジョの X 染色体の相対長は 5.47±0.26%でこの範疇に入るが，ニホンイイズナの

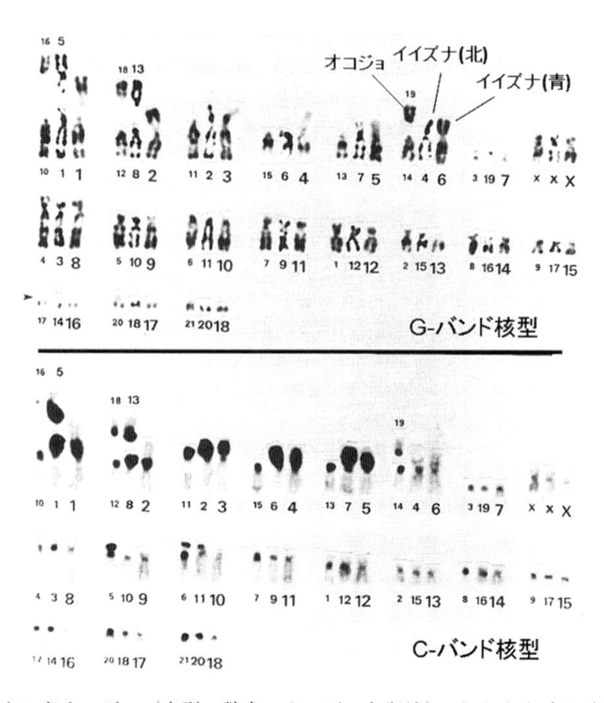

図4-8-1-8. ホンドオコジョ（小型の数字，オコジョと記述）・キタイイズナ（中型の数字，イイズナ（北）と記述）・ニホンイイズナ（大型の数字，イイズナ（青）と記述）の混成G-バンド（上）およびC-バンド核型（下）.

それは4.46±0.17%であり範疇からはずれている（**表4-8-1-3**）．その原因はニホンイイズナに存在する5つのC-ブロックに求められる．すなわち，5つのC-ブロックの分だけゲノム長が長くなり，その差がX染色体の相対長の差に反映されているのである．したがって，一般的な値のX染色体をもつオコジョの核型の方が基本型であり，ニホンイイズナのそれは派生型であると結論される．キタイイズナは7つのC-ブロックを有しているので，X染色体の相対長はさらに小さい値となる．Ohno's ruleに従えば，ホンドオコジョ様の核型を持つ祖先型をもとにしてキタイイズナ・ニホンイイズナが分化してきたと考えるのが妥当であろう．このような分化の方向性に沿って考えると，ニホンイイズナのC-ブロックはC-ヘテロクロマチンの重複によって伸長したものであり，その第6染色体はロバートソン型融合によって形成されたことになる．キタイイズナの第4染色体も同様にロバートソン型融合によって生じたもので

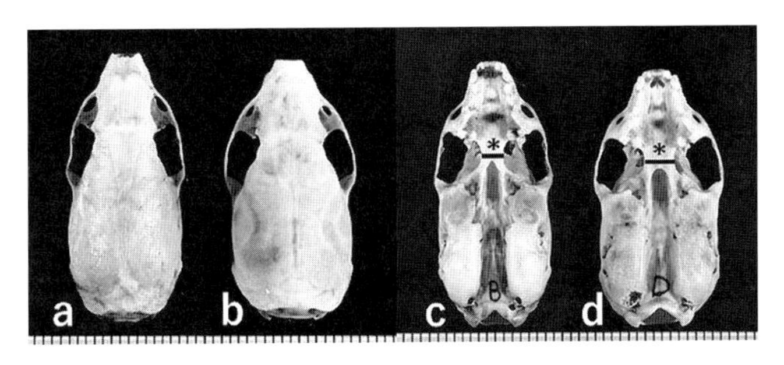

図 4-8-1-9. キタイイズナ（a・c）とニホンイイズナ（b・d）の頭骨標本．目盛りは 1 mm．a・b，背面側；c・d，腹面側；アステリスク，最少口蓋骨幅．

あろう．

ニホンイイズナとキタイイズナのところで両種間の C-ブロックの量的不整合について触れたが，このような不整合がある場合，両集団間には生殖的隔離が成立する可能性がある．つまり，両者間に交雑個体が生まれたとしても，生殖細胞形成時の減数分裂で相同染色体の対合—分離の過程に支障が生じる可能性が高いということである．そこで両者に形態的な違いがないか，青森県産ニホンイイズナの頭骨標本と北海道産キタイイズナ（北海道大学植物園博物館所蔵）の頭骨標本を用い，13 の頭骨形質について計測したところ，両者間には雌雄ともに最少口蓋骨幅に有意差がみられた（計測値の詳細は小原（1991a）を参照されたい）．この形質に関する限り，ニホンイイズナの方が有意に大きかったのである（**図 4-8-1-9**）．現在，ニホンイイズナとキタイイズナは津軽海峡で地理的に隔離されており，頭骨にも有意に異なる部分があり，しかも染色体の面から生殖的隔離の可能性が示唆されるので，両者は亜種レベル以上の分化を遂げている可能性がある．将来的には，キタイイズナとニホンイイズナの交配実験が不可欠であり，その取り組みが実現することを期待している．

いわゆるイイズナは北米大陸北部からユーラシア大陸北部にかけて広く分布しており（Nowak 1999），スウェーデン産やロシア産のイイズナで染色体が調べられている（Mandahl and Fredga 1980；Graphodatsky *et al.* 1976）．北海道産のキタイイズナは $2n$ 染色体数・構成はもちろん G-バンドや C-バンド・Ag-NOR-バンドのパターンまで大陸産のキタイイズナとまったく同じである．大陸産のキタイイズナは北海道産のキタイイズナと遺伝的にもほとんど変わりはないものと思われる．

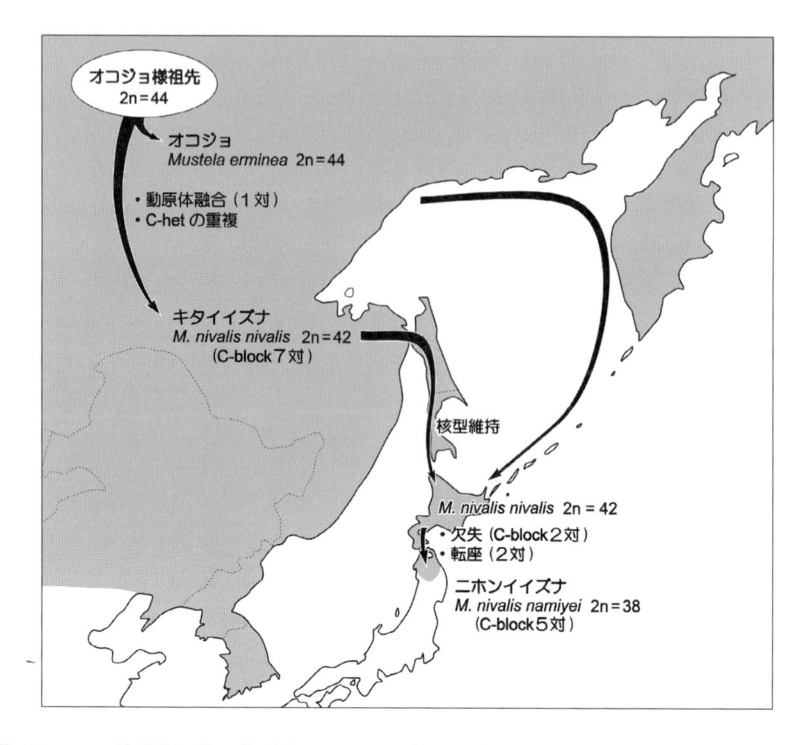

図 4-8-1-10．核学的知見に基づくニホンイイズナの分化経路．

これまで述べてきたことをもとに，ニホンイイズナの分化経路を図で示した（図 4-8-1-10）．ホンドオコジョと大陸産オコジョ（*Mustela erminea erminea*）は核型・分染パターンに違いがみられない（Graphodatsky *et al.* 1976；Mandahl and Fredga 1980；Obara 1982a, 1985a, b, 1987a, b；小原 1991b）ことから，北部ユーラシアのどこかでオコジョ様の祖先型よりイイズナがロバートソン型融合（Oko-14・19 → K-iiz-4）と C-ヘテロクロマチンの重複を介して分化し，このイイズナは核型を維持したままサハリンないしは千島列島を経由して北海道に分布を広げキタイイズナ集団を形成し，さらに南下して東北地方北部に進出した個体に C-ブロックの欠失（第5または第1染色体，第13または第8染色体の2つの C-ブロックの欠失）とそれぞれの転座という染色体変異が東北の集団に固定され，ニホンイイズナが新たな分類群として分化したものであろう．ちなみに Kurose *et al.*（1999）はミトコンドリア DNA の解析から，北海道集団はおよそ30万年前に本州集団から分岐したと推定し，また現在本州と北海道を分断している津軽海峡はおよそ15万年前に形成された（大嶋 1991）ということを考慮し，これら両集団は津軽海峡の形成以前に隔離されたのであろうと指摘している．これは核学的見解と分子系統学的見解が整合しない例であり，化石知見や生化学的知見等も合わせ総合的な検討が必要であろう．

4-8-2. ニホンイタチとオコジョの核学的関係

前項で分染パターンの対比分析からホンドオコジョ→キタイイズナ→ニホンイイズナの分化の方向性が示された．そこでオコジョ，イイズナの近縁種といわれるニホンイタチとホンドオコジョとの関係を検討してみよう．ニホンイタチ（Ita）の染色体数はニホンイイズナと同じ $2n=38$ であるが，その構成はニホンイイズナ・ホンドオコジョと大きく異なり，大型のM型染色体3対（Ita-1・2・3）を含む特有の核型を有している（**図4-8-1-11**）．ニホンイタチにはホンドオコジョ・ニホンイイズナでみられたような典型的な二次狭窄は観察されないが，個体によっては第16染色体（Ita-16）の長腕基部に痕跡的な二次狭窄が認められることがある．ニホンイタチのAg-NORは最大で4対の染色体（Ita-16にint NOR, Ita-15・17・18にcmc NOR）に観察される（**図4-8-1-12**）．cmc NORはイタチ属の中ではニホンイタチにしか存在せず，イタチ属で最も早く出現したとされるホンドオコジョ（Kurose *et al.* 2008）にはint NORしか存在しないので，int NORの部分的な解離・重複とA型染色体の微小な短腕への転座による末端化が考えられる．次にG-バンド核型とC-バ

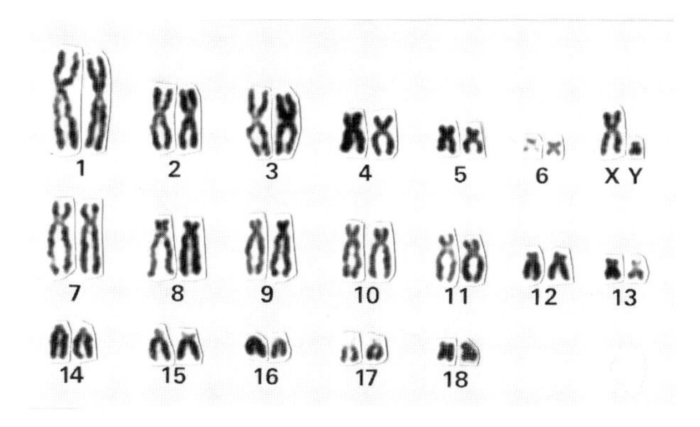

図4-8-1-11. ニホンイタチの通常ギムザ染色核型.

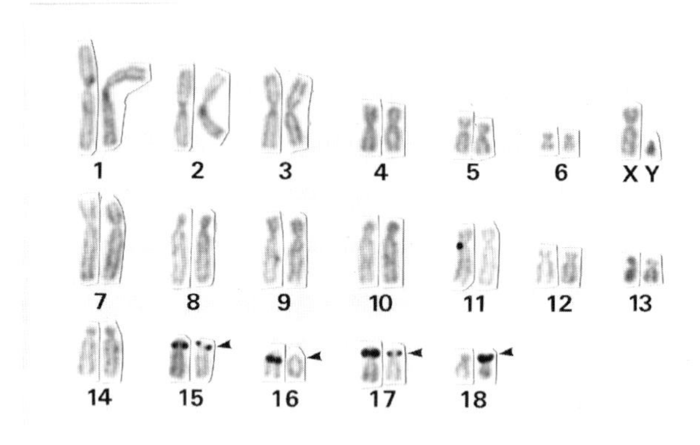

図 4-8-1-12. ニホンイタチの Ag-NOR-バンド核型．矢頭，Ag-NOR.

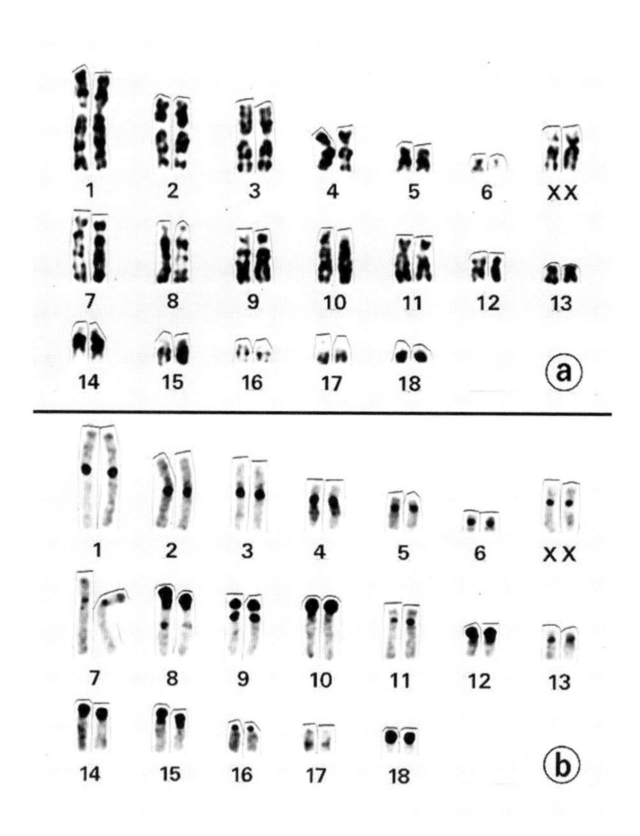

図 4-8-1-13. ニホンイタチの G-バンド核型（a）および C-バンド核型（b）.

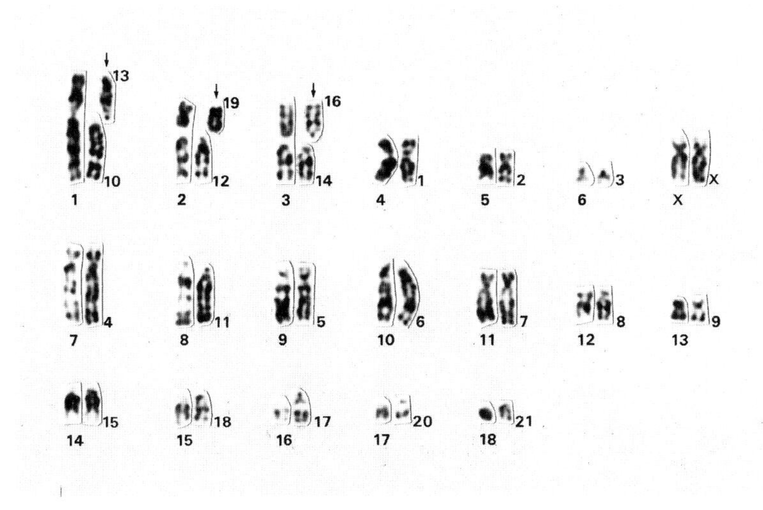

図 4-8-1-14. ニホンイタチ（各対の左側）とホンドオコジョ（各対の右側）の混成 G-バンド核型．矢印，ロバートソン型再配列による整合性．

ンド核型を**図 4-8-1-13** に示した．G-バンド染色によりバンドパターンをもとにすべての染色体対が識別され，C-バンドもまたそれぞれの染色体対で特有のパターンを示し，動原体 C-バンド，末端部 C-バンド，介在部 C-バンドなど多様なパターンが観察される．とくに第 8・9・10・12・14・15・18 染色体 7 対の短腕部に観察される大型の C-バンド（C-ブロック）は特徴的である．次にホンドオコジョとニホンイタチの混成 G-バンド核型を**図 4-8-1-14** に示した．Ita-1：Oko-10・13，Ita-2：Oko-12・19 および Ita-3：Oko-14・16 の 3 組の染色体はいずれもロバートソン型再配列によって説明され，残りの染色体は以下に述べるいくつかの不整合部分を除くとすべて 1 対 1 で対応できる．すなわちこの混成核型では Ita-8 と Oko-11 を対応させてあるが，いずれも A 型にみえる．しかし，G-バンド染色では C-ヘテロクロマチン領域が淡染されるので一見 A 型にみえるのであり，通常ギムザ染色でみると両者とも小さな短腕をもつ ST 型で，Oko-11 の短腕の方が Ita-8 のそれより小さい（**図 4-8-1-15**）．この両者の短腕はいずれも C-バンド染色で濃染されるので，腕比の違いは C-ヘテロクロマチンの量的な違いによるものと説明される．分子系統樹からの知見（Masuda *et al.* 1994b；Kurose *et al.* 2008）によると，オコジョの系統からイタチの仲間が分岐しているので，この見解に従えば，上述の

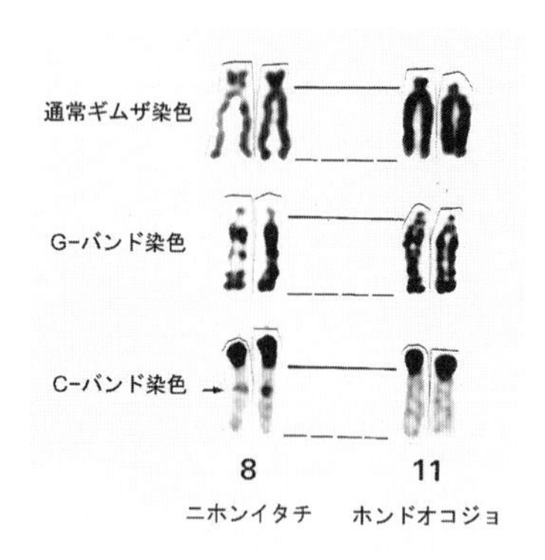

図4-8-1-15. Ita-8とOko-11の比較．矢印，長腕中間部にみられるC-バンド濃染部．

ロバートソン型再配列は融合によるものとみなされ，Ita-8：Oko-11の腕比の違いはキタイイズナの場合と同様にC-ヘテロクロマチンの重複による短腕の伸長に起因するものと解釈される．同様の重複現象はIta-10：Oko-6，Ita-12：Oko-8，Ita-15：Oko-18，およびIta-18：Oko-21の間でもみられる（詳しくはObara 1985aを参照されたい）．この見解は，“イタチ属の進化は全体としてC-ヘテロクロマチンの増加の方向に向かっている”というGraphodatsky *et al.*（1976,1977）の指摘を支持するものである．なお，Ita-8の長腕中間部にみられるC-バンド（**図4-8-1-15**）の起源については不確かであるが，他のC-バンドの一部分が解離し長腕内に転座（挿入）したものであろう．このようにホンドオコジョとニホンイタチの核学的関係はロバートソン型融合，C-ヘテロクロマチンの重複・挿入，int NORの部分的解離とA型染色体への転座（末端化）によって説明される．

4-8-3. ニホンテンとオコジョの核学的関係

テン属（*Martes*）のニホンテンはイタチ亜科（Mustelinae）の仲間であるが，同じ亜科のイタチ属3種であるオコジョ，イイズナ，ニホンイタチと比べると体躯のサイズが格段に大きく，樹上生活にもよく適応しているなど，形態的にも生態的にもイタチ属の仲間とは異なっている．ミトコンドリアDNAや核DNAの塩基配列解析に基づく分子系統樹によると，テン属はイタチ属に先んじて出現している（Masuda and Yoshida 1994b；Koepfli *et al.* 2008）．このような系統的位置づけを踏まえたうえで，ニホンテンの対馬を除く亜種ホンド

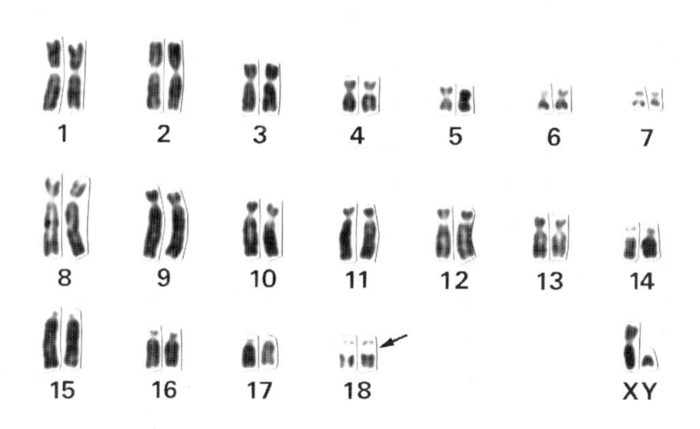

図 4-8-1-16. ホンドテンの通常ギムザ染色核型. 矢印, 二次狭窄.

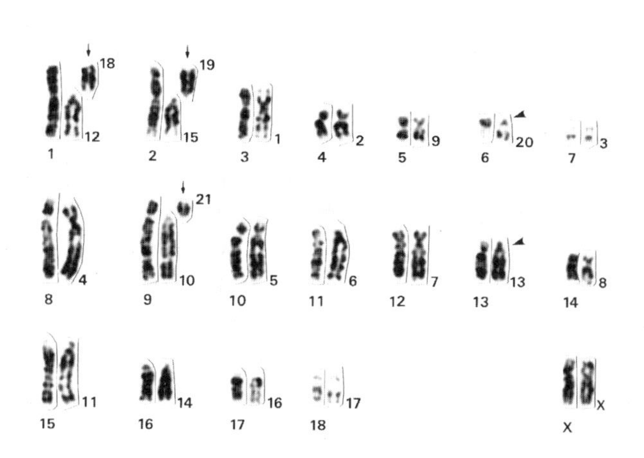

図 4-8-1-17. ホンドテン（各対の左側）とホンドオコジョ（各対の右側）の混成 G-バンド核型. 矢印, ロバートソン型再配列による整合；矢頭, 二次狭窄.

テンの核型（**図 4-8-1-16**), ホンドテンとホンドオコジョの混成核型（**図 4-8-1-17**）をみてみよう.

ホンドテン（Ten）の染色体数はニホンイタチ・ニホンイイズナと同じ $2n=38$ であるが, 染色体構成はいずれとも異なり, 大型の M 型染色体は 2 対だけである. 常染色体は 14 対の両腕性染色体と 4 対の単腕性染色体で構成され，第18染色体（Ten-18）に典型的な二次狭窄が存在する．混成核型をみると，前項で述べたように，ニホンイタチとホンドオコジョ間では3つのロバートソン型融合が指摘されたが，ホンドテンとホンドオコジョの場合も3つのロバートソン型再配列がみられる．しかし，その組み合わせは前者の場合とはまったく異なっており，Ten-1：Oko-12・18，Ten-2：Oko-15・19，Ten-9：Oko-10・21という組み合わせとなっている．その他の変異としては，矢頭で示される2組の挟動原体逆位（Ten-6：Oko-20，Ten-13：Oko-13）が見だされるだけで，その他の染色体はバンドパターンの相同性をもとにすべて対応できる．先に述べた分子系統樹からの知見と染色体からの知見を総合すると，ニホンテンはオコジョ様の核型を持つ祖先型（$2n=44$）より3つのロバートソン型融合と2つの挟動原体逆位を介して分化したと説明できるであろう．

4-8-4. アナグマとオコジョの核学的関係

アナグマの染色体数はオコジョと同じ$2n=44$で，染色体の構成もオコジョのそれと比較的似ている（**図4-8-1-18**）．しかし，ホンドオコジョ・キタイイズナ・ニホンイイズナ・ホンドテンにみられるような二次狭窄はまったくみられない．性染色体（X・Y）は中型のM型染色体・小型のA型染色体で，前述のホンドオコジョ・キタイイズナ・ニホンイイズナ・ホンドテンのX・Yと基本的に相同とみなされる．第6染色体の短腕が異形対（矢印）となっているが，これは相同対の片方にC-ブロックの欠失が生じたことによるもので個体変異とみなされた．C-バンド濃染部は第6染色体のC-ブロックとY染色体を除くとすべて動原体C-バンドである．

アナグマ（Ana）には第14・15・18染色体（Ana-14・15・18）にcmc NORが存在する（**図4-8-1-19**）．この核型においてはAna-14・18のAg-NORはヘテロ接合で，第15染色体はホモ接合である．int NORであれcmc NORであれ，NORの部位にはリボソームRNA遺伝子が高度に反復され折りたたまれて収められている．とくにcmc NORの場合は核小体形成体連合（NOR association）を介して不等交叉が起こりやすい（**図4-8-1-19**）．それゆえSuzuki *et al.*（2014）がアカネズミ属数種で報告したように，しばしば相同対間で大きさの異なるAg-NORやヘテロ接合のAg-NORが観察されたりするのである．

表4-8-1-1に示したように，アナグマはホンドオコジョ・キタイイズナ・ニ

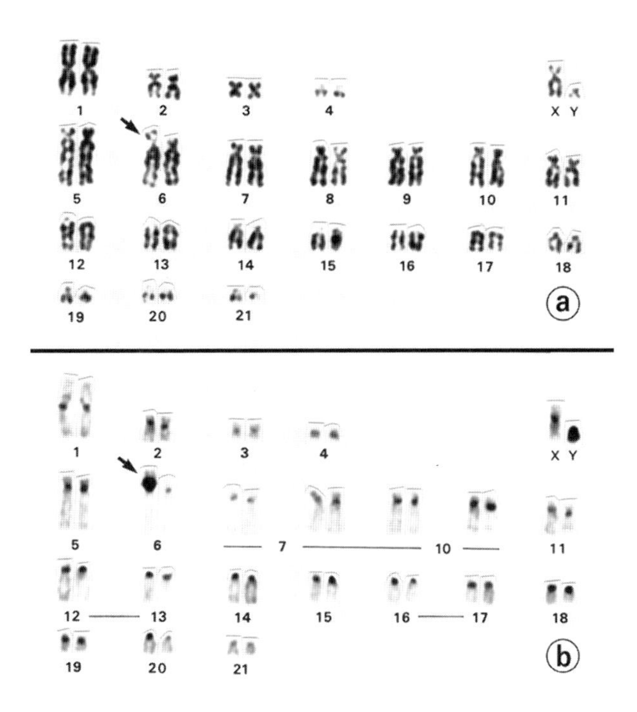

図 4-8-1-18. アナグマの G-バンド (a) および C-バンド (b) 核型. 矢印, G-バンド核型における C-バンド濃染部に相応する領域と C-バンド核型における C-バンド濃染部.

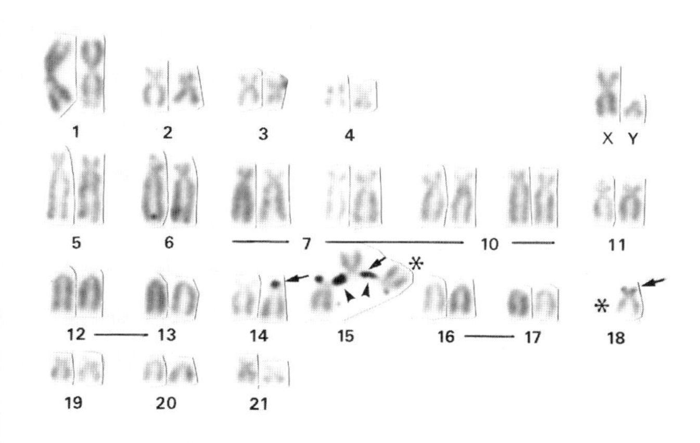

図 4-8-1-19. アナグマの Ag-NOR-バンド核型. アステリスク, 第 18 染色体；矢頭, 核小体形成体連合 (NOR association).

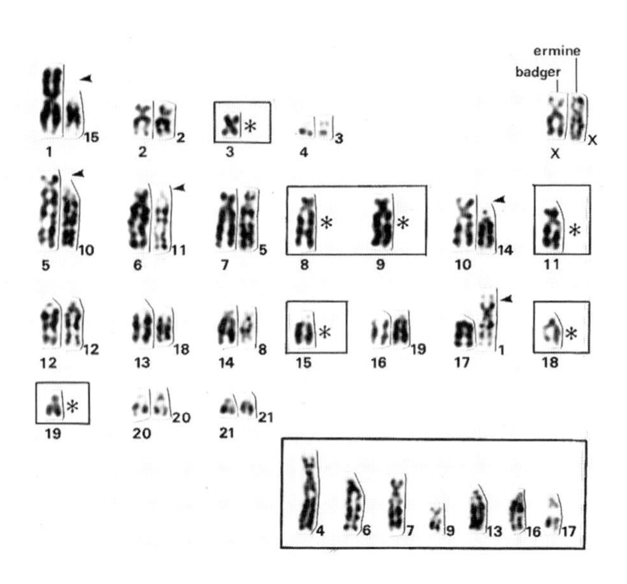

図 4-8-1-20.　アナグマ（各対の左側）とホンドオコジョ（各対の右側）の混成 G-バンド核型．矢頭，短腕領域全体でホンドオコジョに非対応；アステリスク（核型内の方形枠内），対応するホンドオコジョの不在．下部の方形枠内はアナグマに対応できなかったホンドオコジョの染色体．

ホンイイズナ・ニホンイタチ・ホンドテンとは亜科レベルで異なり，それぞれアナグマ亜科（Melinae），イタチ亜科に位置づけられている．分子系統学的解析から，アナグマはイタチ亜科の仲間に先んじて分化しており（Hosoda *et al.* 1993；Masuda and Yoshida 1994b；Kurose *et al.* 2008），その分岐年代はおよそ 17 Mya の中新世の頃と見積もられている（Yonezawa *et al.* 2007）．このような知見を踏まえて混成核型をみてみよう．

アナグマとホンドオコジョとの混成 G-バンド核型は前述のホンドテンとホンドオコジョ，ニホンイタチとホンドオコジョ，キタイイズナ・ニホンイイズナとホンドオコジョのそれらと異なり，相同なパターンを示すものとして対応できる染色体は格段に少ない（**図 4-8-1-20**）．G-バンドパターンの相同性が染色体一本一本で対応を示すのは X 染色体も含め 9 対，部分的な相同性を示す染色体は 6 対だけである．

4-8-5　日本産イタチ科食肉類の核学的系統関係

アナグマはオコジョより先に分化したという分子系統学的知見（Kurose *et al.* 2008）を踏まえた上で，ニホンテンの場合と同様にオコジョ様の核型を持つ祖先型（$2n=44$）より分化したと想定した．両種の核学的関係は染色体の対応関係が示された部分に関しては，ロバートソン型開裂（Ana-17：Oko-1）やロバートソン型融合（Ana-1：Oko-15, Ana-5：Oko-10, Ana-6：Oko-11 および Ana-10：Oko-14）等によって説明される．しかし，非対応の染色体が多く存在し，ホンドオコジョのゲノムでみると36%にも達する．この非対応部分についてはもう少し細かなG-バンドが得られるようになれば対応する部分はいくつか見つかるかもしれないが，一連の図をみるかぎり単純な再配列では説明がつけられず，それだけ複雑な再配列があったものと考えられる．一方，イタチ亜科のホンドオコジョ・キタイイズナ・ニホンイイズナ・ニホンイタチ・ホンドテンにおいては染色体の数的・構造的変異は大きいが，変異の大半がA型染色体のロバートソン型融合あるいは両腕性染色体のロバートソン型開裂に起因する再配列とC-ヘテロクロマチンの重複であるため，G-バンドパターンはおおかた保存されている．このようにイタチ亜科（テン属・イタチ属）の系統ではG-バンドパターンに大きな変化を及ぼさないような変異であったがゆえに亜科を越える分化には至らなかったのかもしれない．互いに別亜科に属するオコジョとアナグマはともに $2n=44$ で通常ギムザ染色の核型は

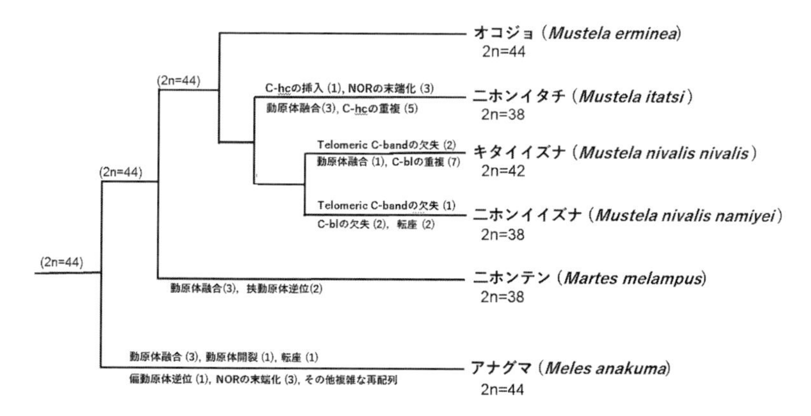

図 4-8-1-21. 日本産イタチ科食肉類の核学的系統樹．C-hc，C-ヘテロクロマチン；NOR，核小体形成部位；C-bl. del，C-ブロックの欠失；C-hc del，C-ヘテロクロマチンの欠失．

比較的似ているが，両種間にはG-バンドパターンの相同性を追跡するのが難しくなるほどの複雑な染色体変異が蓄積され，結果として別亜科レベルまで分化したのであろう．これまでの分析結果から，Kurose *et al.*（2008）におけるイタチ科分子系統樹のトポロジーのみをもとに，核学的系統樹として表したのが**図 4-8-1-21** である．

先に述べたように，これらの分析は四半世紀以上も前にホンドオコジョとの核型比較をベースにしたものであり，その妥当性を確かめるため比較する種の組み合わせを変えてやってみる必要があろう．求めるところは系統進化の流れにそった核型の変遷を明らかにすることである．そのためには分子系統樹にそった形で核型の比較分析をするのが最も理にかなっている．場合によっては両者間で整合がとれない例もあり得ることではあるが，そのような場合は別の観点からの情報をも加味することになろう．ちなみにロシアの Graphodatsky

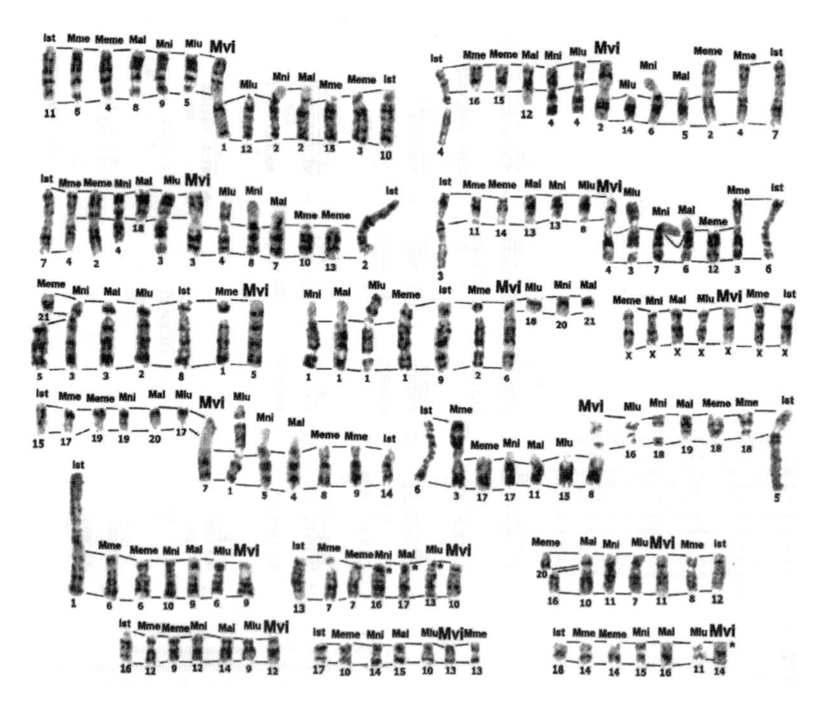

図 4-8-1-22.　イタチ科6種間におけるG-バンドの相同性（Graphodatsky *et al.* 2002 より転載）．詳細は原典を参照のこと．

et al. (2002) はイタチ科9種を含む食肉目 (Carnivora) 12種の分子系統樹を作製し，染色体ペインティングなどの分子細胞遺伝学的手法やG-バンド法による分析結果をもとにその系統樹上に染色体再配列のマッピングを試み，染色体進化の変遷をみごとにとらえている．参考までにその論文に載っている図を転載して紹介する (**図 4-8-1-22**)．図の細かな説明は省略するので，興味のある方は原典を参照されたい．

コラム⑧　蛍光遅延発見の裏話

小原良孝

第4章4-5-2でヒメネズミの遅延蛍光について詳しく紹介したように，ヒメネズミのC-ヘテロクロマチンはQ-バンド染色に対して，他の生物ではみられない特異な蛍光動態“蛍光遅延”を示す．ここではこの蛍光遅延発見の秘めたる (?) いきさつを紹介しよう．

そもそもこの現象は私が見つけたものではなく，私の研究室で卒業研究に取り組んでいたI君が撮ったヒメネズミのQ-バンド染色写真がその発端であった．彼が私の研究室に所属し蛍光顕微鏡での観察にも慣れてきたころ，写真の撮り方を一通り説明し，Q-バンド染色したヒメネズミのプレパラートで写真撮影の練習をするよう指示した．当時，私自身Q-バンド染色の写真を何枚も撮り，ヒメネズミのC-ヘテロクロマチンはC-ブロックを含め弱蛍光であることを示す写真しかもっていなかった (**図 4-5-2-3** の **a** のパターン)．しかし，彼が撮った写真はC-ヘテロクロマチンが強蛍光を示す写真ばかりであった (**図 4-5-2-3** の **c** のパターン)．最初はどうにもわけがわからず，何回か撮り直しを指示したが，やはり同じように強蛍光を示す写真ばかりであった．“どうしてこうなるの⁉”と悩んだすえ，二人で一緒に写真撮影を繰り返し，ついにその違いの理由がわかったのである．つまるところ，私は蛍光分染の撮影に手慣れていたのでC-ヘテロクロマチンは弱蛍光として撮影され，彼はまだ写真撮影の操作になれていないためシャッターを押すまで時間を労し，この間に励起光による光酸化で蛍光が強まり，必然的に強蛍光C-ヘテロクロマチンとして撮影されたのである．このようにして，ヒメネズミの蛍光遅延に関する一連の研究につながったということであるが，研究に不慣れな初心者の実験操作の中にも新たな発見があることを学ばせてもらった忘れがたい思い出の一つである．

コラム⑨　死んだことにされてしまった

岩佐真宏

札幌から単身，紀伊半島にヤチネズミを捕まえにきた1996年7月の終わり．舞鶴港から車を走らせ，京都の森林総合研究所のKさんの研究室を訪ね，大嵐の中，ようやく尾鷲に着いたのは夜中の1時頃．無事に到着したと研究室へ連絡を入れることにしていたのだが，如何せん夜中だし，山の中なので電話などない（もちろん携帯電話などない時代）．とりあえず夜が明けてからワナを仕掛け，午後になってから街へ下りてきた．ショッピングセンターの公衆電話から研究室へかけてみると，S先生の悲痛な声が，「岩佐くん，生きていたんだね？　無事なんだね？…じつは岩佐くんが死んだっていう連絡が来てね」

確かに連絡が遅れたが，死んだという連絡？　誰が？　何で？

私が現地に到着した日の朝，その山の下の海に“山登りの格好をした若い男性”の水死体があがったというのだ．登山者らしき格好ということで，まずは入山記録から身元を調べる．入山記録は各地元の営林署（当時）が管理しているとのことだが，営林署に水死体の話が入ると，それがやがて森林総合研究所にも伝わり，尾鷲に来る前に立ち寄ったKさんの耳にもはいることになった．そこでKさんは“尾鷲，若い男性，山登り”というキーワードから，“岩佐が尾鷲の山の中に入り，そこで滑落して川に落ち，流されて尾鷲湾で発見された”と推定（早合点？）し，S先生に直ちに連絡を取ったという次第．一連の経緯の間，ワナを仕掛け終えた私は，呑気に山の中で昼寝なんぞをしていたというのに…．確かに現地に到着したらすぐ連絡します，といって出かけてきた私のミスではあるが，まさかこういう偶然が重なるとは予想外．

ほどなく，水死体の身元は判明し“岩佐ではない”ことが明らかになったらしいのだが，一旦そういうリストに名前が載ってしまうと，警察が本人による生存確認をしなければならないらしい．管轄のS警察署へ連絡すると，免許証のコピーをファックスしてもらえれば，それで生存確認とする，ということであった．ただちにいわれたとおりにし，ほどなく無事生存者の仲間入りとなった．

後で聞いた話では，S先生が私の死亡通告でオロオロしている横で，K先生は「ジタバタしたって死んだものが生き返るわけじゃない，仕方ない，諦めろ」と落ち着きはらっていたそうな．フィールドワークに赴く際に“定時連絡を約束してはいけない”という教訓．

第5章

染色体解析から見えること

5-1. 染色体のさまざまな特性

5-1-1. B染色体

5-1-1-1. A染色体とB染色体の違い

生物が有する1セットの染色体をまとめてA染色体といい，このA染色体以外に余分に存在する染色体のことを一般に過剰染色体（B染色体 supernumerary chromosome, accessary chromosome）という．ちなみにヒトの先天的な染色体異常として知られているダウン症候群（$2n=47$，第21染色体のトリソミー）やクラインフェルター症候群（$2n=47$，X染色体のトリソミー）などの場合，日本語ではトリソミーによる過剰染色体と表現するが，英語では extra chromosome と表記され，supernumerary chromosome とは本質的に異なるものである．両者の基本的な違いは減数分裂（meiosis）時の対合（synapsis または pairing）の有無にあり，トリソミーであれば三価染色体（trivalent）を形成し，supernumerary chromosome の場合は対合する相手がいないので，おおかた一価染色体（univalent）のままである．

supernumerary chromosomes という専門用語が初めて文献にでてくるのは1世紀以上も前のことで，半翅類の昆虫で初記載された（Wilson 1907）．その後 Randolph（1928）がトウモロコシの過剰染色体に対し，A染色体とは別個の“必須ではない（nonessential）”染色体であることを強調するため，B chromosome（B染色体）と名づけた．B染色体は顕微鏡下で比較的容易に観察できるということで，動植物のさまざまな分類群で次々と確認され，これまでにB染色体の存在が報告された種は2,000種近くになっている（Jones and Rees 1982；Jones 1995；Camacho *et al.* 2000）．ただし鳥類ではB染色体に関する報告はない．これは鳥類の場合，たいがい微小な染色体（microchromosomes）が多数含まれているので，B染色体を識別するのが難しいことによるものであろう．動物のB染色体に関していえば，1995年代までにおよそ500種で報告

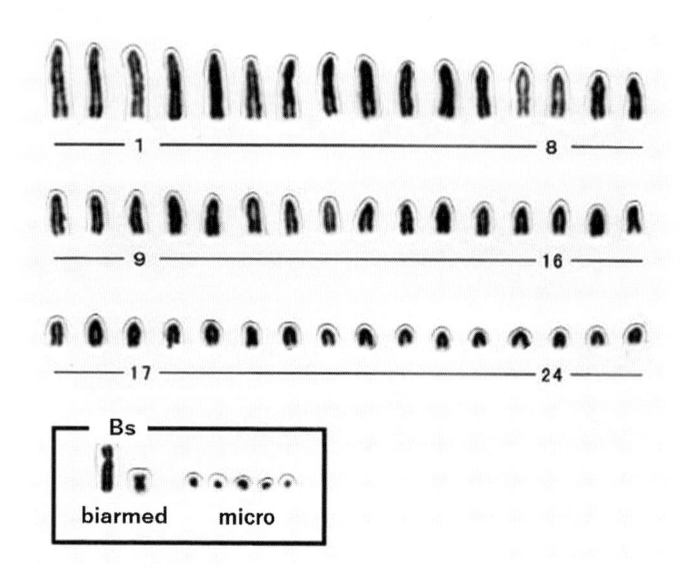

図5-1-1-1. 北海道産ハントウアカネズミの通常ギムザ染色核型．方形枠のBs，B染色体；biarmed，両腕性B染色体；micro，微小B染色体．

され（Jones 1995），哺乳類に限定すれば，これまでに75種で報告されており，そのうちの70％（32種）は齧歯目（Rodentia）である（Vujošević and Blagojević 2004；Trifonov *et al.* 2010；Makunin *et al.* 2014）．齧歯目の中ではアカネズミ属（*Apodemus*）での報告がもっとも多く，第4章4-5-1で紹介したように40％を超える種（染色体が報告された17種中の7種）でB染色体が報告されている．参考までにB染色体を7個もつ北海道産ハントウアカネズミ（*Apodemus peninsulae*）の通常ギムザ染色核型（$2n=48+7$ Bs）を示す（**図5-1-1-1**）．この核型では2個の両腕性B染色体（中型のSM型B染色体1個と小型のM型B染色体1個）と5個の微小な点状型B染色体が確認され，このあと**図5-1-1-9**および**図5-1-1-10**で示すように，中型のSM型B染色体は長腕（long arm）が全域ヘテロクロマチックであるが，短腕（short arm）は全域ユークロマチックで，小型のM型B染色体は動原体部のみがヘテロクロマチックとなっている．微小B染色体はいずれも完全にヘテロクロマチックである．ちなみに23対の常染色体と性染色体1対の48本がA染色体である．哺乳類のB染色体に関するレビューが初めて発表されたのは1980年で，

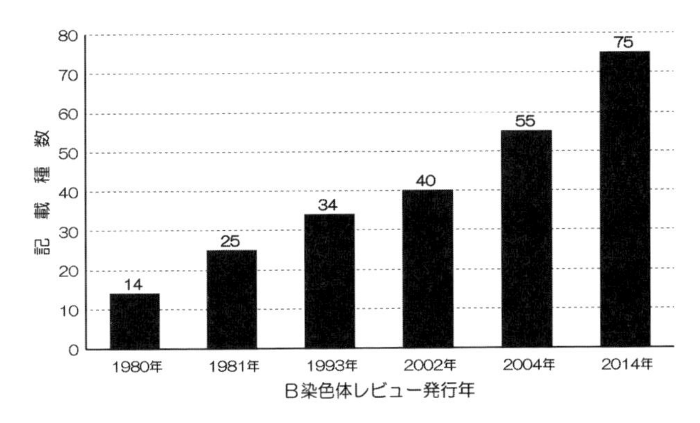

図 5-1-1-2. 哺乳類における B 染色体記載種数の推移（Volobujev 1980, 1981；Vujošević 1993；Vujošević and Blagojević 2002, 2004；Makunin *et al.* 2014）

その後何度か新レビューが発行された．それらに記載されている B 染色体記載種数の推移を**図 5-1-1-2** に示した．

哺乳類に限らず，B 染色体はその数・大きさ・形態が多種多様で，種間での違いはもちろん同一種内の集団間や個体間，さらには個体内の組織間や細胞間でも違いがみられる．哺乳類においては B 染色体が 1 個の種ないしは 2 個，3 個の種が大半であるが，4 個以上を有する種もあり，なかには多い個体では 24 個や 30 個の B 染色体をもつ種（ハントウアカネズミ）や最大 42 個をもつ種（クビワレミング *Dicrostonyx torquatus*）まで知られている（Cernyavsky and Kozlovsky 1980；Vujošević and Blagojević 2004；Borisov *et al.* 2010）．また，その大きさは A 染色体より小さいというのが一般的であるが，点状の微小なサイズのもの（dot-like microchromosome）から A 染色体より大きいサイズのものまでさまざまである（Volobujev 1981；Nachman 1992）．出現頻度も種によって大きく変異し，B 染色体の数が多くなるにつれて変異の度合いも増す．ハントウアカネズミを例にあげると，B 染色体を有する個体の頻度は生息する地域によって 40〜100％まで変異し，個体内での出現率も 5〜85％まで幅広く変異する（Kartavtseva and Roslik 2004）．

このように B 染色体は数的にも形態的・構成的にも多様なうえ，細胞レベルでも個体レベルでもあるいは集団レベルでも高い変異性を示すことから，“nonessential” とみなされたもので，真菌類も含め動植物すべての生物に共通する B 染色体の特性は “なくてもよい（dispensable）” エレメントであるという見解が広く受け入れられてきた．また，B 染色体はほとんどの場合ヘテロクロマチックで，C-バンド染色（C-banding）で濃染され，高度反復配列を含む“selfish element”とか“parasitic element”や“junk element”とみなされ，遺伝的に不活性で転写活性はないとされてきた（Fox *et al.* 1974；Ishak *et al.* 1991）．しかし，この見解は絶対的なものではなく，C-バンド染色で淡染されるB 染色体の例（Patton 1977；Volobujev 1980）や遺伝子活性のある NOR を特異的に染め分けているとされる Ag-NOR がいくつかの分類群の B 染色体で報告されている（Boeskorov, *et al.* 1995：Obara *et al.* 2007；do Prado *et al.* 2016）．中国産タヌキ（*Nyctereutes procyonoides procyonoides*）では，Ag-NOR-バンド染色（Ag-NOR-banding）で濃染されず，かつ不活性な NOR-like の配列を含む B 染色体も報告されている（Szczerbal and Switonski 2003）．この後の目 5-1-1-3 で示す**図 5-1-1-9** の両腕性 B 染色体のユークロマチックな部分もその例の 1 つであろう．これらの両腕性 B 染色体は遺伝子活性を保有している可能性があり，電子顕微鏡による対合複合体（synaptonemal complex）の解析も含めさらなる精査がもとめられる．最近では，カワスズメ科の熱帯魚（*Astatotilapia latifasciata*）の B 染色体に転写活性のある 3 種類の遺伝子が特定されている（Valente *et al.* 2014）ので，B 染色体は機能的な遺伝子を持たない遺伝的に不活性の“selfish elements”であるという従来の見解は見直されなければならない状況にあるといえよう．

B 染色体のもう 1 つの大きな特性は，減数第一分裂（MI）の際，どの染色体とも対合することはなく，一価染色体のままランダムな方式で生殖細胞に配分される非メンデル遺伝（non-Mendelian inheritance）によって維持されていることである．対合しないということは即ち交叉（crossing-over）による遺伝的組換え（genetic recombination）が生じないということを意味する．通常，対合相手のない染色体は，MI において，不均衡な染色体や遺伝子の分配をもたらす減数分裂分離比ひずみ（meiotic drive）を生じ，いずれは消滅するという．対合相手のいない B 染色体は当然このひずみの影響を受けると考えるのがふつうである．しかし現実には第 4 章 4-5-1 で述べたように，B 染色体は進化学的な時間の流れの中で集団中に多かれ少なかれ保持され，種によっては集団内に 100％に近い出現頻度で存在することもある．このことは B 染色体を有する生物の細胞内にはそれを保持するための何らかの機構が備わっていることを示唆するものである．最近の分子細胞遺伝学的解析によって機能的な遺伝子はほとんどないとされてきたB染色体に性決定や細胞分裂，腫瘍形成，さらには微小管形成や動原体構造などに関連するいくつかの遺伝子が見つかっている（Valente *et al.* 2014；Rajičić *et al.* 2017）．さらにアカギツネ（*Vulpes vulpes*）のB染色体がA染色体との間で遺伝的組換えを行っている免疫蛍光染色像や電子顕微鏡像も報告されている（Basheva *et al.* 2010）．このような新知見を踏まえると，もはやB染色体は“dispensable”な存在ということでは片づけられず，むしろA染色体（host genome）との相互作用なども想定され，想像をたくましくすれば，B染色体はこれまでに存在しなかった新しい遺伝子の創造やA染色体との新たな組換えを生み出す重要な役割を担っている存在であるかもしれない．B染色体の存在意義の見直しや進化的役割についての今後の新たな展開が期待されるところである．

B染色体はどのようにして出現したのか，その起源を探る研究やB染色体の保持・蓄積機構なども1世紀にわたって追究されてきた主要なテーマであり，数多くの理論や見解が発表されている（Volovujev 1981；Vujošević 1993；Camacho *et al.* 2000；Vujošević and Blagojević 2004；Makunin *et al.* 2014）．それらの個別の内容についてはここでは触れないが，染色体顕微解剖（chromosome microdissection）によるB染色体のDNAプローブの作製，蛍光 *in situ* ハイブリダイゼーション（FISH）法，B染色体のDNAシーケンシングなど分子細胞遺伝学的手法を用いてキクビアカネズミ（*Apodemus flavicolis*）のB染色体が性染色体の動原体周辺（pericentromeric region）に起源していることをつきとめた研究報告は，B染色体の起源に関する最近の研究動向を代表する研究であることを紹介しておこう．興味のある人は Rajičić *et al.*（2017）を参照されたい．

とはいえ，B染色体の起源は単一ということではなく，B染色体を有している種（host species）の常染色体由来であったり（Peppers *et al.* 1997），性染色体由来（López-León *et al.* 1994；Sharbel *et al.* 1998），さらには近縁種との交雑に起因する他種ゲノム由来（Schartl *et al.* 1995）などさまざまな起源が提唱されている．また，数的にも形態的にも多様なB染色体をもつハントウアカネズミでは micro B染色体と biarmed B染色体（**図5-1-1-1**）の互いの起源が異なるということを示唆する知見もある（Rubtsov *et al.* 2004）．それらの中から，DNA塩基結合性のいくつかの蛍光色素を用い，蛍光分染パターンからヒメネズミ（*Apodemus argenteus*）のB染色体の起源を推定している Obara and Sasaki（1997）の研究例を紹介しよう．

5-1-1-2. 蛍光色素の蛍光動態からヒメネズミのB染色体起源をさぐる

第4章4-5-2で紹介したように，ヒメネズミはX染色体に“蛍光遅延”という極めて特異な蛍光動態を示すC-ブロックを有している．本目では蛍光染色を施したB染色体の蛍光動態からその起源を考察する．

分析した北海道産ヒメネズミは勇払郡安平町（旧早来町と旧追分町）の山林で採集した7個体（個体番号Aah-1～7）である．分析した7個体中4個体（雌2，雄2）は従前の報告通り$2n=46$であったが，残り3個体（雌2，雄1）は$2n=47$であり，染色体が1個多かった（**図5-1-1-3**）．核型分析の結果，Aah-5，6，7の1個多い染色体は形態的にはA染色体のいずれにも相当しない染色体であることが判明した．すなわち，Aah-7では両腕性の染色体，Aah-5では点状の染色体，Aah-6では第20染色体よりさらに小さな微小A型染色体をそれぞれ1個ずつ余分に有しており，いずれもC-バンド染色で濃染されることから，これらの余分な染色体はB染色体とみなされた（**図**

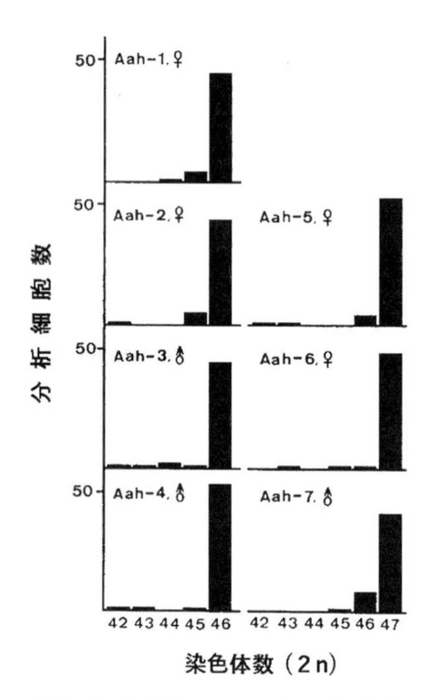

図5-1-1-3. ヒメネズミ7個体（個体番号Aah-1～7）の染色体数ヒストグラム.

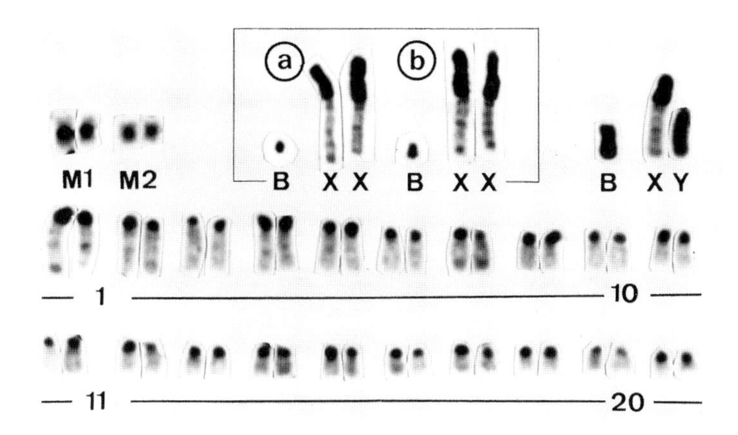

図 5-1-1-4. ヒメネズミ（$2n=47$）の C-バンド核型．1 セットの核型は個体番号 Aah-7 の核型で，方形枠内の a と b はそれぞれ個体番号 Aah-5 と Aah-6 の核型からピックアップした性染色体 XX と B 染色体（B）である．

5-1-1-4）．B 染色体を保有する個体の出現頻度は 42.9% ということになるが，北海道の他の地域でのヒメネズミの B 染色体の報告はない．したがってヒメネズミの B 染色体は北海道勇払郡のごく限られた地域集団に維持されているものであろう．興味深いことに，最近静岡県富士宮市の集団 34 個体中 3 個体に点状の B 染色体が記録された（Haga and Iwasa 2014）．勇払と富士宮の集団は互いに遠隔でかつ津軽海峡で地理的に隔離されているので，両集団の B 染色体はそれぞれ別個に形成されたものとみなされる．したがって，ヒメネズミの B 染色体は，勇払の集団にしても富士宮集団にしても，出現して間もない，これから集団の中に蓄積され他集団に拡散してゆく初期段階にあるものと考えられる．その意味においては意義ある知見であろう．

ヒメネズミの B 染色体に関する通常ギムザ染色のこれらの知見を踏まえ，QM，DA/DAPI および CMA_3，3 種の蛍光染色剤（第 4 章 4-5-2 参照）に対する蛍光動態をみてみよう．**図 5-1-1-5** に X・Y・M1・M2 の各染色体の蛍光動態を示した．X 染色体ついては**図 4-5-2-4** で示した像と同じものであるが，この図から C-ブロックと M1 の C-バンドは基本的に同じ蛍光動態で，DA/DAPI 染色に対する蛍光遅延の度合いは後者の方が若干弱いことが確認される．Y 染色体は Q-バンド染色（Q-banding）も DA/DAPI 染色も蛍光遅延

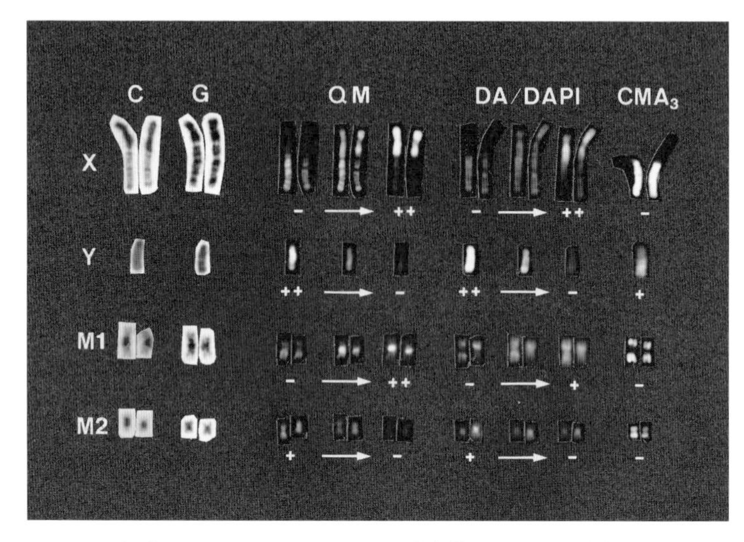

図5-1-1-5.　ヒメネズミのX，Y，M1およびM2染色体のQ-バンド染色，DA/DAPI染色，CMA_3-バンド染色に対する蛍光動態．－，非蛍光；＋，蛍光；＋＋，強蛍光．

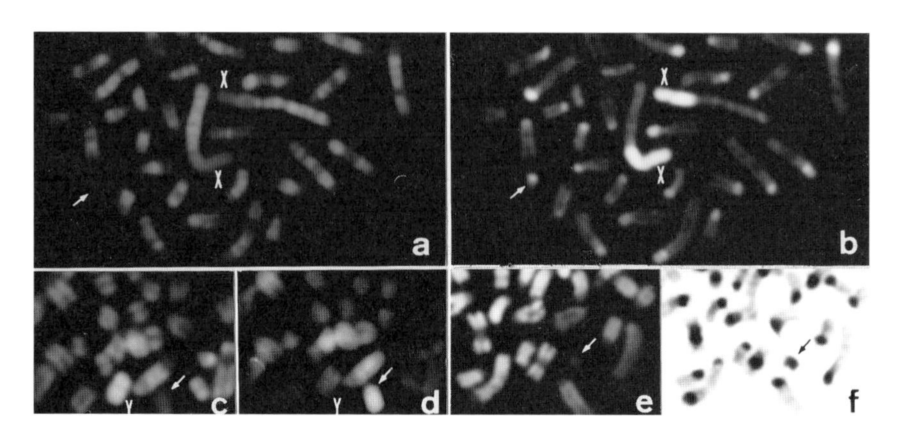

図5-1-1-6.　B染色体を有する個体における部分核板の蛍光動態．a・b（個体番号Aah-5；同一細胞），Q-バンド染色；c・d（個体番号Aah-7；同一細胞），DA/DAPI染色；e・f（個体番号Aah-6；同一細胞），CMA_3-バンド染色（e）・C-バンド染色（f）．矢印，B染色体；X，X染色体；Y，Y染色体；a・c，青色光照射直後；b，照射4分後；d，照射6分後．

を示さず，CMA_3-バンド染色（CMA_3-banding）に対しては弱蛍光のまま減衰する．Y染色体とM2染色体はX・M1染色体とは明瞭に異なる蛍光動態を示し，塩基構成が異なるヘテロクロマチンから成るものと考えられる．図にはあげていないが，第1～20染色体の動原体C-バンドは基本的にC-ブロックと同様のパターンを示す．

A染色体の蛍光パターンを踏まえ，B染色体を有する個体でB染色体の蛍光動態を分析した（**図5-1-1-6**）．B染色体に注目すると，Q-バンド染色（**図5-1-1-6a, b**）ではB染色体はC-ブロック・常染色体の動原体C-バンドと同じように蛍光遅延を示し，DA/DAPI染色（**図5-1-1-6c, d**）に対しても同様に蛍光遅延を示す．CMA_3-バンド染色（**図5-1-1-6e**）ではB染色体はほとんど非蛍光で，Y染色体（c, d）は蛍光遅延を示さず通常の蛍光動態である．**表5-1-1-1**に各染色体のC-バンド領域の蛍光パターンをまとめた．これら3種の蛍光染色に対するヒメネズミの染色体の蛍光反応を分析すると，X染色体と同じ蛍光反応を示すのはQ-バンド染色ではM1染色体と1～20のA型染色体およびB染色体であり，DA/DAPI染色ではB染色体のみである．また，CMA_3-バンド染色ではY染色体以外の染色体はすべてC-ブロックと同じパターン（非蛍光）である．3種類の蛍光染色剤に対しC-ブロックと同じ蛍光動態を示すのはB染色体のみであるということから，ヒメネズミのB染色体はX染色体のC-ブロックヘテロクロマチンに由来するものと判断される．ちなみにHaga and Iwasa（2014）も本州ではヒメネズミのB染色体としては初の記録となった静岡産の個体でQMの蛍光動態を分析し，同様の結論に至っている．B染色体がX染色体のC-ブロックからどのような機構を介して生じたのか不明であるが，その起源がそれほど古い時代ではないであろうという推

表5-1-1-1. 各種蛍光色素に対するC-バンド領域の蛍光動態．

染色体	C-バンド領域	QM		DA/DAPI				CMA_3	
		蛍光遅延*	通常の蛍光動態**	蛍光遅延*		通常の蛍光動態**	非蛍光	通常の蛍光動態**	非蛍光
				強蛍光	弱蛍光				
X	C-ブロック	○		○					○
Y	全体		○			○		○	
M1	動原体	○			○				○
M2	動原体		○			○			○
1-20	動原体	○					○		○
B	全体	○		○					○

*暗蛍光→明蛍光，**明蛍光→暗蛍光

測が正しければ，生殖細胞の中期の核板にB—C-ブロック—Yの対合像がみられるかもしれない．さらに電子顕微鏡でB—C-ブロック—Yの対合複合体をとらえることもあり得るであろう．また，今や顕微解剖法によってB染色体からC-ヘテロクロマチンを削り取り，分子細胞遺伝学的手法でその起源を追究することも可能な時代である．いずれ今後の研究でヒメネズミのB染色体はX染色体のC-ブロック起源であるということが検証されることを期待している．

5-1-1-3. ハントウアカネズミのB染色体

日本産哺乳類でB染色体が記録されているのはモモジロコウモリ（*Myotis macrodactylus*），ヒメネズミ，ハントウアカネズミ，クマネズミ（*Rattus rattus*），アカギツネ，タヌキ（*Nyctereutes procyonoides*）である（**表5-1-1-2**）．これらのうちモモジロコウモリとクマネズミでは，それぞれ1個体のみに1個のB染色体が記録されただけであり，個体変異とみなされる．ヒメネズミのB染色体も1個のみで，これまで北海道勇払郡と富士山山麓の2地点でごく少数個体でのみ記録されている（Obara and Sasaki 1997；Haga and Iwasa 2014）．しかし，最近関東以北の複数地点でB染色体を有するヒメネズミ発見の未公表情報もあり，このネズミには低頻度ながら集団としてB染色体を保有している可能性がある．これに対してハントウアカネズミ・アカギツネ・タヌキのB染色体は複数個で生息域の集団中に広く浸透しており，とくにハントウアカネズミはその数が多く，北海道では最大13個のB染色体が多様なサイズ・多様な組み合わせで検出され，B染色体をもつ個体の出現率は交雑F1個体も含め

表5-1-1-2. 日本産哺乳類のB染色体知見.

種名	2*n*（A染色体数）	B染色体数	出典
モモジロコウモリ	44	1	Obara *et al.*（1976a）
ヒメネズミ	46	1	Obara and Sasaki（1997）；Haga and Iwasa（2014）
ハントウアカネズミ	48	0〜13	Hayata *et al.*（1970）；Hayata（1973）；Abe *et al.*（1997）；Obara *et al.*（2007）
クマネズミ	42	1	土屋（1979a）；Yosida（1980）
アカギツネ	34	2〜6	Sasaki *et al.*（1968b）
タヌキ	38/39/41	1〜5	Ward *et al.*（1987）；Obara and Nakano（1989）；Wada and Imai.（1991）

98.6％（73/74 個体）にも達する（Hayata 1973）．ここではB染色体のこのような特徴をもつハントウアカネズミに焦点を当てる．

ハントウアカネズミはカザフスタン東端域・クラスノヤルスク・アルタイ山脈を含む中央シベリアからモンゴル北部・極東ロシア・中国内モンゴル北部・長江以北の中国中央部〜東北部・韓国，さらにはサハリン・北海道まで広大な分布域を占める（Kartavtseva and Roslik 2004）．その分布域の大半にわたる多くの地域でB染色体の存在が確認され，その数的・形態的変異，地域変異，さらに集団間・個体間変異などが数多く報告されている（Kral 1971；Hayata 1973；Volobujev 1980；Boeskorov *et al.* 1995；Zima and Macholan 1995b；Abe *et al.* 1997；Kartavtseva *et al.* 2000；Wang *et al* 2000；Roslik *et al.* 2003；Kartavtseva and Roslik 2004；Obara *et al.* 2007；Roslik and Kartavtseva 2009）．ハントウアカネズミのB染色体は基本的にM型/SM型の macro B（本書では biarmed B としている）と点状の micro B の2つのタイプに分けられ，これらの構成が地域により，あるいは集団間・個体間でさまざまな変異を示す（Kartavtseva and Roslik 2004）．micro B に関していえば，バイカル湖周辺から西の分布域では micro B が多く（0〜20），一方，極東ロシア・プリモルスキー（沿海州）地域では micro B が少ない（0〜3）という傾向があり，micro B が0の個体は3割を超える（Kartavtseva and Roslik 2004）．さらに南下して朝鮮半島地域になると micro B の記載はなくなり（Koh 1986；Abe *et al.* 1997；Sawaguchi *et al.* 1998），海を隔てたサハリン産ハントウアカネズミには biarmed B・micro B いずれもまったく存在しない（Bekasova *et al.* 1984；Zima and Macholan 1995b；Sawaguchi *et al.* 1998；Kartavtseva *et al.* 2000；Roslik *et al.* 2003；Kartavtseva and Roslik 2004）．興味深いことに北海道産ハントウアカネズミはB染色体が多く（Hayata 1973），micro B の数からみると中央シベリアのタイプである．ハントウアカネズミの分布東端域でのB染色体の保持様態を検証するため，環日本海4地域（北海道，ロシア・サハリン，韓国・京畿道，ロシア沿海州南端部）の集団での染色体分析を紹介しよう．

図 5-1-1-7 に4地域のハントウアカネズミに共通するA染色体（代表して北海道産をあげた）を示し，韓国産2個体と北海道産3個体からそれぞれ5細胞分のB染色体をあげた．韓国産のB染色体はすべて biarmed B で1〜5個までの変異を示し，北海道産は biarmed B も micro B もその数が大きく変異する．当該4地域のハントウアカネズミのB染色体の数に関する集計結果（**表**

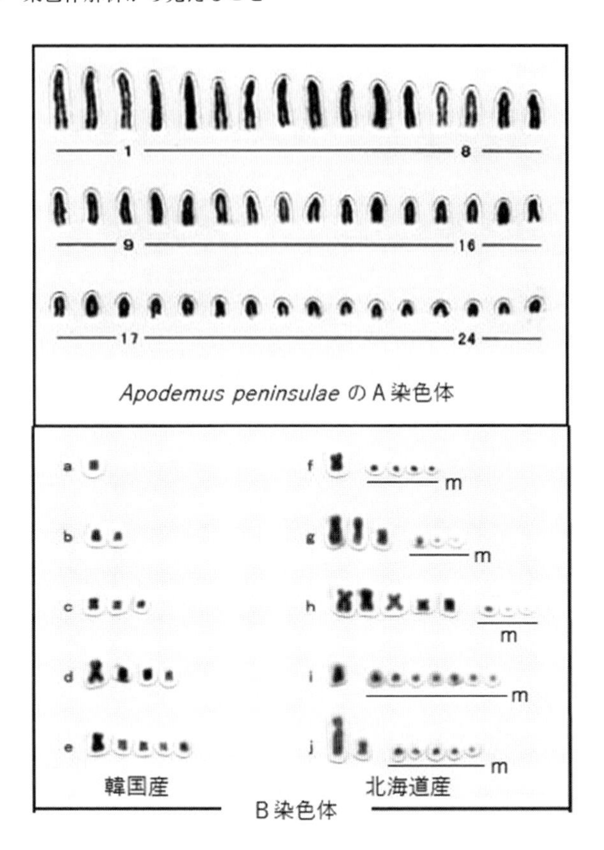

図 5-1-1-7. 上枠，ハントウアカネズミの通常ギムザ染色による A 染色体（調査 4 地域集団すべてに共通）；下枠，韓国産 2 個体 5 細胞（a〜e）と北海道産 3 個体 5 細胞（f〜j）からの通常ギムザ染色による B 染色体．m，微小な B 染色体（micro B）．

表 5-1-1-3. 沿海州産，韓国産，サハリン産および北海道産ハントウアカネズミの染色体分析*.

捕獲地	染色体数（平均±*SE*）	B 染色体数	
		Biarmed	Micro
Kedrovaja Pad（ロシア，沿海州南端部）	48＋Bs (49.9±0.38)	1.9±0.45	0
Kwangneung（韓国・京畿道）	48＋Bs (49.6±0.38)	1.6±0.38	0
千歳・勇払（北海道）	48＋Bs (54.5±0.71)	2.1±0.30	4.5±0.57
Okha（ロシア，サハリン）	48	0	0

*，未発表データ；biarmed，両腕性染色体；micro，微小染色体；Bs，B 染色体；*SE*，標準誤差.

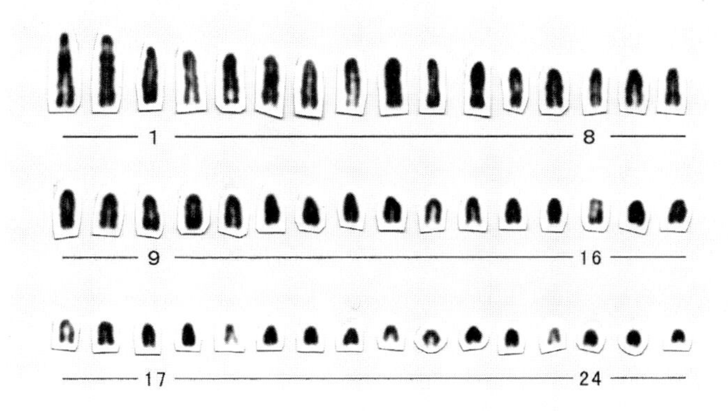

図 5-1-1-8. サハリン産ハントウアカネズミの通常ギムザ染色核型.

5-1-1-3）をみると，北海道を除く 3 地域では micro B が検出されず，サハリン産では micro B のみならず biarmed B も検出されない（**図 5-1-1-8**）．この分析結果は従来の見解を裏づけるものである．また，北海道の集団は biarmed B，micro B がそれぞれ平均 2.1 個，4.5 個存在し，沿海州南端産，韓国産では biarmed B のみそれぞれ平均 1.9 個，1.6 個存在するが，これら 3 地域間で biarmed B の数の平均値について有意差検定をしたところ，いずれにおいても 5%レベルで有意差がなかったので，前者と後二者間の B 染色体数の違いは micro B の有無に起因していることになる．

図 5-1-1-9 に biarmed B と micro B の両方を持つ北海道産の G-バンドおよび C-バンド核型を示す（次項 5-1-2 に紹介されているハントウアカネズミの核型と比べると，B 染色体の数・構成に違いがあるが，A 染色体の分染パターンは基本的に同じである）．G-バンド染色（G-banding）によって性染色体を含むすべての A 染色体の番号が同定され，C-バンド染色では常染色体の個々の同定は難しいが，性染色体はその特異的なバンドパターンから容易に同定される．**図 5-1-1-10** に同じく北海道産の Q-バンド核型および CMA_3-バンド核型を示す．Q-バンドパターンは基本的に G-バンドパターンと同じで，Q-バンド強蛍光部が G-バンド濃染部に対応しており，また CMA_3-バンドパターンは Q-バンドパターンとは逆転していることがわかる．これらの分染核型から B 染色体の染色特性をまとめると，G-バンド染色では SM 型 biarmed B は両腕とも全体的に一様に濃染され，micro B はいずれも淡染である．C-バンド染

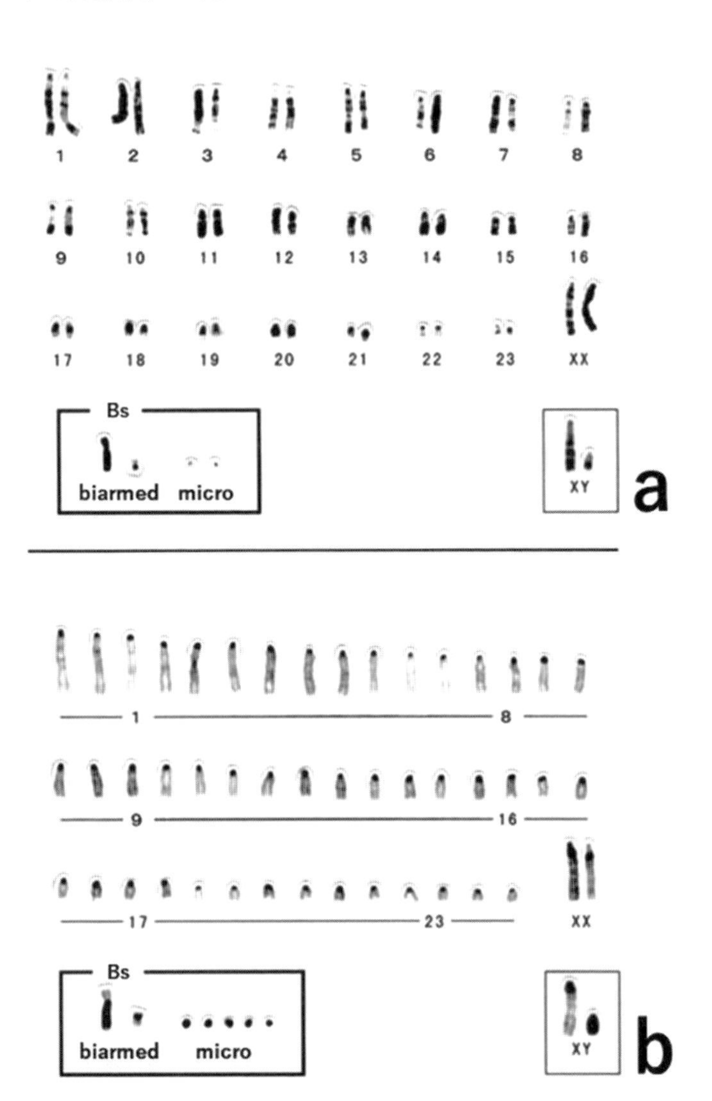

図5-1-1-9. 北海道産ハントウアカネズミのG-バンド（a）およびC-バンド（b）核型．方形枠のBs，B染色体；biarmed，両腕性B染色体，micro，微小B染色体．XYは性染色体．方形枠内の性染色体は，他個体からのもの．

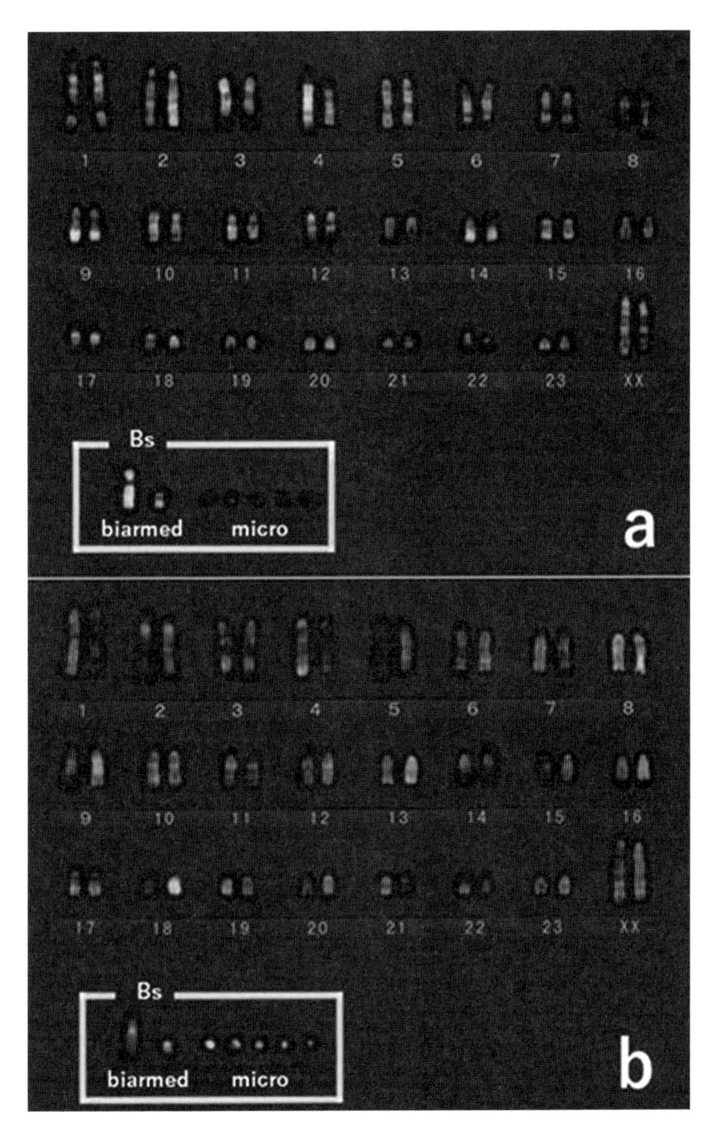

図 5-1-1-10. 北海道産ハントウアカネズミのQ-バンド（a）および CMA_3-バンド（b）核型．方形枠のBs，B染色体；biarmed，両腕性B染色体；micro，微小B染色体；X，X染色体．

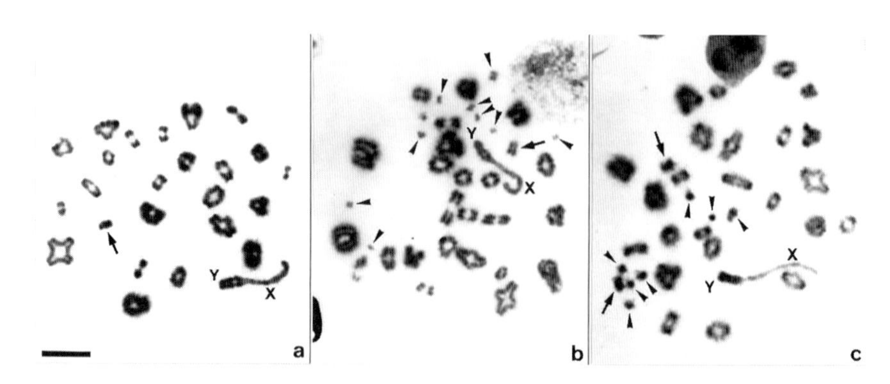

図 5-1-1-11. 韓国産（a，通常ギムザ染色）および北海道産（b，通常ギムザ染色；c，C-バンド染色）ハントウアカネズミの減数第一分裂中期核板．矢印，biarmed B；矢頭，micro B；X，X 染色体；Y，Y 染色体．左下のスケールは 10 μm.

色では，biarmed B はこのパターンだけということではなく，短腕が若干濃く染まるものもある．小型の M 型 biarmed B は動原体部が C-バンド染色で濃染されるパターンで，micro B はいずれも全体的に強く濃染され本来のサイズより大きくみえる．Q-バンド染色では，SM 型 biarmed B は長腕・短腕とも一様に強蛍光を発し，小さな M 型 biarmed B では長腕の方が強めの蛍光を発し，動原体部は両者とも非蛍光で，micro B はいずれも全体的に非蛍光である．CMA_3-バンド染色では，QM とは正反対の蛍光パターンを示し，SM 型 biarmed B では動原体部が蛍光を発し，小さな M 型 biarmed B は動原体を含め短腕が蛍光を発し，micro B は全体的に強蛍光である．一般的に QM は AT-rich なヘテロクロマチン領域で強蛍光を，GC-rich なヘテロクロマチン領域で弱蛍光を発し，CMA_3 は GC-rich なヘテロクロマチン領域で強蛍光，AT-rich なヘテロクロマチン領域で弱蛍光となる（第 3 章 3-4-2・第 4 章 4-5-2 参照）．すなわち，biarmed B は長腕・短腕とも典型的な AT-rich なヘテロクロマチンからなり，動原体部は GC-rich であり，micro B は全体的に GC-rich であることがみてとれる．

1 セットの A 染色体以外に存在する染色体が真に B 染色体であるか否かを見定める判断指標として，MI 前期（prophase I）から MI 中期（metaphase I）にかけて観察される染色体の対合の有無があげられる．ハントウアカネズミの減数分裂に関しては次項 5-1-2 で詳しく解説されているので，ここでは典型的な MI 中期（**図 5-1-1-11**）で簡単に述べる．この図の韓国産個体では XY

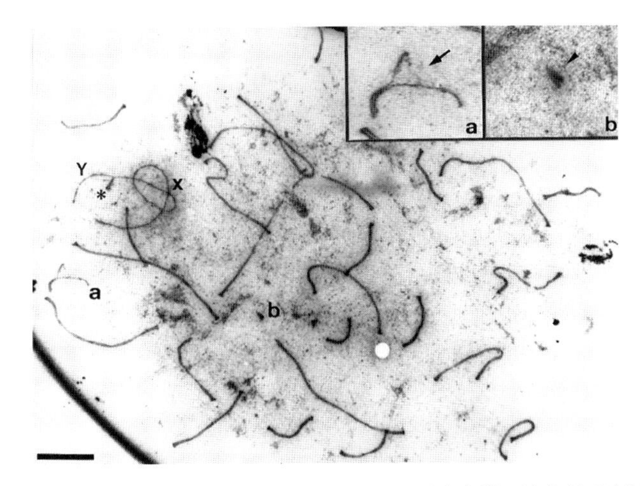

図 5-1-1-12. 北海道産ハントウアカネズミの一次精母細胞太糸期の透過型電子顕微鏡. アステリスク, X 染色体と Y 染色体の部分的対合複合体. 右上の a と b はそれぞれ部分的対合複合体（矢印）を示す二価 B 染色体（a）と自己対合（矢頭）を示す一価 B 染色体（b）の拡大像. X, X 染色体の側生要素；Y, Y 染色体の側生要素. スケールは 5 μm.

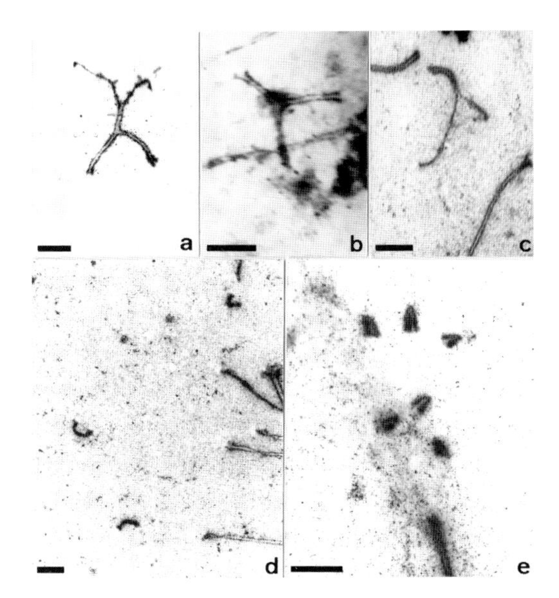

図 5-1-1-13. 前図と同じサンプルの透過型電子顕微鏡（a・b, 三価 B 染色体；c, 二価 B 染色体；d, 一価 B 染色体；e, 自己対合を示す一価 B 染色体）. スケールは 1 μm.

染色体を含め24個の二価染色体（bivalent）と一価染色体のままのbiarmed Bが認められる．同様に，北海道産個体では，通常ギムザ染色およびC-バンド染色像において，biarmed B，micro Bともにすべて一価染色体として存在しているのがわかる．X染色体とY染色体はA型の短腕末端同士が向き合いC-ヘテロクロマチンの末端同士で結合（end-to-end association）しているようにみえるが，電子顕微鏡で対合複合体を分析すると，両染色体の末端部分で短いながらも対合複合体が形成され部分的に対合していることがわかる（**図5-1-1-12**）．micro Bは多くの場合，対合することはなく一価染色体のまま存在する（**図5-1-1-13d**）が，ヘアピンのように折りたたまれた自己対合（hairpin-like self-synapsis）の構造を示すこともある（**図5-1-1-12b**；**図5-1-1-13e**）．一方，biarmed Bはbiarmed B同士で部分的に対合複合体を形成し二価B染色体や三価B染色体として存在することもある（**図5-1-1-13a，b，c**）．このような対合複合体分析の知見は，biarmed Bは互いに似たDNA配列を含んでいることを示唆すると同時に，biarmed Bとmicro Bはその起源が異なることをも示唆しているであろう．

次項5-1-2の**図5-1-2-8**でも示されているように，MIで常染色体は均等に分離するが，XY染色体は染色分体（chromatid）を分ける形で分離するので，減数第二分裂（MII）中期（metaphase II）でもXYの結合がみられ，MII後期（anaphase II）でXとYの染色分体が分離する．性染色体のこのような還元システムを後還元（postreduction）という．また，次の項5-1-2に示されているように，アカネズミ（*Apodemus speciosus*）も後還元である．

本目の冒頭でサハリン産のハントウアカネズミはB染色体を欠いている（**表5-1-1-3**；**図5-1-1-8**）と述べたが，既報の文献も含め骨髄細胞でみるかぎり，確かに$2n=48$のA染色体だけである．しかし予想だにしなかったことであるが，組織培養系の線維芽細胞にB染色体が認められたのである．その発見の発端となったハントウアカネズミは，ロシアの染色体研究者との共同研究でサハリン北端のオハ（Okha）で採集した材料であるが，採集の経緯や培養系への馴化の経緯などは割愛し結果だけを述べる．

表5-1-1-4に染色体分析を行った個体の初代培養と継代培養（1代目・3代目）での分析細胞数とB染色体を有する細胞数をまとめた．個体番号97Apg 1～4は培養経過が順調で，2週間前後で染色体標本をサンプリングできたグループで，97Apg5～7は増殖が遅く，サンプリングまで3～4ヶ月を要したグ

表 5-1-1-4. サハリン産ハントウアカネズミの尾部組織培養系線維芽細胞におけるB染色体を有する細胞の頻度*

個体番号		二倍性（diploid）		多倍性（polyploid）		計
		分析細胞数（%）	B保持細胞数（%）	分析細胞数（%）	B保持細胞数（%）	
97Apg-1	PC	182（91.0）	0（0）	18（9.0）	1（0.5）	200
	SC-1	165（82.5）	0（0）	35（17.5）	1（0.5）	200
97Apg-2	PC	186（93.0）	0（0）	14（7.0）	0（0）	200
	SC-1	178（89.0）	0（0）	22（11.0）	1（0.5）	200
97Apg-3	PC	127（92.0）	0（0）	11（8.0）	0（0）	138
	SC-1	187（93.5）	0（0）	13（6.5）	0（0）	200
97Apg-4	PC	136（68.0）	0（0）	64（32.0）	2（1.0）	200
	SC-1	126（63.0）	0（0）	74（37.0）	0（0）	200
97Apg-5	SC-1	0（0）	0（0）	200（100）	200（100）	200
97Apg-6	PC	0（0）	0（0）	200（100）	200（100）	200
	SC-1	0（0）	0（0）	200（100）	200（100）	200
97Apg-7	SC-3	0（0）	0（0）	200（100）	200（100）	200

*，未発表データ．

ループである．前者のグループは二倍性（diploid）の細胞が圧倒的に多く，二倍性細胞に関してはB染色体が全く観察されなかったが，後者のグループはすべてB染色体を有する多倍性（polyploid）の細胞ばかりであった．この驚異的な違いは何に起因するのか突き止められなかったが，冷蔵状態での試料組織の移送時間，培養系に移す時点での試料の鮮度などの要因が培養環境での増殖に影響しているのかもしれない．

図 5-1-1-14 に培養系多倍性細胞の通常ギムザ染色核板（a）とC-バンド核板（b）を示した．前者の核板に骨髄細胞でみられたB染色体とよく似た小型のM型 biarmed B-like や micro B-like の染色体が多数観察され，これらの染色体はC-バンド核板でも骨髄細胞の biarmed B や micro B と同じような染色様態を示した．なお，SM型 biarmed B-like の染色体は観察されていない．さらに蛍光染色においても（**図 5-1-1-15**），小型のM型 biarmed B-like の染色体の動原体部と micro B-like の染色体は CMA_3-バンド染色で蛍光を示し（必ずしも該当しないものも含まれるが），Q-バンド染色では小型のM型 biarmed B-like の染色体の両腕部が蛍光を発し，動原体部が弱蛍光で，micro B-like の

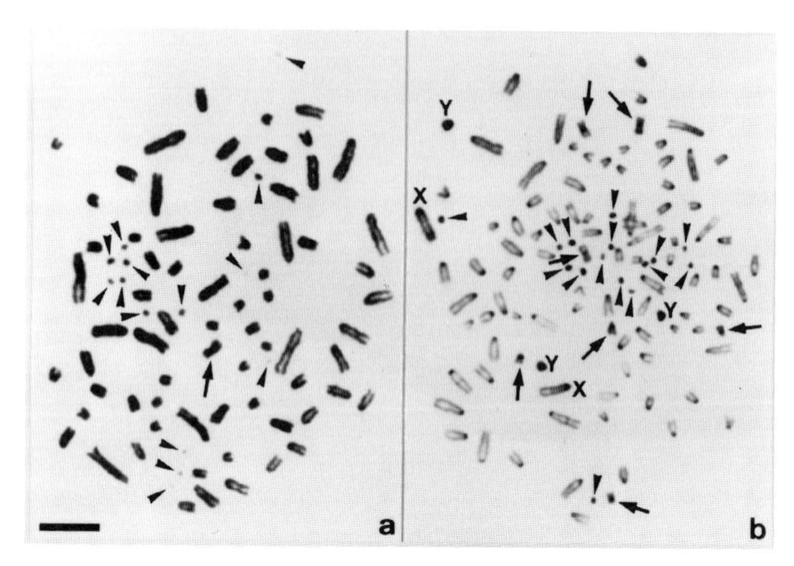

図 5-1-1-14. サハリン産ハントウアカネズミの培養系多倍性細胞の分裂中期像（a，通常ギムザ染色；b，C-バンド染色．矢印，biarmed B-like 染色体；矢頭，micro B-like 染色体；X，X 染色体；Y，Y 染色体）．左下のスケールは 10 μm.

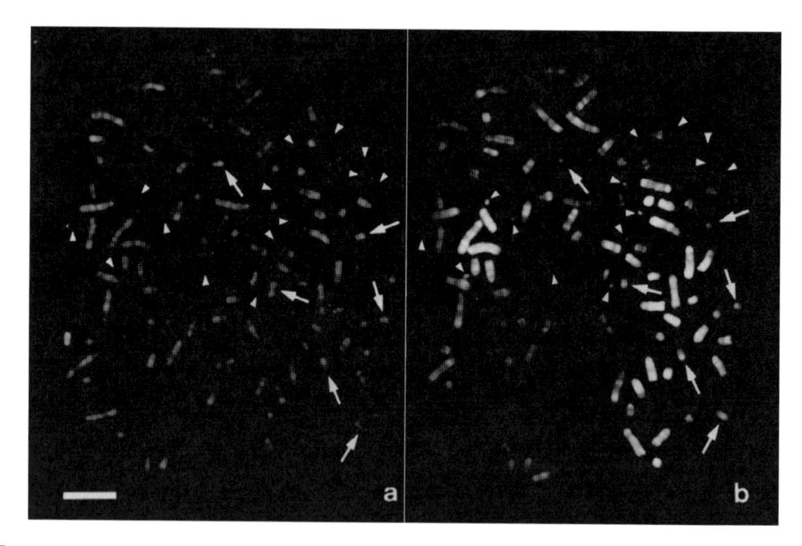

図 5-1-1-15. サハリン産ハントウアカネズミの培養系多倍性細胞の Q-バンド染色像（a）および CMA_3-バンド染色像（b）．a と b は同一の細胞．矢印，biarmed B-like 染色体；矢頭，micro B-like 染色体．左下のスケールは 10 μm.

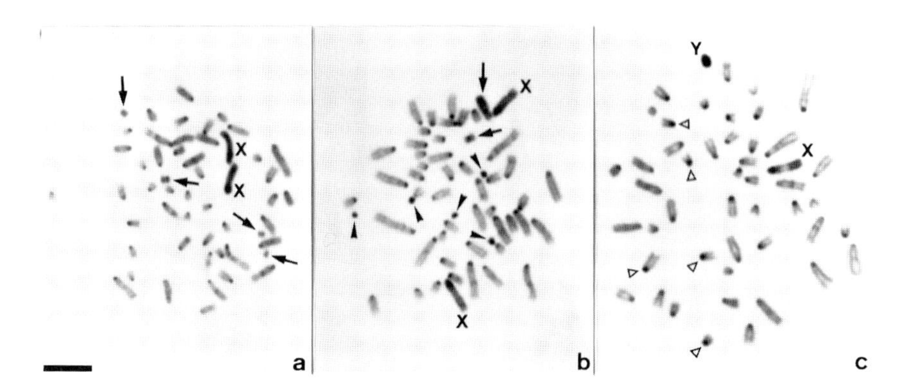

図 5-1-1-16. 韓国産（a），北海道産（b）とサハリン産（c）ハントウアカネズミの２倍性細胞の C-バンド染色像（白矢頭，largish C-band（l-Cb）；矢印，biarmed B；黒矢頭，micro B；X，X 染色体；Y，Y 染色体）．左下のスケールは 10 μm.

染色体もほとんど非蛍光であるので，概して骨髄細胞の biarmed B・micro B と同じ蛍光特性を有しているといえよう．これらの蛍光特性から，培養系多倍性細胞に出現した B-like の染色体は B 染色体であるとみなされる．次に韓国産・北海道産・サハリン産の二倍性核板で C-バンドパターンを比較してみよう（**図 5-1-1-16**）．韓国産（**図 5-1-1-16a**）では micro B が観察されず，北海道産（**図 5-1-1-16b**）には micro B・biarmed B が多数存在し，サハリン産（**図 5-1-1-16c**）にはこれらの B 染色体は全く観察されない．しかし，北海道産には観察されない大きめの C-バンド（l-Cb；largish C-band）をもつ小型の染色体が 5 個含まれている．l-Cb の大きさに関しては主観的な面もあり，その個数は細胞間で多少変動するが，5〜7 個が最頻値を示す．韓国産にはこのような l-Cb は観察されない．また，培養細胞系においても二倍性の細胞では同様の結果であった．

これら一連の観察結果から何が想定されるであろうか？　二倍性細胞での l-Cb の観察が真であるという前提に立てば，培養系多倍性細胞にみられた B-like の染色体の起源はこの l-Cb にあるのではないかと推測できる．つまりサハリン産ハントウアカネズミの小型 A 染色体の l-Cb の中に micro B を含む小型の B 染色体のゲノムが潜在的に包含されているのではないかということである．この仮説を確かめるには北海道産ないしは中央シベリア産ハントウアカネズミの小型の B 染色体から DNA プローブを作製し，サハリン産ハントウアカネズミの染色体との *in situ* ハイブリダイゼーションを行うなど分子細胞遺伝学的解析が求められよう．

Serizawa *et al.*（2000）のアカネズミ属の種放散モデル（**図4-5-1-8**）によると，ハントウアカネズミは7～8百万年ほど前に中央シベリアあたりで祖先型より分岐し，東進を重ね大陸東端の極東にまで分布を広げたとされる．サハリンは2万年ほど前の最終氷期後期の頃，北部はユーラシア大陸と，南部は北海道とそれぞれ陸橋（land bridge）でつながっていた（堤 2014）．ハントウアカネズミはカムチャッカ半島・千島列島には分布しておらず，また化石も含め本州以南には生息の記録がないので，北海道産ハントウアカネズミはサハリンを経由して南進してきたことになる．このような分子系統学的知見・生物地理学的経緯を考慮し，B染色体をもたないサハリン産ハントウアカネズミの核型（$2n$=48，B染色体なし）を考察すると……中央シベリアあたりに現れたbiarmed B・micro Bをもつ本種が東進し，大陸東岸に至った集団の多くはmicro Bを欠失（deletion）したが，一部biarmed B・micro B両方をもつ集団が，当時陸橋でつながっていたサハリン（原サハリン）に進出し，さらに南進し，やはり陸橋でつながっていた北海道（原北海道）へと分布を広げた．この原サハリンのハントウアカネズミ集団に，B染色体ゲノムが小型のA型染色体の動原体部のC-ヘテロクロマチンに取り込まれる突然変異が生じ，見かけ上biarmed Bもmicro Bも消失した．やがて原サハリンと大陸間に間宮海峡，原北海道間に宗谷海峡が形成されることにより，地理的隔離が成立して現在のサハリンになった．その後，サハリンでは見かけ上B染色体を消失した子孫集団が優占してB染色体が認められなくなったが，北海道にはその影響が及ばず，biarmed B・micro Bともに北海道内に維持されてきた，と推察される．この仮説では，環日本海地域に分布するハントウアカネズミに関するかぎり，北海道集団のみが中央シベリア集団のB染色体の構成的特徴を受け継いでいることになる．なお，サハリン産と北海道産のハントウアカネズミはいずれも亜種カラフトアカネズミ（*Apodemus peninsulae giliacus*）としているが，両集団には核学的に明瞭な違いがあり，地理的にも隔離されているので，互いに異なる島嶼亜種を認めてもいいのかもしれない．

5-1-2．アカネズミの染色体種族

2つのA型染色体がロバートソン型融合（Robertsonian fusion）を起こすと，1つのM型またはSM型染色体が生じ，染色体数の減少を招く（Wojcik and Searle 1988；Bandyopadhyay *et al.* 2001；Adega *et al.* 2009，第 1 章 1-2-1 参照）．西ヨーロッパおよび北部のアフリカに分布する野生ハツカネズミの一亜種イエハツカネズミ（*Mus musculus domesticus*）では，異なる染色体が関与したロバートソン型融合による染色体多型（chromosomal polymorphism）が複数存在し，すべて A 型の $2n=40$ を基本とし，最も染色体数が少ない $2n=22$ の集団では，ロバートソン型融合による 9 対の M 型染色体と 2 対の A 型染色体をもつ（Hauffe and Searle 1993, 1998；Hauffe *et al.* 2004）．それぞれの染色体構成を持つ集団は，地理的に隔離されていなくても交雑帯を挟んで独立した分布を示す．このことは，染色体構成が異なる個体が交配してヘテロ接合（heterozygosity）の個体（ハイブリッド）を生じるものの，ハイブリッド個体における生殖能力や繁殖力の低下により生殖的隔離が生じていると考えられる．このように，染色体レベルの変異が発端となって，種内分類群である染色体種族（chromosomal race）が集団として定着し，やがて長期間の遺伝的隔離を経て種分化に至ると考えられる（Garagna *et al.* 1995）．

本項では，ロバートソン型融合による日本産アカネズミの染色体種族分化について，これまでの成果に基づいて（Saitoh and Obara 1986；Saitoh and Obara 1988；Saitoh *et al.* 1989），染色体変異が招く種分化のプロセスを論じたい．

5-1-2-1. 概要：日本産アカネズミの染色体種族

日本産アカネズミには，ロバートソン型融合による染色体多型が存在する（Saitoh and Obara 1986）．富山と浜松を結ぶ富山―浜松ラインより東日本側には $2n=48$ の個体，西日本側には $2n=46$ の個体が分布している．また，中間に，$2n=47$ の個体を含む交雑帯（hybrid zone）が存在する（Harada *et al.* 1984）（**図 5-1-2-1**）．$2n=46$ 型は，$2n=48$ 型の第 10 染色体（Chr10）と第 17 染色体（Chr17）のロバートソン型融合により生じた大型の SM 型である SM1 染色体をもつ（**図 5-1-2-2**）．ヒトの ISCN 2016（An International System for Human Cytogenetic Nomenclature 2016；International Standing Committee on Human Cytogenomic Nomenclature 2016）に従うと，SM1 染色体は der（10；17）または rob（10；17）と表記できる．$2n=47$ のハイブリッド個体の MI 期では，Chr10，Chr17，SM1 染色体が相同染色体（homologous chromosome）として対合して三価染色体を形成する（**図 5-1-2-3**）．そこで，ロバートソン型融合に起因する染色体多型をもつ日本産アカネズミの東西の 2 集団（染色体種族）が，交配可能ながら独立した分布を示す要因を探ることを目的に研究を

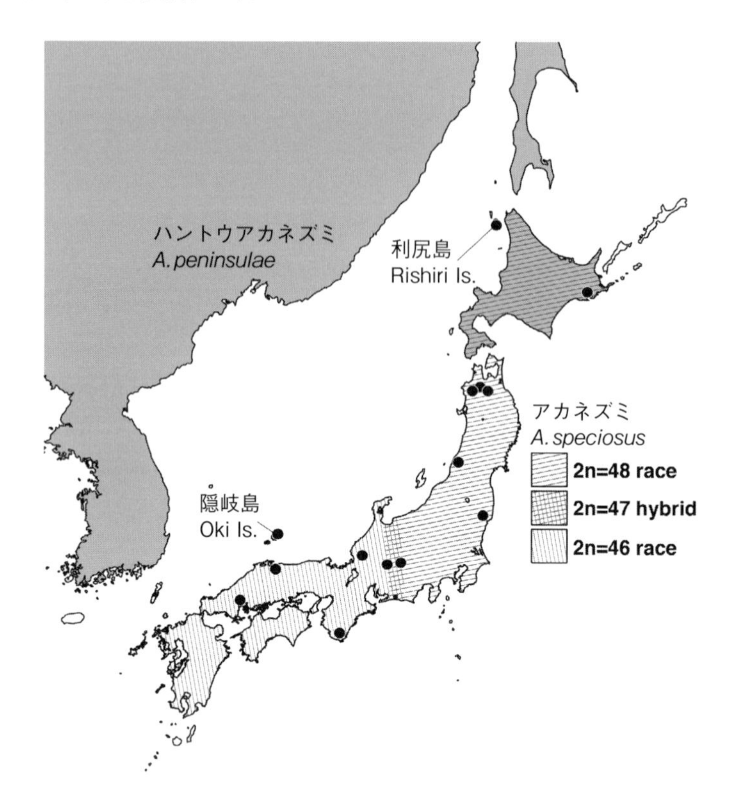

図 5-1-2-1. 日本産アカネズミ類（アカネズミ *A. speciosus*, ハントウアカネズミ *A. peninsulae*）の分布．黒丸，Saitoh and Obara（1986, 1988）でアカネズミを採集した地点．

開始した．結果を要約すると，三価染色体の不分離（non-disjunction）が生殖的隔離に与えるインパクトを解析したところ，$2n=48$ 個体では 6% の MII 像で染色体の数的異常がみられたのに対し，$2n=47$ 個体では 28% の MII 中期像に染色体の数的異常がみられた．以上より，ヘテロ接合の染色体の不分離に起因する $2n=47$ 個体の産子数の減少は，20% 以上であると推定した（Saitoh and Obara 1988）．アカネズミは，染色体突然変異に起因する種分化のプロセスの途上にあると考えられる．

5-1-2-2. 遺伝的距離

アカネズミは日本固有種で，日本列島に広く分布する（Ohdachi *et al.* 2015）．このうち本州における東西2型の染色体種族は，外部形態的に区別できない．東日本の佐渡島などの属島や北海道に分布する集団は $2n=48$，西日本や隠岐

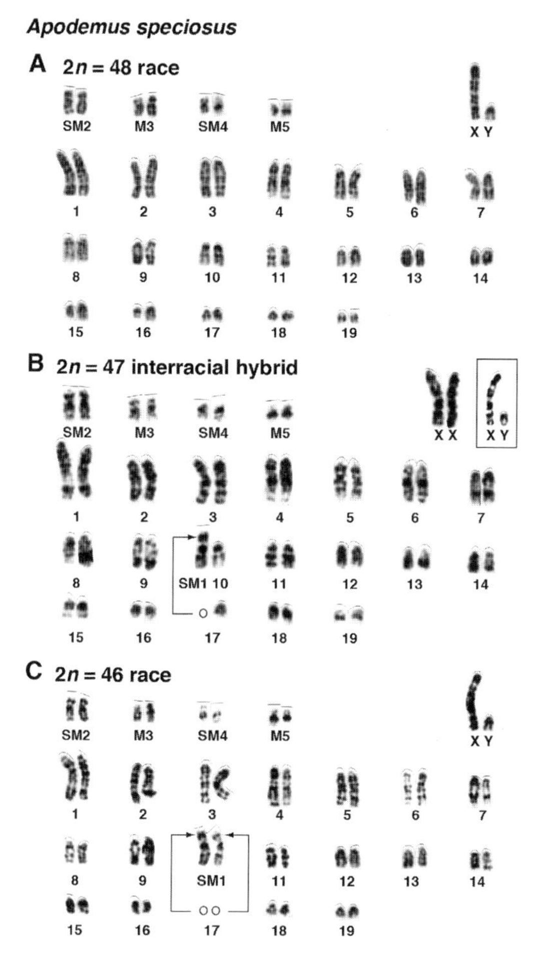

図 5-1-2-2. アカネズミ染色体種族の G-バンド核型．A，2n=48 種族；B，2n=47 を示す種族間ハイブリッド；C，2n=46 種族．矢印，ロバートソン型融合；白丸，融合により消失した染色体．

の島などの属島に分布する集団は $2n=46$ であることは興味深い（**図 5-1-2-1**）．それぞれの集団が近接する本州の染色体種族に由来するならば，本州集団の 2 つの種族は，島の集団よりも遺伝的に離れていることになる．しかしながら，各地のアカネズミ類における 26 遺伝子座のアロザイム（allozyme）を生化学的に解析し，遺伝的距離（D-value；genetic distance）を算出したところ，本州の東西 2 型の染色体種族間の遺伝的距離は，$D=0.033$ と極めて低い

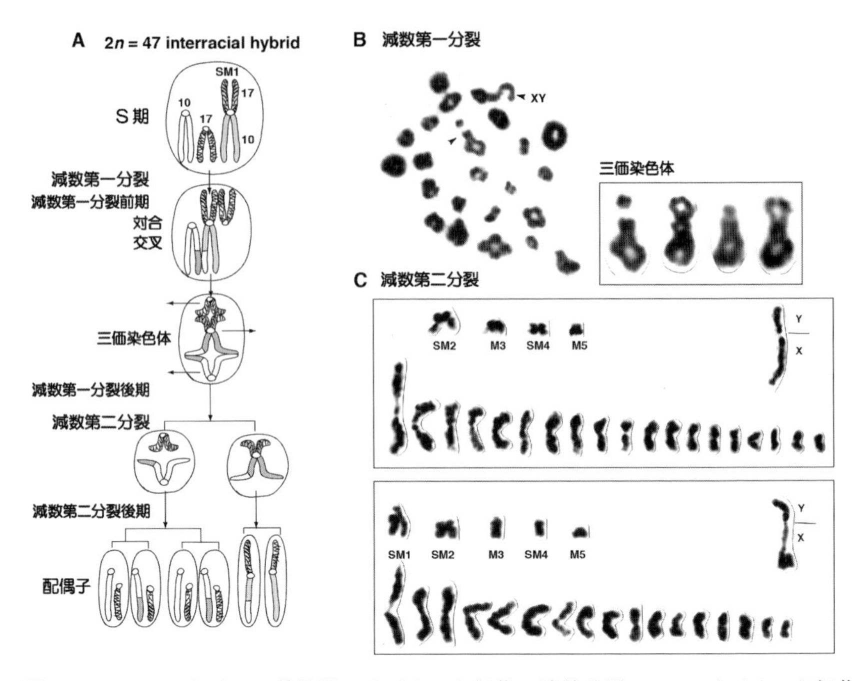

図 5-1-2-3. アカネズミの種族間ハイブリッド個体の減数分裂．A，ハイブリッド個体（2n＝47 interracial hybrid）の融合に関与した染色体の減数分裂における分配モデル模式図；B，減数第一分裂中期像（三価染色体：代表的な太糸期の Chr10, Chr17, SM1 染色体の対合状態）；C，減数第二分裂中期像：n＝24（上）と n＝23（下）．

値であった（Saitoh *et al.* 1989）．一般的な齧歯類の種内変異は，D＝0.010〜0.044 の範囲と報告されている（Selander and Yang 1969）．一方，本州から海で隔てられて生息する北海道産アカネズミや隠岐産アカネズミと本州産アカネズミの間では，それぞれ D＝0.063 と D＝0.076 と比較的離れていた．このことは，2n＝47 のハイブリッド個体の MI 不分離に起因する生殖的隔離は，地理的隔離よりも緩やかに進行することを物語っている．

5-1-2-3. 染色体構成の比較

研究に多用されている実験用マウス（*Mus musculus*）は，全て A 型染色体から構成される 2n＝40 の核型をもつ．大きさ以外に染色体間の形態的差異が乏しいため，染色体の同定には G-バンド法，Q-バンド法，C-バンド法，Ag-NOR-バンド法などの分染法が欠かせない．第 1 章 1-2 で述べたように，一般に，染色体変異には，相互転座（reciprocal translocation），染色体腕内の組換えによって生じる逆位や重複（duplication），欠失などがあり，ロバートソン型融合以外に種間や種内に染色体変異が蓄積している可能性がある．これら変異の中でも，特に逆位（inversion）は，遺伝子量の過不足がないにも関わらず減数分裂時に遺伝的不均衡（genetic imbalance）を生じやすいため，生殖的隔離の要因となりやすく注意が必要である．そこで $2n=48$ 型の本州産アカネズミと北海道産アカネズミおよび $2n=46$ 型の本州産アカネズミと隠岐産アカネズミの G-バンド核型を詳細に解析した（Saitoh and Obara 1986）．その結果，$2n=48$ 型は，19 対の A 型，2 対の小型 SM 型，2 対の小型 M 型からなる常染色体と XX/XY の性染色体から構成されているのに対し，$2n=46$ 型では，$2n=48$ 型の Chr10 と Chr17 のロバートソン型融合により生じた der（10；17）の SM1 染色体をもつことを確認した．また，解析したいずれの集団においても，染色体レベルの変異は他に見つからなかった（**図 5-1-2-2**）．

5-1-2-4. ロバートソン型融合が種分化に与えるインパクト

交雑帯における $2n=47$ 個体の生殖細胞では，MI 期に，Chr10，Chr17，der（10；17）の SM1 染色体間で対合が生じる．この三価染色体形成は概ね異常なく進行するが，続く MI 後期（anaphase I）に生じる染色体分配の誤りによって 28%の MII 期染色体構成に誤りが生じる（Saitoh and Obara 1988）（**図 5-1-2-3, 5-1-2-4**）．

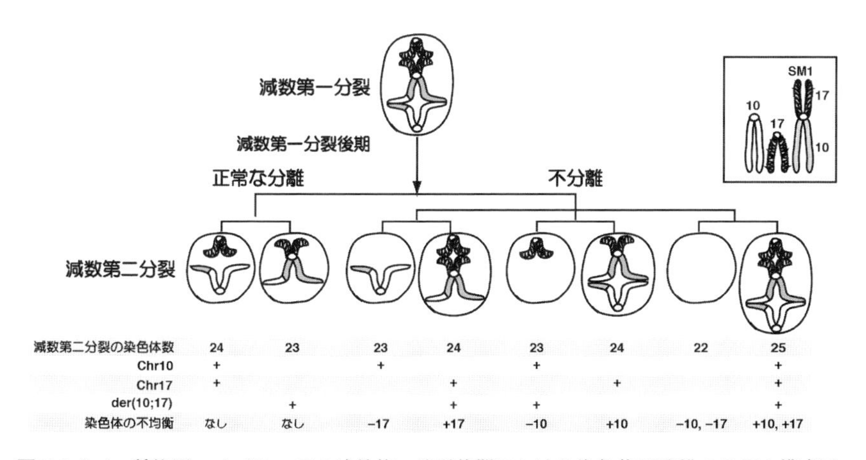

減数第二分裂の染色体数	24	23	23	24	23	24	22	25
Chr10	+		+		+			+
Chr17	+			+		+		+
der(10;17)		+		+	+			+
染色体の不均衡	なし	なし	−17	+17	−10	+10	−10, −17	+10, +17

図 5-1-2-4. 種族間ハイブリッドの減数第一分裂後期における染色体不分離のモデル模式図．減数第一分裂中期像において，SM1 染色体の有無と染色体数の情報により，8 通りの分離と遺伝的不均衡を同定できる．

先述したイエハツカネズミでは，三価染色体形成における対合複合体形成の遅延が報告されている（Hauffe and Searle 1998；Wallace *et al.* 2002）．アカネズミに関する一連の研究で，対合複合体形成時期は検討しなかったが，この現象も潜在的に関与している可能性が残っている．また，細胞には染色体の分離における失敗を検出するメカニズム（紡錘体チェックポイント）があり，減数分裂でも働いている（Eaker *et al.* 2001）．よって，三価染色体の不分離によって生じた異常な生殖細胞は，MI 中期に分裂を停止することで予め選択的に排除され，MII 中期染色体像の解析対象から外れている可能性が残る．つまり，精巣における MII 期染色体構成で評価した MI 期の不分離率は，過小評価している可能性がある．いずれにせよ，少なくとも精子数の割合の低下は不妊症の原因となる可能性が指摘されていることから（Merico *et al.* 2003），この現象が $2n=47$ のハイブリッド個体の生殖能力を低下させていることは間違いないと考えられる．また，染色体数の過不足が生じた異数性の生殖細胞が受精に参加すると早期流産を招く可能性が高い．よって，総合的な要因により，ハイブリッド個体が関わる交配において産子数の減少がみられると考えられる．

5-1-2-5. 染色体変異と核内配置

進化の途上でロバートソン型融合が生じるには，生殖系列で 2 対の染色体の動原体近傍が接触しなければならない（Garagna *et al.* 2014）．動原体領域には反復配列が高度に重複している場合が多い．とくに，リボソーム RNA 遺伝子（ribosomal RNA gene）の反復配列領域（NOR）をもつサテライトストーク部位（二次狭窄 secondary constriction）で組換え（recombination）が起こることが多い（Cerda *et al.* 1999）．DNA 組換えは，卵母細胞（oocyte）や精母細胞（spermatocyte）の MI 前期に核小体周辺で生じやすい（Berrios *et al.* 2014；Longo *et al.* 2003）．つまり，減数分裂自体が，染色体変異，生殖的隔離，種分化に総合的に関与していると言える．本州産アカネズミの NOR は Chr7 のテロメア（染色体の末端側，telomere；ここでは長腕の末端を指す）側にあり rob（10；17）の SM1 染色体には関係していなかったが，Chr10 には他の A 型染色体にはみられない C-バンド染色で濃染されるヘテロクロマチン領域が存在している．この反復配列が，染色体変異に関わった可能性が残されている．

核内における染色体の立体配置は，遺伝子発現を含む核機能の調節に重要な因子と考えられている（Lamond and Earnshaw 1998；Lanctot *et al.* 2007）．

核膜周辺に位置する染色体領域は一般に不活性であり，転写活性の高い領域は核の内側に配置される傾向がある．イエハツカネズミの $2n=40$ を有する個体では，すべての染色体は A 型染色体であり，それらの動原体近傍のヘテロクロマチン領域は核膜と密接に関連し，ロバートソン型融合を起こした染色体の動原体部は核内部に位置する傾向がある（Berrios *et al.* 2014）．このことは，ロバートソン型融合による染色体をもつ個体と A 型染色体をもつ個体では，例え遺伝子量の過不足がなくても，核内配置の違いに起因する遺伝子発現調節の違いが生じている可能性が充分にある．これまで，核内配置の違いがロバートソン型融合をもつ集団の定着に有利に働く可能性について議論されてこなかったが，充分に価値のある検討課題と考えられる．この答えが得られれば，哺乳類の染色体変異と種分化との密接な関連性を理解する一助になると期待される．

5-1-2-6. アカネズミ属における特異的な性染色体分離

日本産アカネズミの MII 中期像では，必ず XY 染色体対が存在することに気づく（**図 5-1-2-5**）．日本産アカネズミでは，MI 後期で X 染色体と Y 染色体が対合したままそれぞれの姉妹染色分体（sister chromatid）が別々の娘細胞に分離され，MII 後期でようやく X 染色体と Y 染色体の染色分体が分離される（**図 5-1-2-5A**）．MII 中期像を C-バンド染色すると X 染色体と Y 染色体の同定や染色体の構造をより容易に理解できる（**図 5-1-2-5B**）．XY 染色体対はお互いに動原体部で交叉を生じ，この領域の姉妹染色分体間の結合が染色体腕部に比べ弱く解離しやすいことがわかる（**図 5-1-2-5A**，減数第一分裂後期を参照）．X 染色体または Y 染色体の動原体近傍における姉妹染色分体間の結合の弱さが何に起因しているのかは不明なままである．これは意外に稀な現象であり，通常 XY 染色体対は，X 染色体と Y 染色体が MI 後期で別々の娘細胞に別れ，続く MII 後期で姉妹染色分体が分かれて減数分裂を完了する（**図 5-1-2-5C**）．つまりアカネズミでは，第 1 章 1-1-4-1 に倣い，常染色体対は Chr^M と Chr^P が MI 後期で分かれる前還元（prereduction）で，X^M と Y^P は MII 後期で分かれる後還元で減数する混在型の分裂様式をとっている．また，次目 5-1-2-7 で述べるハントウアカネズミでも同様に MII 期における X 染色体と Y 染色体の後還元がみられた．この原理についてはいまだ明らかになっていない．同様に X 染色体と Y 染色体の後還元を示すモリアカネズミ（*Apodemus sylvaticus*）において，反復配列であるリボソーム RNA 遺伝子に

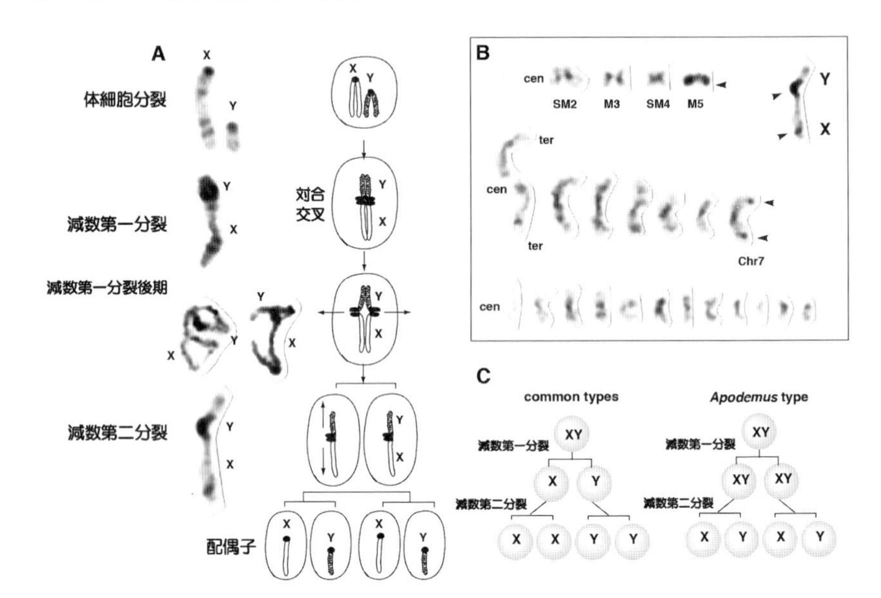

図5-1-2-5. アカネズミにおけるXY染色体対の減数第二分裂中期特異的減数分裂. A, XYの分離様式；B, C-バンド染色した減数第二分裂中期染色体. C, XY染色体対の減数分裂における分離様式モデルの模式図. cen, 動原体部；ter, 末端部；前還元, 一般的な減数第一分裂でXY染色体が分離する様式；後還元, アカネズミ属にみられる減数第二分裂でようやくXY染色体が分離する様式.

対するFISH解析を実施したところ，X染色体とY染色体の対合領域に2ヶ所の重複領域が検出された．この領域はAg-NOR-バンド染色で濃染されないことから，NORとしては機能していないが，強固なXY染色体対形成に関与している可能性が指摘されている（Stitou *et al.* 2001）．しかし，X染色体とY染色体上に長い相同領域をもつヒトにおいて，XY染色体間の交叉はMI後期におけるXY染色体間分離を妨げず前還元を示していることから，XY染色体間の相同配列の有無だけでは説明できない．こういったアカネズミ類のような例外を解析することで，新たな視点から減数分裂における染色体分離機構を見いだせる可能性がある．アカネズミ属のモデル動物としての役割は，まだまだ充分に活用されず残っているようである．

5-1-2-7. アカネズミの近縁種における染色体進化

アカネズミの近縁種の中では，ヒメネズミとハントウアカネズミが日本に分布している．ヒメネズミは非常に小型で，形態的にもアカネズミとは異なっている（Ohdachi *et al.* 2015）．ハントウアカネズミは，シベリア，サハリン，朝

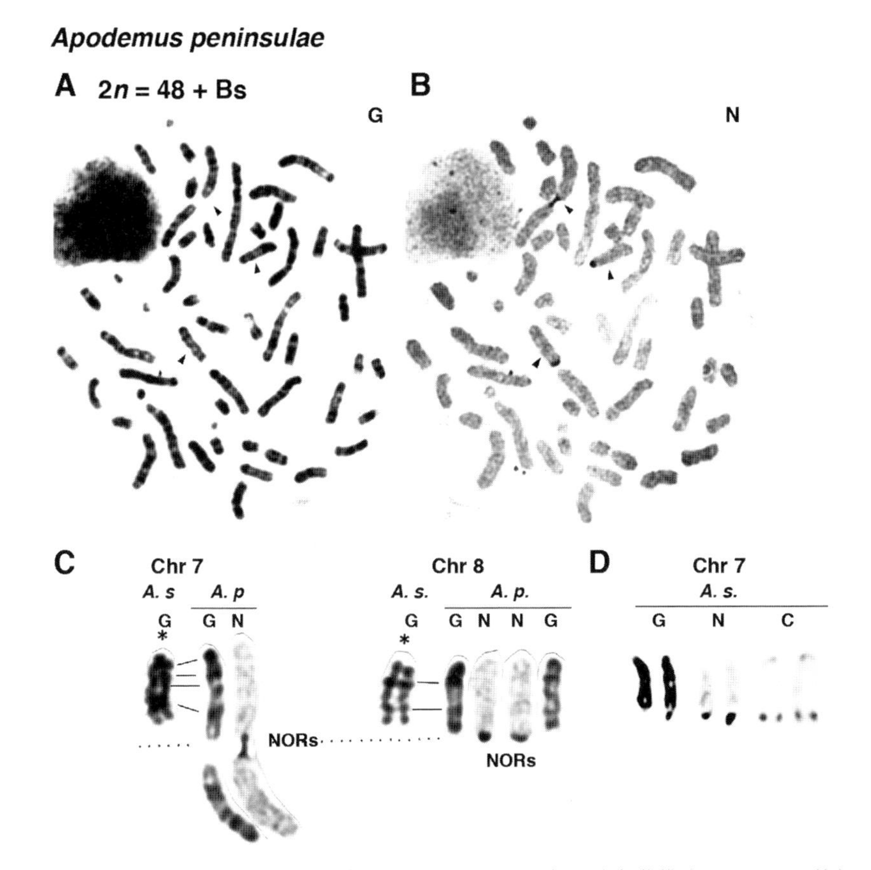

図 5-1-2-6. ハントウアカネズミ（*Apodemus peninsulae*）の染色体構成．G-バンド核板（A）と連続的に処理したAg-NOR-バンド核板（B）．矢頭はいずれもNOR領域をもつ染色体を示す．ハントウアカネズミ（*A. p.*）のAg-NORsをもつChr7とChr8（C）と，アカネズミ（*A. s.*）のAg-NORsをもつChr7（D）．G，G-バンド染色；N，Ag-NOR-バンド染色；C，C-バンド染色．

鮮半島に広く分布し，日本では北海道にのみ分布している（Ohdachi *et al.* 2015）．極めて興味深いことに，ハントウアカネズミは，すべてA型染色体からなる48本の基本核型に加え，数本～20本程度のB染色体を持ち，個体間に染色体数の変異がみられる（Karamysheva *et al.* 2017）（**図5-1-2-6A**）．48本の染色体を構成する24対の染色体のうち19対の常染色体とXX/XYについては本州産アカネズミと相同であると思われる（**図5-1-2-7**）．未発表の解析結果では，ハントウアカネズミの4つのA型染色体に逆位が生じ，本州産ア

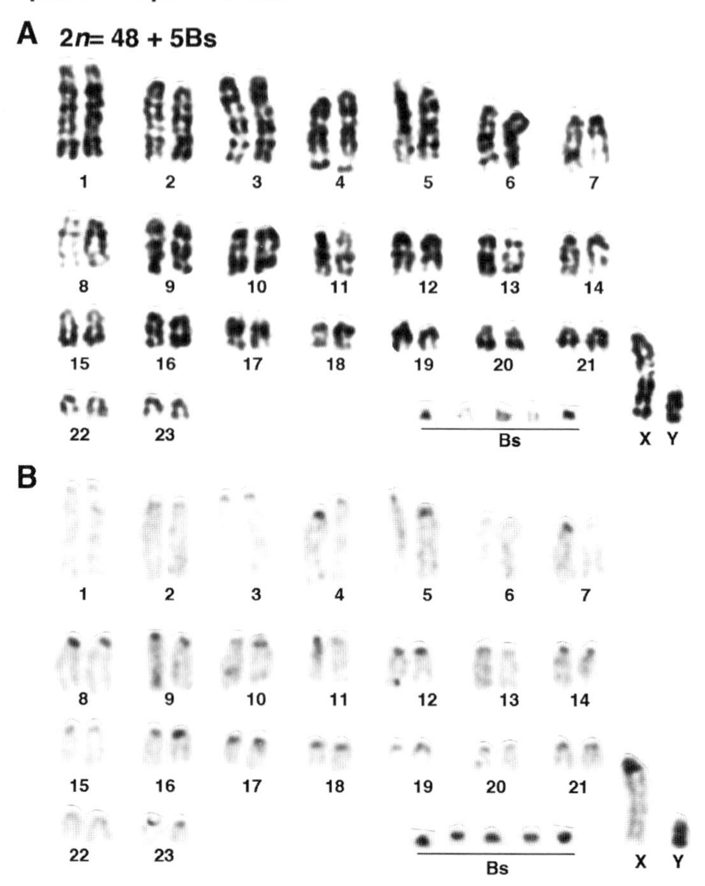

図 5-1-2-7. 5個のB染色体をもつハントウアカネズミ．G-バンド核型（A）と連続処理した同一細胞のC-バンド核型（B）．Bs，B染色体．

カネズミ（$2n$=48）の2つの小型SM型と2つの小型M型の常染色体が生じた可能性が高い．NOR領域はハントウアカネズミでは第7染色体（Chr7）と第8染色体（Chr8）にあり（**図 5-1-2-6B と C**），Chr7にあるNOR領域に関しては本州産アカネズミと相同である（**図 5-1-2-6D**）．本州産アカネズミとハントウアカネズミの遺伝的距離はD=0.293で亜種レベルの差に留まるが，ヒメネズミとはD=0.753と別種レベルの違いがあった（Saitoh *et al.* 1989）．

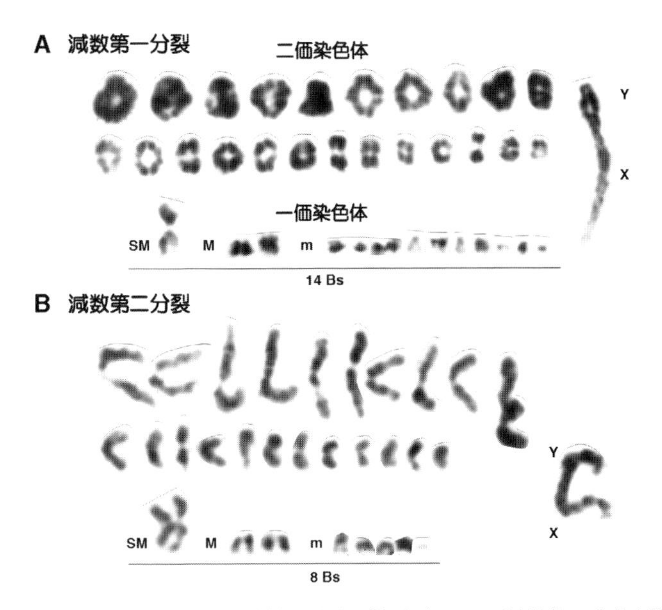

図 5-1-2-8. ハントウアカネズミの減数第一分裂中期（A）および減数第二分裂中期（B）における B 染色体の挙動. 多様な形態の 14 個の B 染色体を含む太糸期の染色体構成がわかる（A）. 減数第一分裂後期の分配により，8 個に B 染色体数が減少した減数第二分裂中期の染色体構成（B）. Bs，B 染色体；SM，SM 型；M，M 型；m，小型.

第 1 章 1-1-4 や 1-2-2 に記述したように，逆位は染色体異常の中でも生殖細胞や産子の数を減らして生殖的隔離を招きやすい（**図 1-1-4-2B**）.

本章の前項 5-1-1 で紹介したように B 染色体は，MI 期における対合を免れ（**図 5-1-2-8A**），MI 後期でランダムに 2 つの娘細胞に分配される（**図 5-1-2-8B**）. MII 期における B 染色体の構成を C-バンド染色で解析すると，実に多様な構成であることがわかる（**図 5-1-2-9**）. B 染色体は，生まれた個体間に DNA 量や染色体構成に顕著な差をもたらし，集団から消えていくことがない. このことは，B 染色体を含む配偶子が選択的に残る機構があることを示唆している. 少なくとも，ハントウアカネズミ雄個体の MI 太糸期（pachytene）には，B 染色体の核内配置はランダムではなく，B 染色体は集合して XY 染色体対の周辺に位置していることが FISH 法によって示されている（Karamysheva *et al.* 2017）. このことは，染色体間で相互に遺伝子量をカウントしながら数的調整をする機構がある可能性を少なからず示している. このように，減数分裂に

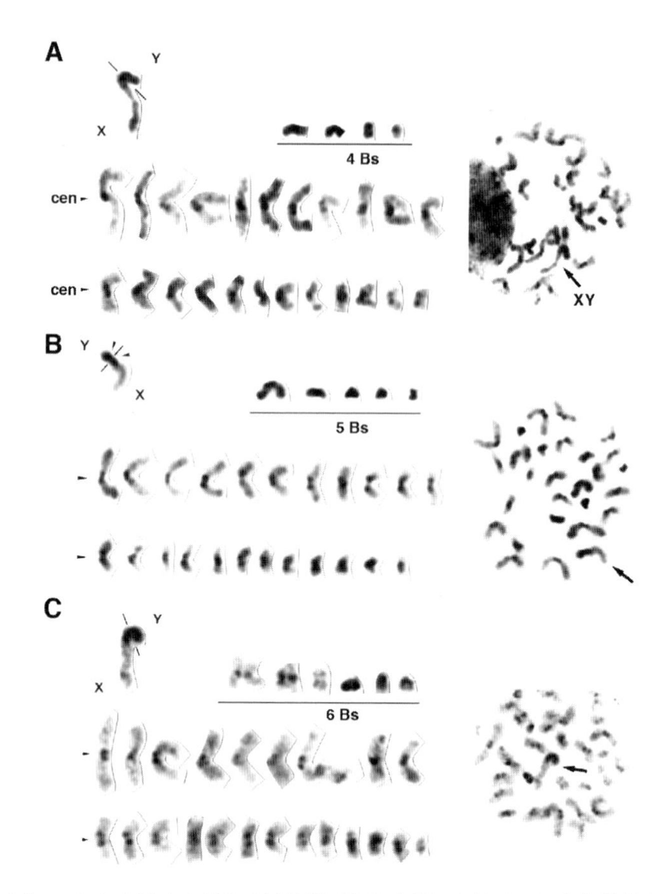

図 5-1-2-9. ハントウアカネズミの減数第二分裂中期における XY 染色体対と B 染色体構成．全ての C-バンド染色した MII 中期像には XY 染色体対（矢印）が存在し，B 染色体数は 4 個（A），5 個（B），6 個（C）と多様であった．cen（および矢頭），動原体部；バー，XY 染色体対の結合部．

おける染色体の空間的配置が核型進化にもたらす影響は無視できず，今後の解析データの蓄積が待たれる．

5-2. C-ヘテロクロマチンと染色体進化

第 1 章 1-1-3 で概説したように，C-ヘテロクロマチンとは C-バンド染色で濃く染め出されるクロマチンのことを指し，分裂期はもちろん分裂間期においてもクロマチンの凝縮がゆるむことなく，高度な凝縮を維持している領域で，染色体の構造維持に深くかかわっている（サムナー 2006；中山 2012）．そもそもクロマチンはDNA・RNA・核タンパクから成る核内の遺伝子集合体（染色質）であるがC-ヘテロクロマチン領域は単純な反復配列（繰り返しDNA配列，非コードDNAともいう）からなり，遺伝子機能をもつDNAはほとんど含まれておらず，分裂期・分裂間期を問わず転写が抑制されている．また減数分裂の際には遺伝的組換えもほとんど抑制され，そのDNAはS期後期にのみ複製されるという（Turner *et al.* 1992；Sullivan *et al.* 2001；Nonaka *et al.* 2002；サムナー 2006）．C-ヘテロクロマチン領域は相同対間で異形性（heteromorphism）を示すことが多く，とくにヒトの第1，第9，第16染色体のそれらは，しばしば顕著な異形性を示すことが知られているが，ヘテロクロマチンの量的違いによって表現型に影響を及ぼすことはないとされている（Bobrow 1985；Hsu *et al.* 1987）．このようなことからC-ヘテロクロマチンの反復配列DNAは遺伝的にほとんど機能していないとみなされ，“junk DNA”などとも呼ばれてきた．一般にこの領域は遺伝的に不活性とされているにもかかわらず，その分布は“ubiquitous”で，多かれ少なかれほとんどの真核生物の核や染色体に存在している．このような普遍的ともいえる存在は，C-ヘテロクロマチンは無用の長物的な存在ということではなく，何らかの機能的役割を担っていることを示唆するものであろう．最近の分子遺伝学的な手法を駆使したヘテロクロマチンの構造維持と機能に関する研究から，ヘテロクロマチンはエピジェネティックな遺伝子発現の制御にも重要な役割を果たしていることが指摘されている（定家・中山 2003）．さらにヘテロクロマチン化（heterochromatinization）の分子機構に関する研究などから，染色体の中でとくに凝縮した領域とされるヘテロクロマチンはこのような機能・役割を担っているだけでなく，染色体の進化や種分化にも寄与しているのではないかという指摘もなされている（中山 2012）．その具体的な内容についてはこれらの研究者の総説等を参照していただくとして，本書ではC-ヘテロクロマチンの染色体上での分布のあり方およびその量的変異など形態的な面からみていくことにする．

C-ヘテロクロマチンは動物であれ植物であれ，動原体部に存在する例が圧倒的に多いが，染色体末端部（telomeric region），染色体介在部（interstitial region）など染色体内のあらゆる部分で記録されている．C-ヘテロクロマチンはこのような位置的な多様性のみならず量的変異も多様で，点状の微小なものから染色体のほぼ全域を占めるものまでさまざまである．一般にC-ヘテロクロマチンはC-バンド染色により可視化されるが，染色体上でのその領域は必ずしも不変ということではなく，その反復配列に起因する不等交叉（unequal crossing-over）や複製時のスリップ（replication slip）などにより，C-バンドの異形性や細胞間・個体間，さらには集団間・種間でのC-バンドの多型（polymorphism）が動植物のさまざまな分類群で多数報告されている．

5-2-1. ハタネズミ属におけるX染色体の多様性

哺乳類のC-ヘテロクロマチンとして注目すべきは，60種を超える種が知られているハタネズミ属（*Microtus*）が第4章4-6-1でも触れたように，その4分の1に相当する15種が大型のC-ヘテロクロマチン領域（C-ブロック）を有しているということである．そこでこのハタネズミ属のC-ブロックについてみてみよう．

表5-2-1-1にC-ブロックを有するハタネズミ属15種について2*n*染色体数ほかC-ブロックに関する知見をまとめた．この表から分かるようにC-ブロックはほとんどの場合，X染色体上にリンクし，X染色体に対する相対長は23%から最大77%まで種によって幅広い値を示す．X染色体上でのC-ブロックの領域は短腕端部・長腕基部（オレゴンハタネズミ *Microtus oregoni*），短腕基部・長腕基部（ハタネズミ *Microtus montebelli*），短腕基部・全長腕（コーカサスマツネズミ *Microtus daghestanicus*），全短腕・長腕基部（イベリアハタネズミ *Microtus cabrerae*）等々種によってさまざまなパターンがみられ，X染色体の形態もM型，SM型，ST型，A型まですべての型が存在する．この表の相対長と領域パターンからX染色体とC-ブロックの関係を視覚的にとらえるため，この表のデータをもとに図式化した（**図5-2-1-1**）．この図はOhno's rule（Ohno 1970）に従い，C-ブロックを持たないツンドラハタネズミ（*Microtus oeconomus*）のX染色体をオリジナルタイプXとし，C-ブロックを有するX染色体のユークロマチン領域の長さがオリジナルタイプXの長さと同じになるように配置してC-ブロックの大きさとその領域の多様性を表したものである．この図から，2*n*の染色体数の増減とC-ブロックの相対長・領域との相関はないとみてよいであろう．いずれの種の場合も，オリジナルタイプXの動原体部のC-ヘテロクロマチンの重複による伸長と逆位や動原体シフト（centromere shift）などを介して形成されたものと推測される．以下にい

表 5-2-1-1. C-ブロックを有するハタネズミ属.

種名	2*n*	C-ブロックキャリア		X 染色体（C-ブロック領域）	常染色体の動原体 C-バンド	文献
		常染色体	X 染色体（%*）			
オレゴンハタネズミ *M. oregoni*	17/18		○（77%）	M 型（短腕端部・長腕基部）	±	1, 2
ハタネズミ *M. montebelli*	30/31		○（41%）	M 型（短腕基部・長腕基部）	±	3, 4
トマスマツネズミ *M. thomasi*	40/42/44		○（32–64%）	A 型/ST 型（短腕–長腕基部）#	+/++	5, 6
M. nasarovi＝コーカサスマツネズミ *M. daghestanicus*	42		○（63%）	M 型（短腕基部・全長腕）	±/+	7
キタハタネズミ *M. agrestis*	50		○（74%）	M 型（短腕基部・全長腕）	+**	8, 9
M. subarvalis＝ルーマニアハタネズミ *M. levis*	52	—	○（42%）	A 型（長腕端部）	—	10
バルチスタンハタネズミ *M. transcaspicus*	52		○（37%）	A 型（長腕基部）	+***	11, 12
イベリアハタネズミ *M. cabrerae*	54		○（59%）	SM 型（全短腕・長腕基部）	+/++	13, 14
M. epiroticus＝ルーマニアハタネズミ *M. levis*	54		○（48%）	A 型（長腕端部）	+	15
バルカンマツネズミ *M. felteni*	54		○（46%）	A 型（長腕基部）	+/++	16
M. kirgisorum＝カザフスタンハタネズミ *M. ilaeus*	54		○（23%）	A 型（長腕基部）	++	17
			○（50%）##	A/SM/M 型（全長腕）	±/+	18
トルコマツネズミ *M. majori*	54		○（67%）	M 型（短腕基部・全長腕）	+	19
Microtus sp. nova from Iran＝カズヴィーンハタネズミ *M. qazvinensis*	54	○	○（56%）	ST 型（全短腕・長腕基部）	+/++†	20, 22
M. rossiaemeridionalis＝ルーマニアハタネズミ *M. levis*	54		○（48%）	A 型（長腕端部）	+/++	11, 21
キバナハタネズミ *M. chrotorrhinus*	60		○（57%）	M 型（全長腕）	±	23

1, Modi（1987a）; 2, Libbus *et al.*（1988）; 3, 山影ほか（1985）; 4, Sato and Obara（1995）; 5, Acosta *et al.*（2009）; 6, Rovatsos *et al.*（2011）; 7, Graphodatsky（2006a, g）; 8, Ashley *et al.*（1989b）; 9, Neitzel *et al.*（1998）; 10, Zakian *et al.*（1991）; 11, Modi *et al.*（2003）; 12, Graphodatsky（2006b）; 13, Burgos *et al.*（1988）, 14, Burgos *et al.*（1990）; 15, Fredga *et al.*（1990）; 16, Mitsainas *et al.*（2010）; 17, Graphodatsky（2006c）; 18, Zima and Macholán（1995a）; 19, Graphodatsky（2006d）; 20, Graphodatsky（2006e）; 21, Graphodatsky（2006f）; 22, Golenishchev *et al.*（2002）; 23, Modi（1993b）.
—, 報告なし; *, X 染色体に対する C-ブロックの相対長; **, A 型 1 対の基部に介在部 C-バンド; ***, A 型数対に非動原体 C-バンド; †, A 型染色体 4 対の p 基部に C-ブロックあり; #, C-ブロックの形態・サイズに 9 種類の変異; ##, M 型の場合の相対長; ±, 微か; +, 小さい; ++, 比較的大きい.

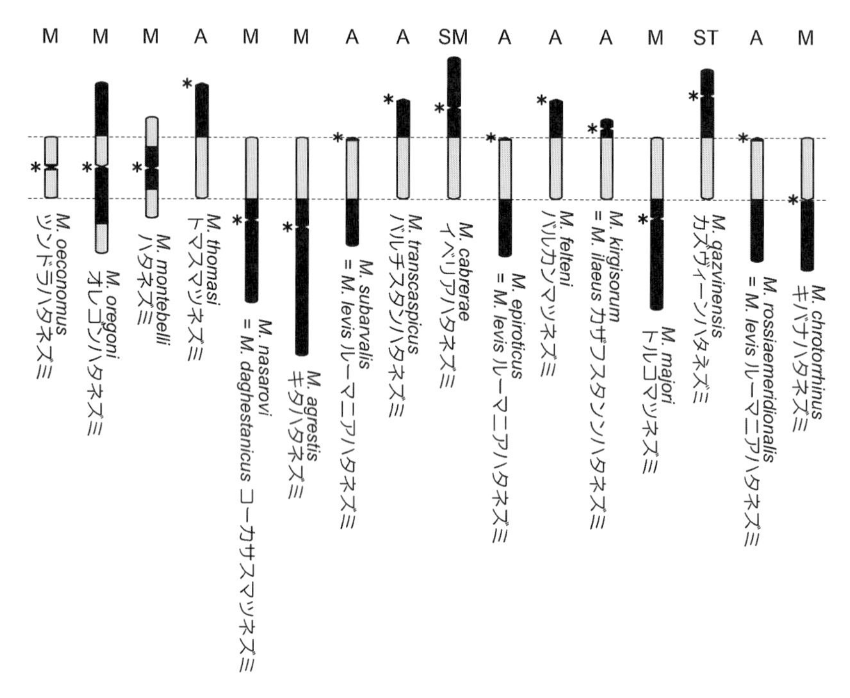

図 5-2-1-1. ハタネズミ属のX染色体C-ブロックの多様性．アステリスク；動原体，M；M型，A；A型，SM；SM型，ST；ST型．詳しくは表5-2-1-1参照．

くつかの種について**図 5-2-1-1** と対比しながら解説を加えることとする．

ハタネズミのC-ブロックは第4章4-6-1で説明したように，ツンドラハタネズミのX染色体の動原体部のC-ヘテロクロマチンが短腕・長腕の両サイドに重複伸長して形成されたものである．オレゴンハタネズミはアメリカの西海岸地域にのみ生息するネズミで，日本のハタネズミとは生息域がまったく異なり，C-ブロックのサイズも領域も大きく異なる．オレゴンハタネズミとオリジナルタイプXのG-バンドパターンを対比分析した報告がないので推測の域を出ないが，X染色体に対する相対長が77％にもなるオレゴンハタネズミのC-ブロックはハタネズミのそれとは別個に生じたもので，ハタネズミと同様に動原体部のC-ヘテロクロマチンが短腕・長腕の両サイドへ重複伸長し，さらに動原体近傍から短腕末端までの偏動原体逆位（paracentric inversion）が生じたものと推測される．参考までにC-ブロックの反復DNAを用いた分子細胞遺伝学的解析からの知見を紹介すると，C-ブロックのサイズも領域パターンも大きく異なるキタハタネズミ（*Microtus agrestis*）とイベリアハタネズミのC-ブロックはそれぞれ別個に，かつ異なるメカニズムで形成されたという（Marchal *et al.* 2004, 2006；Acosta *et al.* 2008）.

トマスマツネズミ（*Microtus thomasi*）のA型X染色体は，オリジナルタイプXから動原体シフトないしは動原体を含む全短腕での挟動原体逆位（pericentric inversion）でA型となり，C-ヘテロクロマチンの重複伸長で長腕基部タイプのC-ブロックが形成されたものであろう．トマスマツネズミの場合，A型X染色体（X_1）の他にST型X染色体（X_{ST1}）も多型として存在し，Y染色体にも5種類の多型が存在する．C-ブロックの相対長に関しても31.5%（X_1）から63.5%（X_{ST1}）まで変異する9種類の多型があり，さらに染色体数の多型（$2n$=40, 42, 44）も知られている（Acosta *et al.* 2009；Rovatsos *et al.* 2011）．ハタネズミ属のなかでは染色体の変異性が最も著しい種である．トマスマツネズミのこのような染色体変異の多様性は地下生活という生態的地位（niche）と結びつけて議論されているが，このことは第1章1-2-3-2で述べた地下生活に適応している種の“同系交配による変異型染色体のホモ接合（homozygosity）化プロセス”を裏づける格好の例であろう．

カザフスタンハタネズミ（*Microtus ilaeus*）のX染色体にも多型があり，図にはA型のみをあげてあるが，SM型やM型も存在する（Zima and Macholán 1995a）．A型について述べると，上述のトマスマツネズミと同様のメカニズムでA型となり，動原体部のC-ヘテロクロマチンがある程度重複したのであろう．

Microtus nasarovi（＝コーカサスマツネズミ *Microtus dagestanicus*）・トルコマツネズミ（*M. majori*）・キタハタネズミの3種はともにC-ブロックが短腕基部・全長腕タイプで，その相対長が6割を超える大型のM型X染色体を有している．とくに前者2種は相対長が近似し，相互の類縁の近さが想定される．Wilson and Reeder（1993）やNowak（1999）は *Microtus nasarovi* とコーカサスマツネズミを別種として位置づけているが，Wilson and Reeder（2005）の分類体系ではこれら両種を同種としている．Graphodatsky（2006a, d, g）が報告したG-バンド核型によると，*Microtus nasarovi* は$2n$=42，コーカサスマツネズミとトルコマツネズミはともに$2n$=54で，後者2種に関しては染色体数のみならず核型もG-バンドパターンもほとんど同じである．したがって，*Microtus nasarovi* とコーカサスマツネズミは染色体数も核型も大きく異なるにもかかわらず同種とされ，コーカサスマツネズミとトルコマツネズ

ミはG-バンドパターンを含め核型が近似しているにもかかわらず別種とされていることになる．現段階ではこれら三者の分類学的位置づけは染色体からの知見と相入れない部分があるが，少なくともこれら三者は遺伝的に密接な関係にある分類群であることは確かである．

図5-2-1-1で示されているように，*Microtus rossiaemeridionalis*・*Microtus epiroticus*・*Microtus subarvalis*のX染色体はいずれもA型で，C-ブロックも長腕端部の同じタイプであり類縁性が示唆されるが，これら3者はシノニム（同物異名 synonym）として，現在はルーマニアハタネズミ（*Microtus levis*）とされている（Wilson and Reeder 2005）．しかし，核型には明瞭な相違があり，*Microtus rossiaemeridionalis*と*Microtus epiroticus*がともに$2n=54$，*Microtus subarvalis*が$2n=52$であり（Zima *et al.* 1981；Fredga *et al.* 1990；Mazurok *et al.* 1995；Modi *et al.* 2003；Graphodatsky 2006f），C-ブロックのX染色体に対する相対長も前者二種が48%，*Microtus subarvalis*が42%となっている（**表5-2-1-1**）．また，*Microtus rossiaemeridionalis*と*Microtus epiroticus*の間には常染色体の動原体部のC-ヘテロクロマチンにも量的違いがありそうである（**表5-2-1-1**）．このような染色体知見を考慮すると，これら3者は現在同一種とみなされているが，種内分類群としての分化がある程度進んでいるとみてよいであろう．

ハタネズミ属はユーラシアに起源を発し，およそ200万年前にベーリング海峡を経て新大陸（北アメリカ）へ進出したと考えられている（Repenning 1980）．上述のハタネズミ属の分布域をチェックすると，C-ブロックのサイズや染色体上の領域パターンとは関係なく，イギリス・日本を含め，ヨーロッパ・北欧・東欧・小アジア・中央アジア・シベリアからカナダ・アメリカまで広範な地域に及んでいる．このことはユーラシア大陸のどこかの地域でX染色体に形成されたC-ブロックがさまざまな変異を繰り返しながらグローバルに分布域を広げ，新大陸の種へと系統的に分化してきたと考えるには無理がある．むしろユーラシア大陸の各地でそれぞれ種分化を繰り返し，それらの中でいくつかの異なるタイプのC-ブロックが独自に形成され，新大陸へと生息域を広げた地域集団がそれぞれの地域で環境適応し，新たな種を分化させ，そのなかの西海岸の集団にオレゴンハタネズミ特有のパターンを有するC-ブロックが形成されたと考えるべきであろう．この見解は分子遺伝学・分子細胞遺伝学の観点からの研究成果とうまく整合する．参考までに，北アメリカ大陸東部に生息するキバナハタネズミ（*Microtus chrotorrhinus*）とフィンランドからギリシア・南ウラルにかけて分布するルーマニアハタネズミから作製した6つの反復配列プローブを用い，FISH解析とC-バンド解析から導き出されたModi *et al.*（2003）の見解を紹介しよう．彼らの見解によると，ハタネズミ属の共通祖先にはこれらの反復配列がすでに形成されていて，両大陸に分布を広げたハタネズミ属の現生子孫種はそれぞれ異なる種類の反復配列・異なる組み合わせで選択的に増幅したり欠失したりして多様な形のX染色体C-ブロックを形成してきたという．このようにハタネズミ属には“giant sex chromosome”とも表現される大型のX染色体をもつ種が多くみられ，その大型化は反復配列の重複伸長によるC-ブロックの形成に起因すると考えてよいであろう．ハタネズミ属のX染色体は，なぜC-ヘテロクロマチンが重複し大型化する傾向が強いのか，いまだに謎であるが，C-ブロックを構成している特異的な反復配列がその謎を解く鍵なのかもしれない．

Pathak *et al.*（1973）がシロアシマウス属（*Peromyscus*）で初めて腕全体がC-ヘテロクロマチンとなっている染色体の多型現象を報告し，このヘテロクロマチックな腕の付加・欠失による核型進化を提唱して以来，哺乳類のさまざまな分類群でC-ヘテロクロマチンの重複伸長による染色体進化の例が報告されている（Patton and Sherwood 1982；Massarini *et al.* 1998；Modi *et al.* 2003；Wijayanto *et al.* 2005；Arslan *et al.* 2011）．日本産哺乳類では第4章で紹介したカワネズミ属（*Chimarrogale*）・ハタネズミ属・イタチ属（*Mustela*）の他，ホオヒゲコウモリ属（*Myotis*）やムササビ属（*Petaurista*）・アカネズミ属などで報告がある（Harada and Yoshida 1978；Obara *et al.* 1997；Oshida *et al.* 2000b；Fukushi *et al.* 2001；Nomura. *et al.* 2001；Inuma *et al.* 2009）．次項以降，カワネズミ（*Chimarrogale platycephalus*）とホオヒゲコウモリ属のC-ブロックについて解説しよう．

5-2-2. カワネズミにおけるC-ヘテロクロマチンの多型

カワネズミの通常ギムザ染色核型とG-バンド，C-バンド，Ag-NOR-バンド核型については第4章4-1-1で紹介し，第1染色体のC-ブロックの存在についても触れたが，ここではこのC-ブロックの異形性に焦点を当てて述べることとする．改めてカワネズミの通常ギムザ染色核型をみると（**図5-2-2-1**），第1染色体の短腕基部にある二次狭窄から上の短腕部に顕著な異形性がみてと

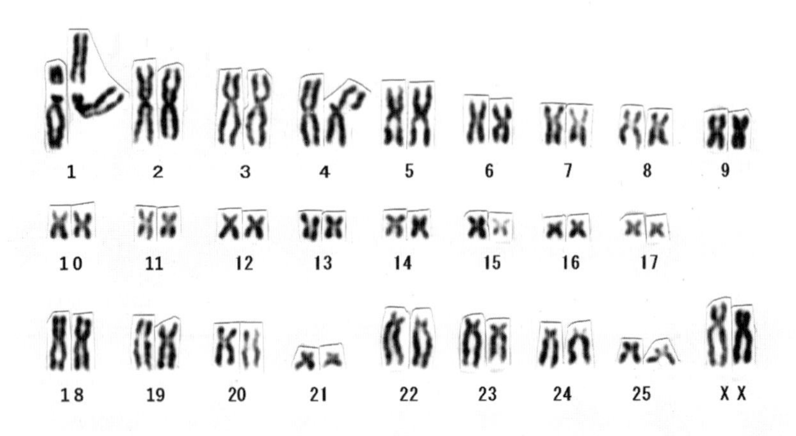

図5-2-2-1. カワネズミ（雌）の通常ギムザ染色核型．第1染色体の著しい異形性に注目．

れる．第4染色体の相同対の一方に染色分体の切断（breakage）があるが，これは偶発的なものである．第4章4-1-1で紹介したように，この異形な短腕部がC-バンド染色で濃染されるC-ブロックであり，G-バンド染色では明瞭なバンドのない領域となり（**図4-1-1-4**，**図4-1-1-5**），その他の染色特性をみると，AT-richなクロマチンを蛍光で染め分けるQ-バンド染色（第4章4-5-2参照）で非蛍光，GC-richなクロマチンを染め分けるCMA_3-バンド染色（第4章4-5-2参照）で中庸蛍光（C-ブロックの大部分）ないしは強蛍光（C-ブロック短腕基部）を呈する（**図5-2-2-2**）．このことからC-ブロックはGC-rich DNAを多く含み，特にC-ブロックの短腕基部はGCの高頻度反復配列となっていることが示される．GCのこのような特性を持つC-ブロックの異形性はカワネズミの集団にきわめて高い頻度で存在し，かつ異形の度合い（変異の度合い）は個体によって異なり，個体内すなわち細胞間でも多少は変動する．この変異の度合いを定量化するためC-ブロックの相対長（relative length）を割りだすこととした．**図5-2-2-3**に示すように長腕の長さは相同対間では基本的に同じであるので，長いC-ブロックをLCB，短いC-ブロックをSCBとして，LCB・SCBそれぞれ長腕に対する相対長（C-ブロック長÷長腕長×100）を算出し，個体レベルでの変異の度合いの平均値を求め，**図5-2-2-4**にまとめた．この図は青森県の白神山地，南八甲田および北八甲田の

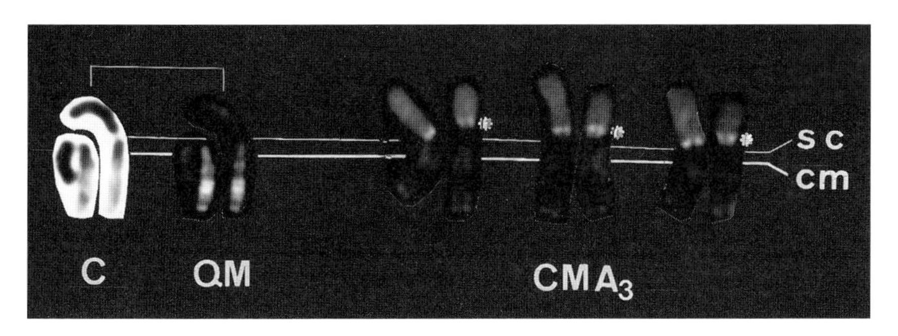

図 5-2-2-2. カワネズミ第1染色体の各種染色法に対する染色特性．アステリスク，強蛍光部；C，C-バンド染色；QM，Q-バンド染色；CMA_3，CMA_3-バンド染色；SC，二次狭窄；cm，動原体．C と QM は同一の染色体で，Q-バンド染色後，C-バンド染色．

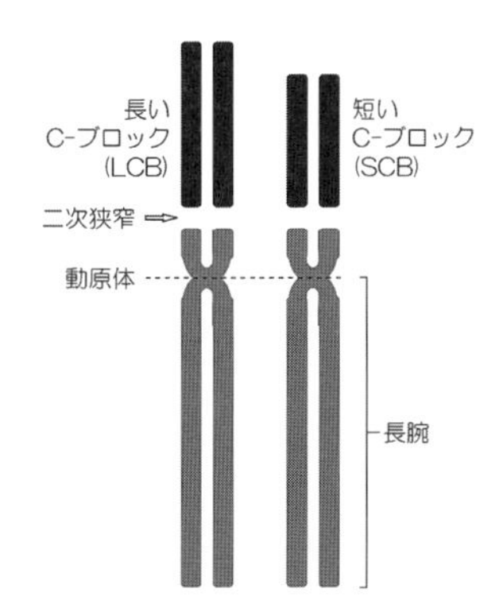

図 5-2-2-3. カワネズミの第1染色体の C-バンド模式図．黒色領域，C-バンド濃染部；灰色領域，C-バンド淡色部．

山地渓流で捕獲した計40個体，各個体5〜10個の分裂中期核板を計測し，LCB・SCB の平均相対長を大きさ順に配置し，相同対の C-ブロックを線で結んだもので，標準誤差は全体として±0.6〜±3.85の範囲にある．この図から，青森県のカワネズミ集団の9割近くで C-ブロックが異形対となっており，最大92.8%，最少38.7%の相対長の範囲内で LCB も SCB も連続的な変動パターンを示すことが読み取れる．LCB と SCB を結ぶ線が複雑に錯綜していることから，相同対間での LCB・SCB の異形の組み合わせはランダムで，異形の度合い（LCB と SCB の相対長の差）は最小で6.4%，最大で36.4%であった．このような C-ブロック異形は調査した3つの水系で雄雌ともに同じよう

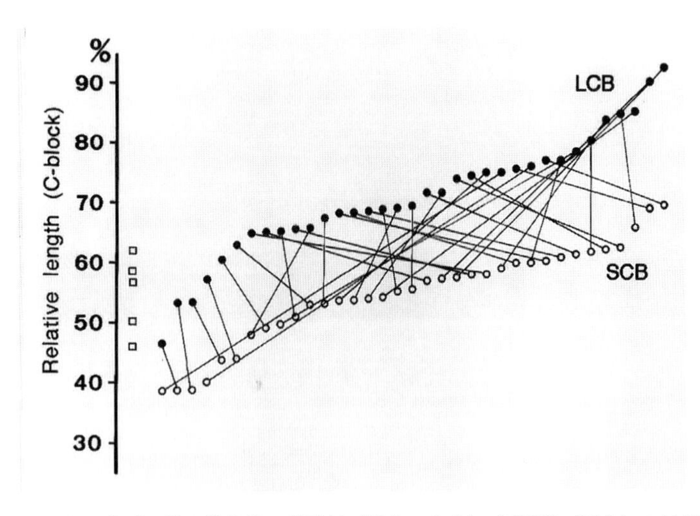

図 5-2-2-4. カワネズミ第1染色体の異形対（黒丸―白丸）．同形対（四角）の長腕に対する相対長の変異モード．

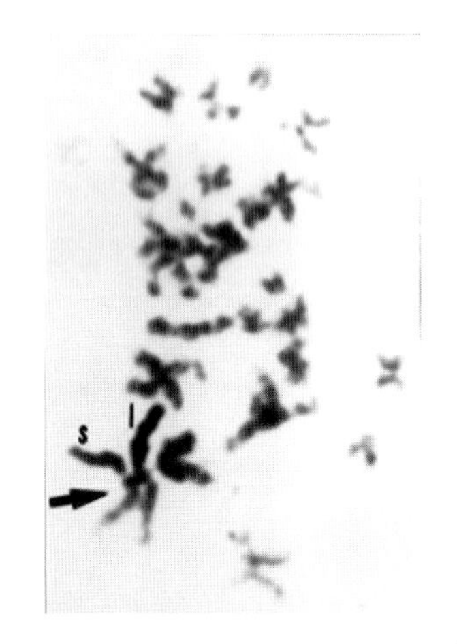

図 5-2-2-5. カワネズミの減数第二分裂中期像．矢印，第1染色体；l，長い染色分体；s，短い染色分体．

な傾向を示したので，雌雄性や生息環境の違いとは関係なく，カワネズミのC-ブロックにそなわった固有の細胞学的特性に起因するものとみなされる．**図 5-2-2-5** に LCB と SCB の染色分体をあわせもつ二次精母細胞（secondary

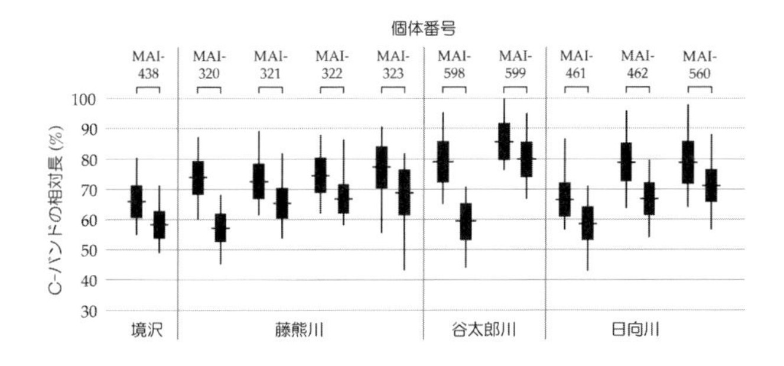

図 5-2-2-6. カワネズミ 10 個体における第 1 染色体 C-ブロック（LCB・SCB）. 短い横線, 平均値；縦線, 範囲：黒枠, 標準偏差. 各個体の左側が LCB, 右側が SCB.（Nakanishi and Iwasa 2013 より転載）.

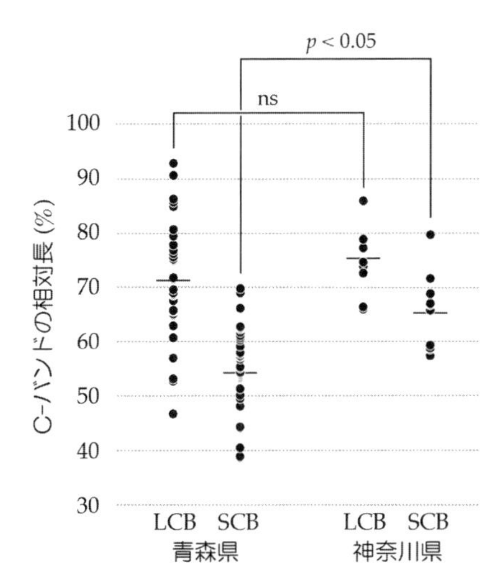

図 5-2-2-7. 青森県産と神奈川県産で比較したカワネズミ C-ブロック（LCB・SCB）の平均相対長. 横線, 平均値；ns, 有意差なし；p, 危険率（Nakanishi and Iwasa 2013 より転載）.

spermatocyte)（部分的な MII 核板）の第 1 染色体を示した. このような像は不等交叉では生じ得ないことから, 一次精母細胞（primary spermatocyte）の DNA 複製過程で生じた不等姉妹染色分体交換（unequal sister chromatid exchange）を反映しているのかもしれない. もともと C-ブロックの異形の度合いが高い個体にこのような不等姉妹染色分体交換が生じると，異形の度合いがさらに大きくなったり，逆に小さくなったりと変動することになる．その度合いによっては減数分裂に影響がおよぶこともあるかもしれない．そのような状況に至ればいずれ生殖的な隔離が成立することになるであろう．これらの分析は青森県のサンプルで得られたものである（Obara *et al.* 1996）が，Nakanishi and Iwasa（2013）が神奈川県のカワネズミ集団を対象にしてC-ブロックを調べ青森県集団と比較しているので紹介しよう．

丹沢山地の4つの渓流で捕獲した10個体の第1染色体C-ブロックをLBC・SCBに分けてそれぞれの平均相対長を示したのが**図5-2-2-6**で，*t*検定の結果，10個体すべてにおいてC-ブロックのサイズに有意差が認められている．このデータをもとに前述の青森県のカワネズミ集団と比較したのが**図5-2-2-7**で，C-ブロックのサイズの有意差検定から，両集団のLCB間では有意差がなく，SCB関しては両集団間に有意差が認められた．この図から引き出される結論は，神奈川県産とくらべると青森県産の方がC-ブロックの変異の度合いが大きいということである．C-ブロックはカワネズミの直接の祖先であるヒマラヤカワネズミ（*Chimarrogale himalayica*）にも存在するが，異形性はみられない（Motokawa *et al.* 2006）ことから，Nakanishi and Iwasa（2013）はC-ブロックの異形性の度合いには南から北に沿うクライン（cline）があるのではないか，このクラインの中で異形C-ブロックは自然選択に対して中立（neutral）であるとしている．一般にC-ヘテロクロマチンの量的変異は表現型にほとんど影響を及ぼさない（Bobrow 1985）とされているが，カワネズミのC-ブロックのクラインが確実に存在し，多くの世代をつみ重ねてクラインが大きくなれば，交配後隔離（postmating isolation）が作用することもありうるであろう．

カワネズミには第1染色体の他，第8染色体（M8）と第23染色体（ST23）にもC-ブロックがある（**図4-1-1-6**）．Nakanishi and Iwasa（2013）によると，これらのC-ブロックは神奈川産にも存在する．一方，ヒマラヤカワネズミにはM8染色体とST23染色体に相当するC-ブロックは存在しない（Motokawa *et al.* 2006）．興味深いことに，和歌山産のカワネズミにもM8染色体とST23染色体に相当するC-ブロックは見当たらない（Motokawa *et al.* 2006）．これらの知見を合わせると，九州・中国地方を経て北上してきたカワネズミは東海地方から関東地方にかけてのどこかでM8染色体とST23染色体にヘテロクロマチン化が生じたのではないかということが推測される．また，彼らが報告したC-バンド核型には大型・中型・小型のいくつかの常染色体対に末端型のC-バンド（telomeric C-band）が存在している．分染処理上のテクニカルな産物の可能性もあるが，このような末端部C-バンドは神奈川県や青森県のサンプルではまったく記録されていないので，ヘテロクロマチン化に起因する多型があるのかもしれない．いずれにしてもカワネズミ属の染色体進化の問題を議論するにはヒマラヤカワネズミも含め調査地域と調査個体数を増やし，集団遺伝学や分子細胞遺伝学の観点からの解析もあわせてみていく必要があろう．

5-2-3. ヒナコウモリ科におけるC-ヘテロクロマチンの多様性

ヒナコウモリ科（Vespertilionidae）は43属342種からなる大きな分類群（Nowak 1999）で，核型も比較的よく調べられており，第4章4-3で紹介したように，ロバートソン型再配列（Robertsonian rearrangement）が核型進化の主役となっているグループである．ヒナコウモリ科の中ではホオヒゲコウモリ属が最も原始的とされ，種数ももっとも多く105種から構成され（Wilson and Reeder 2005），日本には9種が生息している（Ohdachi *et al.* 2015）．原田（1988）によると，それまでに核型が報告されたホオヒゲコウモリ属の種は36種で，染色体数はすべて$2n=44$を有しており，FNも50ないしは52であり核型の保存性が非常に高い属とみなされている．このようなホオヒゲコウモリ属の中で，Harada and Yosida（1978）が日本産ホオヒゲコウモリ属4種，ニホンノレンコウモリ（*Myotis bombinus*，かつてはノレンコウモリ *Myotis nattereri* とされた），ヒメホオヒゲコウモリ（*Myotis ikonnikovi*），カグヤコウモリ（*Myotis frater*），モモジロコウモリ（*Myotis macrodactylus*）の核型分析を行い，C-ヘテロクロマチンの重複伸長による核型進化を報告しているので，その内容を紹介しよう．

図5-2-3-1にこれら4種の通常ギムザ染色核型を示した．4種とも第1～3染色体が大型のM型，第4染色体が小型のSM型，第6～21染色体17対が中型ないし小型のA型，X染色体は中型のSM型，Y染色体は小型のA型染色体で，G-バンドパターンも含め，基本的に違いはないが，第5染色体だけは種によって大きさ・腕比が異なるという．そこで第5染色体だけを取り上げてC-バンドパターンを比較したのが**図5-2-3-2**である．ニホンノレンコウモリ

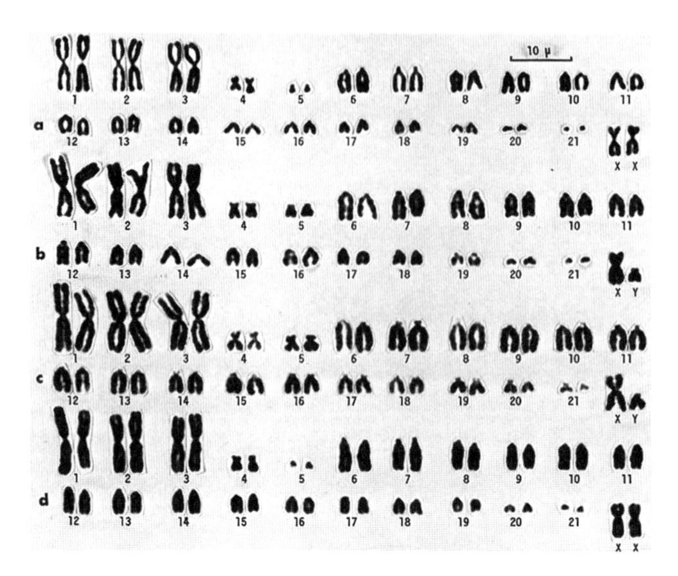

図5-2-3-1. ホオヒゲコウモリ属4種の核型．a：ヒメホオヒゲコウモリ；b，カグヤコウモリ；c，モモジロコウモリ；d，ニホンノレンコウモリ．(Harada and Yosida 1978 より転載)．

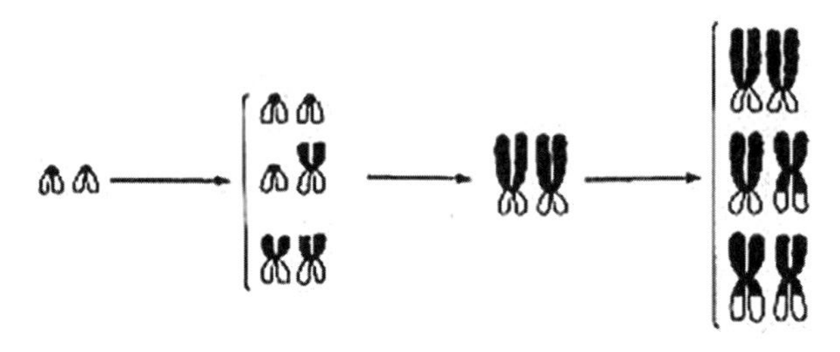

図5-2-3-2. ホオヒゲコウモリ属4種における，図5-2-3-1で示された第5染色体（第4章4-3の図4-3-1-2の腕番号25に相当）のC-バンドパターン（Harada and Yosida 1978 より転載)．現在の和名・学名を加筆してある．

は動原体C-バンドをもつ微小なA型染色体（第5染色体）を有し，ヒメホオヒゲコウモリではニホンノレンコウモリと同じ動原体C-バンドをもつA型ホモ接合，動原体を含め短腕全体がC-バンド領域となっているM型/A型ヘテロ接合およびM型ホモ接合の三種類の多型が認められ，カグヤコウモリではC-バンド領域が2倍くらい長く伸長した小型のSM型となり，さらにモモジロコウモリではこのSM型ホモ接合，SM型/M型ヘテロ接合およびM型ホモ接合の三種類の多型が存在する．Harada and Yosida (1978) はこの属の大半が $2n=44$・FN=50であることから，A型の微小な第5染色体をもつニホンノレンコウモリを基本型とみなし，ヒメホオヒゲコウモリでは第5染色体の動原体部のC-ヘテロクロマチンが長腕と同程度の長さまで重複伸長しM型染色体となり，カグヤコウモリではC-ヘテロクロマチンがさらに重複伸長し小型のSM型染色体となり，モモジロコウモリではこのSM型染色体に逆位が生じてM型染色体へと変化を遂げたとし，"*Myotis*では種分化とともに構成性異質染色質（C-ヘテロクロマチン）が増加してきたとする仮説を支持する"と考察している．**図5-2-3-2**でみるかぎり，ヒメホオヒゲコウモリとモモジロコウモリはそれぞれニホンノレンコウモリとカグヤコウモリと同じC-バンドパターン（A型ホモ接合・ST型ホモ接合）を有しているので，両種ともC-ヘテロクロマチンの重複が種分化の第一義的な要因であったとは考えられず，何か別の要因で種分化が起こり，その過程でC-ヘテロクロマチンが重複し，M型ホモ接合・ST型ホモ接合が形成されたと考えるのが妥当であろう．しかし，カグヤコウモリに関しては種分化にともなってC-ヘテロクロマチンが後生的に重複したとは考えにくい．むしろ，C-ヘテロクロマチンの重複伸長によるC-ブロック形成が生殖的隔離の要因となり種分化につながったと考えるべきであろう．

5-2-4. C-ヘテロクロマチンの進化学的意義

ヘテロクロマチンという用語はドイツの細胞生物学者Emir Heitzによって，細胞の分裂期・間期を問わず細胞周期を通じて凝縮したままのクロマチンとして提唱され（Heitz 1928），これまでに本章の冒頭に記したようなさまざまな細胞学的・細胞生物学的特性が報告されてきた．とくに注目すべきは，ヘテロクロマチンには逆位などで新たなユークロマチンがヘテロクロマチンに隣接すると，そこに含まれる遺伝子の発現を不活化し，塩基配列を変更することなくその近傍を凝縮・ヘテロクロマチン化する機構が存在するということで，これを遺伝子の位置効果（position effect）という（Wakimoto 1998）（第1章1-2-2参照）．先に述べたカワネズミのM8とST23染色体のC-ブロックは染色体の長さが変わることなくC-ヘテロクロマチンのような染色像を示すので，まさにこの機構によって生じたものと推測される．今後，分子細胞遺伝学的な手法でこの見解を検証したい課題である．C-ヘテロクロマチンの量的な変異が重複伸長によるものであれ，ヘテロクロマチン化によるものであれ，いずれも核型の変異や遺伝的変異に直結する事象である．この意味において，C-ヘテロクロマチンはまちがいなく核型進化の要因の1つであり，種内分類群の分化ひいては種分化の要因ともなりうる存在であるといえよう．

5-3. 分子進化と染色体進化

第4章で概観したように，染色体は種間のみならず，種内，地域間，個体間といったレベルでもさまざまな変異を示す．その一方で，種間の変異がほとんど認められない分類群もある．すべての生物において染色体が必ずしも種分化の原動力になっているわけではないが，少なくとも染色体再配列が種分化や地理的分化に関係し，系統関係を反映していることはおわかりいただけたであろう．第1章1-1-5で木原均の言葉を紹介したが，まさに生物の進化の歴史は染色体にも確実に刻まれているのである．

全ての現生生物は，共通祖先からさまざまな分化を経ながら進化してきた．その中で現生種の系統関係を探る場合，さまざまなアプローチがあり，形態の相同形質（homologous character）を用いるのはその1つである．しかし特定の形質ばかり観察していても，進化の過程がみえてくるわけではない．たとえば形態は，長い時間をかけて一歩ずつわずかな分化を生じてさせていくこともあれば，短時間にドラスティックな分化を示すこともある．また対象とする形質を選び出すのはヒトであるが，そこに作為性が含まれる可能性があり，実際にその形質を有する生物にとって，生存上その形質がどれくらい重要なのかはその生物に聞いてみないとわからない．つまり形態の進化を検討する際，その形質が進化の過程でどのような重要性を有するのかの意味づけをするのが非常に難しい．また形態の進化を考えるうえで，とくにある方向へ進化し始めると，それが継続していくという定向進化（orthogenesis）の考え方がある（河田 1990；Levit and Olsson 2006）．しかし，その方向性へ進化するという合理的な根拠がないかぎり，対象形質から系統関係を導きだすには，作為性に起因した主観が入り込む余地があることを念頭に入れておかなければならない．定向進化の考え方は，時に議論を引き起こし，たとえば進化に有利な方向性をもたせているなら，なぜ絶滅が生じてしまうのかを説明できない．ただし形態がその生物の生活史を反映した重要な形質であることは疑いなく，形態に着目した系統推定は，今なお重要な進化生物学の切り口であることは間違いない．

一方，ゲノムに着目した系統関係は，対象分類群に共通のモノサシである形質を用いるため，主観の入り込む余地が少なく，客観性を維持できる．ゲノムといっても，細胞レベルの染色体，生化学レベルのタンパク質やアミノ酸などゲノムの発現産物，分子レベルの DNA や RNA が含まれるが，それぞれに長所短所があり，どの解像度で何をトレースしたいのか，使い分ける必要がある．この中で染色体は，その構造について顕微鏡を通して直接肉眼で観察できる唯一の対象構造物であり，第 1 章で述べた理論的背景とつき合わせながら，さまざまな染色体の分化と対象生物の関係を構築していける．

現在，哺乳類の系統進化の分野では，おもに DNA を用いた分子進化の研究がスタンダードとなっている（長谷川・岸野 1996；三中 1997；根井・クマー 2006）．その要因として，自然科学にもっとも大事な客観性と再現性の担保が挙げられよう．少なくとも，哺乳類すべてに共通して認められる遺伝の担い手は DNA であることから，同じモノサシを用いる比較のしやすさがあり，その解析方法も近年では非常に安価かつ簡便になってきているので，客観性と再現性は十分に満たしている．では染色体を用いた染色体進化はそうではないのか，という問題になるのだが，染色体も客観性と再現性を十分に備えている．ただし，染色体進化が今ひとつ分子進化に比べて浸透していないのは，その方法論と理論的背景の難しさにあるのかもしれない．

確かに染色体標本を作製，観察するには，それなりのさまざまなスキルを要する．とくに生体を入手するためのフィールドワークやその後の培養作業には，時間的・肉体的・金銭的なコストがかかる．また経験的な裏打ちとしての実験手技を要求される面もあるので，スピード勝負の現代社会ではそこが敬遠されがちなのだろう．しかし，経験則が必要な分野は染色体研究に限ったわけではない．どの分野の実験でも，原理原則以外に，経験則に起因する“コツ”が必ず存在する．この経験則に起因する“コツ”は，結局トラブルシューティングによる賜物だ．実験の成否は，トラブルシューティングにかかっているといっても過言ではない．その意味では染色体研究も DNA 研究も大きな差はない．

染色体研究と DNA 研究に大きな違いを挙げるとすれば，結果の提示の仕方である． DNA の系統進化に関する現在の研究では，DNA を構成しているヌ

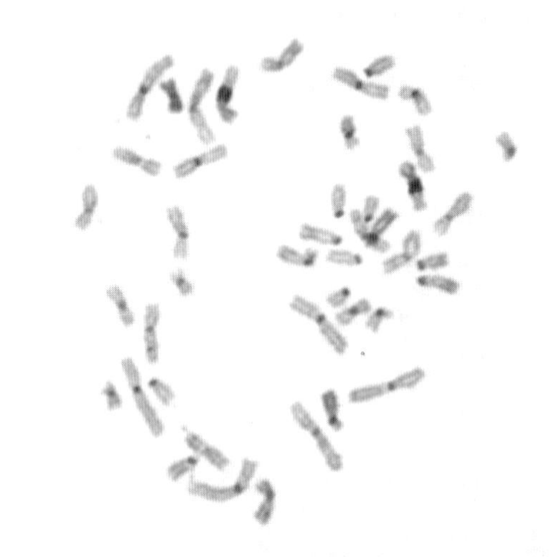

図 5-3-1-1. 「形態」「数」「染まり具合」といった“かたち”の要素をどのように表現するか．それが染色体研究における客観性の担保という義務であると同時に，醍醐味でもある．

クレオチドの差異といった生データが根本となる．この生データをもとに，ヌクレオチドの違いをさまざまなパラメータで視覚的データ，たとえば系統樹や統計結果で評価する，というスタイルが一般的である．つまり，生データをそのまま提示して議論するのではなく，それらを何らかの計算手法により客観性の高い“数値”や“樹形”，“グラフ”という表現手法に変換して議論をする，というのがDNA研究のやり方である．

一方，染色体研究では，顕微鏡の視野上にある染色体の“形態”“数”“染まり具合”といった複雑な「かたち」の情報が備わった生データそのものを提示しなければならない（**図 5-3-1-1**）．そこには情報を見る側に対して，生データを噛み砕くための染色体の基礎知識を求めている面があるのも否めない．しかし，それは他の研究分野でも同様であり，取り立てて染色体だけが特殊なわけでもない．ただし，「かたち」の情報の表現手法として，客観性の高い“数値”に依拠できない場合も多く，そこがDNA研究との大きな違いであると考えられる．確かに“数値”の客観性の高さは認めるが，“数値”だけが客観性ではない．すなわち，分子進化と染色体進化の違いは，“数字パズル”か“絵合わせパズル”かの違いと言い換えることができよう．染色体研究では，生データをどのように解釈すればよいかをきちんと説明しているし，とくにバンドパターンの比較相違などでは，生データそのものを提示することで主観解釈を極力避けるようにしている．たとえば，バンドパターンの有無を形質としてマトリクスを作成し，それをもとに系統関係を論じた研究例（Modi 1987a）もある．つまり染色体進化の研究者は，“絵”を噛み砕き，可能なかぎりの表現手法を駆使して，最大限の客観性に到達できるよう努めているということである．いわば「かたちをどのようにとらえ，どのように表現するか」が染色体進化の研究者に課せられた目標であり，この命題をクリアするための1つとして，たとえばマルチカラーFISH法といったような新たな技法が編み出されてきている．

“分子進化”の原動力となるのは“塩基置換（substitution）”である．これはあらゆる哺乳類の進化の過程で，DNA領域によって置換速度に差があるものの，ある一定のペースで生じており，ゆえに分子時計（molecular clock）という概念が成立し，分岐年代推定という，染色体進化の分野ではどうしても達成できない表現方法がある（長谷川・岸野 1996；三中 1997；根井・クマー 2006）．一方，染色体進化の原動力は，転座（translocation）や逆位などの“染色体再配列”である．染色体進化の定向性に関する知見が報告されているものの（第1章1-2-1を参照），全ての哺乳類グループにおいて，再配列がある一定のペースで生じるとは考えにくい．哺乳類の分類群によっては，起こる場合もあれば起こらない場合もだろうし，起こったとしても，それが集団内に残る場合もあれば，残らない場合もあるだろう．このため，染色体進化では進化の道筋を追跡するのが困難であるという考え方もある．しかしながら，起きるか起きないか分からない再配列が生じた場合，それが強い進化学的証拠であることは間違いない．再配列が生じた集団が明瞭に識別できたり，その再配列に基づいて系統進化を辿ることができるかもしれない．また近年のエピジェネティクスの成果に代表されるように，DNAの差異のみから検出できないような形質というのも明らかになってきている．第1章1-2-2-1で述べたように，染色体再配列による遺伝子の位置効果に起因する表現型の変化もさまざまな分化に関係している．

染色体進化の理論的背景については，第1章で詳述したとおりで，種という単位に依拠した進化，すなわち種分化を考えるうえで，染色体は非常に重要な位置づけにある．系統進化を考えるうえで，「分子進化と染色体進化，どちらが優れているのか？」，という問題は本質ではなく，染色体進化による系統学が分子系統学によるパラダイムシフトの影響を受けたわけではない．それぞれの利点・欠点・解像度を把握したうえで，目的を達成するにはどの方法でアプローチすればいいのか，を理解することが重要なのである．

進化生物学の中では，生物の多様性を理解しようとする研究分野もまた多岐にわたっており，多様な研究手法が確立されてきている．しかし近年，とくに系統学の分野は分子一辺倒になりつつある．そこで最後に，分子系統学的解析の経験，および初学者にさまざまな生物進化のアプローチを教授する教育現場での経験から，系統学の分野における傾向を記しておこう．分子を用いた解析のように，実験台とモニタ上でやりくりできるような解析法を最初に経験してしまうと，どうしても「かたちをどのようにとらえ，どのように表現するか」という観察力と表現力を養う機会を逸してしまいがちである．それは，新鮮なDNA サンプルさえあれば分子解析が遂行できてしまうため，特に対象生物そのものを目にしなくても研究が成立してしまうからである．その対象生物がどんな環境に棲み，どんな「かたち」をし，どんな生活史を有しているのかを知らないままに研究過程をすごしてしまう可能性が大きい．研究者の最終目標である学術論文の執筆だけを考えれば特に大きな問題ではないのだが，たとえば初学者をこれから導こうという大学教育の現場では，生物学においてもっとも大切な観察力を養う機会を逸しているわけであるから，これは大変由々しきことである．

自然科学では，現象の発見とそれが生じるメカニズムの解明で成り立っており，とくに前者には観察力が極めて重要である．その点，染色体研究においては，否応無しに生体を入手することからすべてを始めなければならないため，観察力を養う機会は十分に備わっている．検体を入手した以上，それらを最大限活用するのが研究者の義務であるし，可能であれば染色体以外にも幅広く視野を広げ，対象生物の進化をさまざまな視点で理解することが研究の発展を導くことになるだろう．苦労も多い染色体研究ではあるが，進化のダイナミズムを理解する一切り口として，今後も染色体研究が隆盛を誇って欲しいと願ってやまない．

コラム⑩ テングコウモリが墜落缶に落ちる!?

小原良孝

1998年7月から10月にかけ私は「鯵ヶ沢スキー場拡張等計画に係る自然環境影響調査」で岩木山の小型哺乳類調査に携わった．調査地は標高610mのササが密生し灌木と高木が入り混じる緩斜面から標高820m前後の急斜面のブナ純林帯にかけての大鳴沢東側の北斜面であった．この調査ではシャーマントラップ・墜落缶（ピットフォールトラップ）・スナップトラップの3種類を仕掛けたが，ここでは墜落缶での話に焦点をあてよう．墜落缶とはネズミ類や食虫類などの小動物を捕るためのもので，深さが30cmほど，底の直径が7〜8cmの缶で地面に穴を掘って仕掛けておき，たまたま小動物がそこを通ると落っこちてしまうというものである（**図2-2-1-2,2-2-1-3**参照）．調査地で最も標高の高い820〜750mのあたりに仕掛けた34個の墜落缶にテングコウモリが2個体も落ちていたのである．これが初めての記録ということではなく，この年より何年か前の夏にも岩木山の南斜面中腹にある“ブナの泉”の近くのブナ純林帯でも同様に墜落缶に落ちたテングコウモリ2個体を記録している．コウモリなのですぐ飛び出せるのではと思いきや，7〜8cmだけのスペースでは翼を広げることができず飛び出せずにいたのである．いずれの場合もブナの純林で灌木やブッシュもなく下草が広がっているような森林環境であった．おそらく翼（前肢）をわずかに広げ親指の爪を支えにして障害物の少ない林床を這いずり回り地表の昆虫や土壌動物などを捕食していて，つい夢中になり缶に落っこちたのであろう．コウモリの採餌に関するこのような話はあまり聞いたことがない．コウモリ類は一般に飛翔しながら飛んでいる昆虫などを捕食するのが常であるが，テングコウモリには這いずり回って捕食もするという特技があることを示すもので，その採餌行動や採餌の習性を知るうえで極めて興味深いものがある．

コラム⑪　別刷とトイレ

岩佐真宏

国際シンポジウムに参加するため，ロシアのウラジオストックに降り立った．車で数時間揺られて辿り着いたのはナホトカ．街から離れた何もない海岸の某大学のマリンステーションに缶詰で数日間すごすことになった．

日本で生活していると気づかないが，海外で初めて気づかされる日常の便利さがある．その一つがトイレだ．ロシアのトイレ事情は悪い．科学アカデミーのトイレは水洗にも関わらず，男女大小問わず一切水が流れない．ということは…想像がつくだろう．

ナホトカのトイレも例外ではなく，いや，街以上に劣悪で，海のすぐ側にトイレがあり，便器の下はすぐ海水．いわば天然の水洗トイレなのだが，その近くで貝類や海藻などを採集し，しかもそれを食べているのだ．

さらに日本人にとって死活問題はトイレットペーパーだ．ペーパーがあるだけでもマシな方で，多くの場合は何もない．ただし，ペーパーはそのまま流すと詰まるので，個室内のゴミ箱に捨てるのがルールだ．

ある日，古い油で揚げたであろう揚げ物を食べて腹の調子が悪くなり，再三トイレに行く羽目になった．眼下にゆらぐ海水面を眺めながら…とゴミ箱に目をやると，何か見慣れたものが入っている．

なんと，私が書いた論文の別刷ではないか！　当時は，海外の研究者との交流の一手段として，自身の研究内容を紹介するために論文の別刷り交換をすることが多々あった（今は電子ファイルが一般的なので，こういう風習もないだろう）．私も自身の別刷りを携えてナホトカに乗り込み，何人かと交換したはずだった．こともあろうに，人様からもらった別刷りで○○を拭くとは….犯人はよっぽど切羽詰まった状況だったのか….それにしても日本産の質のいい硬くて吸水性の悪いコーティング紙でよく拭こうと思ったなぁ…などと感心しつつ，悲しいやら，おかしいやら．

コラム⑫ テリー・イェイツ博士

川田伸一郎

イェイツ博士といえば，モグラ科の染色体研究では先駆者といえる方で，1970年代半ばから北米産のモグラ数種について活発に染色体分染法も用いた分析で核型を明らかにされた．一度は会ってみたかった人物である．彼に初めて会ったのは2001年に米国モンタナ州で行われたアメリカ哺乳類学会の場だった．トイレで用を足していたところ，隣の便器に大男が並んだ．名札をチラ見すると「T. Yates」とある．なんとこの方がイェイツさんか，と思いながらも，海外経験が未熟だった僕には声もかけられず，情けない思いをしたものである．彼は僕が発表したアルタイモグラの核型分析の発表を見てくれただろうか，いや見てくれたにちがいない．発表の時も初めての英語の口頭発表ということで，聴衆にどんな人がいるか気にするような余裕はなかったのである．ポスター発表にするべきだったかな，と後で後悔した．

その博士に再びで会ったのは，2005年に北海道で行われた国際哺乳類会議の時である．僕はこの頃にはもう少しだけ研究者らしくなっていて，モグラ科食虫類に関するシンポジウムを企画していた．会場で僕は4年前トイレの隣に並んだ大男を探した．ほどなく見つかり，シンポジウムを企画したことを伝え，参加してくださるとのお返事をいただいた．シンポジウムにはイェイツさんをはじめとして，イスラエルのメクラネズミの大家エビアター・ネボさんも参加してくださり活発に議論することができた．シンポジウム後にイェイツさんと話していたところ，「日本にはモグラをたたくゲームがあるらしいが，どこに売っているか」と聞かれた．モグラたたきのことである．僕はふつうのおもちゃ屋に売っているという返事をした程度だったのだが，すぐに近くのおもちゃ屋でそれを購入して手渡すべきだったと，これまた後悔した．博士はその2年後，まだ57歳という若さで亡くなられたのである．

左から篠原明男さん，テリー・イエィツ博士，そして川田．

引用文献

阿部　永．1991．形態計測と標本製作．応用動物学実験法（草野忠治・森　樊須・石橋信義・藤巻裕蔵編），pp.10-17．全国農村教育協会，東京．
阿部　永．1992a．哺乳類学における標本の意義．哺乳類科学 31：119-123．
阿部　永．1992b．食虫類の捕獲法．哺乳類科学 31：139-143．
阿部　永．1996．日本産食虫類の種名の検討．哺乳類科学 36：97-108．
阿部　永．2003．カワネズミの捕獲，生息環境および活動．哺乳類科学 43：51-65．
阿部　永・石井信夫・金子之史・前田喜四雄・三浦慎悟・米田政明．1994．日本の哺乳類（阿部　永監修）．東海大学出版会，秦野．195 pp.
Abe, S., Han, S. H., Kojima, H., Ishibashi, Y. and Yoshida, M. C. 1997. Differential staining profiles of B-chromosomes in the East-Asiatic wood mouse *Apodemus penensulae*. Chromosome Science 1: 7-12.
阿部達生．1986．腫瘍染色体アトラス．南江堂，東京．371 pp.
Acosta, M. J., Marchal, J. A., Fernández-Espartero, C. H., Bullejos, M. and Sánchez, A. 2008. Retroelements（LINEs and SINEs）in vole genomes: Differential distribution in the constitutive heterochromatin. Chromosome Research 16: 949-959.
Acosta, M. J., Marchal, J. A., Mitsainas, G. P., Rovatsos, M. T., Fernández-Espartero, C. H., Giagia-Athanasopoulou, E. B. and Sánchez, A. 2009. A new pericentromeric repeated DNA sequence in *Microtus thomasi*. Cytogenetic and Genome Research 124: 27-36.
Adega, F., Guedes-Pinto, H. and Chaves, R. 2009. Satellite DNA in the karyotype evolution of domestic animals--clinical considerations. Cytogenetic and Genome Research 126: 12-20.
Adolph, S. and Hameister, H. 1985. In situ nick translation of metaphase chromosomes with biotin-labelled d-UTP. Human Genetics 69: 117-121.
Alberts, B., Johnson, A., Lewis, J., Morgan, D. and Raff, M. 2014. Molecular Biology of the Cell, 6th edition. Garland Science, New York. 1342 pp.
Alexeeva, E. V. and Golenishchev, F. N. 1986. Fossil remains of gray voles of the genus *Microtus* from the cave Bliznetz（Southern Far East）. Trudy Zoologičeskogo Instituta 156: 134-142（in Russian with English abstract）.
Amemiya, C. T. and Gold, J. R. 1987. Chromomycin staining of vertebrate chromosomes: Enhancement of banding patterns by NaOH. Cytobios 49: 147-152.
Amemiya, C. T. and Gold, J. R. 1988. Chromosomal NORs as taxonomic and systematic characters in North American cyprinid fishes. Genetica 76: 81-90.
Anderson, E. L., Baltus, A. E., Roepers-Gajadien, H. L., Hassold, T. J., de Rooij, D. G., Van Pelt, A. M. and Page, D. C. 2008. *Stra8* and its inducer, retinoic acid, regulate meiotic initiation in both spermatogenesis and oogenesis in mice. Proceedings of the National Academy of Sciences of the United States of America 105: 14976-14980.
Ando, A., Shiraishi, S., Harada, M. and Uchida, T. A. 1988. A karyological study of two intraspecific taxa in Japanese *Eothenomys*（Mammalia: Rodentia）. Journal of the

Mammalogical Society of Japan 13: 93-104.
Ando, A., Shiraishi, S., Harada, M. and Uchida, T. A. 1991. Variation of the X chromosome in the Smith's red-backed vole *Eothenomys smithii*. Journal of the Mammalogical Society of Japan 15: 83-90.
Ando, A., Shiraishi, S. and Uchida, T. A. 1990. Reexamination on the taxonomic position of two intraspecific taxa in Japanese *Eothenomys*: evidence from cross-breeding experiments (Mammalia: Rodentia). Zoological Science 7: 141-145.
Andō, K., Harada, M. and Uchida, T. A. 1987. A karyological study on five Japanese species of *Myotis* and *Pipistrellus*, with special attention to composition of their C-band materials. Journal of the Mammalogical Society of Japan 12: 25-29.
Andō, K., Tagawa, T. and Uchida, T. A. 1977. Considerations of karyotypic evolution within Vespertilionidae. Experientia 33: 877-879.
Andō, K., Tagawa, T. and Uchida, T. A. 1980. C-banding pattern on the chromosomes of the Japanese house shrew, *Suncus murinus riukiuanus*, and its implication. Experientia 36: 1040-1041.
Anyskyn, V. M. and Romanov, P. N. 1990. Kariologicheskaya kharakteristika *Desmana moschata* L. 5th Vsesoyuznogo Teriologicheskogo Obsshestva AN SSSR 1: 39 (in Russian).
Ao, L., Mao, X., Nie, W., Gu, X., Feng, Q., Wang, J., Su, W., Wang, Y., Volleth, M. and Yang, F. 2007. Karyotypic evolution and phylogenetic relationships in the order Chiroptera as revealed by G-banding comparison and chromosome painting. Chromosome Research 15: 257-267.
Arakawa, Y., Nishida-Umehara, C., Matsuda, Y., Sutou, S. and Suzuki, H. 2002. X-chromosomal localization of mammalian Y-linked genes in two XO species of the Ryukyu spiny rat. Cytogenetic and Genome Research 99: 303-309.
Arslan, A., Akan, S. and Zima, J. 2011. Variation in C-heterochromatin and NOR distribution among chromosomal races of mole rats (Spalacidae) from Central Anatolia, Turkey. Mammalian Biology 76: 28-35.
Ashley, T., Jaaarola, M. and Fredga, K. 1989a. Absence of synapsis during pachynema of the normal sized sex chromosomes of *Microtus arvalis*. Hereditas 111: 295-304.
Ashley, T., Jaarola, M. and Fredga, K. 1989b. The behavior during pachynema of a normal and an inverted Y chromosome in *Microtus agrestis*. Hereditas 111: 281-294.
Atilla., A., Albayrak, I. and Oshida, T. 2008. Banded karyotypes of the Persian squirrel *Sciurus anomulus* from Turkey. Caryologia 61: 139-143.
Auffray, J.-C., Orth, A., Catalan, J., Gonzalez, J.-P., Desmarais, E. and Bonhomme, F. 2003. Phylogenetic position and description of a new species of subgenus *Mus* (Rodentia, Mammalia) from Thailand. Zoologica Scripta 32: 119-127.
Baker, R. J. and Bickham, J. W. 1980. Karyotypic evolution in bats: Evidence of extensive and conservative chromosomal evolution in closely related taxa. Systematic Zoology 29: 239-253.
Baker, R. J. and Patton, J. L. 1967. Karyotypes and karyotypic variation of North American vespertilionid bats. Journal of Mammalogy 48: 270-286.

Baltisberger, M. and Hörandl, E. 2016. Karyotype evolution supports the molecular phylogeny in the genus *Ranunculus* (Ranunculaceae). Perspectives in Plant Ecology, Evolution and Systematics 18: 1-14.

Bandyopadhyay, R., Berend, S. A., Page, S. L., Choo, K. H. and Shaffer, L. G. 2001. Satellite III sequences on 14p and their relevance to Robertsonian translocation formation. Chromosome Research 9: 235-242.

Basheva, E. A., Torgasheva, A. A., Sakaeva, G. R., Bidau, C. and Borodin, P. M. 2010. A- and B-chromosome pairing and recombination in male meiosis of the silver fox (*Vulpes vulpes* L., 1758, Carnivora, Canidae). Chromosome Research 18: 689-696.

Bekasova, T. S., Vorontsov, N. N., Korobitsyna, K. V. and Korablev, V. P. 1984. B-chromosomes and comparative karyology of the mice of the genus *Apodemus*. Genetica 52: 33-43.

Belcheva, R. G., Topashka-Ancheva, M. N. and Atanassov, N. 1988. Karyological studies of five species of mammals from Bulgarian fauna. Comptes rendus de l'Académie bulgare des Sciences 42: 125-128.

Berrios, S., Manieu, C., Lopez-Fenner, J., Ayarza, E., Page, J., Gonzalez, M., Manterola, M. and Fernandez-Donoso, R. 2014. Robertsonian chromosomes and the nuclear architecture of mouse meiotic prophase spermatocytes. Biological Research 47: 16.

Bertoni, L., Attolini, C., Faravelli, M., Simi, S. and Giulotto, E. 1996. Intrachromosomal telomere-like DNA sequences in Chinese hamster. Mammalian Genome 7: 853-855.

Bian, Q. and Belmont, A. S. 2012. Revisiting higher-order and large-scale chromatin organization. Current Opinion in Cell Biology 24: 359-366.

Bickham, J. W. 1979a. Chromosomal variation and evolutionary relationships of vespertilionid bats. Journal of Mammalogy 60: 350-363.

Bickham, J. W. 1979b. Banded karyotypes of 11 species of American bats (genus *Myotis*). Cytologia 44: 789-797.

Bickham, J. W. and Hafner, J. C. 1978. A chromosomal banding study of three species of vespertilionid bats from Yugoslavia. Genetica 48: 1-3.

Bobrow, M. 1985. Heterochromatic chromosome variation and reproductive failure. Experimental and Clinical Immunogenetics 2: 97-105.

Boeskorov, G. G., Kartavtseva, I. V., Zagorodnyuk, I. V., Belyanin, A. N. and Lyapunova, E. A. 1995. Nucleolus organizer regions and B-chromosomes of wood mice (Mammalia, Rodentia, *Apodemus*). Russian Journal of Genetics 31: 156-163.

Borisov, Y. M., Afanas'ev, A. G., Lebedev, T. T. and Bochkarev, M. N. 2010. Multiplicity of B microchromosomes in a Siberian population of mice *Apodemus peninsulae* (2n=48+4−30 B chromosomes). Russian Journal of Genetics 46: 705-711.

Bostock, C. J. and Sumner, A. T. 1978. The Eukaryotic Chromosome. North-Holland Publishing Company, Amsterdam. 525 pp.

Bowles, J., Knight, D., Smith, C., Wilhelm, D., Richman, J., Mamiya, S., Yashiro, K., Chawengsaksophak, K., Wilson, M. J., Rossant, J., Hamada, H. and Koopman, P. 2006. Retinoid signaling determines germ cell fate in mice. Science 312: 596-600.

British Museum (Natural History). 1968. Instructions for Collectors. No. 1. Mammals (non-marine). British Museum, London. 55 pp.

Britton-Davidian, J., Catalan, J., Ramalhinho, M. G., Ganem, G., Auffray, J.-C., Capela, R., Biscoito, M., Searle, J. B. and Mathias, M. L. 2000. Environmental genetics: Rapid chromosomal evolution in island mice. Nature 403: 158.

Brown, R. M. and Waterbury, A. M. 1971. Karyotype of a female shrew-mole *Neurotrichus gibbsii gibbsii*. Mammalian Chromosomes Newsletter 12: 45+1 pl.

Burgos, M., Jiménez, D. M., Olmos, D. M. and Díaz de la Guardia, R. 1988. Heterogeneous heterochromatin and size variation in the sex chromosomes of *Microtus cabrerae*. Cytogenetics and Cell Genetics 47: 75-79.

Burgos, M., Olmos, D. M., Jiménez, R., Sánchez, A. and Díaz de la Guardia, R. 1990. Fluorescence banding in four species of Microtidae: an analysis of the evolutive change of the constitutive heterochromatin. Genetica 81: 11-16.

Camacho, J. P. M., Sharbel, T. F. and Beukeboom, L. W. 2000. B chromosome evolution. Philosophical Transactions of the Royal Society B, Biological Sciences 355: 163-178.

Capanna, E. 1981. Caryotype et morphologie crânienne de *Talpa romana* Thomas de terra typica. Mammalia 45: 71-82.

Capanna, E. and Civitelli, M. V. 1970. Chromosomal mechanisms in the evolution of chiropteran karyotype chromosomal tables of Chiroptera. Caryologia 23: 79-111.

Caspersson, T., Lomakka, G. and Zech, L. 1971. The 24 fluorescence patterns of the human metaphase chromosomes: distinguishing characters and variability. Hereditas 67: 89-102.

Castiglia, R., Annesi, F., Aloise, G. and Amori, G. 2007. Mitochondrial DNA reveals different phylogeographic structures in the water shrews *Neomys anomalus* and *N. fodiens* (Insectivora: Soricidae) in Europe. Journal of Zoological Systematics and Evolutionary Ressearch 45: 255-262.

Cazaux, B., Catalan, J., Veyrunes, F., Douzery, E. J. and Britton-Davidian, J. 2011. Are ribosomal DNA clusters rearrangement hotspots? A case study in the genus *Mus* (Rodentia, Muridae). BMC Evolutionary Biology 11: 124.

Cerda, M. C., Berrios, S., Fernandez-Donoso, R., Garagna, S. and Redi, C. 1999. Organisation of complex nuclear domains in somatic mouse cells. Biology of the Cell 91: 55-65.

Cernyavsky, F. B. and Kozlovsky, A. I. 1980. Species status and history of the Arctic lemmings (*Dicrostonyx*, Rodentia) of the Wrangel Island. Zoologicheskii Zhurnal 59: 266-273.

Chadwick, B. P. 2008. Variation in Xi chromatin organization and correlation of the H3K27me3 chromatin territories to transcribed sequences by microarray analysis. Chromosoma 116: 147-157.

Chassovnikarova, T., Atanasov, N. and Dimitrov, H. 2009a. Chromosome polymorphism in Bulgarian populations of the striped field mouse (*Apodemus agrarius* Pallas, 1771). Comparative Cytogenetics 3: 1-9.

Chassovnikarova, T. G., Atanassov, N. I. and Dimitrov, H. A. 2009b. Cytogenetic characteristic of the southern water shrew, *Neomys anomalus* (Insectivora ; Soricidae), in the Strandzha Mountains (South East Bulgaria). Folia Zoologica 58: 416-419.

Chassovnikarova, T. G., Markov, G. G., Atanssov, N. I. and Dimitrov, H. A. 2008. Sex chromosome polymorphism in Bulgarian populations of *Microtus guentheri* (Danford and Alston, 1880). Journal Natural History 42: 261-267.

Chatterjee, K. and Majhi, A. 1975. Chromosomes of the Himalayan flying squirrel, *Petaurista magnificus*. Mammalia 39: 447-450.

Chen, Z., Jinag, X. and Wang, Y. 1994. Studies on the karyotype of Oriental vole (*Eothenomys miletus*). Cytologia 59: 289-293.

Cole, A. 1967. Chromosome structure. Theoretical Biophysics 1: 305-375.

Colls, P., Blanco, J., Martínez-Pasarell, O., Vidal, F., Egozcue, J., Márquez, C., Guitart, M. and Templado, C. 1997. Chromosome segregation in a man heterozygous for a pericentric inversion, inv(9)(p11q13), analyzed by using sperm karyotyping and two-color fluorescence in situ hybridization on sperm nuclei. Human Genetics 99: 761-765.

Comings, D. E. and Avelino, E. 1974. Mechanisms of chromosome banding. II. Evidence that histones are not involved. Experimental Cell Research 86: 202-206.

Committee on Standard Genetic Nomenclature for Mice. 1972. Standard karyotype of the mouse, *Mus musculus*. Journal of Heredity 63: 69-72.

Cook, J. A., Runck, A. M. and Conroy, C. J. 2004. Historical biogeography at the crossroads of the northern continents: molecular phylogenetics of red-backed voles (Rodentia: Arvicolinae). Molecular Phylogenetics and Evolution 30: 767-777.

Corbet, G. B. 1978. The mammals of the Palaearctic region: a taxonomic review. British Museum (Natural History), London. 314 pp.

Corbet, G. B. and Hill, J. E. 1991. A World List of Mammalian Species, Third edition. Natural History Museum Publications & Oxford University Press, London and Oxford. 243 pp.

Cowell, J. K. 1984. A photographic representation of the variability in the G-banded structure of the chromosomes in the mouse karyotype: A guide to the identification of the individual chromosomes. Chromosoma 89: 294-320.

Coyne, J. A. and Orr, H. A. 2004. Speciation. Sinauer Associates, Inc, Sunderland, Massachusetts. 545 pp.

Daams, R. 1999. Family Gliridae. In: (Rössner, G. E. and Heissig, K., eds.) The Miocene Land Mammals of Europe, pp. 301-318. Verlag Dr. Friedrich Pfeil, München.

Darvish, J. D., Javidkar, M. and Siahsarvie, R. 2006. A new species of wood mouse of the genus *Apodemus* (Rodentia, Muridae) from Iran. Zoology in the Middle East 38: 5-16.

Deininger, P. L. 1989. SINEs: Short interspersed repeated DNA elements in higher eukaryotes. In: (Berg, D. E. and Howe, M. M., eds.) Mobile DNA, pp. 619-636. American Society for Microbiology, Washington DC.

Delseny, M. 2004. Re-evaluating the relevance of ancestral shared synteny as a tool for crop improvement. Current Opinion in Plant Biology 7: 126-131.

Dev, V. G., Tantravahi, R., Miller, D. A. and Miller, O. J. 1977. Nucleolus organizers in *Mus musculus* subspecies and in the RAG mouse cell line. Genetics 86: 389-398.

do Prado, F. D., Daniel, S. N., Penitente, M., Hashimoto, D. T., Foresti, F. and Porto-Foresti, F. 2016. First description of supernumerary chromosomes in *Ictalurus punctatus* Rafinesque 1818 reveals active ribosomal genes in the B complement. Folia Biologica 64: 245-252.

Dresser, M. E. and Moses, M. J. 1980. Synaptonemal complex karyotyping in spermatocytes of the Chinese hamster (*Cricetulus griseus*). IV. Light and electron microscopy of synapsis and nucleolar development by silver staining. Chromosoma 76: 1-22.

Dubey, S., Salamin, N., Ohdachi, S. D., Barrière, P. and Vogel, P. 2007. Molecular phylogenetics of shrews (Mammalia: Soricidae) reveal timing of transcontinental colonizations. Molecular Phylogenetics and Evolution 44: 126-137.

Dzuev, R. I. 1982. PhD abstract. In: Prostranstvennaya struktura arealov, populyatsionnaya i geograficheskaya izmenchivost' krotov Kavkaza [Spatial structure of areas, population and geographical variability of moles of the Caucasus], pp. 20. Sverdlovsk (in Russian).

Eaker, S., Pyle, A., Cobb, J. and Handel, M. A. 2001. Evidence for meiotic spindle checkpoint from analysis of spermatocytes from Robertsonian-chromosome heterozygous mice. Journal of Cell Science 114: 2953-2965.

Eichler, E. E. and Sankoff, D. 2003. Structural dynamics of eukaryotic chromosome evolution. Science 301: 793-797.

Endo, H., Xiaodi, Y. and Kogiku, H. 2000. Osteometrical study of the Japanese otter (*Lutra nippon*) from Ehime and Kochi Prefectures. Memoirs of the Natural Science Museum (Tokyo) 33: 195-201.

Fagundes, V., Christoff, A. U., Amaro-Ghilard, R. C. and Scheibler, D. R. 2003. Multiple interstitial ribosomal sites (NORs) in the Brazilian squirrel *Sciurus aestuans ingrami* (Rodentia, Sciuridae) with 2n=40. An overview of *Sciurus* cytogenetics. Genetics and Molecular Biology 26: 253-257.

Fedyk, S. 1970. Chromosomes of *Microtus* (*Stenocranius*) *gregalis major* (Ognev, 1923) and phylogenetic connections between subarctic representatives of the genus *Microtus* Schrank, 1798. Acta Theriologica 15: 143-152.

Ferrucci, L. and Mezzanotte, R. 1982. A cytological approach to the role of guanine in determining quinacrine fluorescence response in eukaryotic chromosomes. Journal of Histochemistry and Cytochemistry 30: 1289-1292.

Flemming, W. 1882. Zellsubstantz, Kern und Zelltheilung. F. C. W. Vogel, Leipzig. 482 pp.

Fox, D. P., Hewitt, G. M. and Hall, D. J. 1974. DNA replication and RNA transcription of euchromatic and heterochromatic chromosome regions during grasshopper meiosis. Chromosoma 45: 43-62.

Fredga, K. 1967. Comparative chromosome studies of the family Mustelidae

(Carnivora, Mammalia). Hereditas 57: 295.
Fredga, K. and Bergström, U. 1970. Chromosome polymorphism in the root vole (*Microtus oeconomus*). Hereditas 66: 145-152.
Fredga, K., Ims, R. A., Bondrup-Nielsen, S. and Fredriksson, R. 1986. Centric fission in *Microtus oeconomus*. A new locality in south east Norway. Hereditas 105: 169-170.
Fredga, K., Jaarola, M., Ims, R. A., Steen, F. I. and Yoccoz, N. G. 1990. The 'common vole' in Svalbard identified as *Microtus epiroticus* by chromosome analysis. Polar Research 8: 283-290.
Fredga, K. and Levan, A. 1969. The chromosomes of the European water shrew (*Neomys fodiens*). Hereditas 62: 348-356.
Fredga, K., Persson, A. and Stenseth, N. C. 1980. Centric fission in *Microtus oeconomus*. A chromosome study of isolated populations in Fennoscandia. Hereditas 92: 209-216.
Fujimoto, A. and Iwasa, M. A. 2010. Intra- and interspecific nuclear ribosomal gene variation in the two Japanese *Eothenomys* species, *E. andersoni* and *E. smithii*. Zoological Science 27: 907-911.
Fukuoka, H. and Udagawa, T. 1979. On the banding structures of the chromosomes of the field mouse, *Apodemus argenteus* Temminck, with a note on the number variation. Proceedings of the Japan Academy, Series B 55: 492-496.
Fukushi, D., Kuro-o, M., Shichiri, M., Obara, Y. and Tsuchiya, K. 2001. Molecular cytogenetic analysis of the highly repetitive DNA in the genome of *Apodemus argenteus*, with comments on the phylogenetic relationships in the genus *Apodemus*. Cytogenetics and Cell Genetics 92: 254-263.
船越公威. 1988. 翼手類の社会構造. 哺乳類科学 28：1-11.
Futuyma, D. J. 2013. Evolution, 3rd edition. Sinauer, Associates, Inc., Sunderland, Massachusetts. 656 pp.
Galleni, L., Stanyon, R., Tellini, A., Giordano, G. and Santini, L. 1992. Karyology of the Savi pine vole, *Microtus savii* (De Sélys-Longchamps, 1838) (Rodentia, Arvicolidae): G-, C-, DA/DAPI- and *Alu* I-bands. Cytogenetics and Cell Genetics 59: 290-292.
Gamperl, R. 1982. Chromosomal evolution in the genus *Clethrionomys*. Genetica 57: 193-197.
Gamperl, R., Ehmann, C. and Bachmann, K. 1982. Genome size and heterochromatin variation in rodents. Genetica 58: 199-212.
Garagna, S., Broccoli, D., Redi, C. A., Searle, J. B., Cooke, H. J. and Capanna, E. 1995. Robertsonian metacentrics of the house mouse lose telomeric sequences but retain some minor satellite DNA in the pericentromeric area. Chromosoma 103: 685-692.
Garagna, S., Page, J., Fernandez-Donoso, R., Zuccotti, M. and Searle, J. B. 2014. The Robertsonian phenomenon in the house mouse: mutation, meiosis and speciation. Chromosoma 123: 529-544.
Giagia-Athanasopoulou, E. B. and Stamatopoulos, C. 1997. Geographical distribution and interpopulation variation in the karyotypes of *Microtus* (*Terricola*) *thomasi*

(Rodentia, Arvicolidae) in Greece. Caryologia 50: 303-315.

Gileva, E. A., Bol'shakov, V. N., Chernousova, N. F. and Mamina, V. P. 1982. Cytogenetic differentiation of forms in the group of Pamir *Microtus juldaschi* and Carruther's *Microtus carruthersi* voles (Mammalia, Microtinae) and data on their reproductive isolation. Zoologicheskii Zhurnal 61: 912-922 (in Russian with English summary).

Golenishchev, F. N., Malikov, V. G., Nazari, F., Vaziri, A. S., Sablina, O. V. and Polyakov, A. V. 2002. New species of vole of "*guentheri* " group (Rodentia, Arvicolinae, *Microtus*) from Iran. Russian Journal of Theriology 1: 117-123.

Goodpasture, C. and Bloom, S. E. 1975. Visualization of nucleolar organizer regions in mammalian chromosomes using silver staining. Chromosoma 53: 37-50.

Graphodatsky, A. 2006a. *Microtus nasarovi.* In: (O'brien, S. J., Menninger, J. C. and Nash, W. G., eds.) Atlas of Mammalian Chromosomes, p. 251. Wiley-Liss, New Jersey.

Graphodatsky, A. 2006b. *Microtus transcaspicus.* In: (O'brien, S. J., Menninger, J. C. and Nash, W. G., eds.) Atlas of Mammalian Chromosomes, p. 251. Wiley-Liss, New Jersey.

Graphodatsky, A. 2006c. *Microtus kirgisorum.* In: (O'brien, S. J., Menninger, J. C. and Nash, W. G., eds.) Atlas of Mammalian Chromosomes, p. 261. Wiley-Liss, New Jersey.

Graphodatsky, A. 2006d. *Microtus majori.* In: (O'brien, S. J., Menninger, J. C. and Nash, W. G., eds.) Atlas of Mammalian Chromosomes, p. 250. Wiley-Liss, New Jersey.

Graphodatsky, A. 2006e. *Microtus* sp. nova from Iran. In: (O'brien, S. J., Menninger, J. C. and Nash, W. G., eds.) Atlas of Mammalian Chromosomes, p. 273. Wiley-Liss, New Jersey.

Graphodatsky, A. 2006f. *Microtus rossiaemeridionalis.* In: (O'brien, S. J., Menninger, J. C. and Nash, W. G., eds.) Atlas of Mammalian Chromosomes, p. 259. Wiley-Liss, New Jersey.

Graphodatsky, A. 2006g. *Microtus daghestanicus.* In: (O'brien, S. J., Menninger, J. C. and Nash, W. G., eds.) Atlas of Mammalian Chromosomes, p. 249. Wiley-Liss, New Jersey.

Graphodatsky, A., Sharshov, A. and Ternovsky, D. 1989. Comparative cytogenetics of Mustelidae. Zoologicheskii Zhurnal 68: 96-106 (in Russian).

Graphodatsky, A. S., Radjabli, S. I., Zaitsev, M. V. and Sharshov, M. V. 1993. The levels of chromosome conservation in the different groups of insectivores (Mammalia, Insectivora). In: (Zaitsev, M. V., ed.) Questions of Systematics, Faunistics and Palaeontology of Small Mammals, pp. 47-57. Zoological Institute, USSR Academy of Science, St. Petersburg (in Russian).

Graphodatsky, A. S., Ternovskaya, Y. G. and Ternovsky, D. V. 1982a. Banding patterns of the chromosomes in the stone marten, *Martes foina* (Carnivora, Mustelidae). Zoologicheskii Zhurnal 56: 1607-1608 (in Russian with English summary).

Graphodatsky, A. S., Ternovskaya, Y. G., Ternovsky, D. V., Voronov, G. A. and Voronov, V. G. 1982b. Differential staining of chromosomes in *Martes martes* (Carnivora, Mustelidae). Zoologicheskii Zhurnal 56: 313-314 (in Russian with English summary).

Graphodatsky, A. S., Ternovsky, D. V., Isaenko, A. A. and Radzhabli, S. I. 1977. Constitutive heterochromatin and DNA content in some mustelids (Mustelidae, Carnivora). Genetika 13: 2123-2128.

Graphodatsky, A. S., Volobuev, V. T., Ternovsky, D. V. and Radhzabli, S. I. 1976. G-banding of the chromosomes in seven species of Mustelidae (Carnivora). Zoologicheskii Zhurnal 55: 1704-1709 (in Russian with English summary).

Graphodatsky, A. S., Yang, F., Perelman, P. L., O'brien, P. C. M., Serdukova, N. A., Milne, B. S., Biltueva, L. S., Fu, B., Vorobieva, N. V., Kawada, S.-I., Robinson, T. J. and Ferguson-Smith, M. A. 2002. Comparative molecular cytogenetic studies in the order Carnivora: mapping chromosomal rearrangements onto the phylogenetic tree. Cytogenetic and Genome Research 96: 137-145.

Gropp, A. 1969. Cytologic mechanisms of karyotype evolution in insectivores. In: (Benirshke, K., ed.) Comparative Mammalian Cytogenetics, pp. 247-266. Springer-Verlag, Berlin.

Gropp, A., Winking, H., Redi, C., Capanna, E., Britton-Davidian, J. and Noack, G. 1982. Robertsonian karyotype variation in wild house mice from Rhaeto-Lombardia. Cytogenetics and Cell Genetics 34: 67-77.

Gurnell, J. 1987. The Natural History of Squirrels. Christopher Helm Ltd., Oxford. 201 pp.

八谷　昇・大泰司紀之. 1994. 骨格標本作製法. 北海道大学出版会, 札幌. 146 pp.

Haga, Y. and Iwasa, M. A. 2014. A note on the presence of B chromosome in the small Japanese field mouse, *Apodemus argenteus*, in central Honshu, Japan. Russian Journal of Genetics 50: 957-960.

Hajkova, P., Erhardt, S., Lane, N., Haaf, T., El-Maarri, O., Reik, W., Walter, J. and Surani, M. 2002. Epigenetic reprogramming in mouse primordial germ cells. Mechanisms of Development 117: 15-23.

浜田　俊・吉田俊秀. 1980. 食虫類の核学的研究 I. ヒメヒミズおよびホンシュウヒミズ（モグラ科）の核型比較. 染色体 II 20：585-590.

Hara, Y., Adachi, K., Kagohashi, S., Yamagata, K., Tanabe, H., Kikuchi, S., Okumura, S. and Kimura, A. 2016. Scaling relationship between intra-nuclear DNA density and chromosomal condensation in metazoan and plant. Chromosome Science 19: 43-49.

Hara, Y., Iwabuchi, M., Ohsumi, K. and Kimura, A. 2013. Intranuclear DNA density affects chromosome condensation in metazoans. Molecular Biology of the Cell 24: 2442-2453.

原田正史. 1973. 日本産コウモリ 9 種の核型. 染色体 II 91：2885-2895.

原田正史. 1988. ヒナコウモリ科の核型進化. 哺乳類科学 28：69-83.

Harada, M., Ando, A., Lin, L. K. and Takada, S. 1991. Karyotypes of the Taiwan vole *Microtus kikuchii* and the Pére David's vole *Eothenomys melanogaster* from

Taiwan. Journal of the Mammalogical Society of Japan 16: 41–45.

Harada, M., Ando, K., Uchida, T. A. and Takeda, S. 1987a. A karyological study on two Japanese species of *Murina* (Mammalia: Chiroptera). Journal of the Mammalogical Society of Japan 12: 15–23.

Harada, M., Ando, K., Uchida, T. A. and Takeda, S. 1987b. Karyotypic evolution of two Japanese *Vespertilio* species and its taxonomic implications (Chiroptera: Mammalia). Caryologia 40: 175–184.

Harada, M. and Takada, S. 1985. Karyotypes of two species of Insectivora from Taiwan (Insectivora, Soricidae). Experientia 41: 510–511.

Harada, M. and Uchida, T. A. 1982. Karyotype of a rare species, *Myotis pruinosus*, involving pericentric inversion and duplicated translocation. Cytologia 47: 539–543.

Harada, M., Uchida, T. A., Yosida, T. H. and Takada, S. 1982. Karyological studies of two Japanese noctule bats (Chiroptera). Caryologia 35: 1–9.

Harada, M. and Yosida, T. H. 1978. Karyological study of four Japanese *Myotis* bats (Chiroptera, Mammalia). Chromosoma 65: 283–291.

Harada, M., Yosida, T. H., Hattori, S. and Takada, S. 1985. Cytogenetical studies on Insectivora. III. Karyotype comparison of two *Crocidura* species in Japan. Proceedings of the Japan Academy, Series B 61: 371–374.

Haring, E., Voyta, L. L., Däubl, B. and Tiunov, M. 2015. Comparison of generic and morphological characters in fossil teeth of grey voles from the Russian Far East (Rodentia: Cricetidae: *Alexandromys*). Mammalian Biology 80: 496–504.

長谷川政美・岸野洋久．1996．分子系統学．岩波書店，東京．257 pp.

長谷川善和．1966．日本の第四紀小型哺乳動物化石相について．化石 11：31–40.

Hauffe, H. C., Panithanarak, T., Dallas, J. F., Pialek, J., Gunduz, I. and Searle, J. B. 2004. The tobacco mouse and its relatives: a "tail" of coat colors, chromosomes, hybridization and speciation. Cytogenetics and Genome Research 105: 395–405.

Hauffe, H. C. and Searle, J. B. 1993. Extreme karyotypic variation in a *Mus musculus domesticus* hybrid zone: The tobacco mouse story revisited. Evolution 47: 1374–1395.

Hauffe, H. C. and Searle, J. B. 1998. Chromosomal heterozygosity and fertility in house mice (*Mus musculus domesticus*) from Northern Italy. Genetics 150: 1143–1154.

Hayata, I. 1973. Chromosomal polymorphism caused by supernumerary chromosomes in the field mouse, *Apodemus giliacus*. Chromosoma 42: 403–414.

Hayata, I., Shimba, H., Kobayashi, T. and Makino, S. 1970. Preliminary accounts on the chromosomal polymorphism in the field mouse, *Apodemus giliacus*, a new form from Hokkaido. Proceedings of the Japan Academy, Series B 46: 567–571.

He, K., Wang, J., Su, W., Nie, W. and X., J. 2012. Karyotype of the Gansu mole (*Scapanulus oweni*): further evidence for karyotypic stability in talpid. Mammal Study 37: 341–348.

Heitz, E. 1928. Das Heterochromatin der Moose. Jahrbücher für Wissenschaftliche Botanik 69: 762–818.

Hielscher, K., Stubbe, A., Zernahle, K. and Samjaa, R. 1992. Karyotypes and systematics of Asian high-mountain voles, genus *Alticola* (Rodentia, Arvicolinae). Cytogenetics and Cell Genetics 59: 307-310.

Hiramatsu, R., Matoba, S., Kanai-Azuma, M., Tsunekawa, N., Katoh-Fukui, Y., Kurohmaru, M., Morohashi, K., Wilhelm, D., Koopman, P. and Kanai, Y. 2009. A critical time window of *Sry* action in gonadal sex determination in mice. Development 136: 129-138.

Hirano, T. 2012. Condensins: universal organizers of chromosomes with diverse functions. Genes and Development 26: 1659-1678.

Hirano, T. 2016. Condensin-based chromosome organization from bacteria to vertebrates. Cell 164: 847-857.

Hirano, T., Kobayashi, R. and Hirano, M. 1997. Condensins, chromosome condensation protein complexes containing XCAP-C, XCAP-E and a Xenopus homolog of the Drosophila Barren protein. Cell 89: 511-521.

Hoffmann, R. S. 1987. A review of the systematics and distribution of Chinese red-toothed shrews (Mammalia: Soricidae). Acta Theriologica Sinica 7: 100-139.

Hosoda, T., Suzuki, H., Yamada, T. and Tsuchiya, K. 1993. Restriction site polymorphism in the ribosomal DNA of eight species of Canidae and Mustelidae. Cytologia 58: 223-230.

Howell, W. M. and Black, D. A. 1980. Controlled silver-staining of nucleolus organizer regions with a protective colloidal developer: a 1-step method. Experientia 36: 1014-1015.

Hsu, L. Y. F., Benn, P. A., Tannenbaum, H. L., Perlis, T. E. and Carlson, A. D. 1987. Chromosomal polymorphisms of 1, 9, 16 and Y in 4 major ethnic groups: a large prenatal study. American Journal of Medical Genetics 26: 95-101.

Hsu, T. C. and Arrighi, F. E. 1966. Chromosomal evolution in the genus *Peromyscus* (Cricetidae, Rodentia). Cytogenetics and Cell Genetics 5: 355-359.

Hughes, J. F. and Page, D. C. 2015. The biology and evolution of mammalian Y chromosomes. Annual Review of Genetics 49: 507-527.

Hutterer, R. and Hürter, T. 1981. Adaptive Haarstrukturen bei Wasserspitzmäusen (Insectivora, Soricidae). Zeitschrift für Säugetierkunde 46: 1-11.

今井弘民. 1994. 高等生物の染色体進化—最小作用説. 蛋白質核酸酵素 39：2480-2489.

Imai, H. T., Taylor, R. W., Crosland, M. W. J. and Crozier, R. H. 1988. Modes of spontaneous chromosomal mutation and karyotype evolution in ants with references to the minimum interaction hypothesis. Japanese Journal of Genetics 63: 159-185.

Imai, H. T., Taylor, R. W. and Crozier, R. H. 1994. Experimental bases for the minimum interaction theory. I. Chromosome evolution in ants of the *Myrmecia pilosula* species complex (Hymenoptera: Formicidae: Myrmeciinae). Japanese Journal of Genetics 69: 137-182.

今泉吉典. 1960. 原色日本哺乳類図鑑. 保育社, 大阪. 196 pp.

今泉吉典. 1986. 哺乳類の計測法とその意義. 鳥類と哺乳類の計測マニュアル (I) (栃木県立博物館編), pp. 59-63. 59-63. 栃木県立博物館, 宇都宮.

今泉吉典・小原秀雄．1966．世界哺乳類図説 食虫目・皮翼目．小原秀雄，東京．365 pp.

International-Standing-Committee-on-Human-Cytogenomic-Nomenclature. 2016. An International System for Human Cytogenomic Nomenclature. Karger, Basel, New York. 139 pp.

Inuma, M. and Obara, Y. 2006. Involvement of chromosomal proteins in delayed QM-fluorescence from the C-blocks of *Apodemus argenteus*. Chromosome Science 9: 117 (Abstract).

Inuma, M., Obara, Y. and Kuro-o, M. 2007. The delayed quinacrine mustard fluorescence from the C-blocks of *Apodemus argenteus* is due to the introduction of nicks into the DNA. Zoological Science 24: 588-595.

Inuma, M., Obara, Y. and Kuro-o, M. 2009. The role of nick formation in delayed quinacrine mustard fluorescence in the C-heterochromatin of *Apodemus argenteus*. Zoological Science 26: 344-348.

Ishak, B., Jaafar, H., Maetz, J. L. and Rumpler, Y. 1991. Absence of transcriptional activity of the B-chromosomes of *Apodemus peninsulae* during pachytene. Chromosoma 100: 278-281.

Ishii, K., Ogiyama, Y., Chikashige, Y., Soejima, S., Masuda, F., Kakuma, T., Hiraoka, Y. and Takahashi, K. 2008. Heterochromatin integrity affects chromosome reorganization after centromere dysfunction. Science 321: 1088-1091.

Ivanitskaya, E. and Malygin, V. M. 1985. Chromosome complements of insectivorous mammals from Mongolia. Bulleten' Moskovskogo Obsestva Ispytatelej Priorody, Otdel Biologiceskij 90: 15-23 (in Russian).

岩佐真宏．1998．ヤチネズミ類における染色体とDNAの変異．哺乳類科学 38：145-158.

岩佐真宏．2007．遺伝子からみた動物地理学．哺乳類科学 47：121-126.

岩佐真宏．2008．第2章 孤立個体群における種分化—ヤチネズミ類．日本の哺乳類学 第1巻（本川雅治編），pp. 59-83．東京大学出版会，東京.

Iwasa, M. A., Han, S.-H. and Suzuki, H. 1999a. A karyological analysis of the Korean red-backed vole, *Eothenomys regulus* (Rodentia, Muridae), using differential staining methods. Mammal Study 24: 35-41.

Iwasa, M. A. and Hosoda, T. 2002. A note on the karyotype of the sable, *Martes zibellina brachyura*, in Hokkaido, Japan. Mammal Study 27: 83-86.

Iwasa, M. A. and Kosaka, N. 2007. Intra- and interspecific variations of nucleolus organizer region in two Japanese *Eothenomys* species (Rodentia, Arvicolinae). Mammalian Biology 72: 186-190.

Iwasa, M. A. and Nakata, K. 2015. Conventionally and differentially stained karyotypes of the dark red-backed vole, *Myodes rex*. Mammal Study 40: 181-185.

Iwasa, M. A., Obara, Y., Kitahara, E. and Kimura, Y. 1999b. Synaptonemal complex analyses in the XY chromosomes of six taxa of *Clethrionomys* and *Eothenomys* from Japan. Mammal Study 24: 103-113.

岩佐真宏・芹澤圭子・佐藤雅彦．2001．ムクゲネズミ *Clethrionomys rex* をめぐる分類学的問題．利尻研究 20：45-53.

Iwasa, M. A. and Suzuki, H. 2002. Evolutionary significance of chromosome changes in northeastern Asiatic red-backed voles inferred with the aid of intron 1 sequences of the *G6pd* gene. Chromosome Research 10: 419-428.

Iwasa, M. A. and Tsuchiya, K. 2000. Karyological analysis of the *Eothenomys* sp. from Nagano City, central Honshu, Japan. Chromosome Science 4: 31-38.

Iwasa, M. A. and Udagawa, M. 2016. Genetic and morphological characterizations of house mice on the Miura Peninsula, central Honshu, Japan. Mammal Study 41: 223-228.

Jégu, T., Aeby, E. and Lee, J. T. 2017. The X chromosome in space. Nature Reviews Genetics 18: 377-389.

Jiménez, R., Burgos, M. and Díaz De La Guardia, R. 1984a. Meiotic behavior of sex chromosomes and polymeiosis in three species of insectivores. Genetica 65: 187-192.

Jiménez, R., Burgos, M. and Díaz De La Guardia, R. 1984b. Karyotype and chromosome banding in the mole（*Talpa occidentalis*）from the south-east of the Iberian Peninsula. Implications on its taxonomic position. Caryologia 37: 253-258.

Johnson, R. T. and Rao, P. N. 1970. Mammalian cell fusion: induction of premature chromosome condensation in interphase nuclei. Nature 226: 717-722.

Jones, R. N. 1995. Tansley review No. 85: B chromosomes in plants. New Phytologist 131: 411-434.

Jones, R. N. and Rees, H. 1982. B chromosomes. Academic Press, New York, 266 pp.

Judd, S. R. 1980. Observations of the chromosome variation in *Microtus mexicanus*. Mammalian Chromosomes Newsletter 21: 110-113.

金澤秀次・川道武男. 2016. 出産と子育てに見るムササビ悠の一生. リスとムササビ 36：7-13.

金子之史. 1985. スミスネズミとカゲネズミ間における標徴形質（乳頭と陰茎骨）の検討. 哺乳動物学雑誌 10：221-229.

環境省. 2002. 改定・絶滅のおそれのある野生生物—レッドデータブック—「哺乳類」. 財団法人自然環境研究センター, 東京. 175 pp.

環境省. 2014. 改訂・日本の絶滅のおそれのある野生生物 1［哺乳類］. 財団法人自然環境研究センター, 東京. 132 pp.

Karamysheva, T. V., Torgasheva, A. A., Yefremov, Y. R., Bogomolov, A. G., Liehr, T., Borodin, P. M. and Rubtsov, N. B. 2017. Spatial organization of fibroblast and spermatocyte nuclei with different B-chromosome content in Korean field mouse, *Apodemus peninsulae*（Rodentia, Muridae）. Genome 60: 815-824.

Kartavtseva, I. V. 1994. A description of the B Chromosomes in the karyotype of the field mouse *Apodemus agrarius* Pallas, 1771. Tsitologiia i Genetika 28: 96-97（in Russian with English summary）.

Kartavtseva, I. V. and Kryukov, A. P. 1998. Karyotype of *Microtus fortis*（Rodentia, Cricetidae）from extreme south of Far East Russia. Chromosome Science 2: 31-34.

Kartavtseva, I. V. and Pavlenko, M. V. 2000. Chromosome variation in the striped field mouse *Apodemus agrarius*（Rodentia, Muridae）. Russian Journal of Genetics 36:

162-174.

Kartavtseva, I. V. and Roslik, G. V. 2004. A complex B chromosome system in the Korean field mouse, *Apodemus peninsulae*. Cytogenetic and Genome Research 106: 271-278.

Kartavtseva, I. V., Roslik, G. V., Pavlenko, M. V., Amachaeva, E. Y., Sawaguchi, S. and Obara, Y. 2000. The B chromosome system of the Korean field mouse *Apodemus peninsulae* in the Russian Far East. Chromosome Science 4: 21-29.

Kartavtseva, I. V., Sheremetyeva, I. N., Korobitsina, K. V., Nemkova, G. A., Konovalova, E. V., Korablev, V. V. and Voyta, L. L. 2008. Chromosomal forms of *Microtus maximowiczii* (Schrenck, 1859) (Rodentia, Cricetidae): Variability in 2n and NF in different geographic regions. Russian Journal of Theriology 7: 89-97.

Kasahara, M. 2007. The 2R hypothesis: an update. Current Opinion in Immunology 19: 547-552.

重昆達也・大沢夕志・大沢啓子・峰下　耕・清水孝頼・向山　満. 2013. 群馬県の新幹線高架橋で見つかったヒナコウモリ *Vespertilio sinensis* の出産哺育コロニーおよび冬季集団. 群馬県立自然史博物館研究報告 17：131-146.

Kato, H. and Yosida, T. H. 1972. Banding patterns of Chinese hamster chromosomes revealed by new techniques. Chromosoma 36: 272-280.

加藤太陽・村上洋太. 2004. ヘテロクロマチンとセントロメア. 蛋白質核酸酵素 49：1990-1997.

Kawada, S. 2016. Morphological review of the Japanese mountain mole (Eulipotyphla, Talpidae) with the proposal of a new genus. Mammal Study 41: 191-205.

Kawada, S., Harada, M., Graphodatsky, A. and Oda, S. 2002a. Cytogenetic study of the Siberian mole, *Talpa altaica* (Insectivora, Talpidae), and karyological relationships within the genus *Talpa*. Mammalia 66: 53-62.

Kawada, S., Harada, M., Koyasu, K. and Oda, S. 2002b. Karyological note on the short-faced mole, *Scaptochirus moschatus* (Insectivora, Talpidae). Mammal Study 27: 91-94.

Kawada, S., Harada, M., Obara, Y., Kobayashi, S., Koyasu, K. and Oda, S.-I. 2001. Karyosystematic analysis of Japanese talipne moles in the genera *Euroscaptor* and *Mogera* (Insectivora, Talpidae). Zoological Science 18: 1003-1010.

川田伸一郎・岩佐真宏・福井　大・新宅勇太・天野雅男・下稲葉さやか・樽　創・姉崎智子・横畑泰志. 2018. 世界哺乳類標準和名目録. 哺乳類科学 58（別冊）：1-53.

Kawada, S., Kazuma, K., Asahina, H., Tsuchida, T., Tominaga, N. and Satake, M. 2016. Karyological study of the white tailed mole, *Parascaptor leucura*, from Myanmar. Bulletin of the National Science Museum, Series A, Zoology 42: 99-104.

Kawada, S., Kobayashi, S., Endo, H., Rerkamnuaychoke, W. and Oda, S. 2006a. Karyological study on Kloss's mole *Euroscaptor klossi* (Insectivora, Talpidae) collected in Chiang Rai Province, Thailand. Mammal Study 31: 105-109.

Kawada, S., Li, S., Wang, Y., Mock, O. B., Oda, S. and Campbell, K. L. 2008a. Karyotype evolution of shrew moles (Soricomorpha: Talpidae). Journal of Mammalogy 89: 1428-1434.

Kawada, S., Li, S., Wang, Y. and Oda, S. 2006b. Karyological study of *Nasillus gracilis* (Insectivora, Talpidae, Uropsilinae). Mammalian Biology 71: 15-119.

Kawada, S. and Obara, Y. 1999. Reconstruction of the karyological relationship between two Japanese species of shrew-moles, *Dymecodon pilirostris* and *Urotrichus talpoides*. Zoological Science 16: 167-174.

Kawada, S., Oda, S., Endo, H., Lin, L. K., Truong Son, N. and Ngoc Can, D. 2010. A comparative karyological study of Taiwanese and Vietnamese *Mogera* (Insectivora, Talpidae) and classification. Memoirs of National Museum of Nature and Science, Tokyo 46: 47-56.

Kawada, S., Shinohara, A., Kobayashi, S., Harada, M., Oda, S.-I. and Lin, L.-K. 2007. Revision of the mole genus Mogera (Mammalia: Lipotyphla: Talpidae) from Taiwan. Systematics and Biodiversity 5: 223-240.

Kawada, S., Shinohara, S., Yasuda, M., Oda, S. and Liat, L. B. 2005. Karyological study of the Malaysian mole, *Euroscaptor micrura malayana* (Insectivora, Talpidae) from Cameron Highlands, Peninsular Malaysia. Mammal Study 30: 106-115.

Kawada, S., Son, N. T. and Can, D. N. 2008b. Karyological diversity of talpids from Vietnam (Insectivora, Talpidae). In: Checklist of Wild Mammal Species of Vietnam, pp. 384-389. Shoukadoh, Kyoto.

Kawada, S., Son, N. T. and Can, D. N. 2009. Moles (Insectivora, Talpidae, Talpinae) of Vietnam. Bulletin of the National Museum of Nature and Science 35:89-101.

Kawada, S., Son, N. T. and Can, D. N. 2012. A new species of mole of the genus *Euroscaptor* (Soricomorpha, Talpidae) from northern Vietnam. Journal of Mammalogy 93: 839-850.

Kawada, S., Yasuda, M., Shinohara, A. and Lim, B. L. 2008c. Redescription of the Malaysian mole as to be a true species, *Euroscaptor malayana* (Insectivora, Talpidae). Memoirs of the National Museum of Nature and Science 45: 65-74.

Kawai, K., Nikaido, M., Harada, M., S., M., Lin, L. K., Wu, Y., Hasegawa, M. and Okada, N. 2003. The status of the Japanese and East Asian bats of the genus *Myotis* (Vespertilionidae) based on mitochondrial sequences. Molecular Phylogenetics and Evolution 28: 297-307.

Kawamura, Y. 1988. Quaternary rodent faunas in the Japanese Islands (Part 1). Memoirs of the Faculty of Science, Kyoto University, Series of Geology and Mineralogy 53: 31-348.

河村善也・亀井節夫・樽野博幸．1989．日本の中・後期更新世の哺乳類相．第四紀研究 28：317-326.

河村善也・西岡佑一郎．2011．四国で発見されたハタネズミ属化石の意義．日本古生物学会第160回例会予稿集 19.

河田雅圭．1990．はじめての進化論．講談社，東京．206 pp.

Kefelioğlu, H. and Kryštufek, B. 1999. The taxonomy of *Microtus socialis* group (Rodentia: Microtinae) in Turky, with description of a new species. Journal of Natural History 33: 289-303.

Kihara, H. 1919. Über Cytogische Studien bei einigen Getreidearten. Mitteilung I. Spezies-Bastarde des Weizens und Weizenroggen-Bastard. Shokubutsugaku

Zasshi [Botanical Magazine] 33: 17-38.

Kihara, H. 1924. Cytologische und genetische Studien bei wichtigen Getreidearten mit besonderer Rücksicht auf das Verhalten der Chromosomen und die Sterilität in den Bastarden. Memoirs of the College of Science, Kyoto Imperial University, Series B 1: 1-200.

Kihara, H. 1929. Conjugation of homologous chromosomes in the genus hybrids *Triticum* x *Aegilops* and species hybrids of *Aegilops*. Cytologia 1: 1-15.

Kihara, H. 1930. Genomanalyse bei *Triticum* und *Aegilops*. Cytologia 1: 263-284.

木原　均. 1951. ゲノムの進化. 遺伝 5：2-9.

木原　均. 1973. 小麦の合成. 講談社, 東京. 357 pp.

Kim, J.-B. and Lee, H.-I. 1990. A comparative study in Korean squirrels I: Karyotype analysis of *Sciurus vulgaris* and *Tamias sibiricus* by conventional Giemsa staining and C-banding method. Korean Journal of Zoology 33: 222-223.

King, M. 1993. Species Evolution: The Role of Chromosome Change. Cambridge University Press, Cambridge. 360 pp.

King, W. A., Niar, A., Chartrain, I., Betteridge, K. J. and Guay, P. 1988. Nucleolus organizer regions and nucleoli in preattachment bovine embryos. Journals of Reproduction and Fertility 82: 87-95.

Kitahara, E. and Harada, M. 1996. Karyological identity of Anderson's red-backed voles from the Kii Peninsula and central Honshu in Japan. Bulletin of Forestry and Forest Product Research Institute 370: 21-30.

Kobayashi, T., Yamada, F., Hashimoto, T., Abe, S., Matsuda, Y. and Kuroiwa, A. 2008. Centromere repositioning in the X chromosome of XO/XO mammals, Ryukyu spiny rat. Chromosome Research 16: 587-593.

Koepfli, K.-P., Deere, K., Slater, G. J., Begg, C., Begg, K., Grassman, L., Lucherini, M., Veron, G. and Wayne, R. K. 2008. Multigene phylogeny of the Mustelidae: Resolving relationships, tempo and biogeographic history of a mammalian adaptive radiation. BMC Biology 6: 10. 1186/1741-7007-6-10.

Koh, H. S. 1986. Systematic studies of Korean rodents: Ⅱ. A chromosome analysis in Korean field mice, *Apodemus peninsulae peninsulae* Thomas (Muridae, Rodentia), from Mungyong, with the comparison of morphometric characters of these Korean field mice to sympatric striped field mice, *A. agrarius corea* Thomas. Korean Journal of Systematic Zoology 2: 1-10.

Kohli, B. A., Speer, K. A., Kilpatrick, C. W., Batsaikhan, N., Damdinbazar, D. and Cook, J. A. 2014. Multilocus systematics and non-punctuated evolution of Holarctic Myodini (Rodentia: Arvicolinae). Molecular Phylogenetics and Evolution 76: 18-29.

Koide, T., Moriwaki, K., Uchida, K., Mita, A., Sagai, T., Yonekawa, H., Katoh, H., Miyashita, N., Tsuchiya, K., Nielsen, T. J. and Shiroishi, T. 1998. A new inbred strain JF1 established from Japanese fancy mouse carrying the classic piebald allele. Mammalian Genome 9: 15-19.

Koller, P. C. 1936. Chromosome behaviour in the male ferret and mole during anoestrus. Proceedings of the Royal Society of London B 121: 192-206.

Koopman, P., Munsterberg, A., Capel, B., Vivian, N. and Lovell-Badge, R. 1990. Expression of a candidate sex-determining gene during mouse testis differentiation. Nature 348: 450-452.

Kopp, E., Mayr, B., Kalat, M. and Schleger, W. 1988. Polymorphisms of NORs and heterochromatin in the horse and donkey. Journal of Heredity 79: 332-337.

コウモリの会. 2011. コウモリ識別ハンドブック改訂版（佐野　明・福井　大監修）. 文一総合出版, 東京. 88 pp.

Kovalskaya, J. M. and Sokolov, V. E. 1980. *Microtus evoronensis* sp. n.（Rodentia, Cricetidae）from the lower Amur Territory. Zoologicheskii Zhurnal 59: 1409-1416（in Russian with English summary）.

Kozlovskii, A. I., Nadzhafova, R. S. and Bulatova, N. S. 1990. Cytogenetic chiatus between sympatric forms of Azerbaidzhanian wood mice. Doklady Akademii Nauk SSSR 315: 219-222.

Kozlovsky, A. I., Orlov, V. N. and Papko, N. S. 1972. Systematic status of Caucasian（*Talpa caucasica*）and common（*T. europaea*）moles by karyological data. Zoologichesky Zhurnal 51: 312-316（in Russian with English summary）.

Kral, B. 1971. Chromosome characteristics of certain murine rodents（Muridae）of the Asiatic part of the USSR. Zoologicke Listy 20: 331-347.

Kratochvíl, J. and Král, B. 1972. Karyotypes and phylogenetic relationships of certain species of the genus *Talpa*（Talpidae, Insectivora）. Zoologicke Listy 21: 199-208.

Kumar, S., Chatzi, C., Brade, T., Cunningham, T. J., Zhao, X. and Duester, G. 2011. Sex-specific timing of meiotic initiation is regulated by Cyp26b1 independent of retinoic acid signalling. Nature Communications 2: 151.

黒岩麻里. 2009. Y 染色体を失ったほ乳類, トゲネズミ. 生物の科学 遺伝 63：15-19.

Kuroiwa, A., Ishiguchi, Y., Yamada, F., Shintaro, A. and Matsuda, Y. 2010. The process of a Y-loss event in an XO/XO mammal, the Ryukyu spiny rat. Chromosoma 119: 519-526.

Kurose, N., Abramov, A. V. and Masuda, R. 2008. Molecular phylogeny and taxonomy of the genus *Mustela*（Mustelidae, Carnivora）, inferred from mitochondrial DNA sequences: New perspectives on phylogenetic status of the back-striped weasel and American mink. Mammal Study 33: 25-33.

Kurose, N., Masuda, R., Aoi, T. and Watanabe, S. 2000. Karyological differentiation between two closely related mustelids, the Japanese weasel *Mustela itatsi* and the Siberian weasel *M. sibirica*. Caryologia 53: 269-275.

Kurose, N., Masuda, R. and Yoshida, M. C. 1999. Phylogenetic variation in two mustelines, the least weasel *Mustela nivalis* and the ermine *M. erminea* of Japan, based on mitochondrial DNA control region sequences. Zoological Science 16: 971-977.

Kyoya, T., Obara, Y. and Nakata, A. 2008. Chromosomal aberrations in Japanese grass voles in and around an illegal dumpsite at the Aomori-Iwate prefectural boundary. Zoological Science 25: 307-312.

Lamond, A. I. and Earnshaw, W. C. 1998. Structure and function in the nucleus.

Science 280: 547-553.

Lanctot, C., Cheutin, T., Cremer, M., Cavalli, G. and Cremer, T. 2007. Dynamic genome architecture in the nuclear space: regulation of gene expression in three dimensions. Nature Reviews Genetics 8: 104-115.

Lapunova, J. A. and Zolnerovskaja, J. I. 1969. The chromosome complements of some species Sciuridae. In: (Vorontsov, N. N., ed.) Proceedings of the 2nd Soviet Mammal Research Symposium, pp. 57-59. Novosibirsk (in Russian).

Lebedev, V. S., Bannikova, A. A., Tesakov, A. S. and Abramson, N. I. 2007. Molecular phylogeny of the genus *Alticola* (Cricetidae, Rodentia) as inferred from the sequence of the cytochrome *b* gene. Zoologica Scripta 36: 547-563.

Lee, C., Sasi, R. and Lin, C. C. 1993. Interstitial localization of telomeric DNA sequences in the Indian muntjac chromosomes: further evidence for tandem chromosome fusions in the karyotypic evolution of the Asian muntjacs. Cytogenetics and Cell Genetics 63: 156-159.

Lee, M. R. and Elder, F. F. B. 1977. Karyotypes of eight species of Mexican rodents (Muridae). Journal of Mammalogy 58: 479-487.

Lejeune, J., Lafourcade, J., Berger, R., Vialatte, J., Boeswillwald, M., Seringe, P. and Turpin, R. 1963. 3 cases of partial deletion of the short arm of chromosome 5. Comptes Rendus Hebdomadaires des Séances de l'Académie des Sciences 257: 3098-3102.

Lemskaya, N. A., Kartavtseva, I. V., Rubtsova, N. V., Golenishchev, F. N., Sheremetyeva, I. N. and Graphodatsky, A. S. 2015. Chromosome polymorphism in *Microtus* (*Alexandromys*) *mujanensis* (Arvicolinae, Rodentia). Cytogenetic and Genome Research 146: 238-242.

Levan, A., Fredga, K. and Sandberg, A. 1964. Nomenclature for centromeric position of chromosomes. Hereditas 52: 201-220.

Levit, G. S. and Olsson, L. 2006. "Evolution on Rails": Mechanisms and Levels of Orthogenesis. Annals of the History and Philosophy of Biology 11: 99-138.

Li, T., O'brien, P. C. M., Biltueva, L., Fu, B., Wang, J., Nie, W., Ferguson-Smith, M. A., Graphodatsky, A. S. and Yang, F. 2004. Evolution of genome organizations of squirrels (Sciuridae) revealed by cross-species chromosome painting. Chromosome Research 12: 317-335.

Liapounouva, E. A. and Krivosheyev, V. G. 1969. The heteromorphism of the chromosomes of *Microtus hyperboreus* and *Microtus middendorffi* and taxonomic position of these two species. In: The Mammals (Evolution, Karyology, Taxonomy, Fauna), pp. 146-149. Nauka, Novosibirsk.

Libbus, B. L. and Johnson, L. A. 1988. The creeping vole, *Microtus oregoni*: karyotype and sex-chromosome differences between two geographical populations. Cytogenetics and Cell Genetics 47: 181-184.

Lima, J. F. S. and Langguth, A. 2002. Karyotypes of Brazilian squirrels: *Sciurus spadiceus* and *Sciurus alphonsei* (Rodentia, Sciuridae). Folia Zoologica 51: 204-204.

Lin, C.-K., Wang, Y. and Lin, W.-L. 2012. Nest type and occupancy of Indian giant flying squirrel, *Petaurista philippensis grandis* in rural central Taiwan. In: Abstract of 6th International Colloquium on Arboreal Squirrels, pp. 57–58. 6th International Colloquium on Arboreal Squirrels, Kyoto.

Lin, L.-K., Motokawa, M. and Harada, M. 2002. Karyotype of *Mogera insularis* (Insectivora, Talpidae). Mammalian Biology 67: 176–178.

Longo, F., Garagna, S., Merico, V., Orlandini, G., Gatti, R., Scandroglio, R., Redi, C. A. and Zuccotti, M. 2003. Nuclear localization of NORs and centromeres in mouse oocytes during folliculogenesis. Molecular Reproduction and Development 66: 279–290.

López-León, M. D., Neves, N., Schwarzacher, T., Heslop-Harrison, J. S., Hewitt, G. M. and Camacho, J. P. M. 1994. Possible origin of a B chromosome deduced from its DNA composition using double FISH technique. Chromosome Research 2: 87–92.

Lovell-Badge, R. and Robertson, E. 1990. XY female mice resulting from a heritable mutation in the primary testis-determining gene, *Tdy*. Development 109: 635–646.

Lynch, J. F. 1971. The chromosomes of the California mole (*Scapanus latimanus*). Mammalian Chromosomes Newsletter 12: 83–84.

Lyon, M. F. 1961. Gene action in the X-chromosome of the mouse (*Mus musculus* L.). Nature 190: 372–373.

Macgregor, H. C. and Varley, J. M. 1988. Working with Animal Chromosomes. John Wiley & Sons Ltd, New York. 266 pp.

Macholán, M., Filippucci, M. G. and Zima, J. 2001. Genetic variation and zoogeography of pine voles of the *Microtus subterraneus/majori* group in Europe and Asia Minor. Journal of Zoology 255: 31–42.

前田喜四雄．1983．日本産翼手目（コウモリ類）の分類検索表．哺乳類科学 46：11–20.

前田喜四雄．1997．日本産翼手目（コウモリ類）の和名再検討．哺乳類科学 36：237–256.

前田喜四雄（監）．1995．コウモリウォッチングガイド．ナチュラリストクラブ．

Maeshima, K., Imai, R., Tamura, S. and Nozaki, T. 2014. Chromatin as dynamic 10-nm fibers. Chromosoma 123: 225–237.

Maeshima, K., Rogge, R., Tamura, S., Joti, Y., Hikima, T., Szerlong, H., Krause, C., Herman, J., Seidel, E., Deluca, J., Ishikawa, T. and Hansen, J. C. 2016. Nucleosomal arrays self-assemble into supramolecular globular structures lacking 30-nm fibers. EMBO Journal 35: 1115–1132.

Mahmoudi, A., Darvish, J., Aliabadian, M., Khosravi, M., Fedor, N., Golenishchev, F. N. and Kryštufek, B. 2014. Chromosomal diversity in the genus *Microtus* at its southern distributional margin in Iran. Folia Zoologica 63: 290–295.

Mahony, M. J. and Robinson, E. S. 1986. Nucleolar organiser region (NOR) location in karyotypes of Australian ground frogs (Family Myobatrachidae). Genetica 68: 119–127.

Makino, S. 1948. Notes on the chromosomes of four species of small mammals (Chromosome studies in domestic mammals, V). Journal of the Faculty of

Science, Hokkaido University 9: 345-357.

Makino, S. 1951. Studies on the murine chromosomes. V. A study of the chromosomes in *Apodemus*, especially with reference to the sex chromosomes in meiosis. Journal of Morphology 88: 93-126.

牧野佐二郎. 1979. 染色体—人類の細胞遺伝. 医学書院, 東京. 544 pp.

Makunin, A. I., Dementyeva, P. V., Graphodatsky, A. S., Volovouev, V. T., Kukekova, A. V. and Trifonov, V. A. 2014. Gene on B chromosomes of vertebrates. Molecular Cytogenetics 7: 1-10.

Malygin, V. M., Orlov, V. N. and Yatsenko, V. N. 1990. Species independence of *Microtus limnophilus*, its relations with *M. oeconomus* and distribution of these species in Mongolia. Zoologicheskii Zhurnal 69: 115-127 (in Russian).

Mandahl, N. and Fredga, K. 1980. A comparative chromosome study by means of G-, C-, and NOR-bandings of the weasel, the pygmy weasel and the stoat (*Mustela*, Carnivora, Mammalia). Hereditas 93: 75-83.

Mao, X., Nie, W., Wang, J., Su, W., Feng, Q., Wang, Y., Dobigny, G. and Yang, F. 2008. Comparative cytogenetics of bats (Chiroptera): the prevalence of Robertsonian translocations limits the power of chromosomal characters in resolving interfamily phylogenetic relationships. Chromosome Research 16: 155-170.

Marchal, J. A., Acosta, M. J., Bullejos, M., Puerma, E., Díaz de la Guardia, R. and Sánchez, A. 2006. Distribution of L1-retroposons on the giant sex chromosomes of *Microtus cabrerae* (Arvicolidae, Rodentia): functional and evolutionary implications. Chromosome Research 14: 177-186.

Marchal, J. A., Acosta, M. J., Nietzel, H., Sperling, K., Bullejos, M., Díaz de la Guardia, R. and Sánchez, A. 2004. X chromosome painting in *Microtus*: Origin and evolution of the giant sex chromosomes. Chromosome Research 12: 767-776.

Marshall, J. T. 1998. Identification and scientific names of Eurasian house mice and their European allies, subgenus *Mus* (Rodentia: Muridae). Personal publication, Springfield. 80 pp.

Marshall, J. T. and Sage, R. D. 1981. Taxonomy of the house mouse. Symposia of the Zoological Society of London 47: 15-25.

Massarini, A. I., Dezenchauz, F. J. and Tiranti, S. I. 1998. Geographic variation of chromosomal polymorphism in nine populations of *Ctenomys azarae*, Tuco-tucos of the *Ctenomys mendocinus* group (Rodentia: Octodontidae). Hereditas 128: 207-211.

Masuda, R. and Yoshida, M. C. 1994a. Nucleotide sequence variation of cytochrome b genes in three species of weasels *Mustela itatsi*, *Mustela sibirica*, and *Mustela nivalis*, detected by improved PCR product-direct sequencing technique. Journal of the Mammalogical Society of Japan 19: 33-43.

Masuda, R. and Yoshida, M. C. 1994b. A molecular phylogeny of the family Mustelidae (Mammalia, Carnivora), based on comparison of mitochondrial cytochrome b nucleotide sequences. Zoological Science 11: 605-612.

Matsubara, K., Nishida-Umehara, C., Tsuchiya, K., Nukaya, D. and Matsuda, Y. 2004. Karyotypic evoltuion of *Apodemus* (Muridae, Rodentia) inferred from comparative

FISH analyses. Chromosome Research 12: 383-395.
松原謙一（監）．1994．FISH 実験プロトコール—ヒト・ゲノム解析から染色体・遺伝子診断まで．秀潤社，東京．219 pp.
松田洋一．1994．ハツカネズミの遺伝的分化研究への FISH 法の応用．哺乳類科学 34：43-50.
Matsuda, Y., Moriwaki, K., Chapman, V. M., Hoi-Sen, Y., Akbarzadeh, J. and Suzuki, H. 1994. Chromosomal mapping of mouse 5S rRNA genes by direct R-banding fluorescence in situ hybridization. Cytogenetics and Cell Genetics 66: 246-249.
松村澄子．1988．コウモリの生活戦略序論（動物その適応戦略と社会）．東海大学出版会，東京．192 pp.
松村澄子・石田麻里．2009．コウモリの音声コミュニケーション．哺乳類科学 49：129-131.
松浦啓一．2014．標本学 第 2 版—自然史標本の収集と管理．東海大学出版会，秦野．250 pp.
Matthey, R. 1947. Quelques formules chromosomiales. Scientia Genetica 3: 23-32.
Matthey, R. and Zimmermann, K. 1961. La position systématique de *Microtus middendorffi* Poliakov. Taxonomie et cytologie. Revue Suisse de Zoologie 68: 63-72.
Mayr, B., Geber, G., Auer, H., Kalat, M. and Schleger, W. 1986. Heterochromatin composition and nucleolus organizer activity in four canid species. Canadian Journal of Genetics and Cytology 28: 744-753.
Mayr, B., Schweizer, D. and Schleger, W. 1983. Characterization of the canine karyotype by counterstain-enhanced chromosome banding. Canadian Journal of Genetics and Cytolog 25: 616-621.
Mayr, E. 1942. Systematics and the Origin of Species. Columbia University Press, New York. 334 pp.
Mazia, D. 1963. Synthetic activities leading to mitosis. Journal of Cellular Physiology 62: 123-140.
Mazurok, N. A., Nesterova, T. B. and Zakian, S. M. 1995. High-resolution G-banding of chromosomes in *Microtus subarvalis* (Rodentia, Arvicolidae). Hereditas 123: 47-52.
Mazurok, N. A., Rubtsov, N. B., Nesterova, T. B. and Zakian, S. M. 1994. High resolution G-banding of chromosomes in *Microtus kirgisorum* (Muridae, Rodentia). Cytogenetics and Cell Genetics 67: 208-210.
Mazurok, N. A., Rubtsova, N. V., Isaenko, A. A., Nesterova, T. and Zakian, S. M. 1996. Comparative analysis of chromosomes in *Microtus transcaspicus* and *Microtus subalvalis* (Arvicolidae, Rodentia): high resolution G-banding and localization of NORs. Hereditas 124: 243-250.
McLaren, A. 2003. Primordial germ cells in the mouse. Developmental Biology 262: 1-15.
McLaren, A. and Southee, D. 1997. Entry of mouse embryonic germ cells into meiosis. Developmental Biology 187: 107-113.
Mekada, K., Harada, M., Lin, L. K., Koyasu, K., Borodin, P. M. and Oda, S.-I. 2001.

Pattern of X-Y chromosome pairing in the Taiwan vole, *Microtus kikuchii*. Genome 44: 27-31.

Mekada, K., Koyasu, K., Harada, M., Narita, Y., Shrestha, K. C. and Oda, S.-I. 2002. Karyotype and X-Y chromosome pairing in the Sikkim vole (*Microtus* (*Neodon*) *sikimensis*). Journal of Zoology 257: 417-423.

Merico, V., Pigozzi, M. I., Esposito, A., Merani, M. S. and Garagna, S. 2003. Meiotic recombination and spermatogenic impairment in *Mus musculus domesticus* carrying multiple simple Robertsonian translocations. Cytogenetic and Genome Research 103: 321-329.

Meylan, A. 1966. Donneés nouvelles sur les chromosomes des Insectivores européens (Mamm.). Revue Suisse de Zoologie 73: 548-558.

Meylan, A. 1968. Formules chromosomiques de quelques petits mammiferes nord-americains. Revue Suisse de Zoologie 75: 691-696.

Miller, D. A., Tantravahi, R., Dev, V. G. and Miller, O. J. 1976. Q- and C-band chromosome markers in inbred strains of *Mus musculus*. Genetics 84: 67-75.

三中信宏．1997．生物系統学．東京大学出版会，東京．458 pp.

Mitchell, L. R., Chandler, C. R. and Carlile, L. D. 2005. Habitat as a predictor of southern flying squirrel abundance in red-cockaded woodpecker cavity clusters. Journal of Wildlife Management 69: 418-423.

Mitsainas, G. P., Rovatsos, M. T. and Giagia-Athanasopoulou, E. B. 2010. Heterochromatin study and geographical distribution of *Microtus* species (Rodentia, Arvicolinae) from Greece. Mammalian Biology 75: 261-269.

Modi, W. S. 1985. Chromosomes of six species of new world microtine rodents. Mammalia 49: 357-364.

Modi, W. S. 1986. Karyotypic differentiation among two sibling species pairs of New World microtine rodents. Journal of Mammalogy 67: 159-165.

Modi, W. S. 1987a. Phylogenetic analyses of chromosomal banding patterns among the Nearctic Arvicolidae (Mammalia: Rodentia). Systematic Zoology 36: 109-136.

Modi, W. S. 1987b. C-banding analyses and the evolution of heterochromatin among arvicoid rodents. Journal of Mammalogy 68: 704-714.

Modi, W. S. 1992. Nucleotide sequence and genomic organization of a tandem satellite array from the rock vole *Microtus chrotorrhinus* (Rodentia). Mammalian Genome 3: 226-232.

Modi, W. S. 1993a. Comparative analysis of heterochromatin in *Microtus*: sequence heterogeneity and localized expansion and contraction of satellite DNA arrays. Cytogenetics and Cell Genetics 62: 142-148.

Modi, W. S. 1993b. Rapid, localized amplification of a unique satellite DNA family in the rodent *Microtus chrotorrhinus*. Chromosoma 102: 484-490.

Modi, W. S. and Gamperl, R. 1989. Chromosomal banding comparisons among American and European red-backed mice, genus *Clethrionomys*. Zeitschrift für Säugetierkunde 54: 141-152.

Modi, W. S., Serdyukova, N. A., Vorobieva, N. V. and Graphodatsky, A. S. 2003. Chromosomal localization of six repeated DNA sequences among species of

Microtus (Rodentia). Chromosome Research 11: 705-713.

Morgan, D. O. 2007. The Cell Cycle, Principles of Control. New Science Press, London. 297 pp.

Mori, A., Obara, Y., Kawada, S. and Vogel, P. 2016. Chromosomal relationships between two species of water shrew, *Chimarrogale platycephalus* and *Neomys fodiens*. Mammal Study 41: 17-23.

Mōri, T., Arai, S., Shiraishi, S. and Uchida, T. A. 1991. Ultrastructural observations on spermatozoa of the Soricidae, with special attention to a subfamily revision of the Japanese water shrew *Chimarrogale himalayica*. Journal of the Mammalogical Society of Japan 16: 1-12.

森部絢嗣. 2011. トガリネズミ科動物の染色体. スンクスの生物学（磯村源蔵監修, 織田銑一・東家一雄・宮木孝昌編), pp. 49-57. 学会出版センター, 東京.

森部絢嗣・河原　敦・大舘智氏・小林秀司・織田銑一. 2006. チビトガリネズミの核型分析. 日本哺乳類学会 2006 年度大会ミニシンポジウム要旨集, pp. 17. 日本哺乳類学会 2006 年度大会, ミニシンポジウム要旨集, 東京.

Moribe, J., Noro, T., Kobayashi, S. and Oda, S. 2007. The karyotype of the Azumi shrew *Sorex hosonoi*. Acta Theriologica 52: 69-74.

森部絢嗣・野呂達哉・小林秀司・織田銑一. 2008. シントウトガリネズミ *Sorex shinto* 3 亜種間の核型分析. 日本哺乳類学会 2008 年度大会要旨集, p. 126. 日本哺乳類学会, 東京.

森脇和郎. 1989. ハツカネズミ 南北逆転の謎. 科学朝日 49（584）: 26-29.

Moriwaki, K., Miyashita, N., Mita, A., Gotoh, H., Tsuchiya, K., Kato, H., Mekada, K., Noro, C., Oota, S., Yoshiki, A., Obata, Y., Yonekawa, H. and Shiroishi, T. 2009. Unique inbred strain MSM/Ms established from the Japanese wild mouse. Experimental Animals 58: 123-134.

Moriwaki, K., Miyashita, N., Suzuki, H., Kurihara, Y. and Yonekawa, H. 1986. Genetic features of major geographical isolates of *Mus musculus*. In: (Potter, M., ed.) Wild Mouse in Immunology. Current Topics in Microbiology and Immunology 127, pp. 55-61. Springer-Verlag, Berlin.

Moriwaki, K., Miyashita, N. and Yonekawa, H. 1985. Genetic survey of the origin of laboratory mice and its implication in genetic monitoring. In: (Archibald, J., Ditchfield, J. and Rowsell, H. C., eds.) The Contribution of Laboratory Animal Science to the Welfare of Man and Animals, pp. 237-247. Gustav Fischer Verlag, Stuttgart.

Moriwaki, K., Shiroishi, T. and Yonekawa, H. 1994. Genetics in Wild Mice: Its Application to Biomedical Research. Japan Scientific Societies Press, Tokyo. 333 pp.

Moriwaki, K., Yonekawa, H., Gotoh, O., Minezawa, M., Winking, H. and Gropp, A. 1984. Implications of the genetic divergence between European wild mice with Robertsonian translocations from the viewpoint of mitochondrial DNA. Genetical Research 43: 277-287.

Motokawa, M. 2008. Taxonomic status of *Neoaschizomys sikotanensis* Tokuda, 1935 (Rodentia, Muridae) after re-examination of type specimens. Mammal Study 33:

71-75.

Motokawa, M., Harada, M., Apin, L., Yasuma, S., Yuan, S. L. and Lin, L. K. 2006. Taxonomic study of the water shrews *Chimarrogale himalayica* and *C. platycephala*. Acta Theriologica 51: 215-223.

Motokawa, M., Harada, M., Lin, L. K., Cheng, H. C. and Koyasu, K. 1998. Karyological differentiation between two *Soriculus* (Insectivora: Soricidae) from Taiwan. Mammalia 62: 541-548.

Motokawa, M., Harada, M., Lin, L. K. and Wu, Y. 2004. Geographic differences in karyotypes of the mole-shrew *Anourosorex squamipes* (Insectivora, Soricidae). Mammalian Biology 69: 197-201.

Motokawa, M., Harada, M., Mekada, K. and Shrestha, K. C. 2008. Karyotypes of three shrew species (*Soriculus nigrescens, Episoriculus caudatus* and *Episoriculus sacratus*) from Nepal. Integrative Zoology 3: 180-185.

Motokawa, M., Lu, K.-H., Harada, M. and Lin, L.-K. 2001. New records of the Polynesian rat *Rattus exulans* (Mammalia: Rodentia) from Taiwan and the Ryukyus. Zoological Studies 40: 299-304.

Motokawa, M., Wu, Y. and Harada, M. 2009. Karyotypes of six soricomorph species from Emei Shan, Sichuan Province, China. Zoological Science 26: 791-797.

本川雅治・下稲葉さやか・鈴木　聡. 2006. 日本産哺乳類の最近の分類体系. 哺乳類科学 46：181-191.

Mouse Genome Sequencing Consortium. 2002. Initial sequencing and comparative analysis of the mouse genome. Nature 420: 520-562.

向山　満. 1987. 青森県の翼手目 1. 青森県生物学会誌 24：31-34.

向山　満. 1995. 白神山地の動物（両生類・爬虫類・翼手類）の生息状況. 白神山地自然環境保全地域総合調査報告書, pp. 325-366.（財）国立公園協会, 東京.

向山　満. 1996. 青森県におけるヒナコウモリの繁殖集団. 青森自然誌研究 1：9-12.

村上興正. 1991. シリーズ 日本の哺乳類 技術編 哺乳類の捕獲法—小型哺乳類, ネズミ類の捕獲法. 哺乳類科学 31：127-137.

Myoshu, H. and Iwasa, M. A. 2016. Polymorphic state of C-bands in the Japanese house mice, *Mus musculus*. Cytologia 81: 459-463.

Nachman, M. W. 1992. Geographic patterns of chromosomal variation in South American rats, *Holochilus brasiliensis* and *H. vulpinus*. Cytogenetics and Cell Genetics 61: 10-17.

Nadeau, J. H. 1989. Maps of linkage and synteny homologies between mouse and man. Trends in Genetics 5: 82-86.

Nadler, C. F. and Hoffmann, R. S. 1970. Chromosomes of some Asian and South American squirrels (Rodentia, Sciuridae). Experientia 26: 1383-1386.

Nadler, C. F., Hoffmann, R. S. and Hight, M. E. 1975. Chromosomes of three species of Asian tree squirrels, *Callosciurus* (Rodentia, Sciuridae). Experientia 31: 166-167.

Nadler, C. F. and Lay, D. M. 1971. Chromosomes of the Asian flying squirrel, *Petaurista petaurista* (Pallas). Experientia 27: 1225.

Nadler, C. F. and Sutton, D. A. 1967. Chromosomes of some squirrels (Mammalia-

Sciuridae) from the genera *Sciurus* and *Glaucomys*. Experientia 23: 249-251.
Nagorsen, D. W. and Peterson, R. L. 1980. Mammal Collectors' Manual: A Guide for Collecting, Documenting, and Preparing Mammal Specimens for Scientific Research. Royal Ontario Museum, Toronto. 79 pp.
Nakajima, T. and Sado, T. 2014. Current view of the potential roles of proteins enriched on the inactive X chromosome. Genes & Genetic Systems 89: 151-157.
Nakamura, T., Kuroiwa, A., Nishida-Umehara, C., Matsubara, K., Yamada, F. and Matsuda, Y. 2007. Comparative chromosome painting map between two Ryukyu spiny rat species, *Tokudaia osimensis* and *Tokudaia tokunoshimensis* (Muridae, Rodentia). Chromosome research 15: 799-806.
Nakanishi, A. and Iwasa, M. A. 2013. Karyological characterization of the Japanese water shrew, *Chimarrogale platycephala* (Soricidae, Soricomorpha). Caryologia 66: 84-89.
Nakata, K. 1995. Microhabitat selection in two sympatric species of voles *Clethrionomys rex* and *Clethrionomys rufocanus bedfordiae*. Journal of the Mammalogical Society of Japan 20: 135-142.
中山潤一．2012．ヘテロクロマチン構造からみる非コードDNAと染色体．実験医学 30：2221-2227.
中山潤一．2013．ヘテロクロマチン構造の形成とRNAサイレンシング．生化学85：565-570.
奈良信雄・池内達郎・吉田光明・小原（斎藤）深美子・東田修三．2002．遺伝子・染色体検査学（臨床検査学講座）．医歯薬出版，東京．314 pp.
Neitzel, H., Kalscheuer, V., Henschel, S., Digweed, M. and Sperling, K. 1998. Beta-heterochromatin in mammals: evidence from studies in *Microtus agrestis* based on the extensive accumulation of L1 and non-L1 retroposons in the heterochromatin. Cytogenetics and Cell Genetics 80: 165-172.
根井正利・クマー，S. 2006．分子進化と分子系統学．培風館，東京．410 pp.
日本生態学会（編）．2002．外来種ハンドブック（村上興正・鷲谷いづみ 監修）．地人書館，東京．390 pp.
日本哺乳類学会種名・標本検討委員会．2015．哺乳類標本の取り扱いに関するガイドライン（2009年度改訂版）．哺乳類科学49：303-319.
新川詔夫・阿部京子．2003．遺伝医学への招待（改訂第3版）．南江堂，東京．164 pp.
西岡佑一郎・河村善也・村田　葵・中川良平・安藤佑介．2011．高知県猿田洞から産出したハタネズミを含む第四紀哺乳類化石群集．日本古生物学会第160回例会予稿集63.
Nishiyama, T., Ladurner, R., Schmitz, J., Kreidl, E., Schleiffer, A., Bhaskara, V., Bando, M., Shirahige, K., Hyman, A. A., Mechtler, K. and Peters, J. M. 2010. Sororin mediates sister chromatid cohesion by antagonizing Wapl. Cell 143: 737-749.
Nomura, T., Saigusa, K., Fukushi, D., Obara, Y. and Kuro-o, M. 2001. Restriction endonuclease banding and photooxidation studies of delayed Q-fluorescence of the C-heterochromatin of the small Japanese field mouse, *Apodemus argenteus*. Chromosome Science 5: 123-131.

Nonaka, N., Kitajima, T., Yokobayashi, S., Xiao, G., Yamamoto, M., Grewal, S. I. and Watanabe, Y. 2002. Recruitment of cohesion to heterochromatic regions by Swi6/HP1 in fission yeast. Nature Cell Biology 4: 89-93.

Nowak, R. M. 1999. Walker's Mammals of the World. 6th Edition. Johns Hopkins University Press, Baltimore and London. 1919 pp.

O'brien, S. J., Menninger, J. C. and Nash, W. G. 2006. Atlas of Mammalian Chromosomes. John Wiley & Sons, Inc., New Jersey. 714 pp.

Obara, Y. 1982a. Comparative analysis of karyotypes in the Japanese mustelids, *Mustela nivalis namiyei* and *M. erminea nippon*. Journal of the Mammalogical Society of Japan 9: 59-69.

Obara, Y. 1982b. C- and G-banded karyotypes of the Japanese marten, *Martes melampus melampus*. Chromosome Information Service 33: 21-23.

Obara, Y. 1983. An example of partial albinism in the Japanese long-fingered bat, *Miniopterus schrebersi fuliginosus*. Journal of the Mammalogical Society of Japan 9: 302-307.

Obara, Y. 1985a. G-band homology and C-band variation in the Japanese mustelids, *Mustela erminea nippon* and *M. sibirica itatsi*. Genetica 68: 59-64.

Obara, Y. 1985b. Karyological relationship between two species of mustelids, the Japanese ermine and the least weasel. Japanese Journal of Genetics 60: 157-160.

Obara, Y. 1987a. Karyological differentiation between two species of mustelids, *Mustela erminea nippon* and *Martes melampus melampus*. Proceedings of the Japan Academy, Series B 63: 197-200.

Obara, Y. 1987b. Karyological kinship of two species of mustelids, *Mustela erminea nippon* and *Meles meles anakuma*. Zoological Science 4: 87-92.

小原良孝．1991a．進化と核型．現代の哺乳類学（朝日　稔・川道武男編），pp. 23-44．朝倉書店，東京．

小原良孝．1991b．日本産食肉類イタチ科の起源と系統進化―核学的知見の示すもの―．哺乳類科学 30：197-220．

小原良孝．1995．白神山地の食虫類・ネズミ類．白神山地自然環境保全地域総合調査報告書，pp. 309-323．（財）国立公園協会，東京．

小原良孝．1999．青森県におけるカワネズミの分布状況．哺乳類科学 39：299-306．

Obara, Y., Izumi, J., Tanaka, T. and Koseki, J. 1996. Heteromorphism of the No. 1 homologue in the Japanese water shrew, *Chimarrogale himalayica platycephala*. Chromosome Information Service 61: 20-22.

Obara, Y., Kusakabe, H., Miyakoshi, K. and Kawada, S. 1995. Revised karyotypes of the Japanese northern red-backed vole, *Clethrinomys rutilus mikado*. Journal of the Mammalogical Society of Japan 20: 125-133.

Obara, Y., Kyoya, T., Yamamoto, D., Ito, S., Hagiwara, S. and Tamura, K. 2009. Genotoxic assessment of small mammals at an illegal dumpsite at the Aomori-Iwate prefectural boundary. Zoological Science 26: 139-144.

Obara, Y. and Miyai, T. 1981. A preliminary study on the sex chromosome variation of the Ryukyu house shrew, *Suncus murinus riukiuanus*. Japanese Journal of Genetics 56: 365-371.

Obara, Y. and Nakano, T. 1989. Robertsonian fission polymorphism in the northern Honshu population of the Japanese raccoon dog, *Nyctereutes procyonoides viverrinus*. Journal of the Mammalogical Society of Japan 14: 19–25.

Obara, Y., Ohta, M., Sasaki, A. and Tsuchiya, K. 2007. Patterns of distribution of Ag-NOR in the genus *Apodemus* and their evolutionary implications. Chromosome Science 10: 7–14.

Obara, Y. and Saitoh, K. 1977. Chromosome studies in the Japancse vespertilionid bats: IV. Karyotype sand C-banding pattern of *Vespertilio orientatis*. Japanese Journal of Genetics 52: 159–161.

Obara, Y. and Sasaki, S. 1997. Fluorescent approaches on the origin of B chromosomes of *Apodemus argenteus hokkaidi*. Chromosome Science 1: 1–5.

Obara, Y., Sasaki, S. and Igarashi, Y. 1997. Delayed responce of QM- and DA/DAPI-fluorescence in C-heterochromatin of the small Japanese field mouse, *Apodemus argenteus*. Zoological Science 14: 57–64.

小原良孝・笹森耕二・向山　満．1997．青森県におけるイイズナの生息記録と分布状況．哺乳類科学 37：81–85.

Obara, Y. and Tada, T. 1985. Karyotypes and chromosome banding patterns of the Japanese water shrew, *Chimarrogale platycephala platycephala*. Proceedings of the Japan Academy, Series B 61: 20–23.

Obara, Y. and Tazaki, Y. 1980. Chromosome studies in the Japanese vespertilionid bats: C-band and DNA replication patterns of the long-fingered bat. Science Reports of Hirosaki University 27: 24–32.

Obara, Y., Tomiyasu, T. and Saitoh, K. 1976a. Chromosome studies in the Japanese vespertilionid bats. I. Karyotypic variations in *Myotis macrodactylus* Temminck. Japanese Journal of Genetics 51: 201–206.

Obara, Y., Tomiyasu, T. and Saitoh, K. 1976b. Chromosome studies in the Japanese vespertilionid bats. II. G-banding pattern of *Pipstrellus abramus* Temminck. Proceedings of the Japan Academy, Series B 52: 383–386.

Obara, Y., Tomiyasu, T. and Saitoh, K. 1976c. Chromosome studies in the Japanese vespertilionid bats. III. Preliminary observation of C-bands in the chromosomes of *Pipistrellus abramus* Temminck. Science Reports of Hirosaki University 23: 39–42.

Obara, Y. and Yoshida, I. 1985. A case of X-autosome translocation in the Japanese red-backed vole, *Clethrionomys andersoni andersoni*. Chromosome Information Service 39: 3–5.

Ohdachi, S., Masuda, R., Abe, H., Adachi, J., Dokuchaev, N. E., Haukisalmi, V. and Yoshida, M. C. 1997. Phylogeny of Eurasian soricine shrews (Insectivora, Mammalia) inferred from the mitochondrial cytochrome *b* gene sequences. Zoological Science 14: 527–532.

Ohdachi, S. D., Ishibashi, Y., Iwasa, M. A., Fukui, D. and Saitoh, T. 2015. The WIld Mammals of Japan, 2nd edition. Shoukadoh, Kyoto. 506 pp.

Ohdachi, S. D., Iwasa, M. A., Nesterenko, V. A., Abe, H., Masuda, R. and Haberl, W. 2004. Molecular phylogenetics of *Crocidura* shrews (Insectivora) in east and

central Asia. Journal of Mammalogy 85: 396-403.
Ohno, S. 1967. Sex Chromosomes and Sex-linked Genes. Springer-Verlag, Berlin/Heidelberg/New York. 192 pp.
Ohno, S. 1970. Evolution by Gene Duplication. Springer-Verlag, Berlin. 180 pp.
Ohno, S., Beçak, W. and Beçak, M. L. 1964. X-autosome ratio and the behavior pattern of individual X-chromosomes in placental mammals. Chromosoma 15: 14-30.
オオノ，S. 1977. 遺伝子重複による進化（山岸秀夫訳）. 岩波書店，東京. 239 pp.
大嶋和雄. 1991. 第四紀後期における日本列島周辺の海水準変動. 地学雑誌 100：967-975.
Okada, M., Obara, Y. and Tsuchiya, K. 2014. 5-Azadeoxycytidine induced heteromorphic undercondensation in the C-blocks of X chromosomes of three mammalian species, *Pipistrellus abramus*, *Millardia meltada*, and *Apodemus argenteus*. Chromosome Science 17: 3-7.
岡田典弘. 1994. 進化の時標としてのレトロポゾン. 蛋白質核酸酵素 39：2724-2735.
岡田康志. 2016. 初めてでもできる超解像イメージング（実験医学別冊）. 羊土社，東京. 309 pp.
Okamoto, S., Maeda, Y. and T., H. 1988. Analysis of the karyotypes of four species of Jungle fowls. Japanese Journal of Zootechnical Science 59: 146-151.
Ono, T., Fang, Y., Spector, D. L. and Hirano, T. 2004. Spatial and temporal regulation of condensins I and II in mitotic chromosome assembly in human cells. Molecular Biology of the Cell 15: 3296-3308.
Ono, T., Losada, A., Hirano, M., Myers, M. P., Neuwald, A. F. and Hirano, T. 2003. Differential contributions of condensin I and condensin II to mitotic chromosome architecture in vertebrate cells. Cell 115: 109-121.
Ono, T. and Obara, Y. 1994. Karyotypes and Ag-NOR variations in Japanese vespertilionid bats（Mammalia: Chiroptera）. Zoological Science 11: 473-484.
Ono, T., Sakamoto, C., Nakao, M., Saitoh, N. and Hirano, T. 2017. Condensin II plays an essential role in reversible assembly of mitotic chromosomes in situ. Molecular Biology of the Cell 28: 2875-2886.
Ono, T. and Sonta, S. 2001. Chromosome map of cosmid clones constructed with Chinese hamster genomic DNA. Cytogenetics and Cell Genetics 95: 97-102.
Ono, T., Yamashita, D. and Hirano, T. 2013. Condensin II initiates sister chromatid resolution during S phase. Journal of Cell Biology 200: 429-441.
Ono, T. and Yoshida, M. C. 1995. Banded karyotype of *Eptesicus nilssonii parvus*（Mammalia: Chiroptera）. Chromosome Information Service 59: 19-21.
Ono, T. and Yoshida, M. C. 1997. Differences in the chromosomal distribution of telomeric（TTAGGG）n sequences in two species of the vespertilionid bats. Chromosome Research 5: 203-205.
Ono, T. and Yoshida, M. C. 1998. Difference in the activity of rRNA genes localized on chromosomes 15 and 23 in oriental frost bat, *Vespertilio superans*. Chromosome Science 2: 129-134.
Orlov, V. N., Bulatova, N. S., Nadjafova, R. S. and Kozlovsky, A. I. 1996. Evolutionary

classification of European wood mice of the subgenus *Sylvaemus* based on allozyme and chromosome data. Bonner Zoologische Beiträge 46: 191–202.

オルトリンガム，J. D. 1996．コウモリ—進化・生態・行動（コウモリの会翻訳，松村澄子監修）．八坂書房，東京．404 pp.

Oshida, T., Abramov, A., Yanagawa, H. and Masuda, R. 2005. Phylogeography of the Russian flying squirrel (*Pteromys volans*): implication of refugia theory in arboreal small mammal of Eurasia. Molecular Ecology 14: 1191–1196.

Oshida, T., Dang, C. N., Nguyen, S. T., Nguyen, N. X., Endo, H., Kimura, J., Sasaki, M., Hayashida, A., Takano, A. and Hayashi, Y. 2010. Phylogenetic relationship between *Callosciurus caniceps* and *C. inornatus* (Rodentia, Sciuridae): implication for zoogeographical isolation by the Mekong River. Italian Journal of Zoology 78: 328–335.

Oshida, T., Lin, L.-K., Yanagawa, H., Endo, H. and Masuda, R. 2000a. Phylogenetic relationships among six flying squirrel genera, inferred from mitochondrial cytochrome *b* gene sequences. Zoological Science 17: 485–489.

Oshida, T., Matsushima, M. and Yoshida, M. C. 1993. Chromosome banding patterns of the Eurasian squirrel, *Sciurus vulgaris orientis*. Chromosome Information Service 55: 10–12.

Oshida, T. and Obara, Y. 1991. Karyotypes and chromosome banding patterns of a male Japanese giant squirrel, *Petaurista leucogenys* Temminck. Chromosome Information Service 50: 26–28.

Oshida, T. and Obara, Y. 1993. C-band variation in the chromosomes of the Japanese giant squirrel, *Petaurista lecogenys*. Journal of the Mammalogical Society of Japan 18: 61–67.

Oshida, T., Obara, Y., Lin, L.-K. and Yoshida, M. C. 2000b. Comparison of banded karyotypes between two subspecies of the red and white giant flying squirrels *Petaurista alborufus* (Mammalia, Rodentia). Caryologia 53: 261–267.

Oshida, T., Ohdachi, S., Han, S.-H. and Masuda, R. 2005. A note on karyotypes of *Sorex caecutiens* (Mammalia, Insectivora) from Cheju Island, Korea. Caryologia 58: 52–55.

Oshida, T., Satoh, H. and Obara, Y. 1992. A preliminary note on the karyotypes of giant flying squirrels *Petaurista alborufus* and *P. petaurista* Journal of the Mammalogical Society of Japan 16: 59–69.

Oshida, T., Shafique, C. M., Barkati, S., Fujita, Y., Lin, L.-K. and Masuda, R. 2004. A preliminary study on molecular phylogeny of giant flying squirrels, genus *Petaurista* (Rodentia, Sciuridae) based on mitochondrial cytochrome *b* gene sequences. Russian Journal of Theriology 3: 15–24.

Oshida, T., Tsuchiya, K., Suzuki, H., Yanagawa, H. and Yoshida, M. C. 1999. Variation of the nucleolus organizer regions within the Japanese dormouse *Glirulus japonicus* Schinz (Rodentia, Muscardinidae). Chromosome Science 3: 29–32.

Oshida, T., Yanagawa, H., Tsuda, M., Inoue, S. and Yoshida, M. C. 2000c. Comparisons of the banded karyotypes between the small Japanese flying squirrel, *Pteromys momonga* and the Russian flying squirrel, *Pteromys volans* (Rodentia, Sciuridae).

Caryologia 53: 133-140.
Oshida, T., Yanagawa, H. and Yoshida, M. C. 1996a. C-banded karyotype of the Japanese flying squirrel, *Pteromys momonga*. Chromosome Information Service 61: 24-25.
Oshida, T., Yanagawa, H. and Yoshida, M. C. 1996b. Chromosome banding patterns of a male Pallas squirrel, *Callosciurus erythraeus*. Chromosome Information Service 60: 7-9.
Oshida, T., Yanagawa, H. and Yoshida, M. C. 1996c. Comparison of G-banded karyotypes between two beautiful squirrel species, *Callosciurus prevostii* and *C. erythraeus*. Chromosome Information Service 61: 26-27.
Oshida, T., Yanagawa, H. and Yoshida, M. C. 1997. Chromsomal characterization of the Japanese dormouse *Glirulus japonicus* Schinz (Rodentia, Muscardinidae). Chromosome Science 1: 13-16.
Oshida, T., Yasuda, M., Endo, H., Hussein, N. A. and Masuda, R. 2001. Molecular phylogeny of five squirrel species of the genus *Callosciurus* (Mammalia, Rodentia) inferred from cytochrome *b* gene sequences. Mammalia 65: 473-482.
Oshida, T. and Yoshida, M. C. 1994. The karyotype of Prevost's squirrel, *Callosciurus prevostii*. Chromosome Information Service 56: 17-19.
Oshida, T. and Yoshida, M. C. 1996. Banded karyotypes and the localization of ribosomal RNA genes of Eurasian flying squirrel, *Pteromys volans orii* (Mammalia, Rodentia). Caryologica 49: 219-225.
Oshida, T. and Yoshida, M. C. 1997. Comparison of banded karyotypes between the Eurasian red squirrel *Sciurus vulgaris* and the Japanese squirrel *S. lis*. Chromosome Science 1: 17-20.
押田龍夫・吉田迪弘．1999．アジア産リス科動物の染色体および核型進化．野生動物医学会誌 4：135-141.
Oshida, T. and Yoshida, M. C. 1999. Chromosomal localization of nucleolus organizer regions in eight Asian squirrel species. Chromosome Science 3: 55-58.
押村光雄・平岡　泰．2004．基礎から先端までのクロマチン・染色体プロトコール．羊土社，東京．231 pp.
Panasenko, V. E. and Tiunov, M. P. 2010. The population of small mammals (Mammalia: Eulipotyphla, Rodentia, Lagomorpha) in the South Sikhote Alin in the Late Pleistocene and Holocene. Vestnyk DVO RAN 6: 60-67 (in Russian with English abstract).
Park, S. R. and Won, P. O. 1978. Chromosomes of the Korean bats. Journal of the Mammalogical Society of Japan 7: 199-203.
Paterson, H. E. H. 1985. The recognition cpncept of species. In: (Vrba, E. S., eds.) Species and Speciaton, pp. 21-29. Pretoria, South Africa.
Pathak, S., Hsu, T. C. and Arrighi, F. E. 1973. Chromosomes of *Peromyscus* (Rodentia, Cricetidae). Ⅳ. The role of heterochromatin in karyotype evolution. Cytogenetics and Cell Genetics 12: 315-326.
Pathak, S. and Stock, A. D. 1974. The X chromosomes of mammals: karyological homology as revealed by banding techniques. Genetics 78: 703-714.

Patton, J. L. 1977. B chromosome systems in the pocket mouse, *Perognathus baileyi*: meiosis and C-band studies. Chromosoma 60: 1-14.
Patton, J. L. and Sherwood, S. W. 1982. Genome evolution in pocket gophers (genus *Thomomys*). I. Heterochromatin variation and speciation potential. Chromosoma 85: 149-162.
Paulson, J. R. and Laemmli, U. K. 1977. The structure of histone-depleted metaphase chromosomes. Cell 12: 817-828.
Payer, L. M., Steranka, J. P., Yang, W. R., Kryatova, M., Medabalimi, S., Ardeljan, D., Liu, C., Boeke, J. D., Avramopoulos, D. and Burns, K. H. 2017. Structural variants caused by Alu insertions are associated with risks for many human diseases. Proceedings of the National Academy of Sciences of the United States of America 114: E3984-E3992.
Peppers, J. A., Wiggins, L. E. and Baker, R. J. 1997. Nature of B chromosomes in the harvest mouse *Reithrodontomys megalotis* by fluorescence in situ hybrididation (FISH). Chromosome Research 5: 475-479.
Petit, D., Couturier, J., Viegas-Pequignot, E., Lombard, M. and Dutrillaux, B. 1984. Great degree of homology between the ancestral karyotype of squirrel (rodents) and that of primates and carnivore. Annual Genetics 27: 201-212 (in French).
Peyre, A. 1957. La formule chromosomique du desman des Pyrenees, *Galemys pyrenaicus* K. Bulletin de la Societe Zoologique de France 82: 434-437 (in French).
Piálek, J., Hauffe, H. C. and Searle, J. B. 2005. Chromosomal variation in the house mouse. Biological Journal of the Linnean Society 84: 535-563.
Poonperm, R., Takata, H., Hamano, T., Matsuda, A., Uchiyama, S., Hiraoka, Y. and Fukui, K. 2015. Chromosome Scaffold is a Double-Stranded Assembly of Scaffold Proteins. Scientific Reports 5: 11916.
Putnam, N. H., Butts, T., Ferrier, D. E. K., Furlong, R. F., Hellsten, U., Kawashima, T., Robinson-Rechavi, M., Shoguchi, E., Terry, A., Yu, J.-K., Benito-Gutiérrez, E., Dubchak, I., Garcia-Fernàndez, J., Gibson-Brown, J. J. G., I. V., Horton, A. C., De Jong, P. J., Jurka, J., Kapitonov, V. V., Kohara, Y., Kuroki, Y., Lindquist, E., Lucas, S., Osoegawa, K., Pennacchio, L. A., Salamov, A. A., Satou, Y., Sauka-Spengler, T., Schmutz, J., Tadasu Shin-I, T., Toyoda, A., Bronner-Fraser, M., Fujiyama, A., Holland, L. Z., Holland, P. W. H., Satoh, N. and Rokhsar, D. S. 2008. The amphioxus genome and the evolution of the chordate karyotype. Nature 453: 1064-1071.
Qiu, Z. and Storch, G. 2005. China. In: (Van Den Hoek Ostende, L. W., Doukas, C. S. and Reumer, J. W. F., eds.) The fossil record of the Eurasian Neogene Insectivores (Erinaceomorpha, Soricomorpha, Mammalia), Part I, Scripta Geologica, Special Issue 5, pp. 37-50. Nationaal Natuurhistorisch Museum, Leiden.
Rajičić, M., Romanenko, S. A., Karamysheva, T. V., Blagojević, J., Adnadević, T., Budinski, I., Bogdanov, A. S., Trifonov, V. A., Rubtsov, N. B. and Vujosević, M. 2017. The origin of B chromosomes in yellow-necked mice (*Apodemus flavicollis*) - Break rules but keep playing the game. PLoS One 12: e0172704.

Randolph, L. F. 1928. Types of supernumerary chromosomes in maize (Abstract). Anatomical Record 41: 102.

Rausch, V. R. and Rausch, R. L. 1982. The karyotype of the Eurasian flying squirrel, *Pteromys volans* (L.) with a consideration of karyotypic and other distinctions in *Glaucomys* spp. (Rodentia: Sciuridae). Proceedings of Biological Society of Washington 95: 58–66.

Redi, C. A. and Capanna, E. 1988. Robertsonian heterozygotes in the house mouse and the fate of their germ cells. In: (Daniel, A., ed.) The Cytogenetics of Mammalian Autosomal Rearrangements, pp. 315–359. Alan R. Liss, New York.

Redi, C. A., Garagna, S. and Zuccotti, M. 1990. Robertsonian chromosome formation and fixation: the genomic scenario. Biological Journal of the Linnean Society 41: 235–255.

Renzoni, A. 1967. Chromosome studies in two species of rodents, *Histrix cistana* and *Sciurus vulgaris*. ammalian Chromosome Newsletter 8: 1–12.

Repenning, C. A. 1967. Subfamilies and Genera of the Soricidae. Geological Survey Professional Paper 565. United States Government Printing Office, Washington, 74 pp.

Repenning, C. A. 1980. Faunal exchanges between Siberian and North America. Canadian Journal of Anthropology 1: 37–44.

Reutter, B. A., Nova, P., Vogel, P. and Zima, J. 2001. Karyotypic variation between wood mouse species: banded chromosomes of *Apodemus alpicola* and *A. microps*. Acta Theriologica 46: 353–362.

Richard, F., Messaoudi, C., Bonnet-Garnier, A., Lombard, M. and Dutrillaux, B. 2003. Highly conserved chromosomes in an Asian squirrel (*Menetes berdmorei*, Rodentia: Sciuridae) as demonstrated by ZOO-FISH with human probes. Chromosome Research 11: 597–603.

Rieseberg, L. H. 2001. Chromosomal rearrangements and speciation. Trends in Ecology and Evolution 16: 351–358.

Rimsa, D., Zikovic, S. and Petrov, B. 1978. The results of cytogenetical study of shrews (Soricidae, Insectivora, Mammalia) in Yugoslavia. Biosistematika 4: 209–215.

Robertson, W. R. B. 1916. Chromosome studies I. Taxonomic relationships shown in the chromosomes of Tettigidae and Acrididae. V-shaped chromosomes and their significance in Acrididae, Locustidae and Gryllidae: Chromosomes and variation. Journal of Morphology 27: 179–331.

Romer, A. S. 1959. The Vertebrate Story. The University of Chicago Press, Chicago. 437 pp.

Roslik, G. V. and Kartavtseva, I. V. 2009. Polymorphism and mosaicism of B chromosome number in Korean field mouse *Apodemus peninsulae* (Rodentia) in Russian Far East. Tsitologiya 51: 929–939.

Roslik, G. V. and Kartavtseva, I. V. 2010. Polymorphism and mosaicism of B chromosome number in Korean field mouse *Apodemus peninsulae* (Rodentia) in Russian Far East. Cell and Tissue Biology 4: 77–89.

Roslik, G. V., Kartavtseva, I. V. and Iwasa, M. 2003. Variability and stability of B chromosome number in the Korean field mouse, *Apodemus peninsulae* (Rodentia, Muridae) from continental and insular populations. Problems of Evolution 5: 136-149.

Rovatsos, M. T., Mitsainas, G. P., Paspali, G., Oruci, S. and Giagia-Athanasopoulou, E. B. 2011. Geographical distribution and chromosomal study of the underground vole *Microtus thomasi* in Albania and Montenegro. Mammalian Biology 76: 22-27.

Rovatsos, M. T., Mitsainas, G. P., Tryfonopoulos, G. A., Stamatopoulos, C. and Giagia-Athanasopoulou, E. B. 2008. A chromosomal study on Greek populations of the genus *Apodemus* (Rodentia, Murinae) reveals new data on B chromosome distribution. Acta Theriologica 53: 157-167.

Rubtsov, N. B., Karamysheva, T. V., Andreenkova, O. V., Bochkaerev, M. N., Kartavtseva, I. V., Roslik, G. V. and Borissov, Y. M. 2004. Comparative analysis of micro and macro B chromosomes in the Korean field mouse *Apodemus peninsulae* (Rodentia, Murinae) performed by chromosome microdissection and FISH. Cytogenetic and Genome Research 106: 289-294.

Ryan, S. J., Schachat, A. P., Wilkinson, C. P., Hinton, D. R., Sadda, S. R. and Wiedemann, P. 2013. Retina. Elsevier Health Sciences, Philadelphia. 2105 pp.

Rzebik-Kowalska, B. 1998. Fossil history of shrews in Europe. In: (Wójcik, J. M. and Wolsan, M., eds.) Evolution of Shrews, pp. 23-92. Mammal Research Institute, Polish Academy of Sciences, Bialowieza.

Rzebik-Kowalska, B. 2007. New data on Soricomorpha (Lipotyphla, Mammalia) from the Pliocene and Pleistocene of Transbaikalia and Irkutsk Region (Russia). Acta Zoologica Cracoviensia - Series A Vertebrata 50: 15-48.

定家真人・中山潤一. 2003. 第2章 エピジェネティクスと遺伝子発現制御機構. 6. ヘテロクロマチン化の分子機構. 実験医学 21：1478-1484.

Saitoh, M., Matsuoka, N. and Obara, Y. 1989. Biochemical systematics of three species of the Japanese long-tailed field mice, *Apodemus speciosus*, *A. giliacus* and *A. argenteus*. Zoologcail Science 6: 1005-1018.

Saitoh, M. and Obara, Y. 1986. Chromosome banding patterns in five intraspecific taxa of the large Japanese field mouse, *Apodemus speciosus*. Zoological Science 5: 785-792.

Saitoh, M. and Obara, Y. 1988. Meiotic studies of interracial hybrids from the wild population of the large Japanese field mouse, *Apodemus speciosus speciosus*. Zoological Science 54: 815-822.

Saitoh, N., Goldberg, I. G., Wood, E. R. and Earnshaw, W. C. 1994. ScII: an abundant chromosome scaffold protein is a member of a family of putative ATPases with an unusual predicted tertiary structure. Journal of Cell Biology 127: 303-318.

Saitou, M. 2009. Germ cell specification in mice. Current Opinion in Genetics & Development 19: 386-395.

Sakai, T., Kikkawa, Y., Tsuchiya, K., Harada, M., Kanoe, M., Yoshiyuki, M. and Yonekawa, H. 2003. Molecular phylogeny of Japanese Rhinolophidae based on variations in the complete sequence of the mitochondrial cytochrome b gene. Genes & Genetic Systems 78: 179-189.

Samejima, K., Samejima, I., Vagnarelli, P., Ogawa, H., Vargiu, G., Kelly, D. A., De Lima Alves, F., Kerr, A., Green, L. C., Hudson, D. F., Ohta, S., Cooke, C. A., Farr, C. J., Rappsilber, J. and Earnshaw, W. C. 2012. Mitotic chromosomes are compacted laterally by KIF4 and condensin and axially by topoisomerase II α. Journal of Cell Biology 199: 755–770.

佐々木本道．1994．21 世紀への遺伝学 III．細胞遺伝学．裳華房，東京．229 pp.

Sasaki, M., Nishida, C. and Kodama, Y. 1986. Characterization of silver-stained nucleolus organizer regions（Ag-NORs）in 16 inbred strains of the Norway rat（*Rattus norvegicus*）. Cytogenetics and Cell Genetics 41: 83–88.

Sasaki, M., Shimba, H. and Itoh, M. 1968a. Notes on the somatic chromosomes of two species of Asiatic squirrels. Chromosome Information Service 9: 6–8.

Sasaki, M., Shimba, H., Itoh, M., Makino, S., Hattori, K. and Shiota, G. 1968b. A preliminary note on the chromosome polymorphism in the fox. Proceedings of the Japan Academy, Series B 44: 847–851.

Satoh, T. and Obara, Y. 1995. Nonrandom distribution of sister chromatid exchanges in the chromosomes of three mammalian species. Zoological Science 12: 749–756.

沢田　勇・内川公人・原田正史．1987．森林破壊がコウモリの生息に及ぼす影響について―南西諸島および台湾をフィールドとして．日産科学振興財団研究報告書 10：229–242.

Sawaguchi, S., Obara, Y., Kartavtseva, I. V., Roslik, G. V., Shin, H. E. and Han, S. H. 1998. Maintenance mode of the B chromosomes in *Apodemus peninsulae* from four areas bordering on the Sea of Japan（Abstract）. Chromosome Science 2: 161.

Schartl, M., Nanda, I., Schlupp, I., Wilde, B., Epplen, J. T., Schmidt, M. and Parzefall, J. 1995. Incorporation of subgenomic amounts of DNA as compensation for mutational load in a gynogenetic fish. Nature 373: 68–71.

Schmid, M., Haaf, T., Ott, G., Scheres, J. M. J. C. and Wensing, J. A. B. 1986. Heterochromatin in the chromosomes of the gorilla: characterization with distamycin A/DAPI, D287/170, chromomycin A3, quinacrine, and 5-azacytidine. Cytogenetics and Cell Genetics 41: 71–82.

Schnedl, W., Abraham, R., Forster, M. and Schweizer, D. 1981. Differential fluorescent staining of porcine heterochromatin by chromomycin A_3/distamycin A/DAPI and D287/170. Cytogenetics and Cell Genetics 31: 249–253.

Schweizer, D. 1983. Distamycin-DAPI bands: properties and occurrence in species. In:（Brandham, P. E. and Bennett, M. D., eds.）Kew chromosome Conference II, pp. 43-51. Allen Unwin, London.

Schweizer, D., Ambros, P. and Andrle, M. 1978. Modification of DAPI banding on human chromosomes by prestaining with a DNA-binding oligopeptide antibiotic, distamycin A. Experimental Cell Research 111: 327–332.

Schweizer, D., Ambros, P., Andrle, M., Rett, A. and Fiedler, W. 1979. Demonstration of specific heterochromatic segments in the orangutan（*Pongo pygmaeus*）by a distamycin/DAPI double staining technique. Cytogenetics and Cell Genetics 24: 7–14.

Seabright, M. 1971. A rapid banding technique for human chromosomes. Lancet 298:

971-972.

Şekeroğlu, Z. A., Kefelioğlu, H. and Şekeroğlu, V. 2011. Cytogenetic characteristics of *Microtus dogramachii* (Mammalia: Rodentia) around Amasya, Turkey. Turkish Journal of Zoology 35: 593-598.

Selander, R. K. and Yang, S. Y. 1969. Protein polymorphism and genic heterozygosity in a wild population of the house mouse (*Mus musculus*). Genetics 63: 653-667.

Serakinci, N., Krejcí, K. and Koch, J. 1999. Telomeric repeat organization - a comparative *in situ* study between man and rodent. Cytogenetics and Cell Genetics 86: 204-211.

Serizawa, K., Suzuki, H. and Tsuchiya, K. 2000. A phylogenetic view on species radiation in *Apodemus* inferred from variation of nuclear and mitochondrial genes. Biochemical Genetics 38: 27-40.

Session, A. M., Uno, Y., Kwon, T., Chapman, J. A., Toyoda, A. and Al., E. 2016. Genome evolution in the allotetraploid frog *Xenopus laevis*. Nature 538: 336-343.

Sharbel, T. F., Green, D. M. and Houben, A. 1998. B chromosome origin in the endemic New Zealand frog *Leiopelma hochstetteri* through sex chromosome evolution. Genome 41: 14-22.

Shen, M. H., Ross, A., Yang, J., de las Heras, J. I. and Cooke, H. 2001. Neo-centromere formation on a 2.6 Mb mini-chromosome in DT40 cells. Chromosoma 110: 421-429.

Shen, M. M. 2007. Nodal signaling: developmental roles and regulation. Development 134: 1023-1034.

Shenbrot, G. I. and Krasnov, B. R. 2005. An Atlas of the Geographic Distribution of the Arvicoline Rodents of the World (Rodentia, Muridae: Arvicolinae). Pensoft Publishers, Sofia. 350 pp.

Shi, L. 1976. The karyotype of *Muntiacus muntjak vaginalis*. Acta Zooloica Sinica 22: 116.

Shi, L., Ye, Y. and X, D. 1980. Comparative cytogenetic studies on the red muntjac, Chinese muntjac, and their F1 hybrids. Cytogenetics and Cell Genetics 26: 22-27.

Shimba, H. and Itoh, M. 1969. On the chromosomes of the shrew, *Sorex unguiculatus*. Journal of the Faculty of Science, Hokkaido University, Series VI 17: 263-265.

Shimba, H., Itoh, M., Obara, Y., Kohno, S. and Kobayashi, T. 1969. A preliminary survey of the chromosomes in field mice, *Apodemus* and *Clethrionomys*. Journal of the Faculty of Science, Hokkaido University, Series Ⅵ 17: 257-262.

Shinohara, A., Campbell, K. L. and Suzuki, H. 2003. Molecular phylogenetic relationships of moles, shrew moles, and desmans from the new and old worlds. Molecular Phylogenetics and Evolution 27: 247-258.

Shinohara, A., Kawada, S., Son, N. T., Can, D. N., Sakamoto, S. H. and Koshimoto, C. 2015. Molecular phylogenetic relationships and intra-species diversities of three Euroscaptor spp. (Talpidae: Lipotyphla: Mammalia) from Vietnam. Raffles Bulletin of Zoology 63: 366-375.

Shintomi, K. and Hirano, T. 2011. The relative ratio of condensin I to II determines chromosome shapes. Genes and Development 25: 1464-1469.

塩田義三蔵・佐々木正夫．1962．ミンク *Mustela vison* の染色体．動物学雑誌 71：98-101.

Slijepcevic, P. I. 1998. Telomeres and mechanisms of Robertsonian fusion. Chromosoma 107: 136-140.

Smith, R. and Crocker, J. 1988. Evaluation of nuclear organizer region-associated proteins in breast malignancy. Histopathology 12: 113-125.

祖父尼俊雄．2005．染色体異常試験―メカニズムから試験法，国際標準化法まで―．サイエンティスト社，東京．146 pp.

Sokolov, V. E. and Tembotov, A. K. 1989. Vertebrates of the Caucasus. Mammals. Insectivores. Nauka, Moscow（in Russian）.

Sokolov, V. Y., Aniskin, V. M. and Serbenyuk, M. A. 1990. Comparative cytogenetics of 6 species of the genus *Clethrionomys*（Rodentia, Microtinae）. Zoologicheskii Zhurnal 69: 145-151（in Russian with English summary）.

Sookdeo, A., Hepp, C. M., Mcclure, M. A. and Boissinot, S. 2013. Revisiting the evolution of mouse LINE-1 in the genomic era. Mobile DNA 4: 3.

Souza, A. L. G., Corrêa, M. M. O., Aguilar, C. T. and Pessôa, L. M. 2011. A new karyotype of *Wiedomys pyrrhorhinus*（Rodentia: Sigmodontinae）from Chapada Diamantina, northeastern Brazil. Zoologia（Curitiba, Impr.）28: 92-96.

Spangenburg, R. and Moser, D. K. 2016. ノーベル賞学者 バーバラ・マクリントックの生涯：動く遺伝子の発見（大坪久子・田中順子・土本　卓・福井希一訳）．養賢堂，東京．136 pp.

Stadelmann, B., Lin, L. K., Kunz, T. H. and Ruedi, M. 2007. Molecular phylogeny of New World *Myotis*（Chiroptera, Vespertilionidae）inferred from mitochondrial and nuclear DNA genes. Molecular Phylogenetics and Evolution 43: 32-48.

Stanyon, R., Stone, G., Garcia, M. and Froenicke, L. 2003. Reciprocal chromosome painting shows that squirrels, unlike murid rodents, have a highly conserved genome organization. Genomics 82: 245-249.

Stitou, S., Jiménez, R., Díaz De La Guardia, R. and Burgos, M. 2001. Silent ribosomal cistrons are located at the pairing segment of the postreductional sex chromosomes of *Apodemus sylvaticus*（Rodentia, Muridae）. Heredity 86: 128-133.

Sullivan, B. A., Blower, M. D. and Karpen, G. H. 2001. Determining centromere identity: cyclical stories and forking paths. Nature Reviews Genetics 2: 584-596.

Sumner, A. T. 1972. A simple technique for demonstrating centromeric heterochromatin. Experimental Cell Research 75: 304-306.

Sumner, A. T. 1990. Chromosome Banding. Unwin Hyman, London. 434 pp.

Sumner, A. T. 2003. Chromosomes: Orgnization and Function. Blackwell Publishing, Oxford. 287 pp.

サムナー．A. T. 2006．クロモソーム―構造と機能（福井希一監訳）．大阪公立大学共同出版会，堺．306 pp.

Sumner, A. T., Evans, H. J. and Buckland, R. A. 1971. New technique for distinguishing between human chromosomes. Nature New Biology 232: 31-32.

Sutou, S., Mitsui, Y. and Tsuchiya, K. 2001. Sex determination without the Y

Chromosome in two Japanese rodents *Tokudaia osimensis osimensis* and *Tokudaia osimensis* spp. Mammalian Genome 12: 17-21.

Suzuki, H., Shimada, T., Terashima, M., Tsuchiya, K. and Aplin, K. 2004. Temporal, spatial, and ecological modes of evolution of Eurasian *Mus* based on mitochondrial and nuclear gene sequences. Molecular Phylogenetics and Evolution 33: 626-46.

Suzuki, H., Tsuchiya, K. and Takezaki, N. 2000. A molecular phylogenetic framework for the Ryukyu endemic rodents *Tokudaia osimensis* and *Diplothrix legata*. Molecular Phylogenetics and Evolution 15: 15-24.

Suzuki, M., Kato, A., Matsui, M., Okahira, T., Iguchi, K., Hayashi, Y. and Oshida, T. 2011. Preliminary estimation of population density of the Siberian flying squirrel (*Pteromys volans orii*) in natural forest of Hokkaido, Japan. Mammal Study 36: 155-158.

鈴木祥悟・近藤伸二・林崎良英. 2003. ゲノム・トランスクリプトーム解析による遺伝子同定. 蛋白質核酸酵素 48：747-754.

Suzuki, T., Obara, Y., Tsuchiya, K., Oshida, T. and Iwasa, M. A. 2014. Ag-NORs analysis in three species of red-backed voles, with a consideration of generic allocation of Anderson's red-backed vole. Mammal Study 39: 91-97.

Suzuki, T., Yuasa, H. and Machida, Y. 1996. Phylogenetic position of the Japanese river otter *Lutra nippon* inferred from the nucleotide sequence of 224 bp of the mitochondrial cytochrome b gene. Zoological Science 13: 621-626.

Suzuki, T. A. and Iwasa, M. A. 2013. A cross-experimental analysis of coat color variations and morphological characteristics of the Japanese wild mouse, *Mus musculus*. Experimental Animals 62: 25-34.

Syrjänen, J. L., Pellegrini, L. and Davies, O. R. 2014. A molecular model for the role of SYCP3 in meiotic chromosome organisation. Elife 3: e02963.

Szczerbal, I. and Switonski, M. 2003. B chromosomes of the Chinese raccoon dog (*Nyctereutes procyonoides procyonoides* Gray) contain inactive NOR-like sequences. Caryologia 56: 213-216.

Tabata, M. and Iwasa, M. A. 2013. Environmental factors for the occurrence of the Smith's red-backed vole, *Eothenomys smithii*, in rocky terrains at the foot of Mt. Fuji in central Japan. Mammal Study 38: 243-250.

Tada, M., Tada, T., Lefebvre, L., Barton, S. C. and Surani, M. A. 1997. Embryonic germ cells induce epigenetic reprogramming of somatic nucleus in hybrid cells. EMBO Journal 16: 6510-6520.

Tada, T. and Obara, Y. 1986. Karyological relationship between the Japanese house shrew, *Suncus murinus riukiuanus* and the Japanese white toothed shrew, *Crocidura dsinezumi chisai*. Proceedings of the Japan Academy, Series B 62: 125-128.

Tada, T. and Obara, Y. 1988. Karyological relationships among four species and subspecies of *Sorex* revealed by differential staining techniques. Journal of the Mammalogical Society of Japan 13: 21-31.

高木信夫. 1994. 性決定と性染色体の進化. 蛋白質核酸酵素 39：2510-2520.

Takagi, N. and Fujimaki, Y. 1966. Chromosomes of *Sorex shinto saevus* Thomas and

Sorex unguiculatus Dobson. Japanese Journal of Genetics 41: 109-113.
Tam, P. P. and Behringer, R. R. 1997. Mouse gastrulation: the formation of a mammalian body plan. Mechanisms of Development 68: 3-25.
田辺秀之．2003．染色体テリトリー：間期核における染色体の核内配置と核高次構造に関する最近の研究．環境変異原研究 25：11-22.
Tate, G. H. H. 1942. Review of the vespertilionine bats: with special attention to genera and species of the Archbold collections. Bulletin of the American Museum of Natural History 80: 221-297.
Tateishi, S. 1938. The chromosomes of two species of insectivores. Annotationes Zoologicae Japonnenses 17: 515-523.
Temminck, C. J. 1842. Aperçu général et spécifique sur les mammiféres qui habitent le Japon et les iles qui endépendent. In:（de Siebold, P. F., Temminck, C. J. and Schlegel, H., eds.）Fauna Japonica, pp. 1-24. Arnz et Socii, Lugduni Batavorum.
Templeton, A. R. 1989. The meaning of species and speciation: A genetic perspective. In:（Otte, D. and Endler, A., eds.）Speciation and Its Consequences, pp. 3-27. Sinauer, Associates, Inc., Sunderland, Massachusetts.
Terrenoire, E., Halsall, J. A. and Turner, B. M. 2015. Immunolabelling of human metaphase chromosomes reveals the same banded distribution of histone H3 isoforms methylated at lysine 4 in primary lymphocytes and cultured cell lines. BMC Genetics 29: 16: 44.
Terrenoire, E., Mcronald, F., Halsall, J. A., Page, P., Illingworth, R. S., Taylor, A. M., Davison, V., O'neill, L. P. and Turner, B. M. 2010. Immunostaining of modified histones defines high-level features of the human metaphase epigenome. Genome Biology 11: R110.
Thomas, O. 1905. The duke of Bedford's zoological expedition in eastern Asia. I. List of mammals obtained by M. P. Anderson in Japan. Proceedings of the Zoological Society of London 1905: 331-363.
Thorington, R. W. J., Koprowski, J. L., Steele, M. A. and Whatton, J. 2012. Squirrels of the World. Johns Hopkins University Press, Baltimore. 472 pp.
Tjio, J. H. and Levan, A. 1956. The chromosome number of man. Hereditas 42: 1-6.
Todorović, M., Soldatović, B. and Dunđerski, Z. 1972. Kariotipske odlike populacija roda Talpa iz Makedonije I crne gore. Arhiv Bioloških Nauka, Beograd 24: 131-139.
外村　晶．1978．染色体異常—ヒトの細胞遺伝．朝倉書店，東京．369 pp.
Trifonov, V. A., Dementyeva, P. V., Becklemisheva, V. R., Yudkin, D. V., Vorobieva, N. V. and Graphodatsky, A. S. 2010. Supernumerary chromosomes, segmental duplications and evolution. Russian Journal of Genetics 46: 1094-1096.
土屋公幸．1970．日本産ネズミ類の染色体による分類（1）．山と博物館 15：3-4.
土屋公幸．1974．日本産アカネズミ類の細胞学的および生化学的研究．哺乳動物学雑誌 6：67-87.
Tsuchiya, K. 1979. A contribution to the chromosome study in Japanese mammals. Proceedings of the Japan Academy, Series B 55: 191-195.
土屋公幸．1979a．北海道産クマネズミ属 2 種の染色体多型調査（予報）．北海道衛生研究所報 29：23–25.

土屋公幸．1979b．アカネズミ類の飼育と実験動物化．北海道立衛生研究所所報 29：102–106.

土屋公幸．1981．日本産ネズミ類の染色体．哺乳類科学 42：51–58.

土屋公幸．1987．対馬産食虫類の細胞学的および生化学的研究．対馬の自然（長崎県編），pp. 111–123．長崎県，長崎．

土屋公幸．1988．日本産モグラ科の染色体による分類．哺乳類科学 28：49–61.

Tsuchiya, K., Moriwaki, K. and Yosida, T. H. 1973. Cytogenetical survey in wild populations of Japanese wood mouse, *Apodemus speciosus* and its breeding. Experimental Animals 22 (suppl.): 221–229.

Tsuchiya, K. and Yosida, T. H. 1971. Chromosome survey of small mammals in Japan. Annual Report of National Institute of Genetics, Japan 21: 54–55.

土屋公幸・若菜茂晴・鈴木　仁・服部正策・林　良博．1989．トゲネズミの分類学的研究．I．遺伝的分化．国立科学博物館専報 22：227–234.

堤　恭之．2014．絵でわかる日本列島の誕生．講談，東京．181 pp.

Tsytsulina, K., Dick, M. H., Maeda, K. and Masuda, R. 2012. Systematics and phylogeography of the steppe whiskered bat *Myotis aurascens* Kuzyakin, 1935 (Chiroptera, Vespertilionidae). Russian Journal of Theriology 11: 1–20.

Turner, B. M., Birley, A. J. and Lavender, J. 1992. Histone H4 isoforms acetylated at specific lysine residues define individual chromosomes and chromatin domains in *Drosophila* polytene nuclei. Cell 69: 375–384.

内田照章．1985．こうもりの不思議．球磨村森林組合，熊本．146 pp.

内田照章・安藤光一．1972．翼手類における核型分析（I）：B*arbastella leucomelas darjelingensis* チチブコウモリの核型とその系統的位置づけ．九州大學農學部學藝雜誌 26：393–398.

Valente, G. T., Conte, M. A., Fantinatti, B. E. A., Cabral-de-Mello, D. C., Carvalho, R. F., Vicari, M. R., Kocher, T. D. and Martins, C. 2014. Origin and evolution of B chromosomes in the cichlid fish *Astatotilapia latifasciata* based on integrated genomic analyses. Molecular Biology and Evolution 31: 2061–2072.

Van Hemel, J. O. and Eussen, H. J. 2000. Interchromosomal insertions. Identification of five cases and a review. Human Genetics 107: 415–432.

Villalobos, F. and Gutierrez-Espeleta, G. 2014. Mesoamerican tree squirrels evolution (Rodentia: Sciurudae): a molecular phylogenetic analysis. International Journal of Tropical Biology and Conservation 62: 649–657.

Volleth, M. 1985. Chromosomal homologies of the genera *Vespertilio*, *Plecotus* and *Barbastella* (Chiroptera: Vespertilionidae). Genetica 66: 231–236.

Volleth, M. 1987. Differences in the location of nucleolus organizer regions in European vespertilionid bats. Cytogenetics and Cell Genetics 44: 186–197.

Volleth, M., Bonner, G., Göpfert, M. C., Heller, K. G., von Helversen, O. and Yong, H. S. 2001. Karyotype comparison and phylogenetic relationships of *Pipistrellus*-like bats (Vespertilionidae；Chiroptera；Mammalia). Chromosome Research 9: 25–46.

Volleth, M., Yang, F. and Müller, S. 2011. High-resolution chromosome painting reveals the first genetic signature for the chiropteran suborder Pteropodiformes

(Mammalia: Chiroptera). Chromosome Research 19: 507–519.

Volobujev, V. T. 1980. B-chromosome system of the Asiatic forest mouse *Apodemus peninsulae* (Rodentia, Muridae). I. Structure of karyotype, C- and G- bands and B chromosome variation pattern. Genetika 16: 1277–1283.

Volobujev, V. T. 1981. B chromosome system of the mammals. Caryologia 34: 1–23.

Voyta, L. L., Golenishchev, F. N. and P., T. M. 2011. The grey voles (*Microtus* Schrank) from Cave Deposits of south of Far-East (Late Pleistocene-Holocene). In: (Roznov, V. V., eds.) IX S'ezd teriologičeskogo obŝestva pri RAN "Teriofauna Rossii i sopredel'nyh territorij", pp. 99. Tovariŝestvo Naučnyh Izdanij KMK, Moscow (in Russian).

Vujosevic, M. 1993. B-chromosomes in Mammals. Genetika 25: 247–258.

Vujosevic, M. and Blagojevic, J. 2002. Models of maintaining B-chromosomes in natural populations - Where do yellow-necked mice fit? In: (Ćurčić, B. P. M. and Andjelković, M., eds.) Genetics, Ecology, Evolution: Monographs volume VI, pp. 129–139. Faculty of Biology, University of Belgrade, Beograde.

Vujosevic, M. and Blagojevic, J. 2004. B chromosomes in populations of mammals. Cytogenetic and Genome Research 106: 247–256.

Wada, M. Y. and Imai, H. T. 1991. On the Robertsonian polymorphism found in the Japanese raccoon dog (*Nyctereutes procyonoides viverrinus*). Japanese Journal of Genetics 66: 1–11.

Wakimoto, B. T. 1998. Beyond the nucleosome: epigenetic aspects of position effect variegation in *Drosophila*. Cell 93: 321–324.

Waldeyer-Hartz, W. 1888. Über Karyokinese und ihre Beziehungen zu den Befruchtungsvorgängen. Archiv für Mikroskopische Anatomie 32: 1–122.

Wallace, B. M., Searle, J. B. and Everett, C. A. 2002. The effect of multiple simple Robertsonian heterozygosity on chromosome pairing and fertility of wild-stock house mice (*Mus musculus domesticus*). Cytogenetic and Genome Research 96: 276–286.

Wang, J., Zhao, X., Qi, H., Koh, H. S., Zhang, L., Guan, Z. and Wang, C. H. 2000. Karyotypes and B chromosomes of *Apodemus peninsulae* (Rodentia, Mammalia). Acta Theriologica Sinica 20: 289–296.

Ward, O. G., Wurster-Hill, D. H., Ratty, F. J. and Song, Y. 1987. Comparative cytogenetics of Chinese and Japanese raccoon dogs, *Nyctereutes procyonoides*. Cytogenetics and Cell Genetics 45: 177–186.

ウィーバー，R. F. 2008. ウィーバー 分子生物学 第4版（杉山　弘・井上　丹・森井　孝 監訳）. 化学同人，東京．1058 pp.

Weinberger, L., Ayyash, M., Novershtern, N. and Hanna, J. H. 2016. Dynamic stem cell states: naive to primed pluripotency in rodents and humans. Nature Reviews Molecular Cell Biology 17: 155–169.

Weisblum, B. and De Haseth, P. L. 1972. Quinacrine, a chromosome stain specific for deoxyadenylate-deoxythymidylate-rich regions in DNA. Proceedings of the National Academy of Sciences of the United States of America 69: 629–632.

White, M. J. D. 1968. Models of speciation. Science 159: 1065–1070.

White, M. J. D. 1975. Chromosomal repatterning: Regularities and restrictions. Genetics 79: 63-72.

White, M. J. D. 1978. Modes of Speciation. W. H. Freeman & Co., San Francisco. 455 pp.

Wijayanto, H., Hirai, Y., Kamanaka, Y., Katho, A., Sajuthi, D. and Hirai, H. 2005. Patterns of C-heterochromatin and telomeric DNA in two representative groups of small apes, the genera *Hylobates* and *Symphalangus*. Chromosome Research 13: 717-724.

Wiley, E. O. 1978. The evoltuionary species concept reconsidered. Systematic Zoology 27: 17-26.

Wilson, D. E. and Reeder, D. M. 1993. Mammal Species of the World: A Taxonomic and Geographic Reference. 2nd Edition. Smithsonian Institution Press, Washington and London. 1201 pp.

Wilson, D. E. and Reeder, D. M. 2005. Mammal Species of the World, 3rd edition. Hopkins University Press, Baltimore. 2000 pp.

Wilson, E. B. 1907. The supernumerary chromosomes of Hemiptera. Science 26: 870-871.

Wójcik, J. M. and Searle, J. B. 1988. The chromosome complement of *Sorex granaries*- the ancestral karyotype of the common shrew（*Sorex araneus*）? Heredity 61: 225-229.

山影康次・中屋敷徳・長谷川潤二・小原良孝. 1985. ホンドハタネズミ（*Microtus montebelli montebelli*）の G-, C-及び N-バンドパターン：大陸産ハタネズミ（*M. oeconomus*）との比較分析. 哺乳動物学雑誌 10：209-220.

Yang, D.-M., Liu, R., Zhang, Y.-P., Chen, Z. and Wang, Y. 1998. Chromosome study of Yulong vole（*Eothenomys proditor*）. Cytologia 63: 435-440.

安田雅俊. 2006. 九州地方のニホンリスについて. リスとムササビ 18：14-16.

安田雅俊. 2013. 長崎県福江島のタイワンリスの現状. リスとムササビ 30：13-15.

安田雅俊. 2017. 九州に定着した特定外来生物クリハラリスの由来と防除. 森林野生動物研究会誌 42：49-54.

Yates, T. L. and Moore, D. W. 1990. Speciation and evolotion in the family Talpidae（Mammalia: Insectivora）. In:（Nevo, E. and Reig, O., eds.）Evolution of Subterranean Mammals at the Organismal and Molecular Levels, pp. 1-22. Liss and Wiley, New York.

Yates, T. L., Stock, A. D. and Schmidly, D. J. 1976. Chromosome banding patterns and the nucleolar organizer region of the eastern mole（*Scalopus aquaticus*）. Experientia 32: 1276-1277.

Yatsenko, V. N., Malygin, V. N., Orlov, V. N. and Yanina, I. Y. 1980. The chromosomal polymorphism in the Mongolian vole *Microtus mongolicus* Radde. Caryologia 22: 471-474. Tsitologiya 22: 471-474（in Russian with English summary）.

Yavuz, M., Öz, M. and Albayrak, I. 2009. Two new locality records extend the distribution of *Microtus anatolicus* Kryštufek and Kefelioğlu, 2002（Mammalia: Rodentia）into Antalya Province in Turkey. North-Western Journal of Zoology 5: 364-369.

Yonezawa, T., Nikaido, M., Kohno, N., Fukumoto, Y., Okada, N. and Hasegawa, M. 2007.

Molecular phylogenetic study on the origin and evolution of Mustelidae. Gene 396: 1-12.

Yong, H. S. and Dhaliwal, S. S. 1976. Variations in the karyotype of the red giant flying squirrel. Malaysian Journal of Science, Series A 4: 9-12.

Yong, H. S., Dhaliwal, S. S., Lim, B. L., Muul, I. and The, K. L. 1975. Karyotypes of four species of *Callosciurus* (Mammalia, Rodentia) from Peninsular Malaysia. Malaysian Journal of Science, Series A 3: 1-5.

Yorulmaz, T., Zima, J., Arslan, A. and Kankiliç, T. 2013. Variations in C-heterochromatin and AgNOR distribution in the common vole (*Microtus arvalis* sensu lato) (Mammalia: Rodentia). Archives Biological Sciences 65: 989-995.

Yoshida, M. C. and Kobayashi, T. 1966. Notes on the chromosomes of three species of field mice, *Apodemus*. Chromosome Information Service 7: 18-20.

Yoshida, M. C., Sasaki, M. and Oshimura, M. 1975. Karyotype and heterochromatin pattern of the field mouse, *Apodemus argenteus* Temminck. Genetica 45: 397-403.

Yoshiyuki, M. 1989. A systematic study of the Japanese Chiroptera. National Science Museum Monographs 7: 1-242.

Yosida, T. H. 1975. Variation of C-bands in the chromosomes of several subspecies of *Rattus rattus*. Chromosoma 50: 283-300.

Yosida, T. H. 1979. A comparative study on nucleolus organizer regions (NORs) in 7 *Rattus* species with special emphasis on the organizer differentiation and species evolution. Proceedings of the Japan Academy, Series B 55: 481-486.

Yosida, T. H. 1980. Cytogenetics of the Black Rat: Karyotype Evolution and Species Differentiation. University Park Press, Baltimore. 256 pp.

Yosida, T. H. and Amano, K. 1965. Autosomal polymorphism in laboratory bred and wild Norway rats, *Rattus norvegicus*, found in Misima. Chromosoma 16: 658-667.

Yuan, S. L., Jiang, X. L., Li, Z. J., He, K., Harada, M., Oshida, T. and Lin, L. K. 2013. A mitochondrial phylogeny and Biogeographical scenario for Asiatic water shrews of the genus *Chimarrogale*: Implications for taxonomy and low-latitude migration routes. PLoS One 8: e77156.

Zakian, S. M., Nesterova, T. B., Cheryaukene, O. V. and Bochkarev, M. N. 1991. Heterochromatin as a factor affecting X-inactivation in interspecific female vole hybrids (Microtidae, Rodentia). Genetics Research 58: 105-110.

Zemlemerova, E. D., Bannikova, A. A., Lebedev, V. S., Rozhnov, V. V. and Abramov, A. V. 2016. Secrets of the underground Vietnam: an underestimated species diversity of Asian moles (Lipotyphla: Talpidae: *Euroscaptor*). Proceedings of the Zoological Institute of the Russain Academy of Sciences 320: 193-220.

Zima, J. 1983. The karyotype of *Talpa europaea kratochvili* (Talpidae, Insectivora). Folia Zoologica 32: 131-136.

Zima, J., Arslan, A., Benda, P., Macholán, M. and Kryštufek, B. 2013. Chromosomal variation in social voles: a Robertsonian fusion in Günther's vole. Acta Theriologica 58: 255-265.

Zima, J., Červenỳ, J., Hrabě, V., Král, B. and Šebela, M. 1981. On the occurrence of *Microtus epiroticus* in Rumania (Alvicolidae, Rodentia). Folia Zoologica 30: 139-

146.

Zima, J., Lukáčová, L. and Macholán, M. 1998. Chromosomal evolution in shrews. In: (Wójcik, J. M. and Wolsan, M., eds.) Evolution of Shrews, pp. 173-218. Mammal Research Institute, Polish Academy of Sciences, Bialowieza.

Zima, J. and Macholán, M. 1995a. Karyotypes of common voles from Kyrghyzstan and heterochromatin variation in the sex chromosomes of *Microtus kirgisorum* (Rodentia, Arvicolidae). Caryologia 48: 65-74.

Zima, J. and Macholán, M. 1995b. B chromosomes in the wood mice (genus *Apodemus*). Acta Theriologica 3 (suppl.): 75-86.

Zima, J., Macholán, M., Misek, I. and Sterba, O. 1992. Sex chromosome anomalities in natural populations of the common vole (*Microtus arvalis*). Hereditas 117: 203-207.

Zima, J., Macholán, M. and Slivková, L. 1997. Confirmation of the presence of B chromosomes in the wood mouse (*Apodemus sylvaticus*). Folia Zoologica 46: 217-221.

Zykov, A. E. and Zagorodnyuk, I. V. 1988. On the systematic status of the social vole (Mammalia, Rodentia) from the Kopetdag Mts. Vestnik Zoologii 5: 46-52 (in Russian).

おわりに

本書を企画し，執筆者と執筆内容の分担が決まり，執筆の準備に取り掛かったのが2017年1月で，全執筆者の原稿が出そろったのは2018年4月になってからであった．執筆とともに監修を担当した小原自身は2009年に弘前大学を定年退職し，染色体研究の現場から完全に離れていた．しかもこの8年間に2回の転居で専門書や論文別刷り等の多くを手放したため，執筆にあたって引用する文献の再収集とその読み込みに追われ続けた1年であった．公的機関から離れ個人的に文献を入手する場合，雑誌によっては文献ファイルの入手が困難なこともあり，共同執筆者の手を煩わすことも多く，また，作図ソフトを使い慣れていないこともあり，複雑な図の作成なども共同執筆者に頼ることが多々あった．そのようななかで30年，40年前に発表した自分の論文を読み返し，こんなことを考えていたのかと赤面し，改めて勉強し直したところも少なくない．何れにせよ，後期高齢者の仲間入りを目前に，積み重ねてきた仕事を見つめ直す機会が与えられたことに感謝している．

「はじめに」でも述べたように，本書は哺乳類の染色体を観察するため，研究対象としての材料をいかにして確保するか，その材料をいかに有効に生かすか，どのようにして染色体標本を作製するか，といった実用面・テクニカルな面の記述に力を注ぎつつ，哺乳類の多様性や種の分化に対する染色体の進化的な役割など理論的な面もできる限り紹介しようというスタンスであった．前者に関しては，かなり具体的詳細に表すことができ，今後多くの若い研究者に利用していただけることを確信している．後者に関してはまだまだ未消化で，当初思い描いていたこととはほど遠く，“山頂までの道のり未だ遠し”の感を拭えないが，染色体が持つ進化的な役割の一端はとらえていただけたであろう．本書ではFISH法をはじめとする分子細胞遺伝学的解析について深くは触れなかったため，最先端の染色体研究とは一線を画す内容が多いが，どんな研究分野でも，その基礎となる歴史と積み重ねを知らなければ，次のステップには進めない．したがって本書は，日本産野生哺乳類の染色体進化における基礎に関する内容に特化している．本書の内容を踏み台にして，さらなるステップアップが進められるのならば，全執筆者にとってこれに勝る喜びはない．津軽の秀峰岩木山が見守る城下町で，染色体を追い求めた日々からかなりの年月が過ぎ去ったが，本書に紹介した染色体研究の内容は，今なお色褪せていないと自負できるものであり，染色体に興味ある人はもちろん，哺乳類に興味のある多くの人たちに読み継がれてゆくことを願っている．

野生哺乳類の染色体研究者が減少している昨今，染色体進化の研究を志す初学者のバイブルとして活用してもらえるよう，全執筆者が取り組んだ成果が本書である，というのは前述の通りだが，一方で，本書はある意味，全執筆者が所属していた弘前大学旧理学部生物学科の小原研究室（系統学及び形態学講座，通称 II 講座）における研究活動の足跡的な面も持ち合わせている．すなわち本書の内容は，II 講座で野生哺乳類を対象とした卒業論文・修士論文・博士論文の研究に従事した学生・大学院生・研究生の研究成果をベースとしている．それらの研究成果は論文として公表されているので，詳細を知りたい部分については巻末の引用文献欄より原典を参照されたい．指導教官であった小原と苦楽を共にしてくれたこれらの学生・大学院生・研究生諸氏の氏名をここに記し，感謝の意を表したい ― 富安孝文・田崎保明・中屋敷 徳・宮井 健・山影康次・吉田郁也・多田 高・長谷川潤二・多田（斎藤）政子・中野達博・小野教夫・押田龍夫・泉　淳・田中徹也・佐藤卓朋・日下部 博・五十嵐 雄・小関順司・宮腰幸樹・岩佐真宏・三枝 聖・佐々木早苗・川田伸一郎・岡田道忠・澤口 勧・福士大輔・野村禎介・中田章文・井沼道子・森 厚子・太田摩耶・佐々木綾子・京谷恭弘・山本大輔・伊藤 智・田村香織・萩原静生・鈴木琢磨（文献欄に載ってはいないが，小原との共著で論文発表した学生・大学院生 ― 佐藤 均・佐々木正夫・芝崎芳朗・大久保正子・水井君枝・吉村 文）

全執筆者の古巣である II 講座で染色体系統学を主宰した最初の教授であり，また小原を初めとする多くの学生・大学院生の恩師であった故齋藤和夫先生（弘前大学名誉教授）にこの本を捧げるとともに，生前のご教授・ご指導に心より御礼と感謝を申し上げます．また執筆者たちのサンプル採集，フィールドワーク等でお世話になった阿部東先生（元弘前高等学校教諭），故向山満先生（元三戸高等学校教諭），土屋公幸先生（元東京農業大学教授），木村吉幸先生（福島大学名誉教授），Dr. Irina V. Kartavtseva（Vladivostok, Russia），Dr. Peter Vogel（Lausanne, Switzerland）に感謝申し上げます．紙面の関係でお名前を全部挙げられませんが，様々な場面でご協力を頂いた多くの方々に感謝申し上げます．最後に，本書の企画から実現まで，親身のサポートを頂いた東海大学出版部の田志口克己さんに厚くお礼申し上げます.

執筆者を代表して　監修者 小 原 良 孝

脱稿後，初校が出版社から届いた2018年6月5日，土屋公幸先生の訃報に接することになってしまいました.

永年，野生哺乳類の染色体研究にご尽力された土屋先生に，本書を献本する予定でおりましたが，叶わぬこととなってしまい残念でなりません．土屋先生のご功績は，これからも私たち執筆者にとって，かけがえのない財産であり続けます.

ここに執筆者一同，土屋先生のご尽力に感謝申し上げるとともに，心よりご冥福をお祈りいたします.

用語索引

※同義・言い換えの用語は(　)に併記し，関連用語はインデントで表記してある．

A-Z

あ

か

さ

た

な

は

ま

や

ら

わ

生物名索引（学名・和名）

※川田ほか(2018)による『世界の哺乳類標準和名目録』や今泉(1960)『原色日本哺乳類図鑑』等において和名が付与されていないものについては学名で表記した．亜種はインデントで表記してある．

学名

ア

カ

サ

タ

ナ

ハ

著者紹介

小原良孝（別掲）

多田政子（ただ　まさこ）

学歴　弘前大学理学部卒
　　　弘前大学大学院理学研究科修士課程修了
　　　北海道大学大学院地球環境科学研究科博士課程修了
経歴　日本学術振興会特別研究員 DC1
　　　日本学術振興会特別研究員 PD
　　　JST さきがけ研究 21 専任研究員
　　　京都大学再生医科学研究所リサーチアソシエイト
　　　（株）リプロセル主任研究員
　　　鳥取大学染色体工学研究センター教授
現職　東邦大学理学部生物学科教授
学位　博士（地球環境科学）（北海道大学）

小野教夫（おの　たかお）

学歴　弘前大学理学部卒
　　　弘前大学大学院理学研究科修士課程修了
　　　北海道大学大学院理学学研究科動物学科博士後期課程修了
経歴　愛知県心身障害者コロニー発達障害研究所研究員
　　　Cold Spring Harbor Laboraroty 訪問研究員
　　　愛知県心身障害者コロニー発達障害研究所遺伝学部研究員
　　　理化学研究所平野染色体ダイナミクス研究室研究員
現職　理化学研究所平野染色体ダイナミクス研究室専任研究員
学位　博士（理学）（北海道大学）

押田龍夫（おしだ　たつお）

学歴　北里大学獣医畜産学部卒
　　　北海道大学大学院理学研究科博士後期課程単位取得退学
経歴　北海道大学大学院理学研究科研究機関研究員

台湾東海大学生物学系客員助理教授
台湾東海大学生物学系助理教授
帯広畜産大学畜産学部助教授
現職　帯広畜産大学畜産学部教授
学位　博士（理学）（北海道大学）

岩佐真宏（いわさ　まさひろ）
学歴　弘前大学理学部卒
弘前大学大学院理学研究科修士課程修了
北海道大学大学院地球環境科学研究科博士後期課程修了
経歴　北海道大学大学院地球環境科学研究科研究生
北海道大学大学院獣医学研究科客員研究員
日本大学生物資源科学部専任講師
日本大学生物資源科学部准教授
現職　日本大学生物資源科学部教授
学位　博士（地球環境科学）（北海道大学）

川田伸一郎（かわだ　しんいちろう）
学歴　弘前大学理学部卒
弘前大学大学院理学研究科修士課程修了
名古屋大学大学院農学研究科博士後期課程修了
経歴　名古屋大学大学院生命農学研究科研究生
国立科学博物館動物研究部研究官
国立科学博物館動物研究部研究員
現職　国立科学博物館動物研究部研究主幹
学位　博士（農学）（名古屋大学）

監修者紹介

小原良孝（おばら　よしたか）

学歴　弘前大学文理学部卒
北海道大学大学院理学研究科修士課程修了
北海道大学大学院理学研究科博士課程中退
経歴　Roswell Park Memorial Institue, U. S. A. 研究員
弘前大学理学部助手
弘前大学理学部助教授
文部省在外研究員（Roswell Park Memorial Institute, U. S. A.）
弘前大学理学部教授
弘前大学農学生命科学部教授
弘前大学農学生命科学部定年退職
現職　弘前大学名誉教授
学位　理学博士（北海道大学）

染色体から見える世界―哺乳類の核型進化を探る―

2018年9月20日　第1版第1刷発行

監修者　小原良孝
著　者　小原良孝・多田政子・小野教夫・押田龍夫
岩佐真宏・川田伸一郎
発行者　浅野清彦
発行所　東海大学出版部
〒259-1292 神奈川県平塚市北金目 4-1-1
TEL 0463-58-7811　FAX 0463-58-7833
URL http://www.press.tokai.ac.jp/
振替　00100-5-46614
印刷所　株式会社 真興社
製本所　誠製本株式会社

ISBN978-4-486-02146-9